O DESTINO DA FLORESTA

SUSANNA HECHT
ALEXANDER COCKBURN

O DESTINO DA FLORESTA

DESENVOLVEDORES, DESTRUIDORES E DEFENSORES DA AMAZÔNIA

Tradução
Rachel Meneguello

Título original: *The Fate of The Forest: Developers, Destroyers, and Defenders of the Amazon*
Licenciado pela University of Chicago Press, Chicago, Illinois, USA

Direitos de publicação reservados à:
Fundação Editora da Unesp (FEU)
Praça da Sé, 108
01001-900 – São Paulo – SP
Tel.: (0xx11) 3242-7171
Fax: (0xx11) 3242-7172
www.editoraunesp.com.br
www.livrariaunesp.com.br
atendimento.editora@unesp.br

Dados Internacionais de Catalogação na Publicação (CIP) de acordo com ISBD
Elaborado por Vagner Rodolfo da Silva – CRB-8/9410

G974p

Hecht, Susanna
O destino da floresta: desenvolvedores, destruidores e defensores da Amazônia / Susanna Hecht, Alexander Cockburn; traduzido por Rachel Meneguello. – São Paulo: Editora Unesp, 2022.

Tradução de: *The Fate of the Forest: Developers, Destroyers, and Defenders of the Amazon*
Inclui bibliografia.
ISBN: 978-65-5711-138-3

1. Ambientalismo. 2. Amazônia. I. Meneguello, Rachel. II. Título.

2022-2140 CDD 304.2
CDU 304:577.4

Editora afiliada:

Para Ilse Wagner Hecht, que me criou no exílio e que encorajou, persuadiu e apoiou financeiramente parte da pesquisa aqui descrita; também para meu avô, Hans Hecht, que redigiu hinos ao café e aos macacos de uma Amazônia que ele nunca viu.

Susanna Hecht

À memória de minha mãe, Patricia Cockburn, que viajou pela floresta tropical Ituri, a leste do Congo, em 1937, elaborando um mapa linguístico para a Sociedade Real Geográfica; e para a sua irmã, Joan Arbuthnout, garimpeira e pretensa aviadora sobre o rio Barima, na Amazônia, em 1931.

Alexander Cockburn

Sumário

Lista de mapas

Indígena desenhado por Midshipman Gibbon, que acompanhou o tenente Herndon em uma viagem de exploração pela Amazônia, sob ordens do governo dos Estados Unidos, para verificar a navegabilidade da Bacia Amazônica e a "natureza e a extensão de seus recursos comerciais não desenvolvidos, fossem do campo, da floresta, do rio ou da mina". À época da viagem de Herndon, a população indígena já havia sido dizimada. Três séculos antes, o grupo de Orellana maravilhou-se com a extensa população indígena assentada ao longo dos rios.

Prefácio à edição de 2010

O destino da floresta envolveu leitores desde 1990, e nessas duas décadas tornou-se uma das narrativas marcantes da história social da Amazônia. A história que contamos em 1990 emergiu após o primeiro grande impulso de globalização no século XIX e início do século XX, a "corrida pela Amazônia", na qual rivais europeus e norte-americanos disputavam colônias tropicais no Novo Mundo. As terras mais cobiçadas eram do oeste da Amazônia, onde as maiores e melhores florestas de seringueiras prosperavam. A transferência das sementes de *Hevea* para a Ásia derrubou o monopólio da borracha e, com ele, a economia amazônica. A Amazônia havia sido uma zona cosmopolita e clamorosa, permanentemente palco de guerras, revoluções e euforias especulativas. Mas, quando a poeira baixou, a maior parte da Amazônia era definitivamente brasileira. O Estado marcou suas fronteiras e reivindicou seus territórios de uma vez por todas, apesar disso, o que ocorria dentro dos traçados daquelas fronteiras era outra questão.

A corrida pela Amazônia brasileira foi uma forma de construção da nação do século XIX, repleta de exploradores, saqueadores, especuladores, espiões, revolucionários românticos, mapas falsos e sentenças judiciais concorrentes e contraditórias. Uma vez desenhados os mapas definitivos e o monopólio da borracha quebrado, o mundo – previamente fascinado pelo drama amazônico – dirigiu os olhos para outros lugares, deixando a bacia como uma água estagnada, as casas de ópera dilapidadas e as serralherias francesas como um sinal de empreendimento fracassado e, de certa maneira, uma vergonha nacional.

As parteiras do Brasil para a modernidade do século XX foram as suas ditaduras. A República teve início em 1889, com um golpe militar, e foi periodicamente agitada por outros golpes na maior parte do século seguinte. Getulio Vargas, que governou de forma descontínua de 1930 até 1954, equacionou a industrialização e o projeto nacional e deu atenção ao Norte, para a Amazônia, lembrando o país de sua maior região nas grandes florestas tropicais. Vargas inspirou uma geração de militares que, se não podiam invadir outros países, podiam ao menos ocupar seu próprio território.

A ditatura militar de 1964 a 1985 desenvolveu-se dentro de um novo tipo de construção nacional modernista. Desde os primeiros dias do primeiro militar no poder, o marechal Humberto Castello Branco, a Amazônia esteve na agenda. Naquele período, o Brasil era ainda amplamente fechado em si, mas a nova geopolítica da Guerra Fria imbuiu a política doméstica do medo da sedição e inspirou uma nova política expansionista, necessária, pois a Amazônia era vista como vazia e facilmente anexada em termos econômicos, ideológicos e, até mesmo, territoriais. Nesse contexto, foram lançados massivos programas financiados pelo Estado: estradas, grandes projetos com suas barragens e polos de desenvolvimento, fazendas de larga escala, enormes programas paraestatais de minérios (todos altamente subsidiados, lubrificados, com capital estatal), e os programas de colonização direcionados aos lavradores desafortunados dos empobrecidos nordeste, sul e centro-oeste da região amazônica. Todos foram convocados para integrar o que era imaginado como uma vastidão vazia, em um eixo dinâmico de economia e identidade nacional. Essa era a nova política autoritária, a reformatação do que era visto como uma economia extrativa patética, em uma extensão do nacionalismo modernista do Brasil. Assim, foi desencadeada uma enorme destruição ambiental e uma guerra civil de baixa intensidade que modelou as ecologias políticas da Amazônia. O que se abriu foram – ao lado das estradas, das pastagens de rápida degradação e das grandes escavações de minérios –, para a surpresa de todos, os espaços de cidadania insurgente.

O destino da floresta é sobre a ecologia da justiça. É sobre a ascensão e o papel desses habitantes muito humildes (*indígenas, seringueiros, caboclos, quilombolas*, belas palavras para os nativos, os coletores de látex, os lavradores e os descendentes de escravos fugitivos, povos tradicionais de todos os tipos), seus aliados (antropólogos, geógrafos, cientistas) e outros brasileiros exaustos da destruição que observavam na Amazônia. Todos eles se reuniram para formar aquela coisa amorfa denominada sociedade civil, criando uma alternativa democrática ao capitalismo autoritário de botas que destruiu florestas, sua sustentação e seu futuro. Suas preocupações ecoaram no centro industrial do Brasil quando os trabalhadores metalúrgicos e lideranças sindicais, como Luiz Inácio Lula da Silva – que mais tarde se tornaria presidente do Brasil –, consolidaram uma rede que se estendeu dos caldeirões de ferro e fábricas de robótica de São Paulo até o mais remoto seringal do rio Purus. Em alguns casos, essa relação refletiria a simples *realpolitik*, um momento político conveniente, porém, mais frequentemente, refletiria a influência notável das ideias da Aliança dos Povos da Floresta no desenvolvimento nacional da Amazônia e do Brasil.

O destino da floresta descreve um novo tipo de política societária que surgiu das fontes mais improváveis, de uma população perdida e invisível, para uma política de cidadania que procurou proteger os direitos políticos e, surpreendentemente, a natureza. Ainda mais notável é que esse vasto empreendimento político foi bem-sucedido. Os movimentos dos povos da floresta são profundamente revolucionários porque levam questões relativas à natureza e à justiça social como inelutavelmente ligadas, não como um complemento verde consumista para uma outra agenda, mas como o âmago da história. De fato, o mapa moderno da Amazônia inscreve essa posição, talvez tão duradoura quanto as fronteiras territoriais do Brasil. Atualmente, mais de 40% da Amazônia estão em algum tipo de território de conservação, e destes, cerca de 80 milhões de hectares (60%) são protegidos como paisagens habitadas e são a estrutura para reimaginar o desenvolvimento tropical no contexto das fronteiras neoliberais e neoambientais. O Capítulo 9 descreve essa história no presente.

Família Kayapó. As linhagens femininas são muito importantes na cultura Kayapó; o conhecimento especializado da agricultura, plantas úteis e rituais seguem pelas linha materna. Esse grupo de indígenas também é famoso por sua pintura corporal, que utiliza corante de jenipapo azul e preto – também repelente de insetos –, combinando função com estética. A imagem mostra mãe e uma das crianças com essa pintura corporal.

Agradecimentos

Susanna Hecht e Alexander Cockburn gostariam de agradecer a Haripriya Rangan e Junko Goto, estudantes de desenvolvimento rural no Programa de Planejamento da Universidade da Califórnia (UCLA) que supervisionaram a produção e a bibliografia deste livro; Wendy Hitz e Shiv Someshwar, que fizeram a pesquisa bibliográfica na impressionante biblioteca de livros da UCLA sobre o Brasil e a Amazônia; Mark McDonald, cujas habilidades de pesquisa aparecem de várias formas neste livro; Michael Kiernan e Michele Melone, que prepararam os mapas; Richard McKerrow, que forneceu pesquisas de Nova York; Frank Bardacke, que sugeriu o título; Mike Davis, o iniciador; Colin Robinson, Anna Del Nevo, Lucy Morton e Charlotte Greig, todos da Verso, que seguiram em frente com um cronograma exigente. Entre aqueles que fizeram esforços especiais para nos disponibilizar material, estavam Marianne Schmink, Jim Tucker, Alfredo Wagner, Anthony Anderson, Barbara Weinstein, Donald Sawyer, Michael Small, John Richard, Kent Redford, Alberto Rogério da Silva e Hercules Bellville.

Pela colaboração geral, nossos agradecimentos a Wim Groeneveld e Letitia Santos – de Porto Velho e Fazenda Inferno Verde –, Darrell Posey, Peter May, Ailton Krenak, Osmarino Amâncio Rodrigues.

Susanna Hecht tem pesquisado a Amazônia há mais de uma década. Durante esse período, recebeu apoio pessoal, intelectual e financeiro de muitos. Os seguintes órgãos proporcionaram apoio: National Science Foundation, Wenner-Gren Foundation, University of California Academic

Senate, UCLA International Studies and Overseas Program, Resources for the Future, Man and the Biosphere, World Wildlife Foundation (através do Projeto Kayapó). Este livro foi escrito, em parte, com financiamento da Fundação MacArthur. Apoio institucional valioso veio do Museu Goeldi (Belém), Embrapa, Núcleo dos Altos Estudos da Amazônia (Naea) da Universidade Federal do Pará, Cedeplar (Belo Horizonte). O trabalho no Acre foi desenvolvido sob os auspícios da Funtac e Gil Siqueira, Jorge Ney e o Conselho Nacional dos Seringueiros; IEA e Marie Allegretti; Environmental Defense Fund (EDF) e Steve Schwartzman e Bruce Rich. A Graduate School of Architecture and Urban Planning (GSAUP) na UCLA, paciente com as agendas erráticas, proporcionou uma solidária casa institucional. Muitas pessoas deram apoio moral a Hecht nesses anos: John Friedmann, Edward Soja e, especialmente, Michael Storper, que tolerou as frequentes ausências e transtornos que uma pesquisa como essa requer. Sua bondade e suas críticas foram indispensáveis. Ela gostaria de agradecer aos acadêmicos dos quais as ideias e exemplos, e mais tarde a amizade, a inspiraram para abraçar a Amazônia e as suas questões: Robert Goodland, Pedro Sanchez, Alain de Janvry, Hilgard Sternberg. Um agradecimento especial para aqueles que estiveram lá desde o início: Judy Carney, Marianne Schmink, Barbara Weinstein, Anthony Anderson, Stephen Bunker, Darrell Posey, Donald Sawyer.

Finalmente, agradecimentos aos estudantes de pós-graduação que proporcionaram um vibrante clima intelectual: Jacques Chase, Roberto Monte-Mor, Mark MacDonald, Shiv Someshwar, Wendy Hitz, Michael Kiernan, Michele Melone, Carlos Quandt, Brent Millikan, Ted Whitsell, Mark Freudenberger, George Ledec.

A dra. Hecht agradece especialmente Seth Garfield por sua cuidadosa revisão e comentários ao posfácio, e a Daniel Dutra Coelho Braga, por sua assistência e suas sensíveis contribuições para o entendimento sobre a forma mais pertinente para a tradução deste livro.

Cartaz do líder seringueiro Chico Mendes elaborado após seu assassinato em 22 de dezembro de 1988.

Estes são os membros da UDR no Acre

João Branco

Darli Alves

Aragão

Narciso Mendes

Rubens Branquinho

EXIGIMOS A PUNIÇÃO DA UDR NO ENVOLVIMENTO DO ASSASSINATO DE CHICO MENDES

Comitê Chico Mendes

Cartaz exposto no Encontro dos Povos da Floresta, em Rio Branco, na Páscoa de 1989.

O DESTINO DA FLORESTA

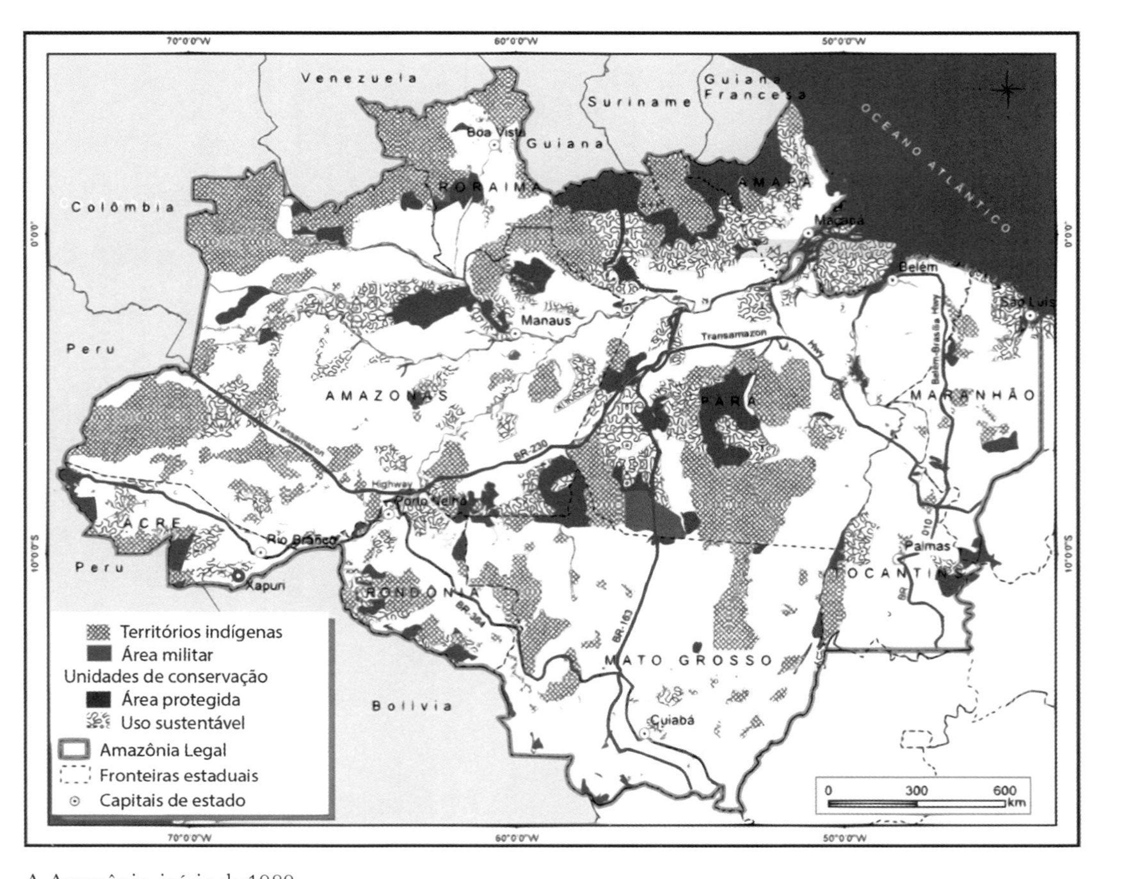

A Amazônia, início de 1989.

1
As florestas dos seus desejos

Olhando de perto o que está ao nosso redor, há algum tipo de harmonia.
É a harmonia do assassinato coletivo e opressivo [...]
Nós, comparados a essa enorme articulação, apenas soamos e parecemos frases meio acabadas saídas de um tolo romance suburbano [...]
E nós nos tornamos humildes frente a essa avassaladora miséria e avassaladora fornicação, crescimento esmagador e esmagadora desordem.

Werner Herzog, *O peso dos sonhos*, 1982

É por isso que essa região é tão bela, porque é uma peça do planeta que mantém a herança da criação do mundo. Os cristãos têm um mito do jardim do Éden. Nosso povo tem uma realidade na qual o primeiro homem criado por deus continua livre. Nós queremos impregnar a humanidade com a memória da criação do mundo.

Ailton Krenak, indígena Krenak e líder da União das Nações Indígenas, 1989

A floresta amazônica não é a única que está sendo destruída. A destruição ocorre em diversos lugares, na América Central, na bacia do Congo, no sudeste da Ásia, mas sem provocar nos países do Primeiro Mundo o mesmo tumulto e consternação. O que imbui o caso da Amazônia de tal paixão é o conteúdo simbólico do sonho que ela acende. A prolixidade que tanto dominou Werner Herzog demonstra um desafio que desencadeou a ganância de gerações de exploradores e inspirou as mais heroicas lutas para solucionar as questões fundamentais subjacente ao destino das florestas tropicais do mundo: qual é a relação das pessoas com a natureza? Como elas entendem suas obrigações nessa relação?

O mistério, que é parte da sedução da Amazônia, não é meramente uma função da imensidade da região e da diversidade das espécies que ela contém. Ele é também consequência de séculos de censura, dos embargos aplicados pelas coroas espanhola e portuguesa sobre o conhecimento e as viagens na região, e dos silêncios das ordens religiosas durante a história colonial da Amazônia. A lei espanhola em 1556 indicava que os avaliadores "não deviam permitir a publicação ou venda de quaisquer livros que tratassem de temas relacionados às Índias sem terem licença especial do Conselho das Índias". O cronista-naturalista tinha de enfrentar a Inquisição, o Conselho das Índias, o rei e o papa – um desanimador conjunto de revisores – antes que pudesse publicar suas descobertas. O conhecimento era acumulado e, então, mantido a sete chaves.[1] Os portugueses estavam determinados que o Brasil permanecesse subordinado a suas possessões do oriente. Os decretos reais tentavam impedir até os primeiros passos em direção ao desenvolvimento econômico. O conselho da colônia apenas permitia o cultivo de gengibre e de índigo onde a cana-de-açúcar não podia crescer, esperando, com isso, proteger os mercados de suas especiarias

1 Por razões óbvias, as coroas portuguesa e espanhola preocupavam-se com o fluxo de conhecimento sobre suas posses na América Latina. A fundamentação da censura era a segurança nacional. A informação publicada ajudaria apenas interesses estrangeiros, possíveis invasores, e empreendedores indesejáveis. Gonzalo Fernández de Oviedo y Valdés, conhecido como Oviedo, escreveu o primeiro e maior relatório sobre o Novo Mundo, *História general y gatural de las Indias*. Cronista real do Império espanhol, Oviedo passou 34 anos publicando todos os relatórios sobre o Novo Mundo, seus habitantes e recursos naturais. Seu grande trabalho foi publicado postumamente, em 1535, em uma edição muito limitada. O relatório do padre Cristoval de Acuña (1641[1939]) sobre sua viagem de retorno com Pedro Teixeira, que foi extremamente apreciado por Clements Markham, foi suprimido pelo rei espanhol. Os detalhes dessa supressão de conhecimento são encontrados em A. C. F. Reis, *A Amazônia que os portugueses revelaram* (1954); E. Goodman, *Explorers of South America* (1972); e na tese de D. Sweet, *Rich Realm of Nature Destroyed: The Middle Amazon Valley*, 1640-1750 (1974). A interdição das manufaturas e a orientação da economia colonial podem ser encontradas em muitas excelentes histórias do Brasil: Boxer (1962); Buarque de Holanda (1960); Furtado (1959); e Néry, *The Land of the Amazons* (1901[1885]).

asiáticas. Até o fim do século XVII, era proibido criar mulas ou dedicar-se a praticamente qualquer forma de manufatura, exceto provisões de itens de algodão cru para consumo interno. A vida intelectual foi igualmente retardada pelo domínio real. Em 1707, o vice-rei português fechou a imprensa no Rio de Janeiro e proibiu outras de serem abertas. O sufocamento do crescimento interno combinou-se à suspeição dos estrangeiros, que tinham permissão de possuir uma propriedade no país apenas após rigoroso escrutínio.

Isso deveu-se, em parte, ao fato de que muitas das explorações eram conduzidas por patrulhas de fronteira e por jesuítas cujos superiores tinham amplas razões econômicas e políticas para manter em sigilo as informações da região. Apenas em 1867, após muita pressão nacional e internacional, o imperador do Brasil, Dom Pedro II, aprovou a lei autorizando a navegação a vapor na Amazônia. O Estado recém independente manteve um silêncio prudente sobre a região até final do século XIX, até que o *boom* da borracha e as demandas comerciais com o mundo tornassem esse mistério impossível. Mesmo hoje, grandes extensões da Amazônia são periodicamente definidas como zonas de segurança nacional, com a entrada negada sem a permissão do governo.[2]

Com esses silêncios, surgiram fantasias de ser um local de maravilhas repletas de ouro e diamantes, de utopias políticas, de indígenas que podiam ser dóceis ou selvagens. Os primeiros exploradores, amplamente superados em número pelos habitantes nativos, os consideravam exóticos e provavelmente perigosos. À medida que os traficantes de escravos começaram a

2 A designação de áreas de segurança nacional derivada constituição brasileira de 1967, que permitiu o governo federal intervir em estados onde havia casos de distúrbios graves da ordem pública ou áreas de especial interesse para a segurança nacional. Assim, zonas de fronteira, de agitação política, de recursos econômicos específicos e de atividade militar foram colocadas sob o controle do Exército. Tradicionalmente, os prefeitos desses municípios estavam sob controle direto dos militares. No início dos anos 1980, um brilhante jornalista amazonense, Lúcio Flávio Pinto, destacou que o estado do Pará mal controlava seu próprio território, uma vez que as áreas em ambos os lados das rodovias federais, zonas de minério, Getat (Grupo Executivo das Terras do Araguaia-Tocantins) e Gebam (Grupo Executivo para a Região do Baixo Amazonas), área de conflito de terra e mesmo movimentos revolucionários, estavam fora do alcance do governo do estado. A principal área de segurança nacional atualmente na Amazônia é a zona do Calha Norte, uma faixa de 7.200 km que segue a fronteira com outros países e protegem as principais descobertas minerais do país.

penetrar a região, as embarcações dos nativos ameaçavam cada vez mais a viagem. Os aventureiros posteriores justificavam as investidas escravizadoras, proibidas pelo rei e pela Igreja, como o único recurso possível frente ao canibalismo. Aqui e em outros lugares, o Primeiro Mundo projetava sobre as suas vítimas os horrores que ele próprio engendrou. As chamadas tropas de resgate percorriam a distante Amazônia atacando tribos, alegando que, como prisioneiros de outras tribos, os indígenas capturados enfrentavam a morte certa e outras formas pagãs de sofrimento. Como escravizados dos portugueses, eles iriam ao menos viver, de certo modo, com o benefício adicional de receberem a salvação cristã. A desestruturação das populações nativas refletiam a voracidade dos traficantes de escravos, na costa do Atlântico e nos rios, e dos missionários em todos os lugares. Para evitar a destruição, os povos indígenas começaram a migrar, ocasionando frequentes guerras intertribais. O mundo denominado inacabado pelos exploradores era sobretudo um mundo que se esvaziava de seus habitantes originais, conforme as doenças importadas se espalhavam e as rupturas sociais provocavam um colapso demográfico sem paralelo na história. Atualmente, permanecem por volta de 200 mil indígenas na Amazônia, contra 6 a 12 milhões de indígenas em 1492. Mais de um terço das tribos existentes em 1900 desapareceram.[3]

3 Existe um debate vigoroso e quase violento sobre o tamanho da população na Amazônia à época em que os pioneiros brancos chegaram. O frei Gaspar de Carvajal descreveu pequenas frotas de canoas e mais de 60 mil guerreiros que teriam ido se encontrar com a expedição de Francisco Orellana; seu relato evoca uma margem de rio quase totalmente povoada. Por volta de um século depois, Acuña descreve assentamentos devastados nas margens dos rios. Essas populações foram arrasadas por traficantes de escravos, guerras intertribais, doenças devastadoras, ataques das tropas coloniais e a revolta da Cabanagem. Essas crônicas narrativas foram desconsideradas por muitos anos até Pierre Clastres ter sugerido, em 1973, que poderiam servir como importantes fontes sobre os números de populações nativas, ter calculado que a população nativa era cerca de 4,5 milhões. A técnica usual para estimar populações envolve a extrapolação retrocedendo relativamente da posição atual dos números tribais ou realizando estimativas baseadas na dotação dos recursos da região, relatos das missões e os esforços de controle militar (ver Hemming, 1978a). Outros, como Denevan (1976), afirmaram que cada região na Amazônia tinha diferentes produtividades e potencialidades para a população, dada a diversidade de formas de agricultura. Denevan calculou o número da população mais próximo a 5 milhões. Com o corpo crescente de informação sobre as produtividades agrícolas indígenas e o uso das tecnologias da terra, mais o esforço arqueológico na Amazônia, é provável que a estimativa da população do pré-contato seja elevada dos modestos 2-5 milhões de habitantes para nível próximo a 15 milhões.

Um mundo inacabado

O mundo desordenado que tanto incomodou Herzog foi aquele evocado por exploradores por quinhentos anos. Assim que eles colocaram os pés pela primeira vez nas margens do rio Napo ou contemplaram a escarpa pré-cambriana do Escudo das Guianas, entenderam que estavam vendo um mundo inacabado, cunhado apenas pela metade pela mão do Criador, um meio-Éden no qual os homens podiam ainda ser bons.

As expedições iniciais, tanto militares quanto religiosas, marcharam para os confins das florestas, levando com eles naturalistas e cronistas do Império para documentar um novo mundo e completar a tarefa de Adão de nomear suas plantas e criaturas. Em 1535, surgiu a primeira história natural do Novo Mundo. Elaborada por Gonzalo Fernández de Oviedo, era um texto sobre histórias gerais e naturais desse novo lugar. Ele foi seguido por estudos similares, como o tratado de José de Acosta sobre a história natural e moral das Índias. Esses trabalhos relativamente grandiosos eram nada comparados às lendas dos marinheiros e traficantes de escravos. Mesmo as guerreiras da Amazônia[4] e os reis dourados dos cronistas eram enfadonhos em comparação às criaturas exóticas que habitavam as lendas dos viajantes.

Na sequência desses relatórios, vieram barcos navegando pelos rios em busca de escravos e produtos das grandes florestas. O impulso explorador era em parte econômico, para determinar quem teria os direitos sobre o Éden inacabado, mas era, principalmente, militar. Os monarcas europeus

4 Orellana foi o primeiro viajante a alegar que sua jornada foi impedida por mulheres selvagens, usando essas amazonas louras como desculpa por não conseguir ajudar Pizarro. Walter Raleigh fez a mesma alegação para relatar sua falha em trazer ouro das Guianas. Acuña (1641[1639]) fez um longo relato sobre as mulheres amazonas vivendo no topo do Tacamiaba, dando a luz aos Guacaré e se desfazendo dos filhos. Charles Marie de La Condamine (1981) divulgou ainda mais essas histórias. O barão de Santa-Anna Néry (1901[1885]) sugere que essas relatos vieram de viajantes que viram mulheres indígenas ajudando seus homens em batalha. Os cronistas, então, fundiram tais histórias em uma tradição de folclore remontando às *Histórias* de Heródoto sobre as amazonas. A etimologia do nome podia tanto ser *A-mazon*, "sem um peito" em grego, ou *Ama zona*, "unida com um cinto" em grego. A primeira foi a preferência de Diodoro Sículo, que alegou que tal mulher guerreira tinha seu peito direito removido para facilitar o uso de armas, como os arcos. Mas vasos clássicos e baixos relevos, dos Museus Capitolinos, não mostram as amazonas mutiladas. Néry parece preferir a segunda etimologia que ele define para uma raça conquistadora de mulheres na África "que lutavam em pares, ligadas não apenas por juramentos, mas por cintos". As fantasias do Primeiro Mundo empregam o nome do mais largo rio do mundo mesmo quando os fantasiosos assassinavam seus habitantes.

e os impérios eclesiásticos competiam por um ponto de apoio nas florestas cujas riquezas prospectivas aumentariam os tesouros esgotados pela guerra. As plantas classificadas como drogas do sertão – pigmentos (como o índigo) e aromáticas (como o cacau e a baunilha) –, plantas medicinais (como a salsaparrilha), provisões marítimas (por exemplo, óleo de tartaruga) e carne salgada de caça selvagem desciam pelas vias navegáveis, enquanto missionários e militares avançavam em busca de "almas não salvas", mão de obra e terras desconhecidas.

A suposição de que tinham encontrado um caos natural estimulou a ambição dos invasores. Aquele espaço exuberante e traiçoeiro era visto como "o solo virgem que aguarda a semente da civilização", como colocou o barão de Santa-Anna Néry.[5] Do caos poderia vir a ordem, um simples espaço poderia chegar ao alcance da história humana e ao reino do lucro. Quase cinco séculos mais tarde, magnatas da construção de São Paulo, retirando os Kalopalo de suas terras ancestrais, ou fazendeiros no norte de Mato Grosso, queimando fauna e flora para criar pastagens degradadas, continuavam sugerindo, de forma similar, que estavam implementando a tarefa virtuosa de dominar a natureza bruta e não rentável, visando ordem e utilidade.

O Tratado de Tordesilhas

Assim que o Novo Mundo foi descoberto, o Velho Mundo começou a disputá-lo. Em 1493, Rodrigo Bórgia, o papa Alexandre VI, intermediou um acordo entre Portugal e Espanha para que o primeiro tivesse controle sobre todo o território a oeste, e o segundo, sobre todo o território a leste, a partir da longitude que atravessa as ilhas de Cabo Verde. Um ano mais tarde, as coroas de Castela e Aragão e Portugal assinaram o Tratado de Tordesilhas, que determinou que a linha divisória passaria a ser a 370 léguas para o oeste de Cabo Verde. Assim, o Novo Mundo foi formalmente reivindicado. O interesse dos portugueses era manter a Espanha fora do Atlântico Sul, onde as suas ilhas da Madeira e Cabo Verde eram importantes e produtivas colônias de produção de açúcar, e mais ao leste, no litoral africano, eles estavam posicionados para controlar o mercado de ouro, escravos e outras

5 O capítulo de abertura de *The Land of the Amazons* (Nery, 1901[1885]) inicia "O Brasil é uma dádiva do século XVI oferecido por acaso ao futuro".

culturas extrativistas. Por sua vez, os espanhóis sonhavam com a prosperidade mercantil das sedas e especiarias do oriente e uma rota direta para as Índias Orientais, pela qual poderiam contornar as rotas comerciais rigidamente controladas do leste da Arábia e o bloqueio pelos venezianos sobre o comércio do Mediterrâneo. Assim, um quarto de século antes de Hernán Cortéz e seus conquistadores derrubarem o Império Asteca, boa parte do Brasil estava sob controle formal dos portugueses, cujo imperativo era assegurar esse amplo espaço antes que alguém mais o reivindicasse. Outros reclamantes estavam a postos: franceses, holandeses e alemães moveram-se ao longo da costa leste e ingressaram na Amazônia por meio das Guianas, buscando uma base para postos avançados de comércio e possíveis colônias.

Assim nasceu o sonho do Destino Manifesto: a Amazônia como ponto de aspiração nacional. Enquanto Pedro Teixeira percorria as cabeceiras do Amazonas em 1638, em Belém, seu governador, Geraldo Noronha, tremia de medo de que os holandeses ou franceses atacassem a frágil guarnição portuguesa. Por sua vez, apesar de os vice-reis espanhóis de Quito e Lima terem saudado Teixeira com a pompa e as graças apropriadas a um conquistador, consideraram a sua chegada no alto Amazonas profundamente perturbadora, especialmente quando ele colocou marcos de fronteira em nome de Felipe IV, "rei de Portugal". Fortes e missões surgiram nas confluências e nos afluentes importantes dos rios à medida que Holanda, Grã-Bretanha, França, Portugal, Espanha e o Sacro Império Romano lutavam para controlar as bacias hidrográficas, as preciosas plantas medicinais, as madeiras e os escravizados que cada um deixasse. Batalhões desorganizados de um punhado de europeus e suas centenas de indígenas cativos remadores, mestiços e guias, perseguiam e eram perseguidos no interior. Os destacamentos portugueses percorriam o Amazonas em uma tentativa de estancar o fluxo de bens do norte da Europa vindos da França, Holanda e Gra-Bretanha, e dificultar a expansão dos intrometidos missionários espanhóis. Os topógrafos militares e os engenheiros ficavam alertas aos fluxos comerciais e com ouvidos atentos aos rumores vindos rio acima.[6]

---

6 A batalha contínua pelo controle econômico e militar da região é discutida em muitas obras importantes. Dentre as mais famosas estão a de Edmundson (1904) e de Fritz (1922). Excelentes relatos detalhados dos vários aspectos da dominação econômica dos indígenas são encontrados em Hemming (1987), Alden, (1973), Buarque de Holanda (1960), Gross (1969) e Kiernan, (1954).

O sonho do deus de ouro

De todos os mitos que permeiam a história da Amazônia, o El Dorado é o mais hipnótico. Originalmente, referia-se a um rei com riqueza tão vasta que todo dia ele era ungido com resinas preciosas para fixar a poeira de ouro que decorava seu corpo. O cronista Oviedo relata como o famoso conquistador Pizarro, Quesada e Sebastián de Belalcázar – respectivamente, subjugador dos incas, conquistador da Colômbia e conquistador de Quito –, não satisfeitos com essas vitórias, ansiavam por mais ouro e glória por meio da captura desse rei e de suas posses. Em 1540, tomado por essa visão, Gonzalo Pizarro, irmão do conquistador do Peru, decidiu lançar uma expedição com Francisco de Orellana, o conquistador das terras de El Dorado e das florestas de canelas. Com 4 mil índios, 200 cavalos, 3 mil suínos e grupos de cães de caça treinados para atacar indígenas, a expedição abriu caminho laboriosamente através das florestas tropicais do leste dos Andes. As infelizes tribos da floresta que encontravam esse exército enfrentavam uma inquisição. Quando negavam conhecer o reino de El Dorado, eram prontamente considerados mentirosos, torturados, queimados em grelhas ou lançados aos cães vorazes. Conforme a expedição desceu a bacia do rio Coca em direção do rio Napo, suas provisões e seus carregadores indígenas andinos esgotaram-se. Conduzir os cavalos através de riachos tornou-se cada vez mais exaustivo. Desanimado e faminto, Pizarro ordenou a construção de uma canoa e enviou o segundo homem no comando, Orellana, à frente para encontrar alimentos. Orellana e seus cinquenta companheiros nunca retornaram. Em lugar disso, tornaram-se os primeiros homens brancos a descer da cabeceira até a foz do Amazonas. Enfurecido com a traição e frustrado com as suas tentativas de encontrar o reino de El Dorado, um Pizarro furioso retornou a Quito.

A tentativa de Pizarro foi apenas a primeira de muitas de localizar esse reino mítico e capturar seu governante resplandecente. Os dois fundiram-se conforme a história de El Dorado continuou a alimentar a imaginação, tornando-se mais fabulosa a cada reconto. Em 1774, um indígena descreveu ao governador espanhol, Don Miguel de Centurion, as características do reino de El Dorado: "uma alta colina, escalvada, exceto por um pouco de grama, sua superfície coberta em todas as direções com cones e pirâmides de ouro [...] de forma que, quando atingidos pelo sol, seu brilho era tal que era impossível contemplar sem ofuscar a visão". O mito de El Dorado também ganhou uma veia mais popular entre os garimpeiros e os menos generosos bandeirantes (os pioneiros da expansão imperial portuguesa mais ao sul, principalmente de São Paulo). Na busca por essa montanha mágica coberta de esmeraldas e ouro, a sorte de um pobre homem pode mudar, e ele pode tornar-se senhor da terra, beneficiário de um mundo inacabado e, portanto, de um mundo em que esses golpes de sorte não eram um absurdo.[7]

Tanto portugueses como espanhóis foram inspirados pelas fascinantes histórias do cronista de Orellana, o monge dominicano Gaspar de Carvajal, que descreveu os ornamentos de ouro em torno dos pulsos e cintura dos nativos que encontrara. Fábulas tentadoras das rotas incas do interior, onde ouro e prata eram alegremente trocados por ferro, aumentavam as esperanças dos filhos do Império português. Os bandeirantes não estavam menos interessados que os governantes do território do Grão-Pará na foz do Amazonas.

Por volta de 1727, os bandeirantes paulistas, porta-estandartes do maior projeto de conquista, descobriram ouro nos flancos ao sul do Amazonas. A região em torno de Cuiabá, que trabalhava com mão de obra de escravizados negros – uma vez que os indígenas das proximidades não suportavam o trabalho, ou fugiam ou morriam –, viu chegarem embarcações e tropas de mula carregadas de charque e mandioca, e depois os viu partirem rio abaixo, através da savana e da floresta, levando a preciosa carga. Ao sul das Guianas, ao norte do Escudo Brasileiro, descendo os Andes e subindo a foz do rio, aventureiros obcecados avançavam com esse sonho da riqueza repentina.[8]

7 A história indígena de Don Miguel de Centurion é de Hemming (1987), que escreveu detalhadamente o El Dorado em *The Search for El Dorado* (1978b). A incorporação do El Dorado no mito e cultura populares está descrita em Ana Luisa Martins (1984) e Cleary (1987).

8 Os bandeirantes e todo o movimento das bandeiras têm suas origens em São Paulo. Muitos dos descendentes luso-indígenas dos portugueses paulistas, alienados das raízes culturais indígenas e, apesar dos senhores portugueses, sem os benefícios da sociedade branca, buscavam riqueza e glória por meio da aventura. Formados por muitos mestiços, os bandeirantes podiam também ser o segundo ou os mais aventureiros filhos da nobreza local. Uma bandeira refere-se tanto a um estandarte, nesse caso da coroa portuguesa, quanto um grupo de ataque. Sempre interessados em metais preciosos, mas se contentavam com escravizados nativos, seus ataques às missões espanholas não apenas avançaram a expansão geopolítica portuguesa, mas também supriam o mercado escravista com indígenas "domesticados". Maníacas pelo El Dorado, numerosas bandeiras seguiam para o norte em busca da terra do tesouro. Uma das expedições mais famosas foi a de Antônio Raposo Tavares, que em 1647,

Os bandeirantes não eram apenas o arquétipo dos desbravadores, mas também os precursores dos bandeirantes que percorreram a região desde então com a intenção de desvendar as riquezas desconhecidas e o trabalho inexplorado (em geral na forma compulsória), dando à natureza o primeiro beijo da *missão civilizadora*. Algumas vezes financiados pelo Estado, os bandeirantes foram os escoteiros e os pioneiros da integração nacional. Em certo sentido, os bandeirantes representavam o delírio grosseiro do império pioneiro. Os naturalistas do Iluminismo representaram as primeiras tentativas de enfocar e direcionar a exuberância desordenada dos pioneiros, e aqui a caçada do El Dorado amadureceu para uma expressão econômica racional, o desenvolvimento.

A botânica na ciência do Império

É de Francis Bacon o conceito de que o conhecimento científico viria do domínio sobre a natureza. O triunfo fundamental de Newton foi mostrar que a complexidade do mundo podia ser decifrada e compreendida; a hipótese era que a confusão das colônias baixas podia ser desvendada e as profundas verdades reveladas. O século XVIII viu numerosos exploradores adentrando a Amazônia, mas, em geral, a função deles era delimitar as fronteiras, afastar a permanência de espanhóis e outras incursões, ou divulgar as palavras do Deus cristão. A primeira exploração científica "verdadeira" teve início em 1736. A Academia Francesa de Ciências, com o intuito de solucionar algumas das teorias de Newton com relação ao tamanho e o

com 1.200 homens, fez uma das primeiras descidas no rio Guaporé-Madeira, explorou o rio Negro e, finalmente, chegou em Belém. Com uma tarefa secreta dada pela coroa portuguesa, sua missão era reconhecer e buscar metais preciosos e reivindicar essas terras ocidentais da Amazônia para o domínio português. Outras, como a de Pedro Domingues, desbravaram do rio Araguaia até o Tocantins. Pedro Domingues foi seguido por outros, como Cristóvão Lisboa, Luís Figueira e Antonio Ribeiro. Combinando a devoção tanto à coroa quanto aos metais preciosos, Bartolomeu Bueno da Silva descobriu ouro nos flancos inferiores do rio das Mortes, em Mato Grosso, por volta de 1725. Fernão Paes de Barros logo em seguida descobriu ouro em Cuiabá e no alto do Guaporé. Os mais exaustivos estudos sobre os bandeirantes são *História das bandeiras paulistas* (1954), de Taunay, *História geral da civilização brasileira* (1960), de Buarque de Holanda, e *The Bandeirantes: The Historical Role of the Brazilian Pathfinders* (1965), de Richard Morse.

formato da terra, enviou uma expedição para o Amazonas. O grupo continha um dos mais famosos visitantes da Amazônia, Charles Marie de la Condamine, acompanhado de dez outros "filósofos da natureza". A viagem de La Condamine foi diferente das anteriores por ter sido financiada por uma instituição científica e, em princípio, voltada à acumulação de conhecimento puro; mas suas descrições botânicas tiveram consequências práticas e mudaram a região para sempre. Borracha, quinino, curare, ipeca e óleo de copaíba entraram na história da Europa, inicialmente como pequenas novidades exóticas e comerciais, e, mais tarde, como as bases para importantes empreendimentos econômicos.

No último ano do século XVII, os grandes naturalistas, Alexander von Humboldt e Aimé Bonpland, viajaram para a Amazônia sob a égide do monarca espanhol Carlos IV. As explorações de Humboldt despertaram a curiosidade e o interesse imperial dos monarcas europeus. O rei Maximiliano José da Baviera enviou Karl Friedrich Phillip von Martius e Johann Baptist von Spix a uma missão similar de pesquisa. Os naturalistas coletavam assiduamente seus espécimes e mostravam grande zelo pelas descrições cartográficas. Essa remessa de enormes coleções botânicas para os herbários da Europa, ao lado de discussões detalhadas do desenvolvimento potencial dessas regiões, tornaram-se uma motivação para que outros naturalistas os seguissem. Essa ânsia por coletar e mensurar despertou temores – sempre superficiais – sobre os planos estrangeiros de ocupação da região. Como disse amargamente uma autoridade do governo brasileiro sobre Humboldt, "Eu nunca vi alguém medir tão cuidadosamente uma terra que não era dele".[9]

Evidentemente, esses cientistas pioneiros não desconsideravam as consequências econômicas das riquezas naturais que estavam diante deles. Richard Spruce, que passou dezessete anos na Amazônia, expressava frequentemente, com ardor, o desejo de que a região se tornasse território britânico. Spruce queixava-se,

> Quantas vezes eu lamentei que a Inglaterra não possuísse o vale da Amazônia em vez da Índia. [...] Se aquele idiota do James tivesse se empenhado em fornecer navios, dinheiro e homens a Raleigh até que ele tivesse se fixado de

9 Alexander von Humboldt. *Personal Narrative of Travels to the Equinoctial Regions of the New Continent During the Years 1799-1804*, 1815.

forma permanente em um dos grandes rios americanos, eu não tenho dúvida de que todo o continente americano estaria nesse momento nas mãos da raça inglesa!.

Como isso não foi possível, Spruce estava determinado a levar a Amazônia para a Índia. Por meio de encomendas de Clements Markham do Escritório da Índia, Spruce foi facilmente convencido a fornecer sementes de quinino à colônia britânica. Para amenizar as febres da malária na Ásia, essas árvores foram devidamente plantadas em Kandy em 1860. A qualidade do quinino produzida era medíocre, e a tentativa de quebrar o monopólio desse produto no Sudoeste Asiático, dominado pelos holandeses – que também haviam tomado os cultivares da Amazônia –, falhou. Por outro lado, os embarques britânicos posteriores de sementes de borracha para Kew foram muito bem-sucedidos, promovendo o desenvolvimento comercial da borracha no Sudeste Asiático e alterando para sempre a história das economias tropicais. Esses carregamentos de quinino e sementes de borracha foram planejados por Markham que, como um representante de Joseph Hooker, o diretor do jardim botânico Kew Gardens, organizou a coleção de germoplasma tropical para a glória econômica das colônias de Sua Majestade.

Em contraste com os vigorosos bandeirantes, que foram estimulados pelo ouro e os benefícios do Império, os naturalistas do século IX – Humboldt, Darwin, Bates, Wallace, Martius e Spix – expressaram uma visão mais refinada do que atualmente é chamado, no jargão dos economistas do desenvolvimento, valoração dos recursos naturais. Embora seus objetivos fossem claramente científicos e descritivos, suas pesquisas eram financiadas pelo Estado ou pela venda das coleções que alimentavam a avidez aquisitiva dos curadores de museus do século XIX. O Kew Gardens foi fundado em 1760 como parte do frenesi classificatório lineano,[10] mas motivos econômicos estimularam as coleções permanentes. Comparando o jardim botânico atual, que é essencialmente uma instalação para a contemplação da natureza e da arquitetura do gazebo, esses jardins do século XIX eram instalações com a finalidade de pesquisa e desenvolvimento para a difusão do germoplasma,

10 Referente à sociedade científica Linnean Society of London, fundada por Carl von Linné. (N. T.)

que seriam posteriormente embarcados para as colônias do reino. No caso da Grã-Bretanha, atrás de um botânico como Spruce estava um agente representando o Kew Gardens (Clements Markham); atrás do Kew Gardens estava o Escritório Colonial; atrás do Escritório Colonial, a estação experimental tropical, com todos os envolvidos ansiosos para transformar as riquezas naturais da Amazônia em vantagem econômica do Império britânico.

Édens perdidos

A Amazônia provocou outro conjunto de sonhos nos herdeiros incondicionais do Romantismo, como a relíquia de um mundo perdido, a última fronteira remanescente do éden. Como Humboldt – cujo relato de viagem para a América do Sul eletrizou a Europa – expôs: "Quando as nações cansadas de suas satisfações mentais não se entusiasmam com nenhum aprimoramento, exceto com o germe da depravação, elas ficam enaltecidas com a ideia de que aquela sociedade nascente gozava de pura e perpétua felicidade". Aqui está a visão de Rousseau sobre o bom selvagem em relação harmônica com seus irmãos e a natureza, em um mundo de inocência original, além da mácula do comércio, da indústria e da história, e livre, como aponta o naturalista Alfred Russel Wallace, "das mil maldições que o ouro traz sobre nós".

Nessa versão pastoral, a natureza é benigna e, à medida que o homem se aproxima dela, mais virtuoso ele se torna. Apenas os danos da Revolução Industrial poderiam ter provocado tal mudança da tradicional visão europeia da relação do homem com a natureza, sua necessidade de dominar sua rudeza e na prescrição da literatura eclesiástica elevar se acima da brutalidade natural.

Grande parte dos escritos do século XIX e início do século XX sobre esse mundo edênico perdido denunciava os "excessos civilizados" e os contrastava com as virtudes do estado natural. Em sua humanidade e totalidade, o bom selvagem podia guiar outros para a verdade e a beleza. Essa visão era celebrada em milhares de pastorais, nas descrições extasiadas da Amazônia pelos naturalistas do século XIX, como Wallace, com quem Darwin desenvolveu os conceitos centrais da teoria da evolução, passando seus anos ativos em busca dos mais remotos lugares do mundo, e a sua idade avançada viajando pelo passaporte do espiritualismo para os locais que a humanidade havia perdido. Em uma memória de seus quatorze anos vividos na Amazônia, Wallace invocou a perfeição da vida em uma aldeia indígena. Ele elogiou a fisicalidade livre, "o crescimento que nenhuma cinta ou laço impede", a nobreza dos passos largos e livres, a ausência de artifício. Embora a civilização traga recompensas, seus frutos não são compartilhados por todos, enquanto os prazeres da floresta são mantidos em comum.

Praticamente todas as décadas viram esses herdeiros de Rousseau descobrirem novamente a Amazônia. As tribos divertem-se em sua beleza inocente, têm o prazer de apreciar a vida, e estão harmonizadas com as mais profundas verdades da existência humana. A exuberância tropical honra a perfeição moral.

***

Não é surpresa que o romantismo do século XIX tenha se inspirado em muitos dos escritos dos naturalistas britânicos. O que é menos conhecido é o florescimento dessas ideias na sociedade brasileira. Com a publicação da trilogia *Cantos*, de Antônio Gonçalves Dias, cujo primeiro volume foi publicado em 1847, teve início a infusão de ideais românticos na mais nova colônia libertada. Gonçalves Dias era um jovem do norte do Maranhão, uma área rica na sabedoria sincrética de caboclos, negros e indígenas, não distantes dos últimos sítios de localização de muitas tribos, como a dos Tembé, Timbira e Guajajara. O Maranhão sempre desfrutou de laços culturais mais ricos com a França do que com Portugal, e as ideias do Iluminismo eram acolhidas com entusiasmo nessa província do norte. Tendo sido um posto avançado francês, o Maranhão nunca esqueceu inteiramente a sua herança. A cultura europeia, fundida à experiência e à sensibilidade nativas, produziu um trabalho de grande brilho e paixão. Dotado de um tupi fluente, a poesia de Gonçalves Dias era rica em uma cadência nativa e um fraseado rítmico das palavras em tupi. Em sua poesia luminosa, com a sua glorificação do guerreiro indígena, o sangue nativo fluindo nas veias de praticamente todos os brasileiros tornou-se fonte de orgulho, e não de vergonha.

Os poemas inauguraram a literatura "indianista", que homenageava o vigor dos trópicos, a juventude do Novo Mundo, em oposição à decadência da velha Europa. Gonçalves Dias não apenas ofereceu uma crítica da

Europa e suas formas, em particular os excessos da exploração e da miséria humanas na eclosão da Revolução Industrial, mas também um contraponto ideológico às visões europeias racistas e condescendentes dos brasileiros e, igualmente, dos povos de outras colônias e ex-colônias. Outros escritores indianistas produziram poemas épicos militares como *A Confederação dos Tamoios*, de Gonçalves de Magalhaes, que abordava a resistência à invasão portuguesa no Rio de Janeiro. José de Alencar, outro indianista, escreveu descrições emocionantes da vida indígena e incutiu palavras nativas em suas obras, que denunciam a contaminação e a destruição dos povos nativos e de seus valores pelo contato corrupto europeu. Sua obra mais famosa, *Iracema*, um anagrama de América, descreve de forma dramática o processo de destruição e opressão dos povos nativos por meio de seu contato poluidor com o mundo civilizado. O antropólogo brasileiro Darcy Ribeiro, herdeiro dessa longa tradição, escreveu em 1978 o romance popular *Maíra*, a história de uma garota suíça que abandona uma existência frívola pela sabedoria natural e a turbulenta sexualidade da tribo "Mairún".

Entre Chateaubriand e Ribeiro existem registros similares de *éducations sentimentales*.[11] Em 1916, as pessoas correram para comprar o romance de W. H. Hudson, *Green Mansions*, que criava um mundo no qual grupos de fauna se divertem sob a cobertura da floresta, testemunhando o amor condenado entre a mulher natural e o homem civilizado e destrutivo. Espelhando esse contraste, está a rica floresta da mulher *versus* as áridas savanas e as cidades do homem. Em seu famoso romance de uma Shangri-lá tropical, *The Lost Steps*, publicado em 1968, Alejo Carpentier descreveu a odisseia de um latino sofisticado que viaja para o alto do rio Orinoco e ali descobre um mundo perdido e sua mãe terra – Eva –, contrastando com sua sofisticada amante. Combinando os elementos essenciais desse gênero, a obra de Peter Matthiessen, *Brincando nos campos do Senhor*, publicada em 1965, descreve o conflito de aventureiros e homens de Deus com um grupo nativo, e a paixão que surge entre uma mulher indígena e o protagonista norte-americano. O amor mostra-se fatal. O beijo do protagonista transmite a doença

---

11 Referência entre o marco do pré-Romantismo, com François-René de Chateaubriand, e Darcy Ribeiro, passando pela obra de Flaubert, *L'Éducation sentimentale*, que trata da história moral dos homens. (N. T.)

que destrói a tribo indígena e indica a fatídica irrupção do mundo exterior. Descobrir o éden é destruí-lo. O amor conduz à morte. Pelas próprias histórias que contamos, nós condenamos o mundo tropical que amamos e seu habitantes.

Essas versões pastoris não foram limitadas à prosa ou à poesia, como atestam os incontáveis livros de fotografias da floresta. Com a chegada do documentário sobre a natureza – que tem suas origens com as expedições taxidermistas africanas de Carl Akeley, no início dos anos 1920, que usava uma câmera de criação própria e, posteriormente, com unidades de filmagem enviadas por Walt Disney ao Terceiro Mundo, no final dos anos 1940, para capturar o movimento de animais selvagens para os seus cartunistas[12] – a ideia do éden renasceu e tornou-se o elã *vital* da televisão refinada.

A vida campestre habita a base da tragédia (exceto em Disney, que representa o esforço mais determinado do homem para despir a natureza de seu elemento trágico), como bem observa Claude Lévi-Strauss em sua grande obra de viagem, *Tristes trópicos* (1974):

> As viagens, esses mágicos baús cheios de promessas sonhadoras nunca mais entregarão seus tesouros intactos. Uma civilização abundante e superexcitada quebrou para sempre o silêncio dos mares. Os perfumes dos trópicos e o puro frescor dos seres humanos foram corrompidos por um negócio com implicações dúbias, que mortifica nossos desejos e nos condena a obter apenas memórias contaminadas [...] Nossa grande civilização ocidental, que criou as maravilhas que agora desfrutamos, só conseguiu produzi-las à custa de males [...] A primeira coisa que vemos enquanto viajamos pelo mundo é nossa própria imundície, jogada na cara da humanidade. Então, eu posso entender a paixão louca por cadernos de viagem e sua enganação. Eles criam a ilusão de algo que não existe mais, mas ainda deveria existir se tivéssemos alguma esperança de evitar a conclusão esmagadora de que a história dos últimos 20 mil anos é irrevogável. Agora, não há nada a ser feito; a civilização deixou de ser aquela flor delicada que foi preservada e cultivada com esmero em uma ou duas áreas abrigadas de um solo rico em espécies selvagens, que podem parecer ameaçadoras pelo vigor de seu crescimento, mas que, no entanto, permitiam variar e revitalizar o estoque cultivado.

12 Cf. Haraway (1989) e Schickel (1968).

Ao escrever, em 1955, sobre suas viagens pelo interior no Brasil no início dos anos 1930, Lévi-Strauss ecoa a melancolia de Henry Thoreau e Margaret Fuller contemplando as reminiscências da sociedade nativa norte-americana destruída quase um século antes. A história é, de fato, irrevogável, e a Amazônia e seus habitantes estão entre suas vítimas.

A preservação da natureza

Há outra visão romântica da Amazônia que exclui o homem e propõe um mundo cujos contornos refletem apenas a pureza das forças naturais, totalmente livres da mão espoliadora do humano. Esta é a "floresta tropical virgem" de mil artigos científicos, um conceito também nascido do Romantismo. Para Goethe e Thoreau, ambos excelentes naturalistas, a natureza era o espelho do divino. Por meio de sua contemplação, era possível penetrar mais completamente os mistérios da alma humana. Seu enfoque nasceu de uma ciência natural rigorosa imbuída de animismo. Os sinais desse caminho apontavam para o transcendentalismo, uma crítica das consequências espirituais, sociais e ambientais do industrialismo, também uma crítica ao cristianismo convencional. Para o mundo tropical, as preocupações do cientista transcendental provocaram duas importantes consequências. A primeira, havia a percepção da natureza divina como virgem, sem modificação pela ação humana e, portanto, o encontro da contemplação virtuosa. Essa é a gênese dos parques nacionais nos trópicos, concebidos nos moldes dos parques na América do Norte, cujo foco integral foi moldado pelas tendências transcendentais de John Muir, o fundador do Parque Nacional de Yosemite. Assim, muitos conservacionistas do Primeiro Mundo enfocaram a ameaçada Amazônia com uma terapia proposta de fazê-la um éden sob uma redoma de vidro. A segunda consequência era a exploração científica pura da ecologia da região, inspirada por uma visão da Amazônia como um enorme e imaculado laboratório para a contemplação e classificação científica da natureza.

Essas eram as visões e os mitos engendrados no contato do Primeiro Mundo com a Amazônia. Cada um tinha consequências poderosas, provocou pilhagens, em um dos extremos e, no outro, um pastoralismo que pode ser tão anti-humano quanto qualquer escavadeira. Em cada instância, as projeções míticas e as fantasias dos exploradores, saqueadores, missionários, construtores de impérios, naturalistas, românticos e transcendentalistas, impuseram sobre a Amazônia preconceitos que pagaram um alto preço: a recusa em permitir que a Amazônia contasse sua própria história. E se a uma região é negada sua história verdadeira, como o seu futuro pode ser honestamente discutido?

2
O REINO DA NATUREZA

Os próprios sinais, também a partir dos quais formamos nosso julgamento, são frequentemente muito enganosos; um solo adornado com árvores altas e graciosas nem sempre é favorável, exceto, claro, para essas árvores.

Plínio, o Velho, *História natural*, 79 d.C.

Realmente, a Amazônia é a última página, ainda a escrever-se, do Gênesis.
[...] na Amazônia, as mudanças extraordinárias e visíveis ressaltam no simples jogo das forças físicas mais comuns. [...] E, ainda, sob aspecto secamente topográfico, não há como fixá-la em linhas definitivas. De seis em seis meses, cada enchente que passa é uma esponja molhada sobre um desenho malfeito: apaga,
modifica ou transforma os traços mais salientes e firmes.

Euclides da Cunha, *Um paraíso perdido*, 1906

Diferentes em seus propósitos, os exploradores, os naturalistas e os partidos de fronteiras eram unidos em sua admiração pela complexidade e diversidade das florestas tropicais pelas quais viajavam. Os naturalistas do século XIX comentavam constantemente sobre a riqueza da região, mas, depois, lamentavam o mau uso desses recursos naturais. Fosse naturalista, marinheiro ou simples aventureiro, todos observavam infalivelmente que a riqueza da terra contrastava fortemente com a pobreza de seu povo, a mesma pobreza atribuída à indolência e à inépcia dos ocupantes da região. Os vitupérios lançados contra os amazônicos não eram pequenos. Henri Coudreau, um dos maiores exploradores e conhecedores dos afluentes do sul do rio Amazonas, e um fanático defensor da superioridade ariana, escreveu: "a única maneira de ocupar esta região seria estabelecer colônias brancas". Até o brilhante barão Alexander von Humboldt sentia que a indolência e a civilização inferior das populações nativas refletiam a generosidade do ambiente: "O grau de civilização possui uma relação inversa com a fertilidade do solo e o benefício da natureza que os cerca".

Ocorreu a poucos visitantes que a exuberância biológica que tanto admiravam poderia impor sérias limitações às formas de agricultura que esperavam estimular. A forma ordenada da agricultura europeia era bastante incompatível com os campos desordenados de culturas mistas que eles pesquisavam com tanta aprovação. Walter Bates, outro naturalista do século XIX, que era entomologista de formação, ao menos notou as pragas de animais e sugeriu que elas poderiam prejudicar a produtividade. Bates concentrou-se nos papagaios saqueadores que assolam os campos de arroz, nas inevitáveis e altamente destrutivas incursões da formiga-cortadeira, e nos ratos famintos nos armazéns de cacau. Mas a sua reação foi reiterar o lamento repetidamente levantado na literatura sobre a Amazônia, de que apenas se a população local fizesse a agricultura da maneira adequada – isto é, a maneira europeia – as coisas seriam diferentes.[1]

---

1 O contraste entre o estimulante crescimento e a densidade da vegetação e a pobreza das populações também foi resumido por Bates (1910): "[é] só a indiferença e a preguiça que impedem as pessoas de se cercarem de exuberância comestível". Esse tom ecoa pelos volumes dos observadores em suas viagens pela Amazônia, de Agassiz a Wallace. Os temas da preguiça das populações locais e da subutilização dos recursos têm seu corolário: se eles não conseguem fazer direito, os colonos europeus conseguem. Como Henri Coudreau (1897), em sua maneira expressivamente racista, observou, "os arianos teriam dominado o Equador; mas os índios não contribuiriam com quase nada para o resultado... Não demorará muito para que nada reste dessas hordas errantes a não ser suas terras, agora viúvas. Mas essas terras sempre estarão lá, belas, ricas e esperando apenas homens de boa vontade". José Palacios, agrimensor boliviano da ferrovia Madeira-Mamoré, terminou assim seu relatório: "o imenso território que ocupamos é mais adequado para imigrantes estrangeiros". Maury, primo de Herndon, chefe do Observatório Nacional em Washington e impulsionador da Amazônia, estava ansioso para estabelecer um "Novo Sul" perto de Santarém. Sob essa luz, os prospectos dos Farquhar, Ford e Ludwig no desenvolvimento amazônico ganham um tom familiar.

A exuberância dos trópicos enganava frequentemente os recém-chegados. Eles imaginavam que as ricas florestas brotavam de solos férteis, e estavam totalmente enganados. As florestas amazônicas existem em solos predominantemente pobres, segundo os padrões das zonas temperadas. A vegetação daninha, que cresce rapidamente, e a grande diversidade de insetos, pestes e patógenos fazem da agricultura tropical uma tarefa extraordinária, em que os modelos europeus de uso da terra – campos de cultivo compostos de uma espécie – são extraordinariamente difíceis de manter. Das tentativas do mais humilde camponês até o mais arrogante empresário, a história desse tipo de produção agrícola é relatada como fracasso. As pessoas não nativas da região viam seus planos ambiciosos frustrados no confronto entre as suas visões e a realidade da própria Amazônia. Seu éden tropical era mais refratário do que eles supunham.

***

A Amazônia aparece no imaginário popular como uma vasta faixa verde de floresta, na sua maioria plana, que se estende continuamente desde a base dos Andes até o oceano Atlântico, sem variação na sua geologia e na superfície. Na realidade, o terreno através do qual o sistema do rio Amazonas flui é de uma variedade imensa. Alguns solos são excessivamente ricos, outros tão pobres que são essencialmente uma areia esbranquiçada. Nas regiões que o naturalista Spruce denominou de "os rios mortos" – a drenagem do Rio Negro –, as florestas são quase silenciosas, a vegetação miúda e as águas escuras, quase pretas pelos ácidos húmicos. Em outro lugar, onde os solos são mais ricos, como no sudeste do Pará, as florestas são repletas de vida selvagem e a terra é vermelha arroxeada. Há também enormes áreas de pântano. Amplas extensões da Bacia Amazônica mantêm a savana nativa. Em resumo, a Amazônia é continental, tem quase o tamanho dos Estados Unidos, e abarca uma profusão de diferentes climas, geologias e ecossistema.

A geologia da Amazônia

Observe a região amazônica como um todo e compreenda os diferentes ritmos geológicos e biológicos da região. Estamos basicamente olhando para um funil que canaliza cerca de 6 milhões de quilômetros quadrados, com a sua extremidade larga nos Andes, entrando na Colômbia a noroeste e, depois, descendo em um enorme semicírculo através do Equador, Peru e Bolívia. Este funil se estreita gradualmente à medida que os grandes afluentes descem para a planície amazônica e aumentam o rio-mar enquanto se dirige para o Atlântico através da extremidade estreita do funil em Belém. Ao norte e ao sul do funil, respectivamente, ficam o que os geólogos chamam de Escudo das Guianas e Escudo Brasileiro. As formações pré-cambrianas são algumas das superfícies terrestres mais antigas do planeta, parte do primeiro continente do jovem mundo, Gondwana, formado há cerca de 100 milhões de anos. Suas águas também fluem para a bacia, e grandes áreas dos escudos estão envoltas em florestas exuberantes. Os pontos de contato entre os escudos e seus sedimentos terciários ou mais jovens na bacia são claramente expressos nas corredeiras e quedas que agitam as águas onde se encontram.

Os contornos da Amazônia são divididos em poucas formas geológicas básicas: os Andes ascendentes – fonte da maioria dos sedimentos da bacia – e os escudos cristalinos pré-cambrianos que circundam a imensa bacia sedimentar. A bacia propriamente dita é composta por dois acidentes geográficos básicos: a terra firme, ou os planaltos do período terciário ou pleistocênica, e a várzea. A terra na bacia é composta por planaltos baixos e colinas arredondadas.

Em sua formação anterior, o Amazonas fluía para o oeste até o Pacífico, em um canal entre os dois grandes escudos. O acesso ao Pacífico foi fechado quando os Andes emergiram cerca de 40 milhões de anos atrás, criando um lago meio estanque. O rio, agora bloqueado por rochas ascendentes, deslocou seu fluxo para o Atlântico, levando consigo os ricos sedimentos da nova cordilheira, e começou a moldar os contornos da bacia como a vemos atualmente.

Agora veja a Amazônia novamente de uma galeria andina: o rio fica mais ou menos na linha do equador, seus afluentes à esquerda nascem no hemisfério norte, enquanto aqueles que alimentam o rio pela direita se elevam no hemisfério sul. A partir da foz do rio Amazonas, cerca de 3.200 quilômetros, o gradiente de terra aumenta apenas cerca de 90 metros.

As florestas de campinas

Observe o Norte, onde as águas do rio Negro descem de antigas rochas do Maciço das Guianas do Brasil, Venezuela e partes da base da cordilheira colombiana. Essas águas escoam pelos famosos solos de areia branca, sedimentos altamente erodidos oriundos do Escudo das Guianas e quase desprovidos de nutrientes vegetais, como o fósforo, o nitrogênio e o potássio. A baixíssima fertilidade desses solos produz uma vegetação conhecida localmente como campinas, em descompasso com as concepções comuns de floresta tropical, mas que compreende uma das maiores formações vegetais da Amazônia. As tonalidades da campina são cinza-claro, ocre e ferrugem. Comparadas a outras florestas amazônicas, as campinas não são particularmente ricas em espécies. As folhas coriáceas e os campos abertos têm pouca semelhança com o que normalmente se pensa ser a vegetação amazônica. Líquens que parecem corais inchados crescem pelo solo. Em condições tão inóspitas ao crescimento, eles estão entre os organismos mais resistentes da natureza e florescem na submata da floresta, captando os poucos nutrientes da água da chuva e fixando-os em seus tecidos. Os galhos das árvores têm lindas orquídeas, mas a paisagem geral nada lembra as árvores e as numerosas copas dos cenários de selva representados por Hollywood. Nessas florestas, caminha-se sobre um tapete grosso e elástico de serapilheira, às vezes com um metro de profundidade, bastante atípico de outras partes da floresta amazônica onde tais camadas mal existem. O tapete permanece espesso porque os insetos e os micro-organismos, que de outra forma quebrariam as folhas em elementos químicos para reabsorção pelas plantas, são dissuadidos pela composição química das folhas, que inclui muitos taninos e ácidos húmicos.[2]

---

2 Discussões detalhadas sobre o rio Negro são fornecidas por H. Klinge (1967). O ensaio de revisão de A. B. Anderson (1981), sobre as campinas na Amazônia, é um excelente levantamento da literatura. Para uma discussão teórica estimulante ver Janzen (1974). Uma importante estação de pesquisa – São Carlos do Rio Negro – está localizada perto da vegetação de campina, e grande parte da pesquisa realizada lá se concentra na dinâmica ecológica dessa vegetação (ver Jordan, 1987).

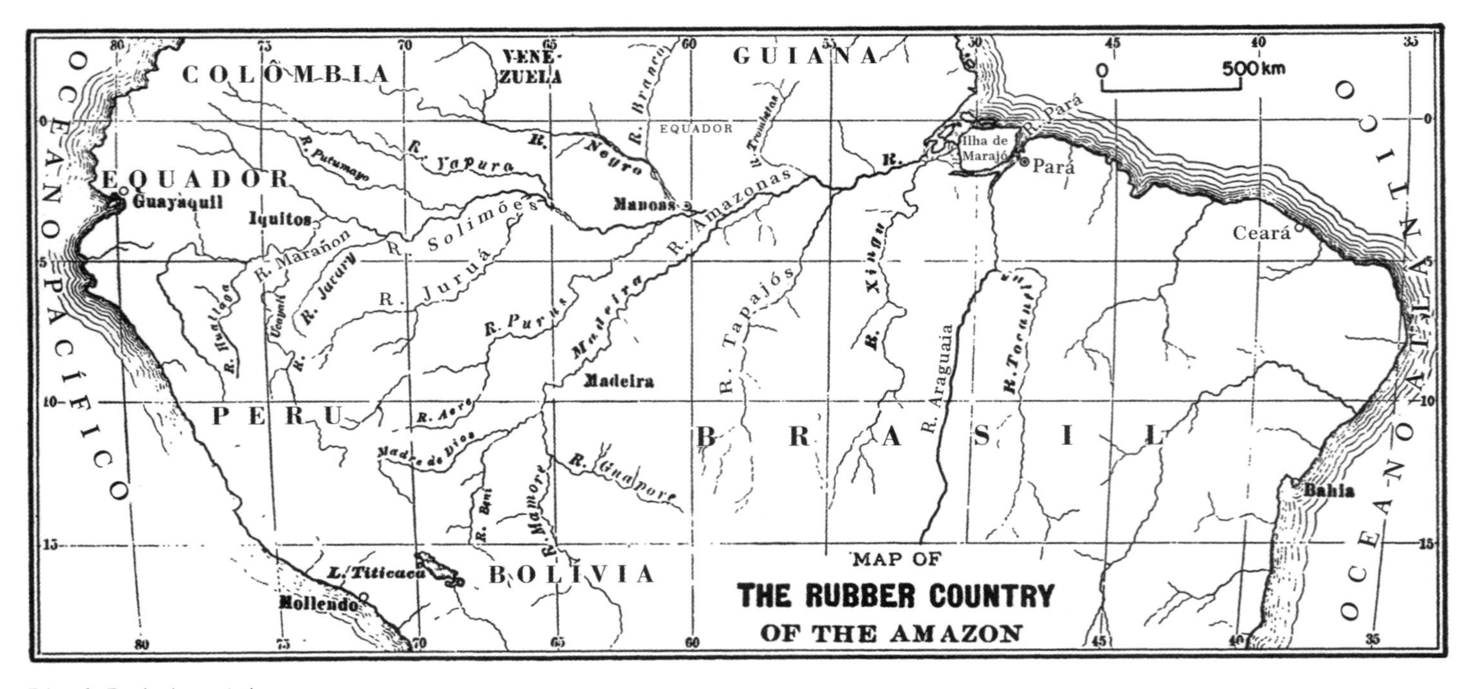

Rios da Bacia Amazônica.

Essa área da Amazônia vê uma média de cerca de 3 metros de chuva por ano, mais que o dobro da taxa para o nordeste úmido dos Estados Unidos. As chuvas penetram no tapete de serapilheira e depois, as águas, escurecidas pelos ácidos e taninos, correm rapidamente pelo solo arenoso, descendo para córregos ou igarapés e, eventualmente, para o próprio rio Negro, que Orellana descreveu como "preto como tinta".

Das cabeceiras do rio Negro, os viajantes podem chegar à drenagem do Orinoco da Venezuela pelo Canal Casiquiare. Quando esse acesso natural entre as bacias do Orinoco e do Negro foi descrito pela primeira vez por La Condamine, a Academia Francesa de Ciências ficou admirada. Significava que o Orinoco, o Amazonas e os afluentes do Guaporé ao Paraguai, e daí as drenagens do Prata, formavam uma vasta rede de transporte fluvial, ligando os principais sistemas fluviais de todo o continente. La Condamine estava repetindo a história do frade jesuíta Roman, que subia o rio Orinoco quando encontrou traficantes de escravos portugueses do rio Negro. No final do século XVIII, Humboldt havia explorado essa ligação fluvial de 354 quilômetros entre os dois principais sistemas fluviais. O canal de fluxo rápido pode ter sido resultado de deslocamentos da crosta terrestre, mas em águas altas o rio Negro é capaz de desviar até um quarto das águas do alto Orinoco.[3] Atualmente, nos distantes remansos dos afluentes do rio Negro, garimpeiros e indígenas Yanomami lutam pelo futuro de partes importantes de suas bacias, assim como os aventureiros holandeses e portugueses lutaram para controlá-la há mais de trezentos anos.

À medida que se sobe o rio Negro, o rio Branco drena grandes áreas do Escudo Brasileiro. A cerca de 400 quilômetros da foz do rio Branco começam as corredeiras do Caracaraí, estendendo-se por quase 20 quilômetros. Uma vez ultrapassadas, a floresta recua e a savana brasileira ao redor dos rios Branco-Rupinuni, com mais de 40 mil quilômetros quadrados de extensão, estendem-se no horizonte. Os terrenos ligeiramente ondulados e os sistemas de riachos pouco desenvolvidos provocam camadas de inundação e, na estação chuvosa, esta savana transforma-se em pântano. Durante as cheias, as cabeceiras dos sistemas dos rios Branco e Negro anulam as distinções entre terra e água e entre bacias hidrográficas, e, no passado, tais

3 Uma excelente revisão da geomorfologia e hidrologia da Amazônia é encontrada em Sternberg (1975).

entroncamentos aquáticos serviram para fornecer o que um geógrafo chamou de as "vias culturais mais significativas" da América do Sul.[4] Nessa região, línguas, mercadorias e culturas fluíam de uma bacia para outra, ligando os rios Orinoco e Essiquibo ao Amazonas.

Os rios dos Andes

Seguindo agora para o centro da extremidade ocidental e mais ampla do funil, vê-se o Putumayo, de onde Roger Casement, em 1912, trouxe relatos de selvageria e escravidão que destruíram 80% dos povos indígenas daquela parte da Amazônia. Navegável por mais de 1.200 quilômetros acima de sua foz, o rio Putumayo não passa por nenhuma corredeira. Ele nasce nos Andes colombianos e peruanos e, de fato, marca sua fronteira nacional compartilhada antes de entrar no Brasil, onde leva o nome de Içá. O rio encontra-se com o Solimões, como é chamado o rio Amazonas antes que suas águas turvas se misturem com as águas escuras do rio Negro. Ricos em sedimentos da cadeia andina mais jovem, o Putumayo e os rios irmãos ao norte e ao sul, o Caquetá e o Marañon, descem para a Bacia Amazônica. Todo ano, na estação chuvosa, eles inundam e depositam seus aluviões em suas margens. Conhecidas como várzeas, elas se tornaram uma das mais ricas áreas agrícolas da bacia, valorizadas pelos lavradores desde a chegada do homem à Amazônia. Aqui, colheitas anuais, plantações de palmeiras e frutas, cultivo de tartarugas, peixes de água doce e aves aquáticas alimentavam tribos indígenas, como os Omágua e os Mayoruna, que prosperaram tão poderosamente que, quando Orellana navegou para fora do Equador, Carvajal, seu escriba, relatou que seus assentamentos se estendiam quase continuamente por centenas de quilômetros ao longo das margens do rio.

Repletos de ricos sedimentos andinos, esses rios – o Putumayo, junto do Juruá e o Purus ao sul – fazem e refazem suas várzeas a cada estação chuvosa, serpenteando interminavelmente ao abrir e fechar novos canais, reinventando a paisagem. À medida que avançamos para oeste a partir das planícies, a paisagem torna-se cada vez mais rica. As chuvas torrenciais das massas de ar úmido que sobem da bacia e colidem com os Andes engrossam torrentes que

4 Cf. Sternberg (1975).

abrem novos canais e, a cada ano, apagam feições antigas, como descreveu Euclides da Cunha. Um ambiente tão dinâmico cria condições para uma diversidade biológica excepcionalmente alta e florestas impressionantes. Um naturalista conduzindo uma pesquisa pode encontrar até quinhentas espécies diferentes de plantas em um fragmento de floresta, e, ao mover-se quinze quilômetros para longe, encontrar outras tantas espécies, com pouca sobreposição entre as duas. O mesmo acontece com os insetos. Aqui estão algumas das florestas amazônicas do imaginário popular, embora elas sejam de estatura mediana para os padrões da Bacia Amazônica.

Mas, mesmo nessa região, embora a floresta possa parecer uniforme, há um mosaico de diferentes tipos de floresta, da mesma forma que as florestas de carvalhos e bordos em Michigan podem estar próximas umas das outras, mas abrigam e sustentam diferentes conjuntos de animais e plantas. Nenhum exemplo desse fenômeno é mais claro do que o das diferenças entre os grandes rios Juruá e Purus, que nascem nos Andes ao sul do Putumayo e são célebres por suas seringueiras. Muitas vezes chamados de rios "gêmeos" por causa de suas semelhanças, o Purus e o Juruá serpenteiam vagarosamente por vastas planícies de lagos e florestas inundadas, de largura uniforme por mais de 1.600 quilômetros. Ao contrário da maioria dos rios amazônicos, cada curva ao longo de seu curso possui um nome de lugar ou pequeno vilarejo que testemunha o intenso comércio de borracha do passado. No entanto, apesar das semelhanças dos dois rios, existem diferenças decisivas em sua composição botânica. O alto Juruá, por exemplo, o rio mais famoso para a seringueira no Brasil, tem densas plantações de *Hevea* (seringueira), mas praticamente não há castanheiras; enquanto no rio Acre, o principal afluente do Purus, a floresta é rica de ambas as plantas.[5]

Os mundos do Madeira, Tapajós e Araguaia

Ao sul e leste, na parte inferior do funil, entramos na área delimitada pela Bolívia e canalizada pelo Escudo Brasileiro. A oeste está o rio Beni, começando quase em La Paz e drenando as densas florestas de planície da Bolívia;

5 Levantamentos de formações vegetais amazônicas podem ser encontrados em diversos artigos. Por exemplo, o importante clássico de Ducke e Black, publicado em 1953. As colaborações de Pires e Prance (1977) também trazem excelentes críticas. Cf. também Prance (1982).

depois, a leste, o rio Mamoré também canaliza a planície da Bolívia e desemboca no rio Guaporé. O Guaporé começa sua descida para a Amazônia nas zonas de savana, não muito longe do Pantanal – enorme placa pantanosa que abriga um dos mais ricos conjuntos de fauna do mundo –, e divide o Brasil e a Bolívia por várias centenas de quilômetros. Os rios Beni, Guaporé e Mamoré convergem no rio Madeira. O Madeira flui para nordeste através das planícies florestais antes de se juntar ao Amazonas a cerca de 1.450 quilômetros do oceano Atlântico. Como os outros grandes afluentes a leste – Tapajós, Xingu e Araguaia –, o Madeira nasce nos campos abertos e matagais do Escudo Brasileiro no planalto mato-grossense, a cerca de 600 metros de altitude. As nascentes serpenteiam pelo planalto nos estreitos veios da floresta, intercalados com savanas abertas e matagais, o belo cerradão. À medida que lentamente esculpem a paisagem, os riachos deixam para trás as longas estações secas para climas mais úmidos. Seus cursos aumentam e a paisagem se torna um mosaico irregular de floresta de terra firme, pastagens e savana de palmeiras. Então, essas águas descem do escudo em cataratas, espetaculares e mortais. O rio Madeira tem mais de 320 quilômetros de corredeiras e desce pela calha geológica marcando o ponto de contato do escudo com a bacia sedimentada. As florestas do interior do Madeira eram famosas por sua borracha, enquanto suas margens erodidas nutriam uma indústria inicial de cedro tropical, pois os troncos à deriva, que dão nome ao rio, foram arrastados para a praia e serrados. O médio Madeira é conhecido pelo mogno, chipre tropical e cerejeiras, menos abundantes nas bacias hidrográficas a oeste. Nascido de fontes tanto nos Andes quanto, através do Guaporé, nas áreas próximas ao escudo, o rio carrega uma carga de sedimentos, e, no delta, onde encontra o Amazonas, há uma ilha de 200 quilômetros de extensão. Essa ilha, chamada Tupinambaranas, foi um antigo refúgio para traficantes de escravos e piratas.

Siga para leste novamente para o vale do rio Tapajós. O Tapajós, um rio de águas claras, encontra o Amazonas em Santarém. Sítios arqueológicos próximos à confluência produziram algumas das cerâmicas mais primorosas, de uma beleza delicada raramente igualada em outros lugares da América do Sul. A área já foi densamente povoada pelos Tapajó, exterminados há mais de 250 anos, que eram capazes de "segurar 60 mil arcos".[6] Eles deixaram apenas seu nome e a cerâmica quando deixaram este mundo.

6 Ver Sternberg (1975).

A paisagem na confluência do Tapajós com o Amazonas lembrou ao botânico do século XIX Spruce um "campo inglês de prazeres" com pequenas árvores, arbustos floridos e cajueiros, com seus frutos vermelhos e amarelos, elegantemente intercalados entre gramados. Descendo o rio Tapajós, gradualmente deixamos para trás as matas abertas e as campinas para paisagens mais próximas das imaginadas da floresta amazônica; o Tapajós foi uma área importante para produtos como salsaparrilha, óleo de copaíba e, mais tarde, borracha. O rio estende-se profundamente para o Escudo Brasileiro, fluindo mais de 965 quilômetros ao sul. Essas florestas tornam-se mais esparsas à medida que se sobe no escudo até o cerradão, as florestas de transição e as savanas abertas.

A quilômetros a leste, o próximo grande afluente, o rio Xingu, conhecido hoje principalmente pela reserva indígena em seu trecho sul, teve uma história mais tranquila do que a maioria dos outros grandes rios da região. Outrora terreno dos missionários jesuítas, permaneceu relativamente inexplorado até a década de 1880. O Xingu entrou para a história no final do século XIX, quando o jovem antropólogo alemão Karl von den Steinen fez a sua expedição. Conduzindo ao norte uma caravana de bois do planalto de Mato Grosso, através de savana e matagal, o grupo deparou-se com as cabeceiras do Xingu. Os planos superiores desse rio erodem um "sedimento chanfrado, cobrindo a superfície que tem sido comparada a um 'espanador de penas', proporcionando aos índios locais mais de 1.600 quilômetros de canais de fluxo".[7]

Na maré alta, esses rios são facilmente navegados por canoas; no passado, foram ponto de encontro de praticamente todos os grandes grupos linguísticos amazônicos – Tupi, Jê, Arawak e Karib. Von den Steinen mal podia acreditar em sua boa sorte. Os indígenas ficaram menos satisfeitos; muitos grupos fugiram para o santuário proporcionado pelas cachoeiras e corredeiras de um lado, e a proteção do cerradão e do campo do outro, visto com indiferença econômica pela maioria dos aventureiros anteriores. O confuso labirinto de riachos povoado por numerosas e diferentes tribos, algumas, como os Txucarramãe e os Suyá, famosas por sua beligerância, desencorajavam a exploração. A rota fluvial do Mato Grosso ao Amazonas era mais facilmente navegável pelos rios Madeira e Tapajós.

7 Ibid.

Ainda a leste, o rio Araguaia inicia seu curso em Mato Grosso. Quase a oeste da cidade de Cuiabá, começa o rio das Mortes, assim chamado porque, através de seus cerrados e matas ciliares, havia um território indígena do qual poucos brancos retornaram. Esse Estige[8] amazônico é o afluente mais ocidental do grande Araguaia, cujas águas claras correm por uma imensa diversidade de vegetação. A característica mais notável é a enorme ilha de Bananal, uma pastagem pantanosa repleta de caça. O Araguaia corre pelas florestas de mogno, castanheiro e seringueira e, agora, cada vez mais, por paisagens degradadas, destinadas para pastagens, ao longo de sua margem, um dos cursos d'água mais primoroso do mundo.

As águas quebradas

Conhecendo os contornos fundamentais de toda a região, é possível antecipar as aventuras e reveses das muitas viagens dos séculos XIX e XX. Como aconteceu com os muitos viajantes que se aventuraram por qualquer um desses rios – Madeira, Xingu, Tapajós e Araguaia – que desaguam do Escudo Brasileiro, ou os intrépidos pioneiros que enfrentaram os rios Branco, Negro e Uaupés, encontra-se, repetidas vezes, as mesmas alegrias e tristezas. Ao longo das primeiras centenas de quilômetros, os viajantes contam alegremente os dias fáceis nos majestosos rios mais baixos, largos e desobstruídos, ladeados por florestas de várzea e assentamentos agrícolas. Em seguida, vem a prosa irritada e cada vez mais desesperada, conforme os viajantes confidenciam em seus diários a primeira, quase imperceptível e pontiaguda elevação do terreno em direção ao escudo, espelhada a cada légua em cataratas, trechos de corredeiras, águas quebradas, redemoinhos; tudo fontes de uma locomoção exaustiva, perda de carga e morte por afogamento. A cada semana – por mais de 350 quilômetros no caso do rio Madeira –, aqueles mais corajosos encontravam cataratas e corredeiras antes de, finalmente, no escudo, voltar a encontrar amplos trechos de água mais calma e de fácil circulação entre os grandes afluentes, antes que a água se torne muito rasa, viável apenas para pequenas canoas.

8 Referência à mitologia grega, que significa o rio que conduz as almas ao submundo. (N. T.)

A história seguiu a geografia. Abaixo das cataratas, os comerciantes vasculhavam as florestas; nos primeiros dias, em busca de escravos, depois, quando uma população mestiça e destribalizada surgia às margens abastecendo os rios, em busca de provisões e de colheitas de salsaparrilha, cacau, borracha, óleo de copaíba, índigo e baunilha. Aqui, a competição entre os comerciantes podia ocorrer. Acima das cataratas, muitas tribos indígenas buscaram refúgio da escravidão formal ou da servidão por dívida e tentaram reconstruir suas culturas destruídas. Lá, elas frequentemente se encontravam mergulhadas em amargas guerras intertribais contra grupos indígenas igualmente deslocados. Mas as cataratas também serviam para separar os comerciantes e, via de regra, aqueles que sobreviviam às cascatas podiam desfrutar do monopólio comercial da região além das corredeiras, e, certamente, aqueles que controlavam as corredeiras também controlavam os preços.[9]

Do baixo rio Amazonas até a cidade de Santarém, tão apreciada por Spruce e Bates, os viajantes podiam controlar suas embarcações de acordo com as marés e os ventos alísios. Rio acima, a navegação em dias anteriores ao vapor exigia dezenas de homens conduzindo e remando contra as correntes. No entanto, nenhuma catarata impediu sua jornada por milhares de quilômetros até chegarem na base dos Andes. As embarcações preparadas para atravessar oceano podiam facilmente fazer o caminho de Iquitos no Peru. Essa camada ocidental, além da amplitude das marés, entre os traiçoeiros canais, ilhas e lagos laterais do grande rio, era um terreno político contestado com a Espanha voltado para o leste, em direção ao avanço português.

A multiplicidade de espécies

Euclides da Cunha, o brilhante geógrafo e jornalista que serviu na equipe de pesquisa brasileiro-boliviana após as guerras do Acre de 1898, argumentou certa vez que a Amazônia era "a última página, ainda a escrever-se, do Gênesis". Nenhuma outra área do mundo contém uma variedade tão

9 O clássico de Robert Murphy, *Headhunter's Heritage* (1960), descreve em detalhes o impacto das corredeiras nas relações comerciais dos Munduruku. O rio Madeira acima das corredeiras era também o domínio monopolizado de um ou dois comerciantes que conseguiam controlar o comércio com pouca generosidade. Barbara Weinstein (1983b) também traz informações sobre o controle das redes de comércio.

abundante de seres vivos. Até recentemente, os cientistas estimavam o número de espécies no planeta em um enorme, mas ainda compreensível, 1,5 milhão. Mas os estudos do entomologista Terry Erwin sobre a diversidade de besouros em uma única árvore sugerem um número muito maior. Erwin observou que, enquanto trabalhava no dossel da floresta, sua equipe identificou mais de 3 mil espécies de besouros em apenas cinco lotes de 12 metros quadrados cada. Extrapolando esses estudos, ele calculou que, com base no número total de espécies de árvores e insetos, havia na Terra mais de 30 milhões apenas de espécies de insetos. Essas estimativas são contestadas e o limite geralmente aceito para todas as espécies da Terra é de cerca de 5 milhões. Na verdade, ninguém sabe, nem mesmo em ordens de magnitude, o número de espécies, mas, ao menos, metade de qualquer número na faixa aceita pode ser encontrada nos sistemas de drenagem da Amazônia. Uma árvore pode carregar sozinha muitas espécies peculiares a ela, e cada região, pelo menos em sua fauna e flora de insetos, compartilha poucas espécies com outras áreas da Amazônia. Assim, em pequenas distâncias no Equador, apenas 10% dos insetos de um lote foram encontrados no lote seguinte. Na floresta de Manaus, a 80 quilômetros, compartilhava apenas 1% das espécies.[10]

Novas espécies evoluem de duas maneiras. A primeira é por poliploidia, a multiplicação do número de cromossomos nos organismos; isso pode ocorrer com espécies já existentes ou, em híbridos, com duas espécies; a modesta espiga de milho original torna-se o poliploide maior e mais exuberante da história humana recente. Essa forma de multiplicação cromossômica resulta de mutações espontâneas ou por hibridização, e é característica central da domesticação humana de plantas. O segundo processo, e talvez aqui o mais relevante, a especiação alopátrica, envolve o isolamento geográfico e, portanto, a disparidade de organismos de estoques semelhantes à medida que se adaptam a ambientes diferentes. O isolamento geográfico e a competição são centrais na teoria de Darwin sobre a origem das espécies e explicam seu fascínio pelos pássaros de Galápagos, que, embora originando-se de ancestrais genéticos semelhantes, variavam sutilmente entre as ilhas do arquipélago.

---

10 Erwin, em Tropical Forest Canopy: the Heart of Biotic Diversity (1988), texto excelente e acessível, resume grande parte dos dados e debates atuais sobre as questões da biodiversidade.

A poliploidia pode acontecer em uma geração, mas a especiação alopátrica é mais demorada. Por muitos anos, um corpo de teorias enfatizou os chamados "modelos de equilíbrio" na contabilização da diversidade tropical. A visão de mundo subjacente aqui propõe que a diversidade cada vez maior é a consequência da estabilidade, tanto no tempo geológico quanto nas comunidades de organismos. As populações estão amplamente distribuídas, e as subpopulações separadas por grandes distâncias começam a evoluir por caminhos separados no ambiente benéfico de temperaturas quentes e chuvas abundantes. Assim, a diversidade é função de uma longa história em condições benéficas onde as interações ecológicas de competição, coevolução e predação produziram separações cada vez mais finas de espécies distintas e, portanto, seus diversos representantes nas planícies tropicais.[11] Em contraste com as mudanças tumultuosas no hemisfério norte, o avanço e recuo das geleiras que levaram muitas espécies à extinção, à medida que os climas se alteravam e os *habitats* diminuíam, as florestas permaneceram imperturbáveis, continuando silenciosamente a desenvolver milhões de espécies. Esta, no jargão, é a hipótese do "tempo disponível". Nessa percepção, conservadora da economia natural, as mudanças são lentas e quase imperceptíveis. A medida aqui é o passo lento do tempo, no ritmo de uma montanha em erosão lenta. Muitos dos proponentes dessa visão derivam sua inspiração do geólogo escocês, do século XIX, Lyell.

Uma premissa central da hipótese do "tempo disponível" é que os trópicos não foram afetados pelas geleiras. Mas, embora essas áreas possam não ter sentido o ataque direto do gelo, há evidências de considerável turbulência climática, expressa em mudanças no nível do mar, temperatura e precipitação que teriam forçado mudanças na distribuição de espécies incompatíveis com a conformidade imponente do "modelo de equilíbrio".[12]

Contra essa economia natural conservadora se coloca um mundo em constante e rápida transformação: os modelos de "não equilíbrio". Aqui

11 Para uma visão geral elegante das teorias da diversidade tropical antes da explosão das hipóteses de perturbação, não há nada melhor do que o trabalho de Baker, "Diversity in the Tropics" (1972).

12 Evidências de mudanças climáticas na Amazônia baseiam-se em estudos de pólen de cones de lagos permanentes que fornecem um padrão geral da vegetação do passado, em estudos de geomorfologia da bacia e deposição de sedimentos na foz e em modelos de simulação climática. Colinvaux (1982) traz bons resumos sobre as mudanças climáticas tropicais durante a última era glacial e analisa ampla variedade de dados. Outro obra útil é Prance (1982).

está um ambiente evolutivo influenciado por forças grandes e pequenas, desde a agitação geológica e a catástrofe climática até a queda casual de uma árvore que pode atravessar um riacho e abrir o chão da floresta à luz. Nesse mundo de calamidades, a diversidade de espécies na floresta reflete as constantes rupturas granulares da queda de árvores criando clareiras e novos ambientes, uma paisagem de manchas de diferentes idades onde tais eventos mudaram constantemente as regras do jogo e a exclusão competitiva nunca poderia prevalecer inteiramente. Esta não é uma floresta primitiva onde espécies e comunidades evoluem em um ritmo imponente, mas sim uma floresta em que ocorrem mudanças rápidas: 25% das árvores podem morrer em um período de apenas quinze anos.[13]

Ao tentar explicar por que a Amazônia tem tantas espécies, biogeógrafos, botânicos e ecologistas começaram a buscar explicações em diferentes escalas históricas e inferir maneiras pelas quais a especiação alopátrica poderia ocorrer. Com novos dados sobre os impactos das mudanças climáticas de longo prazo, a ideia de que a Amazônia havia sido isolada dos eventos do Pleistoceno não pode ser sustentada. O trabalho de Jürgen Haffer e Ghillean Prance levou à formulação da teoria dos "refúgios" para explicar o número de espécies e suas distribuições na Amazônia. Essa visão argumenta que, durante as glaciações da fase do Pleistoceno, 10 mil anos atrás, mudanças abruptas no clima hemisférico transformaram grandes áreas da Amazônia em savana; no entanto, algumas partes – bases dos Andes, sempre bem irrigadas, ou regiões mais ao leste, cujos contornos atraíam chuvas – permaneceram úmidas. Extensões mais secas de savana separavam essas "ilhas" de florestas tropicais. Isoladas geograficamente umas das outras, espécies distintas evoluíram; quando ocorreram épocas mais úmidas, a floresta recuperou as terras mais áridas. A teoria dos "refúgios" explicou pela primeira vez várias características curiosas das florestas amazônicas: como um gênero pode ter diversas espécies semelhantes crescendo adjacentes umas às outras, ou serem codominantes no mesmo *habitat*. Isso desafiou a teoria da exclusão competitiva, que argumenta que, onde espécies semelhantes

13 Estes são os resultados de um longo estudo realizado em Belém por Mourca Pires, um dos mais destacados botânicos amazônicos. Os resultados estão de acordo com outros resultados em muitas áreas nos trópicos úmidos. Provavelmente, o analista mais conhecido é Gary Hartshorn (cf. 1980), cuja pesquisa pioneira ajudou a redefinir a natureza das florestas tropicais.

habitam a mesma área, uma delas dominará. A teoria também explicava as marcantes descontinuidades na distribuição das espécies na Amazônia.

Em seus ensaios sobre paleoecologia amazônica, o biólogo Paul Colinvaux desafia as teorias dos "refúgios" associadas a Haffer e Prance, agora curador do Kew Gardens. As origens da diversidade de espécies tornaram-se objeto de um renovado debate. Colinvaux contesta a hipótese dos "refúgios" com base em várias formas de dados e concentra-se em distúrbios endógenos – quedas de árvores, inundações, eventos catastróficos locais – em grau muito maior. Ele isola até cinco tipos de distúrbios ou eventos que aumentaram a diversidade, sustentando que as mudanças climáticas afetaram a região de maneira diferente.

Uma das propostas centrais da teoria dos "refúgios" é que as bases úmidas dos Andes serviram como santuários durante os episódios de seca no Pleistoceno. Dados da palinologia – estudo do pólen depositado em sedimentos de lagos para determinar os padrões de vegetação do passado – sugerem que as encostas andinas eram muito mais frias, talvez de -9 °C a -12 °C. Segundo Colinvaux, a prevalência do pólen de espécies tolerantes ao frio na bacia amazônica ocidental é um argumento do avanço de espécies andinas mais robustas para o que hoje é o *habitat* tropical.

As inundações têm particular importância para explicar a diversidade de espécies na Amazônia, tanto no nível das grandes catástrofes históricas quanto nas inundações anuais da paisagem e da vegetação. Elas têm afetado os ambientes amazônicos e a diversidade de espécies de várias maneiras. Durante os períodos Cenozoico e interglacial do Pleistoceno, o nível do mar subiu e os largos cursos dos rios podem ter se tornado tão grandes que isolaram, em graus não vistos hoje, algumas populações de animais e plantas em arquipélagos e ilhas. Isso ajuda a explicar as diferenças atuais da flora e fauna nas várias bacias hidrográficas. Em um nível intermediário, a inundação de cem ou duzentos anos fornece o tipo de evento catastrófico que oblitera a vegetação madura e a reduz de volta ao solo nu. Colinvaux apresenta evidências consideráveis de que, pelo menos uma vez nos últimos duzentos anos, a floresta de várzea nas principais drenagens ocidentais foi interrompida por longas inundações causadas pelo aumento das chuvas nos Andes. Na Amazônia ocidental, mais de um quarto da superfície terrestre está sendo retrabalhada pela mudança dos cursos dos rios.

Nada poderia ser mais contrário à visão da floresta primitiva, inalterada até o machado e os incêndios dos tempos modernos. Colinvaux considera que "possivelmente um quarto das florestas de toda a região foi destruído por rios caudalosos dentro de não mais que três gerações de árvores, e que provavelmente mais de um décimo de toda a floresta ocidental é alterada com tanta frequência que é mantido em estágios sucessórios iniciais". Finalmente, as inundações anuais conduzem a fauna de insetos que habitam essas florestas em direção ao dossel ou outros *habitats* de terra firme, que, cheios de outras espécies, à medida que novos habitantes de meio período chegam, veem essas populações serem atingidas pelas pressões de seleção, como a competição e a predação.

O alcance das alterações em escalas de longo e curto prazos confere à paisagem uma instabilidade que pode ser crucial na evolução de sua diversidade. Como escreveu Euclides da Cunha, "cada enchente que passa é uma esponja molhada sobre um desenho malfeito: apaga, modifica ou transforma os traços mais salientes e firmes". Os climas sazonais nas partes norte e sul da bacia estão sujeitos a ciclos severos de seca e inundações, com consequentes efeitos sobre a diversidade de organismos. Além disso, as florestas de terra firme estão sujeitas a desmatamentos há quase quatro milênios, muitos causados pela intervenção humana.[14]

Assim como as fantasias sobre a Amazônia visitada pelos pioneiros e naturalistas governavam suas observações e comportamentos, os modelos científicos descritos nestas páginas também têm consequências práticas. Aqueles cuja visão da Amazônia é informada pela ideia de uma floresta intocada, estável desde o início dos tempos tendo o homem como um intruso tardio na epopeia natural, tendem a ter uma atitude catastrofista diante de qualquer forma de intervenção humana. A solução para a destruição da floresta tende à criação de grandes "reservas": reservas naturais das quais o homem está excluído. Por exemplo, a Tropical Rain Forest Action, desenvolvida por órgãos que incluem o Programa das Nações Unidas para

14 Buck Sanford e seus colegas em São Carlos foram os primeiros analistas do papel do fogo na ecologia formal da Amazônia, mas relatos antropológicos sobre esse tema são encontrados na literatura histórica – Coudreau, Von Steinen, Tastevin –e em estudos de observadores atuais das práticas nativas do uso da terra – ver, por exemplo, Hecht e Posey (1989), Denevan e Padoch (1987). O geógrafo Carl Sauer foi um dos mais eloquentes estudiosos sobre o papel do fogo na gestão da terra nativa. Estudos recentes de Saldarriaga e West (1986) mostram a ocorrência generalizada de fogo em zonas de terra firme.

o Meio Ambiente (Pnuma) e o World Tesoures Institute, recomenda uma política rigorosa de preservação de florestas para tornar "reservas ecológicas as áreas substanciais de florestas tropicais remanescentes, a serem protegidas de todas as formas de invasão". O mesmo acontece muitas vezes com aqueles cuja paleoecologia se baseia na noção de refúgio.

No modelo de conservação baseado nos "refúgios", áreas de diversidade especialmente alta são protegidas e tornam-se essencialmente museus evolutivos. Extrapolando as teorias da biogeografia insular, os conservacionistas sugerem que cerca de vinte parques, localizados em áreas de alta diversidade e protegidos de forma adequada, seriam capazes de salvaguardar cerca de 20% das espécies da Amazônia. Além de aceitar a extinção dos outros 80%, essas reservas acabam virando, mais uma vez, édens sob uma redoma da qual as populações locais são excluídas, negadas a qualquer papel na sustentação do ecossistema. Com pouquíssimas exceções – como o Parque Cuyabeno, no Equador, e o Parque Indígena Kuna, no sul do Panamá, essencialmente reservas nativas que combinam com turismo de aventura –, poucas áreas de conservação incorporam populações locais, uma abordagem que pode ser rastreada até a história do Parque Nacional de Yosemite, de John Muir, que inaugurou sua carreira com a expulsão dos Miwok, que anteriormente haviam construído suas casas na região.

O papel da humanidade é negligenciado em praticamente todas as contas da distribuição de espécies e a estrutura das florestas. Há, de fato, um crescente corpo de conhecimento sobre como as populações indígenas e locais gerenciam seus recursos naturais e os sustentam ao longo do tempo. Ampliado pela visão dinâmica da história ecológica da região, descrita anteriormente, esse conhecimento permite compreender a floresta como resultado da história humana e biológica e, portanto, a visão de que o homem pode continuar fazendo sua história na floresta de forma sustentada e continuada. Assim é a Amazônia desprendida das fantasias do bandeirante, do romântico, do curador e do especulador.

A natureza feita pelo homem

Como esperado, as áreas que abrigaram as populações nativas mais densas foram as que sofreram os distúrbios naturais mais produtivos, as várzeas, onde havia sedimentos férteis, novos lagos marginais repletos de caça e peixe, terras saturadas de água onde as palmeiras produtivas podiam florescer em bons solos e excelentes áreas de plantio para as plantas anuais e arbóreas da agronomia nativa. Nos primeiros anos, todo explorador que "abria" uma área de suas aventuras aos consumidores europeus escrevia efusivamente sobre a produtividade agrícola das amplas populações que se aglomeravam às margens. Quando Herndon, Bates e Wallace percorreram áreas semelhantes da Amazônia no século XIX, viram indígenas destribalizados e mestiços engajados no que consideravam práticas agrícolas deficientes. A Amazônia das grandes populações nativas – as sociedades produtoras de rica cerâmica que rivalizava com o artesanato dos Incas, com vasta rede inter-regional de comércio de sal, sementes e remédios – foi expurgada da memória. À medida que as populações fugiam, morriam ou eram escravizadas, as margens e o interior das grandes florestas que os cercava tornaram-se muros verdes mudos, revelando pouco de sua história. A fartura agrícola da produção nativa deu lugar aos rendimentos desprezíveis das plantações do homem branco. A visão da floresta amazônica como uma entidade puramente biológica passou a dominar.

Os viajantes atuais, como nos últimos quatro séculos, acreditam estar observando uma floresta "natural", mas essa floresta é provavelmente produto de decisões humanas do passado e, até mesmo, do presente. Os caboclos no estuário do Amazonas desenvolveram sistemas de manejo intensivo para fornecer madeira, palmito, frutos de palmeira, cacau e borracha para mercados locais e internacionais. Os ribeirinhos, como os que vivem ao longo dos rios próximos a Iquitos, na Amazônia peruana, criam estratégias complexas de cultivo de pomares de frutas e árvores alimentícias. Esses modernos gerenciadores de recursos usam técnicas derivadas da prática indígena; quase todas as culturas são nativas, e em um sertanejo caboclo ou mestiço ainda podem possuir séculos de conhecimento acumulado.[15]

Para onde nos movermos, a paisagem quase invariavelmente carrega a marca da ação humana, começando pelo fogo. O carvão foi encontrado

15 O estudo da "manipulação" da sucessão por populações indígenas e camponesas é assunto de várias obras: Posey e Balée (1989), Denevan e Padoch (1987). Obras mais amplas em termos geográficos que enfocam temas semelhantes: Browder (1989), A. B. Anderson (1989) e Altieri e Hecht (1989).

em várias áreas quando poços foram cavados. Muitos desses depósitos de cinzas são resultado de incêndios naturais, mas o uso das queimadas pelos indígenas como parte dos ciclos de manejo agrícola e florestal está muito bem documentado; fragmentos de potes são encontrados extensivamente em toda a bacia. A existência de "terras negras" indígenas – monturos de cozinha, ricos em matéria orgânica e resíduos de ocupações anteriores – foram encontrados em inúmeros planaltos desde a Colômbia até a foz do Amazonas.[16]

O impacto da atividade humana na biogeografia e na estrutura das comunidades de plantas e animais nos trópicos tem sido desprezado por muitos biólogos e agrônomos, mas fato é que existem vastas extensões de florestas criadas pelo homem. As florestas de palmeira babaçu cobrem centenas de milhares de hectares nos flancos leste e sul da bacia. Essas florestas de palmeiras, inicialmente vistas como naturais, agora são claramente identificadas e documentadas como consequência da ação humana. Grandes áreas ao longo dos rios que parecem ser floresta natural de várzea são consequência de escolhas cuidadosas; de fato, muitas das florestas da Amazônia podem bem refletir a intervenção do homem.

Pesquisas em várias áreas da América Latina, como o estudo histórico de Janice Alcom sobre os Huasteca, sugerem que a gama de intervenções nos ecossistemas florestais é muito maior do que se imagina, pois tanto os caboclos quanto os nativos plantaram e protegeram espécies florestais. No estudo provavelmente mais longo sobre o manejo de recursos naturais por povos nativos, o antropólogo norte-americano Darrell Posey conseguiu documentar quantidades substanciais de manipulação florestal pelos Kayapó, com plantio direto de espécies úteis, como *Caryocar brasiliense* – o pequi – e plantações de palmeiras *Euterpe* na submata da floresta. Ele também sugere que os indígenas têm sido ativos no reflorestamento de áreas abertas de pastagens; os Kayapó deslocaram material vegetal – valiosos medicamentos medicinais, plantas para rituais e outras espécies úteis – para locais de mais fácil acesso. Eles descreveram a Posey como coletaram germoplasma em uma região aproximadamente do tamanho da Europa Ocidental e o plantaram em áreas de interesse para eles. Plantam ao longo de trilhas, em

16 Ver Smith (1980).

clareiras da floresta, acampamentos, áreas de caça favorecidas e perto das roças. Formam "ilhas de recursos", áreas de plantas úteis não necessariamente localizadas perto da aldeia, mas importantes para a comunidade humana mais ampla e para a ecologia regional. Essas plantas frutíferas e alimentícias também servem para atrair e manter populações de animais selvagens, uma fonte de alimento altamente valorizada para os Kayapó.[17]

As terras tradicionais dos Kayapó eram do tamanho da França; uma visão mais ampla de seus sistemas agrícolas deveria substituir o conceito paroquial de cultivo de florestas tropicais localizado apenas no campo agrícola. De fato, numerosos estudiosos mostraram que, após o "abandono", os campos agrícolas continuam sendo locais de plantio e manipulação dentro de áreas florestais. Estudos em toda a América Latina sugerem cada vez mais que as populações rurais estão manipulando ativamente vários tipos de vegetação muito além dos locais agrícolas, mostrando mais uma vez que nossos conceitos de agricultura podem ser totalmente insuficientes para entender a base do gerenciamento de recursos e produção da população local.

A representação dos povos nativos como criaturas rousseaunianas da floresta tem servido a várias funções. Permitiu vê-los como crianças, incapazes de decisões sábias ou do exercício de responsabilidades adultas. Até recentemente, a visão oficial brasileira era que eles, tutelados do Estado, seriam incapazes de participar da vida política.[18] Perceber os povos nativos como remanescentes da idade da pedra, que se encontram na mesma relação com a natureza que uma anta ou um cervo, facilitou afirmar que a contribuição desses povos para as sociedades modernas é pequena; a enorme contribuição econômica para o Primeiro Mundo de suas plantas domesticadas foi desconsiderada. Esses povos são cientistas ambientais talentosos e, ao contrário da suposição paternalista, os grupos indígenas estão envolvidos em atividades de mercado há décadas. Muitas economias nativas foram moldadas por tais pressões de mercado e diversas vezes se adaptaram bem, pelo menos o suficiente para manter intactas a floresta e muitas características de suas sociedades. Mesmo assim, a visão dos nativos

17 A gestão da diversidade de recursos realizada pelos Kayapó está documentada em diversos trabalhos citados na bibliografia. Muitos outros estudos ilustram suas extensas intervenções: ver Hames e Vickers (1984).

18 Hoje os indígenas votam e podem se candidatar a quaisquer cargos públicos. (N. E.)

como remanescentes primitivos de fases anteriores da história humana também tem sido usada para justificar o roubo de suas terras.

Os olhos dos intrusos viam as florestas como primitivas e vazias. Eles desconsideraram as diversas trilhas e carregamentos, assim como as redes comerciais do alto Xingu, ou as rotas do sal que se estendiam do Atlântico aos Andes, ou a conexão entre a América Central e a Amazônia, pelo rio Orinoco, ao Casiquiare e ao rio Negro. O foco da antropologia tradicional no "primitivo" e a sua ênfase nos habitantes tribais da floresta fomentavam a ilusão de povoamento esparso, e fazia parecer que poucos índios em estado de natureza eram os únicos ocupantes da região, junto dos alguns resistentes sertanejos, resquícios do antigo *boom* da borracha. Porém, mais de 2 milhões de pessoas ganham a vida na floresta por meio de pequenas formas de extração.[19] O olhar paternalista não vê nada disso, e a imagem da floresta como uma entidade biológica selvagem e isolada da intervenção humana permanece, tornando mais fácil vislumbrar o desmatamento como a única forma racional de desenvolvimento. E, assim, as florestas começaram a cair e mantos de fumaça cobriram a Amazônia.

19 A pequena extração refere-se a formas de extração de recursos renováveis realizadas por camponeses, por exemplo, e pode envolver a extração de animais e plantas. Pequenos extrativistas dependem de um leque de atividades – agricultura, criação de gado, atividades assalariadas, bem como comércio –, e esta é uma característica central da maioria das economias rurais amazônicas. Para discussões mais detalhadas sobre a extração, ver Hecht, Anderson e May (1988), Hecht e Schwartzman (1989b).

3
A HERANÇA DO FOGO

Não havia remédio, nem ervas
Nada para beber, nem passar, e, na falta, sua carne secava, até que
eu revelasse as misturas de medicamentos com as quais eles se armaram contra a doença.
Em muitas formas de profecia eu demandei [...] eu predisse o fogo, havia muito escondido pela escuridão, eu trouxe à luz. Tal ajuda eu dei, e mais [...]
Prometeu deu base a todas as artes do homem.

Ésquilo, *Prometeu acorrentado*

A natureza que precedeu a história humana [...] não existe mais hoje em lugar algum.

Karl Marx e Friedrich Engels, *A ideologia alemã*

As florestas amazônicas não são estranhas ao fogo. Se cavarmos em quase qualquer lugar do planalto e, a alguns metros abaixo, vamos provavelmente encontrar vestígios de carvão. Os incêndios que ocorreram por milhares de anos foram consequência da ação natural e humana. No auge da estação seca, um relâmpago pode iniciar um incêndio ou as matas, repletas de folhas e gramíneas secas, podem explodir em chamas pela combustão iniciada por causas naturais ou não. Atualmente as tribos nativas, como no passado, ateiam fogo às pastagens, às savanas, às florestas derrubadas destinadas a áreas agrícolas. Elas usam o fogo para controlar pragas em pomares, eliminar ervas daninhas, espantar a caça e reduzir as cobras perto de trilhas.

As tribos, como a dos Kayapó, têm pajés imersos em rituais e transmitem uma complexa taxonomia do fogo: quando usá-lo, como obter o grau de calor desejado, como dominá-lo, como produzir a qualidade desejada de cinzas, cujo uso não são apenas agrícolas, mas também rituais e medicinais.

O fogo é parte integrante da cosmologia indígena.[1] No ritual bororo, os poderosos *bopes* – mediadores da ruptura, da eflorescência periódica da terra, das ondas cíclicas de nascimentos entre os animais, do ciclo

1 Há temas associados ao fogo na cosmologia de muitas tribos amazônicas, desde os de natureza descontrolada até os de ritual civilizado disciplinado. Um assunto comum é a destrutividade do fogo indomável e sua associação com um mito comum a muitos grupos na Amazônia – o Grande Incêndio Mundial –, onde enormes áreas e muitas sociedades são destruídas. Entre o total descontrole e a destruição está a associação do fogo com o calor, sexo e ritmos de procriação, ciclos menstruais e nascimentos. Aqui, o fogo e o calor desencadeiam o mistério da criação. Nos mitos sobre a origem do fogo para uso humano há vários subtemas. Primeiro, a ruptura da ordem natural: o fogo chega às mãos dos homens por engano, roubo ou morte, e assim o conhecimento do fogo, de acordo com Lévi-Strauss, resulta em cair em desgraça e perder a imortalidade. Em seguida, o fogo é frequentemente associado para cultivo e preparo de plantas domesticadas. Finalmente, com o fogo, vem o armamento ou instrumentos musicais rituais, artefatos mais distantes da natureza e usados para controlá-la por meio de rituais e ações.
Nos mitos de muitas tribos Gê, como os Kayapó, os Apinajé e os Krahô, o fogo foi roubado da onça, que não ficou nem com uma brasa. Um menino caçando araras na floresta fica perdido na mata e é resgatado pela onça que o leva para casa, onde o garoto prova carne cozida pela primeira vez. A esposa grávida da onça olha carrancuda para o menino, mas concorda em tratá-lo bem. A onça sai para caçar, deixando o menino mastigar alegremente a anta assada, mas a sua alimentação barulhenta irrita tanto a mulher da onça que ela lhe mostra suas garras terríveis e seus dentes enormes. Aterrorizado, ele foge em direção à onça que caça na floresta, que lhe diz que, caso sua esposa o ameace novamente, atire nela com o arco e flecha. Assim, quando ela o ameaça novamente, o menino atira nela e corre para avisar a onça, que o manda de volta à sua aldeia, alertando-o para tomar cuidado e evitar o chamado da madeira podre. Ao ouvir a descrição do sabor delicioso da carne cozida, os aldeões ficam extremamente ansiosos para obter o fogo e, assumindo a forma de animais, dirigem-se à morada da onça para roubar sua fogueira. Há versões do mito em que batata-doce, mandioca, banana e algodão também são roubados da fogueira para enriquecer sua dieta de carne crua e madeira podre, e para substituir suas roupas ásperas de palmeiras por fibras de algodão finamente tecidas. Enquanto os aldeões voltavam com o fogo, muitos pássaros procuravam proteger das queimadas as florestas e as propriedades, recolhendo as faíscas que voavam no ar ou caíam no chão. Várias aves foram queimadas ao fazê-lo, e é por isso que alguns pássaros são conhecidos por terem pés, pernas e bicos da cor da chama. Os apetrechos da civilização, o arco e a flecha para a caça e a agricultura, vêm com a obtenção do fogo. Para uma lista de todas as variantes deste mito, ver Wilbert (1984).
No caso do Barasana, no rio Uaupés da Colômbia, descrito por Hugh-Jones (1987), é o Yurupary – ou a anaconda da vara de mandioca – que obtém fogo do submundo. A Anaconda usa esse fogo para matar seu irmão Arara; então, é queimada até a morte, e seus ossos tornam-se os troncos carbonizados de uma roça de mandioca e seu corpo dá origem a plantas cultivadas. Depois que Yurupary foi queimado, os sobreviventes plantam sementes nas cinzas, incluindo as da palmeira paxiúba, da qual são feitos os instrumentos musicais rituais.

menstrual – estão estreitamente associados ao fogo. As intercessões do *bope* revelam-se em perturbações caóticas. Toda transição natural tem momentos de violência, mas subjacente ao caos está uma confiabilidade inerente. Os *bopes* são os arautos do fogo, da ruptura e da transformação, mas também sustentam as repetições consistentes de nascimento e da renovação.[2]

O fogo é essencial para o manejo de florestas tropicais úmidas. Somente uma geração norte-americana criada com os avisos de advertência do urso Smoky[3] veria algo estranho nisso. Os silvicultores dos Estados Unidos há muito reconhecem a importância do fogo na manutenção do vigor das florestas temperadas e no fornecimento de *habitats* adequados para a vida selvagem. Mais de um milhão de acres de florestas no sudeste dos Estados Unidos são regularmente manejados com queimadas controladas que, se manuseadas adequadamente, controlam alguns patógenos de árvores e melhoram a alimentação e o *habitat* de animais selvagens e domesticados. Os silvicultores no clima mediterrâneo da Califórnia também usam o fogo para fornecer forragem mais adequada e *habitat* para cervos e aves de caça, e para evitar incêndios florestais catastróficos.[4]

A questão na floresta tropical não é o fogo em si, mas os seus propósitos. O seu uso em um caso específico inibe a regeneração, diminui a diversidade de espécies e resíduos de nutrientes? Ou é parte de um processo pelo qual essa diversidade é aumentada, nutrientes recapturados em nova vegetação e a regeneração estimulada?

Como vimos, com exceção dos ricos sedimentos carregados dos Andes, jovens em termos geológicos, e depositados ao longo das várzeas dos rios de águas claras ou nos afloramentos de solo fértil nos planaltos, a maior parte dos solos do Amazônia é altamente desgastada e pouco fértil. A ação de temperaturas quentes e chuvas geralmente superiores a 3 metros por ano, em superfícies velhas ou erodidas, remove a maioria dos nutrientes do solo, tornando-os deficientes em fósforo, nitrogênio, potássio, cálcio, magnésio e muitos micronutrientes.

Esses solos altamente desgastados são ácidos. Em uma agricultura que não emprega variedades tolerantes a ácidos, a produção é difícil, se não

---

2 O livro *Vital Souls* (1985), de C. Crocker, fornece um relato do ritual de inigualável eloquência. Nossa discussão sobre a ritualística bororo é baseada em seu relato.

3 *Smoky Bear* é o símbolo do Serviço Florestal norte-americano de combate ao incêndio florestal, criado em 1944. (N. T.)

4 *Ver Fire in Mediterranean Ecosystems* (1987), da Pacific South West Experiment Station.

impossível. Se adicionarmos outros problemas, como a baixa drenagem, a erosão e a toxicidade do alumínio, verificamos que apenas cerca de 7% dos solos amazônicos não possuem grandes restrições à produção agrícola convencional.[5]

De modo geral, os solos amazônicos têm capacidade de troca de nutrientes muito baixa; mesmo quando têm nutrientes adicionados a eles, na forma de fertilizantes ou de cinzas, são incapazes de retê-los em qualquer grau útil, porque o hidrogênio, os óxidos hidrosos ou os íons de alumínio ocupam o solo onde as bases, como cálcio ou potássio, poderiam ser mantidas. Essa combinação de baixa capacidade de troca e alta pluviosidade significa que os nutrientes do solo são facilmente lixiviados. Assim, os solos são menos como áreas de depósito de nutrientes, e mais como canais que conectam as chuvas que chegam às superfícies com o escoamento de rios. Mesmo assim, muitas florestas amazônicas possuem mais de 250 toneladas de material vivo por acre. Em tais condições, um dos problemas centrais da pesquisa no período pós-guerra tem sido a dificuldade de explicar o paradoxo de como grandes quantidades de matéria viva na Amazônia podem existir em um substrato de solo empobrecido.

Como a floresta vive

No início da década de 1960, veio o início de uma resposta para a questão de como a floresta vive, uma cortesia da Guerra Fria, quando a Comissão

5 Cochrane e Sanchez (1982) apresentam um resumo das restrições dos solos amazônicos.

Restrições do solo	Milhões de hectares	Percentual da Amazônia
Deficiência de fósforo	436	90
Toxicidade de alumínio	353	73
Estresse da seca	254	53
Baixas reservas de Potássio	242	50
Drenagem ruim / perigos de inundação	116	24
Alta fixação de fósforo	77	16
Baixa capacidade de troca catiônica	64	13
Alta erodibilidade	39	8
Sem grandes limitações	32	7
Inclinações superiores a 30%	30	6
Perigo de laterita se subsolo exposto	21	4

de Energia Atômica dos Estados Unidos se perguntou o que aconteceria com as florestas caso houvesse uma guerra nuclear ou um acidente grave em um reator nuclear. Para satisfazer sua curiosidade, eles recorreram a Porto Rico e ao ecologista Howard Odum, um ecologista de sistemas.

Durante três meses, um pedaço de floresta de propriedade do governo em El Verde, Porto Rico, foi bombardeado com raios gama. À medida que a floresta murchava sob a simulação de destruição planetária, Odum liderou sua equipe de jovens cientistas para analisar o ecossistema ferido e, a partir desse estudo, deduzir a estrutura e as funções da floresta. Assim começou o primeiro estudo interdisciplinar abrangente de uma floresta tropical. A experiência lançou uma coorte de ecologistas tropicais que, ao longo da geração seguinte, teve enorme influência no estudo norte-americano de sistemas tropicais. Uma das contribuições centrais foi desenvolvida por Carl Jordan, que analisou a ciclagem de nutrientes e os mecanismos pelos quais as florestas tropicais se mantêm em solos de má qualidade.

Ainda hoje, a forma como as florestas tropicais concentram e aproveitam os ciclos dos elementos não é totalmente compreendida, mas algumas das características dominantes da floresta que permitem essa ciclagem podem ser isoladas. As plantas, em uma floresta de zona temperada, extraem nutrientes do solo. Nas florestas tropicais, os nutrientes são derivados e trocados entre a floresta viva e o seu lixo, e mantidos nos tecidos dos organismos vivos em vez de no solo. Esses "depósitos" incluem plantas, animais e micro-organismos, bem como lixo vegetal que se decompõe rapidamente. Com solos pobres que permitem que os nutrientes sejam lixiviados rapidamente, uma grande proporção de nutrientes deve ser mantida nos tecidos vivos para que não sejam drenados e, assim, perdidos para o ecossistema. A retenção e a reciclagem de nutrientes nessas condições é tão eficiente que, quando a química dos rios de águas claras é testada, a água é comparável à água deionizada levemente contaminada.[6]

As características estruturais – como as profundidades rasas de enraizamento, onde a maioria das raízes é encontrada na primeira camada do solo – permitem a captura rápida de nutrientes depositados pela chuva ou nutrientes da manta do solo. Em algumas florestas, como as do rio Negro, onde os solos são particularmente deficientes, 99% de cálcio e

6 Ver Fittkau (1975).

fósforo radioativos pulverizados no solo da floresta para testar a absorção de nutrientes são imediatamente absorvidos pelo tapete radicular e nunca chegam ao solo mineral. O formato de galhos e folhas também pode favorecer a captura de nutrientes antes mesmo que as gotas de chuva cheguem ao solo. Alguns tipos de líquens, algas e plantas epífitas – que crescem em outras plantas, como muitas bromélias e orquídeas – são capazes de "coletar" nutrientes da chuva e, até mesmo, fixar nitrogênio na superfície das folhas. Existem também adaptações fisiológicas que melhoram a tolerância das plantas às condições adversas, como os altos níveis de alumínio ou os baixos níveis de nutrientes do solo, como o fósforo. As adaptações incluem aquelas que prolongam a vida das folhas e reduzem os nutrientes necessários para substituir as danificadas. Assim, as folhas coriáceas, encontradas em muitos ecossistemas amazônicos, conservam nutrientes que diminuem sua suscetibilidade ao ataque de insetos e à lixiviação de nutrientes. Os altos níveis de químicos secundários que tornam as folhas tropicais duras, desagradáveis ou venenosas para comer, também podem deter animais ou insetos predadores. Esses compostos secundários são característicos das florestas tropicais e também são a razão pela qual tantas plantas medicinais são derivadas deles. Na verdade, o látex é apenas uma forma de defesa da *Hevea brasiliensis*, a seringueira.

Finalmente, existem as interações, associações e simbioses muito importantes na economia de nutrientes das florestas tropicais. As plantas necessitam de nitrogênio, que compõe 80% da atmosfera, mas também requerem um agente mediador para convertê-lo em uma forma que possa ser usada. O agente pode ser bactérias – rizóbios – que muitas vezes existem em simbiose com plantas, como as leguminosas, que compõem uma das maiores famílias de plantas da Amazônia. As algas que vivem na superfície das folhas do dossel da floresta são capazes de capturar elementos da atmosfera como o enxofre, que são raros na economia de nutrientes da floresta. Talvez, uma das simbioses mais importantes nas florestas tropicais seja aquela envolvendo fungos micorrízicos, que são particularmente importantes na ciclagem do elemento mais crítico nos ecossistemas das florestas tropicais, o fósforo. Esses fungos cercam as raízes; os seus filamentos, ou hifas, estendem-se para cima até a manta e, assim, efetuam uma transferência direta de nutrientes da manta para as raízes. São também importantes as enzimas associadas às micorrizas, que tornam o fósforo escasso mais disponível do solo, onde é firmemente retido em ligações químicas.

Cada floresta tem um mecanismo diferente. As florestas de campina de grande parte da drenagem do rio Negro incorporam virtualmente todos esses mecanismos em um grau extremo, porque elas crescem nos piores solos da Amazônia e cada nutriente é precioso. As florestas em locais mais férteis não estão sob pressão tão extrema, embora, em geral, os ecossistemas de florestas tropicais sejam muito mais parcimoniosos com seus montantes de nutrientes do que a maioria de seus equivalentes de zonas temperadas.[7]

Destruição e renovação

Quando a vegetação de uma área florestal é destruída, seja por forças naturais ou ação humana, tem início o processo de recuperação da terra – a sucessão. Se a terra estiver completamente limpa, um conjunto previsível de tipos de plantas aparece. Primeiro, vêm as espécies de ervas, gramíneas e árvores de crescimento rápido, principalmente intolerantes à sombra. Quando surge uma clareira em uma floresta devido a uma queda de árvore, sementes já no solo da floresta e mudas, bem como plantas heliófilas presentes em terreno aberto, contribuem para a vegetação inicial. Essas espécies de crescimento rápido e amantes da luz são geralmente chamadas de vegetação sucessional. As comunidades sucessionais envolvem mudanças interativas; à medida que as primeiras plantas crescem, o *habitat* muda; as condições iniciais favorecidas pelas árvores, ervas e gramíneas de crescimento rápido também são modificadas à medida que crescem, tornando o *habitat* mais sombreado, alterando os nutrientes disponíveis para o ecossistema como um todo e, na maioria das condições, tornando muitos da primeira geração menos capazes de sobreviver no novo ambiente de sua própria criação. Conforme o processo de sucessão avança, várias coisas acontecem: o local passa a abrigar um número maior de animais e plantas; as espécies tornam-se mais estáveis; a própria floresta torna-se maior. Isto

7 A discussão anterior baseia-se em grande parte no trabalho da equipe de San Carlos. Para mais detalhes técnicos, ver Jordan (1985).

é, possui mais "biomassa" – material vivo –, e os nutrientes liberados pela destruição da floresta são readquiridos.

Os mecanismos pelos quais a sucessão ocorre nos trópicos envolvem a colonização de áreas abertas por propágulos transportados pelo ar – ou sementes transportadas por animais –, regeneração de brotos, rápido crescimento de mudas já estabelecidas quando recebem luz adequada, germinação de sementes florestais presentes no solo e, até mesmo, início de novas simbioses com micorrizas e outros micro-organismos. Plantas e sementes também devem evitar ser comidas; a diversidade ambiental em uma clareira de floresta ou roçado é mais útil para "escondê-las" de seus predadores, tanto no local da nova abertura, quanto na paisagem irregular que inclui a floresta e a vegetação sucessional de diferentes idades.

No entanto, há uma vulnerabilidade inerente aos mecanismos que sustentam essa rígida ciclagem de nutrientes, destinada a superar as restrições da baixa fertilidade do solo. Quando a própria floresta é destruída e os meios de ciclagem de nutrientes são prejudicados, os elementos de fertilidade são facilmente eliminados em chuvas torrenciais se os mecanismos de regeneração (sucessão) forem frustrados. A menos que novas plantas eficientes na absorção desses nutrientes do solo estejam no local, a consequência da destruição não é apenas um ecossistema degradado, mas um ecossistema no qual os elementos biológicos de recuperação estão ausentes. Os nutrientes foram lixiviados e os meios biológicos de recuperação podem estar irremediavelmente danificados.[8]

Em 28 de setembro de 1987, um satélite da National Oceanographic and Atmospheric Administration (Noaa) documentou mais de 5 mil incêndios individuais na Amazônia. Eles se estendiam em um arco do sul do Acre, passando por Rondônia e Mato Grosso, e subindo o estado do Pará até Belém, com pequenos focos ao longo da estrada de Manaus até a cidade do *boom* do ouro de Boa Vista no estado de Roraima. A fumaça e as partículas eram tão espessas na atmosfera que os pilotos não podiam pousar nas pistas sem radar da Amazônia. As imagens desses incêndios chocaram o mundo, inclusive os brasileiros. O presidente de então, José Sarney, foi estimulado a fazer seu discurso sobre a Amazônia, no qual prometeu desenvolver uma

8 Ver vários artigos de Uhl e seus colegas listados em Referências. Uhl realizou mais estudos de sucessão e recuperação de longo prazo na Amazônia do que qualquer outro pesquisador.

política ambiental para a floresta. Por decreto presidencial, ele proibiu queimadas em toda a região.

Mas o que eram aqueles incêndios?

As lições dos indígenas: as cinzas e a vida

Na maioria dos sistemas agrícolas sustentáveis na Amazônia e, de fato, em todos os trópicos latino-americanos, o fogo tem papel integral e sensível em tornar a terra produtiva para uso humano.[9] Ele é associado a atividades que compensam seus efeitos potencialmente destrutivos (as florestas são cortadas no início da estação seca, em abril ou maio, dependendo da localização). Os povos indígenas, como os Kayapó, utilizam diversos indicadores biológicos, por exemplo, o florescimento de determinadas árvores, a migração de animais e a astronomia, como sinais para o início do período de corte. Os troncos são então deixados para secar até o final de agosto ou setembro, quando o fogo é ateado. O período de queimada é cuidadosamente monitorado por pajés com habilidades específicas no manejo do fogo. A floração da árvore do pequi, as constelações e os movimentos dos peixes ditam o ciclo ritual que culmina na queima cuidadosamente cronometrada. Os incêndios são ateados com prudente atenção ao clima e ao tempo para que os pequenos e moderados troncos e cipós queimem completamente, mas ainda permaneçam sob controle. Semanas antes da queimada, as mulheres Kayapó, que assumem os campos, plantam variedades de batata-doce, mandioca e inhame que começam a brotar quase imediatamente após o resfriamento das queimadas, iniciando rapidamente a sucessão agrícola. Elas, então, plantam culturas de ciclo curto – como de milho, feijão, melão e abóbora –, que cobrem rapidamente grandes áreas, juntamente de culturas de ciclo mais longo, que podem ser colhidas de seis meses a dois anos após o plantio. Ao usar espécies de ciclo curto, tolerantes à luz, que gradualmente dão lugar a frutos lenhosos, os princípios de sucessão são mantidos. As gramíneas, o milho, as videiras de crescimento rápido, as abóboras, a batata-doce e o melão traduzem os tipos de famílias de plantas encontradas

9 Ver, por exemplo, Nigh e Nations (1980), Alcorn (1984), Denevan e Padoch (1987) e Posey e Balée (1989).

no início da sucessão. O papel da erva *Solanum* é assumido por seus primos domesticados, as pimentas. Os feijões domesticados imitam as ervilhas selvagens e as leguminosas. As eufórbias ubíquas da vegetação sucessional encontram seus análogos na mandioca.[10]

Os Kayapó também recolhem galhos e detritos carbonizados e ateiam fogo pela segunda vez, chamado coivara, que fornece "pontos quentes" particularmente férteis dentro do campo. Batatas-doces que prosperam com o potássio das cinzas são continuamente plantadas e replantadas nesses locais abertos. Para evitar a compactação do solo, as mulheres lavram e liberam o solo com seus facões; ao redor dos perímetros da propriedade, cinzas e galhos serão novamente empilhados e queimados. Aqui são plantados inhames – para serem colhidos por vários anos – com papaias, pinheiros, a árvore de urucum (que resultam uma substância que fornece uma bela pintura corporal e um excelente corante alimentar, o colorau), e outras plantas rituais, medicinais e alimentícias. Os Kayapó preparam a comida nos campos, e seus fogos de cozinha e cinzas são movidos para que os nutrientes frescos das cinzas sejam distribuídos quando necessário.

Em áreas onde a batata-doce é regularmente cultivada, colhida e replantada, os Kayapó incendeiam os resíduos da colheita para fornecer nutrientes às novas plantações, reduzir os problemas de pragas nas plantas mais jovens e controlar as ervas daninhas. É incomum a prática dos Kayapó de queimar grandes faixas do campo enquanto suas produções ainda não foram colhidas. Muitas das cultivares (tipos de plantas cultivadas) são tolerantes ao fogo, e os Kayapó praticam uma queimada "fria", altamente específica e controlada, de modo que os estoques de sementes no solo e as culturas de raízes, nas quais sua subsistência se baseia, não sejam destruídos pelo fogo. Quando o terreno deixar de ser importante para a produção de tubérculos, passa a ser fonte de culturas perenes e de caça. Ao plantar arbustos e árvores que fornecem frutos para a vida selvagem, os estágios sucessionais secundários tornam-se "roças de animais".

O que os Kayapó fazem pode facilmente ser interpretado nos termos da ciência do Primeiro Mundo: os indígenas estimulam a sucessão da floresta assegurando que seus sítios agrícolas incorporem os elementos necessários

10 Ver os vários artigos de Posey citados na bibliografia. A discussão sobre o fogo vem principalmente de Hecht e Posey (1989).

para recuperar florestas, que são, frequentemente, para eles tão valiosas quanto a agricultura. Isso inclui a criação de condições ambientais adequadas e a manipulação dos próprios processos de sucessão. Nas florestas tropicais, como vimos, a maior parte dos nutrientes é mantida nas plantas, e para que esses nutrientes estejam disponíveis para o desenvolvimento das culturas, a floresta deve ser cortada e queimada. Nos incêndios naturais e na agricultura nativa, as sementes presentes no solo ou as culturas plantadas previamente, ou imediatamente após a queimada, iniciam o crescimento logo que o terreno esfria. Então, as plantas iniciam rapidamente a tomada de nutrientes e os armazenam em seus tecidos. A rápida absorção de nutrientes pelas plantas, cujas raízes estão em distintas profundidades e têm ciclos de vida de diferentes extensões, mimetizam o que ocorre na sucessão da fauna nos trópicos. As plantas de vida curta são gradualmente substituídas por espécies de vida mais longa. O solo não é compactado porque ele é cuidadosamente trabalhado, sempre tem uma cobertura de vegetação e é, portanto, protegido da chuva – principal agente de compactação – de forma que as mudas da floresta possam se estabelecer facilmente. Os relativamente pequenos lotes – embora alguns sítios agrícolas cerimoniais Kayapó fossem maior que duzentos acres – resultam em um microclima influenciado pelo seu entorno florestal. As condições ressecadas tão características das pastagens amazônicas não são encontradas nessas zonas agrícolas indígenas. Além disso, os animais e as sementes da floresta adjacente podem facilmente chegar ao campo.

A manipulação do terreno é central para o processo de regeneração da floresta. As florestas que crescem dos lotes agrícolas "abandonados" são tão naturais quanto os pomares mistos europeus com ovelhas pastando à sombra. Os Kayapó trabalham o terreno de muitas maneiras: eliminando algumas plantas, protegendo outras – como as palmeiras , plantando as árvores e os arbustos preferidos, transplantando, podando e fertilizando-os com ossos, cinzas e cobertura vegetal. Eles realizam essas atividades em diferentes intensidades, mas sempre potencializam o processo de regeneração por meio da introdução de espécies cujas sementes e mudas podem ter sido destruídas na queimada. Isso promove a diversidade de espécies e a variedade espacial no lote, ajudando a confundir os predadores de sementes e mudas. Além disso, ao plantar e proteger espécies vegetais cujos frutos são consumidos pelos animais, eles atraem para o terreno uma diversidade de vida selvagem e caça.

Cerca de três quartos de todas as árvores da floresta tropical têm frutos carnudos. Um indígena Tembé informou o antropólogo e etnobotânico William Balée que quase 90% dos frutos produzidos pelas árvores em um terreno de 2,5 hectares no Maranhão eram consumidos por animais de caça. Os Kayapó também plantam mais de dezesseis espécies que dão frutos apreciados não só por eles, mas também pelos animais. Estudiosos, como Kent Redford, que se concentram nas interações com a vida selvagem, demonstraram que 9 em cada 11 animais de caça e as sete aves de caça comem frutas, e que mais de 60 gêneros de plantas frutíferas consumidas pela caça podem ser encontrados nas matas da Amazônia. As árvores frutíferas provavelmente atrairão mais caça para os campos, que, por sua vez, espalham sementes de outras árvores frutíferas ou florestais por meio de seus excrementos.[11] Tornar as roças atraentes para a vida selvagem é parte essencial do processo de recuperação.

Assim, a agricultura e o manejo dos terrenos garantem que florestas ricas e úteis seguirão do cultivo. Em comparação com a sucessão natural, essa manipulação pode aumentar a diversidade de espécies em um local. Muitos estudos mostraram que, mesmo quando as tribos se mudam, esses locais não são abandonados.[12]

As cinzas e a morte

Em contraste com sistemas regenerativos tão criteriosos, encontramos, no extremo oposto, uma consequência muito diferente da maioria dos incêndios vistos naquele dia de setembro pelo satélite Noaa. Centenas e, às vezes, milhares de acres são queimados de uma só vez; grandes equipes de homens sem-terra que vagam pela Amazônia em busca de trabalho são convocadas por empreiteiras para limpar as áreas por US$ 1 ao dia, mais a comida. Alternativamente, dois tratores D8 com uma corrente de 40 mil quilos pendurada entre eles agitam a vegetação antiga, derrubando-a, e preparando para que sejam queimadas no final da estação seca. A enorme dimensão da área e o

11 As maneiras pelas quais as pessoas manejam os animais em ecossistemas tropicais não foram amplamente estudadas, mas Kent Redford e seus colegas fornecem alguns conhecimentos particularmente úteis. Ver Redford, Klein e Murcia (1989), e Redford e Robinson (1987).

12 Ver artigo de Irvine (1989) e Posey e Balée (1989); ver também Denevan e Padoch (1987).

desconhecimento da gestão dos incêndios por parte dos responsáveis pela queimada provoca uma tempestade de fogo. O calor é tão intenso que os incêndios, muitas vezes, atingem florestas, principalmente aquelas que já foram danificadas pela remoção de madeiras valiosas.[13] São lançados no ar milhares de toneladas de carbono, e a elevação causa turbulência e redemoinhos de fumaça a quilômetros de altura. O céu torna-se de um ocre sujo, e uma cinza macia se mistura com a poeira das estradas não pavimentadas, dando às pessoas sobre as quais o pó se deposita um aspecto fantasmagórico, e à própria paisagem, a pátina da morte. O desmatamento na Amazônia agora se aproxima de uma taxa exponencial, com milhões de acres de floresta reduzidos a pó a cada ano.[14]

Quando as chuvas finalmente começam, pequenas aeronaves pairam e zumbem sobre a paisagem carbonizada, espalhando toneladas de sementes de grama, capim colonial, braquiária e, às vezes, até uma ou duas leguminosas. Em poucos meses, essa paisagem será um emaranhado de grama exuberante, tocos de raízes e mudas errantes de todos os tipos, mas ainda impróprias para pastagem. No ano seguinte, o que é chamado de "fogo da formação" será aceso com o objetivo de reduzir as plantas que competem por espaço com as gramíneas e os nutrientes. Um ano depois, o gado zebu de orelhas caídas, bovinos brancos brilhantes, corcundas e ágeis, que eram o orgulho e os veículos do deus hindu Shiva, começam a pastar pela área.

13 Uhl e Buschbacker (1985).

14 Tabela da alteração da cobertura da floresta por estado (1975, 1978, 1980 e 1988).

Estado	Área alterada em 1.000 hectares			
	1975	1978	1980	1988
Amapá	15,2	17,0	17,0	57,1
Pará	865,4	2.244,5	3.391,3	12.000,0
Roraima	5,5	14,3	14,3	327,0
Maranhão	294,0	733,7	1.067,1	5.067,0
Goiás (Tocantins)	350,7	1.028,8	1.145,6	1.950,0
Acre	116,5	246,4	462,6	1.950,0
Rondônia	121,6	418,4	757,9	5.800,0
Mato Grosso	1.012,4	2.835,5	5.329,9	20.800,0
Amazonas	77,9	178,5	178,5	16.579,0
Amazônia total	**2.859,2**	**7.717,1**	**12.364,2**	**59.892,1**

Fonte: IBDF/Inpe (1988). Com a evolução da tecnologia, a área total desmatada está agora situada entre 8-10%.

As gramíneas exóticas são da África e evoluíram nos solos um pouco mais ricos das savanas africanas. Elas ficam bem apenas enquanto os nutrientes queimados da floresta permanecem disponíveis; depois são substituídas por arbustos secundários, conhecidos na Amazônia como juquira, os filhos bastardos da floresta e do pasto. As gramíneas enfrentam a dupla tensão do gado pastando intensamente, preferindo-as ao mato grosso, e do terreno cada vez mais inóspito, lixiviado de seus nutrientes pelas chuvas. O mato, adaptado às condições locais e geralmente com sistemas de enraizamento muito mais profundos, começa a tornar as pastagens quase inúteis como pastos. Nesse ponto, o pecuarista pode tentar controlar o arbusto encharcando-o com herbicida, sendo o mais popular o Tordon©, da Dow Chemical, cujo ativo químico 2,4,5T- (dioxina) era conhecido como Agente Laranja na Guerra do Vietnã. No entanto, é menos dispendiosa a estratégia de enviar equipes de trabalho para cortar o mato, deixá-lo secar e mais uma vez incendiá-lo.

Esse padrão de queimadas a cada dois anos, combinado com a substituição constante de um sistema diversificado por débeis monoculturas de gramíneas exóticas, esgota rapidamente o solo, muitas vezes impossibilitando a regeneração. O solo torna-se compactado, cada vez menos acessível às mudas em germinação e, às vezes, quase anaeróbio. O microclima do pasto é quente e seco, cerca de 10-20 graus Fahrenheit acima do microclima da floresta e, portanto, é extremamente difícil para a colonização e a sobrevivência das plantas da floresta. As sementes no solo, os brotos e as sementes trazidas da floresta adjacente são destruídas nas constantes queimadas. As micorrizas e outros micro-organismos podem não ser capazes de tolerar a mudança de *habitat*, especialmente porque geralmente crescem apenas com plantas específicas. Assim, dentro das pastagens, os meios de regeneração são destruídos. Como esses pastos são inóspitos para a fauna, que pode carregar sementes de dentro da floresta, apenas as espécies de plantas cujas sementes são transportadas pelo ar ficam disponíveis, o que forma uma proporção muito pequena de propágulos florestais. As mudas que sobrevivem estão em um *habitat* mais ou menos uniforme, onde tanto predadores de sementes quanto herbívoros podem facilmente encontrar suas vítimas. Uma vez estabelecidas em um local, as plantas estão sujeitas à devastação de um dos predadores mais vorazes da Amazônia, a formiga cortadeira.

As consequências de uma queimada desastrosa podem ser vistas, atualmente, em milhares de quilômetros quadrados da Amazônia, onde mais da metade da área desmatada está abandonada a matos inúteis. O fogo, como sugerido tanto por Ésquilo quanto pelo ritual amazônico, é a origem de todas as artes do homem, mas na região amazônica ele é aplicado descontrolada, grosseira e brutalmente.

Como o pequeno agricultor colono, o vilão de diversos relatos de pilhagem de florestas, usa o fogo? A área total que a agricultura colonizadora abrange no Brasil é extremamente pequena em comparação com os pastos que se apoderam de 90% de todas as áreas desmatadas. Não existe tal criatura como o típico pequeno agricultor ou colono da Amazônia. Os agricultores florestais vêm de diferentes lugares, têm diferentes níveis de capital e de conhecimento agrícola, e têm ambições distintas. Claramente, os camponeses são responsáveis por alguns desses incêndios; eles também são responsáveis pela especulação da terra e desmatam para criar pastos. Essa variação significa que o uso do fogo e o cuidado dos lotes de 220 acres variam significativamente. Os colonos do interior da Amazônia são mais propensos a usar o fogo com critério e a transformar as suas terras agrícolas em algo parecido a um pomar sucessório, no padrão de reconstrução de florestas indígenas. Os colonos que transformam suas terras em monoculturas – como de arroz – e áreas de pastagem são mais propensos a se envolver em queimadas destrutivas.

A maioria das terras desmatadas na Amazônia, seja qual for o motivo, acabará mais cedo ou mais tarde como pasto. As altas florestas podem tolerar grande quantidade de perturbações e, ainda assim, se recuperar, desde que tal alteração tenha poupado polinizadores, agentes de dispersão de sementes e *habitats* adequados para a germinação e recepção de sementes. Uma paisagem variada de florestas de diferentes idades e padrões de sucessão é mais diversificada do que uma floresta de uma única idade, por mais admirável que seja. Mas a destruição praticada desde final do século XX impede a regeneração; os impactos não se limitam à área desmatada, eles são regionais e globais e se estendem ao longo do tempo.

O fogo e a água

Nós devemos agora passar do fogo à água, seu complemento. Qualquer um que tenha visto a água da chuva escorrendo por uma encosta estéril, erodindo terras e crescendo em torrentes destrutivas, pode facilmente apreciar o papel das florestas como mecanismos essenciais para o controle de enchentes. Como era de se esperar, as florestas da Amazônia desempenham um papel indispensável na economia hídrica da região, amortecendo o fluxo dos córregos e rios e as próprias chuvas que os nutrem. Mas a destruição registrada nas pastagens degradadas pode ser vista também nos igarapés ou riachos que tanto encantaram os naturalistas do século XIX. Ao viajarmos pela região, não demora muito para ouvir as pessoas mais velhas lamentarem os leitos de rios e córregos entupidos de lodo, outrora perenes, que agora secam durante metade do ano.

A crise na hidrologia da região afeta não apenas os córregos menores, mas também a ecologia ribeirinha dos sistemas fluviais maiores. Na Amazônia, florestas alagadas semestralmente, cobrindo cerca de 14 milhões de acres, sustentam parte importante dos peixes da região; esses peixes, muitos dos quais são relíquias dos mares primitivos do mundo, antes que os oceanos se tornassem salgados, formam, com as culturas de raízes, a base da dieta amazônica. Gerações de indígenas cresceram saboreando a carne do tambaqui, tucunaré, pirarucu, pacu e surubim. A pesca comercial excessiva reduziu a disponibilidade de peixes para os pobres; os embarcadores agora controlam a pesca comercial para Manaus, Belém, São Paulo e o mercado internacional. Em meados da década de 1980, 90% da pesca de Belém eram exportados;[15] e esse desgaste dos estoques foi agravado por mudanças na ecologia da várzea.

Uma grande proporção de peixes amazônicos obtém a maior parte de sua alimentação durante a estação chuvosa, alimentando-se dos frutos e dos resíduos do solo da floresta submersa (assim auxiliando também na distribuição de sementes). O aumento gradual do nível da água e a lenta aceleração das correntes durante a maré alta (até 15 metros a 18 metros acima do nível da maré baixa da estação seca) permitem que os peixes nadem além dos canais do rio, águas baixas e oportunidades de alimentação escassas da estação seca para as várzeas adjacentes. Mas bacias hidrográficas devastadas geram correntes e águas turbulentas que varrem rapidamente os canais dos rios e as florestas, tornando muito mais difícil a ocorrência dessa navegação essencial. A rápida subida e descida da água e a crescente turbidez dificultam o que antes era uma estação de pastagem tranquila.

15 Goulding (1980).

O efeito das florestas sobre as águas subterrâneas é apenas uma dimensão de sua influência na hidrologia amazônica. As próprias florestas reciclam grande parte da chuva que as nutre; cerca de metade das chuvas que caem na Amazônia é derivada do vapor de água do oceano Atlântico, os 50% restantes da umidade que cai na terra são gerados a partir do que hidrologistas chamam de evapotranspiração da própria floresta. Quando a chuva cai sobre a floresta, a água é absorvida pelas árvores, evaporada das folhas e outras superfícies, e transpirada pelo metabolismo da própria floresta de volta à atmosfera. Todo viajante na Amazônia viu, ao nascer do sol, os fios finos de vapor branco condensando-se acima do dossel da floresta; o que eles admiravam era o funcionamento de um clima endógeno.[16]

A conversão de vastas áreas tropicais em pastagens promete mudar drasticamente os climas regionais. O fogo que conduz a curto e médio prazos a matagais deteriorados também provoca um clima degradado de ar seco, em vez das brisas úmidas de outros tempos. E uma vez que os climas das regiões adjacentes dependem do movimento de parte deste ar úmido para fora da bacia amazônica, as pessoas no Brasil central e no planalto andino estão cada vez mais propensas a se encontrarem buscando o céu de chuva.

A questão do efeito estufa

À medida que os habitantes do meio-oeste dos Estados Unidos sufocavam no verão de 1988 e aravam seus campos de grãos desidratados, a questão do efeito estufa tornou-se conhecido e abriu espaço para um debate político. O termo refere-se ao aquecimento global gradual da atmosfera que se acredita resultar, principalmente, de emissão de dióxido de carbono, derivado da queima de combustíveis fósseis na maioria dos casos. A radiação solar atinge primeiro a superfície da Terra em ondas curtas e é refletida de volta para a atmosfera como radiação infravermelha de onda longa, na qual o acúmulo de dióxido de carbono absorve parte da radiação e novamente irradia o restante na atmosfera, fazendo com que ela se torne mais quente, causando efeitos de longo alcance no movimento das correntes de ar e nas correntes de água que controlam o clima do planeta. Outros gases de efeito

16 Ver Salati (1987).

estufa, como o metano, também aumentam o aquecimento atmosférico, e, na atualidade, praticamente se igualam ao impacto do dióxido de carbono.[17]

A combustão de produtos do petróleo no Primeiro Mundo fornece a maior parte do dióxido de carbono, metano, óxidos nitrosos e clorofluorcarbonos que vão para a atmosfera, mas o uso de energia do Terceiro Mundo e o desmatamento contribuem para quantidades cada vez maiores de emissão desses gases. Isso é comprovado pela curva crescente de denúncias de analistas de imagens de satélite de que não conseguem mais tirar fotos adequadas da Amazônia na estação seca por causa das grandes nuvens de fumaça e partículas que pairam sobre grandes partes da floresta. As razões para este manto são bastante claras quando se examina o número de incêndios e as consequentes contribuições de partículas e gases "estufa". Compton Tucker e seus colegas do Goddard Space Flight Center, principal laboratório da National Aeronautics and Space Administration (Nasa), monitoraram os incêndios durante o período de queima, de julho a setembro de 1987, em um quadrante de 6,5 graus a 15,5 graus de latitude e 55 graus a 67 graus de longitude oeste, uma área que inclui Rondônia e o oeste do Mato Grosso, ou seja, aquela das queimadas mais severas do flanco amazônico. Os pesquisadores verificaram que ocorrem mais de 8 mil incêndios todos os dias durante o período das queimadas, chegando a um total de 240 mil incêndios durante a temporada. Em média, cada incêndio libera cerca de 4.500 toneladas de dióxido de carbono, 750 toneladas de monóxido de carbono e mais de 25 toneladas de metano. No final da temporada de queimadas, mais de 10 milhões de toneladas de partículas escureceram o céu.[18]

Nesse estudo, os cientistas discutem sobre a contribuição do dióxido de carbono da Amazônia para a economia global do carbono. Os debates têm muito a ver com as estruturas de seus modelos de computador e a forma como eles veem os fluxos de carbono entre a atmosfera, a vegetação e os oceanos. Cerca de um terço do dióxido de carbono expelido na atmosfera em consequência do desmatamento de florestas tropicais em todo o mundo e das queimadas são associadas a Amazônia, que fornece cerca de 85% da emissão de gases latino-americana.[19] Aproximadamente 10% da

---

17 Ver Schneider (1989), Dickinson (1987) e Prance (1986).
18 Ver Kaufman, Tucker e Fung (1989).
19 Ver McConnell em Dickinson.

contribuição atmosférica global de dióxido de carbono vêm da área examinada por Tucker e seus colegas.

O acréscimo de dióxido de carbono na atmosfera não é irreversível. As plantas crescem absorvendo o dióxido de carbono do ar, pela fotossíntese, e convertendo-o em seu organismo em várias formas de hidrocarbonetos. As florestas em desenvolvimento absorvem grandes quantidades de dióxido de carbono, e as florestas altas e de ampla biomassa são as principais áreas de armazenamento desse gás. No entanto, as queimadas repetidas nas novas pastagens destroem os organismos em crescimento e lançam o carbono incinerado de seus corpos de volta à atmosfera. No lugar de uma floresta de 300 a 600 toneladas que armazena e absorve hidrocarbonetos, temos agora uma sucessão degradada insignificante de 10 a 20 toneladas por hectare, reduzindo a área disponível para armazenar carbono. Trata-se, portanto, de um sistema cuja capacidade de regeneração de uma floresta está ameaçada.

Os caminhos de destruição na Amazônia

Há incertezas em torno das dimensões do efeito estufa e o impacto do desmatamento tropical no clima, mas não há nada de especulativo sobre a extinção de espécies. A destruição da floresta amazônica é uma catástrofe biológica da mesma ordem que fez dos dinossauros objetos para os museus de história natural.

Para começar, considere a extensão dessa destruição. Existem estimativas muito variadas tanto das áreas desmatadas quanto da taxa em que a destruição está ocorrendo. Um cálculo prudente sugere que há de 8% a 10% menos floresta amazônica do que havia cem anos atrás.[20] Em 1975, pouco

20 Dois grupos principais nos Estados Unidos estão rastreando imagens de satélite do desmatamento na Amazônia: um está em Woods Hole, Massachusetts, e o outro, no Goddard Space Flight Center, em Maryland. O trecho a seguir, retirado do artigo de 1988 de Malingreau e Tucker, "Large-Scale Deforestation in the Southwestern Amazon Basin of Brazil", refere-se à alteração de áreas amazônicas, onde as atividades associadas à mudança florestal – construção de estradas, mineração, desmatamento para agricultura etc. – estão ocorrendo.

> Áreas desmatadas e alteradas na região sul da Amazônia, medidas a partir de dados de AVHRR de 1 km em setembro de 1985. [...] Nenhuma porcentagem de amplo desmatamento

menos de 7 milhões de acres de terra na Amazônia brasileira tiveram sua cobertura florestal original alterada. Em 1988, mais de 40 milhões de acres de floresta foram destruídos.

Veja um mapa da Amazônia e busque a cidade de Rio Branco, no extremo noroeste do estado do Acre. Em seguida, trace um caminho para o leste ao longo da rodovia BR-364 através do estado de Rondônia – onde cerca de 17% das florestas foram desmatadas –, passando pelo norte e centro de Mato Grosso. Aqui é onde as taxas de desmatamento são mais altas na Amazônia. Em Barra do Garças, vire ao norte pela BR-158, passando pelo rio das Mortes e pela drenagem do Araguaia. Aqui, os rios levam nomes de tribos indígenas, Suyá-Missu, Xavante, Tapirapé. Ainda seguindo pela BR-158, passamos por uma região onde se encontram algumas das maiores fazendas de todo o Brasil, enormes pastagens, algumas com mais de um quarto de milhão de hectares, e com placas de nomes dos grandes consórcios e corporações industriais e bancárias do Brasil – o Banco de Crédito Nacional (BCN), a Bordon e a Aracruz Celulose são os mais evidentes –, bem como alguns de seus parceiros multinacionais, presentes na lista da revista *Fortune 500*. Passe para o Norte pelo norte de Mato Grosso; em Conceição do Araguaia encontrará o polo industrial Volkswagen, os fertilizantes Manah e

---

está apresentada para Mato Grosso porque os números são apenas da porção fitogeográfica da Amazônia deste estado.

1. Acre	
Área de território	152.589 km^2
Área de alterações	30.061 km^2
Área de desmatamento	5.269 km^2
% território desmatado	3,45%
2. Rondônia	
Área de território	243.044 km^2
Área de alterações	86.808 km^2
Área de desmatamento	27.648 km^2
% território desmatado	11,38%
3. Mato Grosso	
Área de território	881.001 km^2
Área de alterações	148.893 km^2
Área de desmatamento	56.646 km^2
4. Total	
Área de alterações	265.762 km^2
Área desmatada	89.573 km^2 (-34% de áreas alteradas)

o nome de alguns dos mais proeminentes magnatas da terra do Brasil, o da família Lunardelli, Ariosto da Riva. A área é, atualmente, dominada por enormes fazendas, corridas pelo ouro e uma voraz exploração de madeira.[21] Essas fazendas do norte do Mato Grosso e sul do Pará, juntamente a diversas operações madeireiras, foram as maiores beneficiárias de incentivos fiscais e subsídios federais quando, na década de 1960, a junta militar facilitou os negócios para os grandes investidores do sul do Brasil.[22] Ao norte estão Redenção, madeireiras, mercadores de ouro, indígenas Kayapó e uma terrível fome por terra. Novamente ao norte, passando por campos degradados aparentemente intermináveis, está a Serra do Carajás, abrigo das maiores jazidas de minério de ferro do mundo. De ambos os lados da rodovia, à medida que se aproxima do reino do ferro e do outro, há paisagens destruídas, resultado da busca de propriedade e lucro.

Seguindo o curso do rio Vermelho, chega-se ao maior garimpo da Amazônia, Serra Pelada, na verdade a maior mina de ouro a céu aberto do mundo. Desde a primeira greve que ocorreu na região, em início da década de 1980, o poço foi escavado por um exército de garimpeiros, trabalhadores de minas de aluvião e seus ajudantes, e seus minérios metálicos transportados em latas de cinco litros pelas paredes íngremes do poço, como uma cena que lembra *A torre de Babel*, de Bruegel. A algumas horas de carro em direção ao norte, chegamos a Marabá, onde as águas da barragem de Tucuruí praticamente batem nas margens da cidade. Dia após dia, as madeireiras processam para as "finas" marcenarias as castanheiras cujas colheitas formaram a riqueza dos antigos donos de Marabá. Atualmente, uma área de

21 As principais fontes de madeira da Amazônia brasileira são os estados do Pará e Rondônia, e o sua exploração tem causado enorme impacto ambiental. Em 1976, as coletas de madeira da Amazônia representavam cerca de 14% da produção total do Brasil, mas aumentaram para 44% em 1986.

22 O projeto da Superintendência do Desenvolvimento da Amazônia (Sudam) envolvia incentivos fiscais de diversos tipos, tais como: 1. Subsídios de capital de 75 % dos custos de implementação; 2. Isenções fiscais de mais de quinze anos em participações societárias se o capital fosse usado para projetos na Amazônia; 3. Créditos subsidiados com vários anos de carência que resultaram em taxas de juros negativas, porque a inflação superou amplamente os juros; 4. Importação de máquinas pesadas com isenção de impostos; 5. Baixa taxa de imposto; 6. Concessões de terras ou vendas de terras a preços nominais. Esses incentivos resultaram em ganhos de capital delirantes. Os detalhes dos incentivos fiscais estão destacados em Mahar (1979, 1988), Hecht (1982a, 1982b, 1982c, 1985), Hecht, Anderson e May (1988) e Browder (1988b).

abastecimento e centro industrial em expansão, Marabá é a principal cidade na linha férrea que liga as águas do Tocantins com o mar, na cidade portuária de São Luís. O trem, carregado com minério de ferro de Carajás, segue para o leste em direção a Açailândia, futuro local de fundição, passando próximo a uma área conhecida como Bico do Papagaio, no estado de Goiás. Essa área entre Marabá e Açailândia presenciou alguns dos mais intensos conflitos de terra em toda a Amazônia. Por todos os lugares por onde passamos, as velhas florestas desapareceram, visíveis apenas como um distante risco verde no horizonte. Açailândia é, por causa do minério de Carajás, a cidade considerada, atualmente, centro de produção de carvão vegetal para ferro-gusa das fundições. A alimentação dos fornos exige pelo menos 450 mil acres de floresta por ano, para tornar o minério de alto valor em ferro-gusa de baixo valor, tudo no esforço de retirar baixo valor agregado de um produto industrial de baixa qualidade. O empreendimento só é rentável se o valor da própria floresta for calculado em zero.[23]

Em Açailândia, vire para o norte e siga pela estrada Belém-Brasília, a chamada Estrada da Onça, que, iniciada em 1960, foi a primeira grande artéria rodoviária da Amazônia, ligando-a à nova capital brasileira, Brasília. Outrora motivo de zombaria, a estrada transformou completamente seus arredores e, agora, é principalmente uma zona de fazendas, algumas produtoras de fruticultura – na maioria propriedade dos japoneses –, que aparecem conforme nos aproximamos de Belém. Nascida da visão do presidente Getulio Vargas, expressa pela primeira vez na Marcha para o Oeste do final anos 1930, ela definiu solidamente os padrões de desenvolvimento da Amazônia no final do século XX.

Se tivéssemos virado a oeste, para Marabá, teríamos embarcado na rodovia Transamazônica em direção a Altamira, passando por Itaituba, outra zona do ouro, depois descendo a BR-230, de volta a Porto Velho e Rondônia. Ao longo de toda essa região, o desmatamento segue a estrada. Para o norte, em direção a Belém e à foz do rio Amazonas, a mesma história se revela. Com cada estrada vem a destruição da floresta em ambos os lados e, à medida que as árvores caem, várias espécies são extintas.

23 Isso decorre dos estudos encomendados pela Sudam sobre a economia do minério de ferro. Ver também Seplan (1988), Fearnside (1986) e Bunker (1989).

A extinção das espécies

Ninguém sabe quantas espécies despareceram a cada quilômetro desmatado, mas conhecemos as maneiras pelas quais as extinções acontecem. A mais óbvia é a eliminação de um organismo por meio da destruição direta: as espécies raras de árvores não documentadas que nunca foram classificadas ou os insetos incinerados que viviam naquela árvore, por exemplo. Há as espécies perdidas quando seus *habitats* são destruídos, como uma orquídea incomum que cresceu em árvores do solo rico em ferro da Serra do Carajás e não tem local alternativo para colonizar. Também a perda de um polinizador ou de um agente de dispersão de sementes pode significar a extinção de algumas espécies. Assim, embora a planta viva por um tempo, seu papel na história e no futuro da evolução finalizou. As chamas podem poupar áreas onde ainda existem organismos raros, mas os organismos que permanecem são os mortos-vivos. Todos os recursos necessários para sustentar uma população reprodutora, como os *habitats*, os polinizadores e os agentes de dispersão de sementes, desapareceram. A cada acre queimado, o número de algumas espécies se reduzem até que os descendentes dos sobreviventes reprodutores se tornem vulneráveis a deficiências genéticas, ou a eventos casuais, uma doença ou uma única tempestade que pode acabar com uma população para sempre.

A caça ou a extração sistemática de determinada espécie pode levar ao seu desaparecimento. O pau-rosa, desejado por seu óleo aromático para a perfumaria, foi tão ganânciosamente extraído da floresta que praticamente desapareceu. Viajantes do século XIX, como Herndon, relataram a coleta de milhões de ovos de tartaruga para abastecer o comércio de "manteiga" de tartaruga. As canoas eram abastecidas de ovos, que eram então esmagados com os pés, para remover as tartarugas embrionárias. A água era derramada sobre essa mistura fétida, e a canoa deixada ao sol até que o óleo fosse retirado e enviado para os mercados.[24] Carvajal ficou impressionado – como muitos outros – com os vastos amontoados dessas criaturas, cujo número sufocava os rios perto das praias de reprodução. Mas a caça incessante resultou na quase extinção dessa espécie.

24 Ver Herndon (1952[1854]) e Smith (1974).

Os casos do pau-rosa, ou jacarandá, e das tartarugas são excepcionais. Eles eram tão importantes economicamente – e, no caso das tartarugas, elas estavam em todos os lugares – que temos alguma indicação de sua abundância anterior. Para a maioria das espécies extintas, não temos registro de quão abundantes eram, do que significavam para a vida na terra ou como poderiam ter contribuído para a humanidade.

As chamas da floresta amazônica, capturadas em milhares de fotografias, são alimentadas pelo DNA vaporizador da herança evolutiva do mundo. As plantas e os insetos desconhecidos podem tocar menos os nossos corações do que as baleias ou as onças, mas, a longo prazo, eles poderiam ter sido mais úteis para as pessoas e centrais para as funções de seus ecossistemas de maneiras que não podemos imaginar. Na taxa atual, muitos deles estão extintos, mortos pelo fogo, mercúrio, dioxina e perda dos agentes responsáveis por sua sobrevivência, seja um polinizador, um agente de dispersão, um tipo de solo ou uma árvore.

Existem argumentos morais e religiosos sobre por que as espécies não devem ser levadas à extinção, mas a maioria das pessoas, no final, responde a demandas práticas. As florestas amazônicas fornecem o germoplasma para o comércio internacional de produtos avaliados em bilhões por ano. Só o modesto porto de Manaus exporta mais de US$ 1 bilhão de produtos amazônicos, materiais produzidos a partir de plantas domesticadas e silvestres da floresta.[25] A contribuição amazônica para o comércio mundial inclui cacau, palmito, guaraná, castanha-do-pará, borracha, sapoti, óleo de babaçu, peixe, mandioca, caju e coca. Só com a coca, o valor anual global do germoplasma amazônico excede facilmente US$ 100 bilhões por ano.[26]

O componente genético da maioria das plantas cultivadas em todo o mundo é extremamente restrito e requer entrada regular de variedades para melhorar os estoques mais amplamente utilizados. Mesmo que a humanidade dependa de apenas duas dúzias de espécies de plantas e animais, que respondem a mais de 80% do suprimento mundial de alimentos, a perda de seus ancestrais selvagens e de seus primos hibridizantes pode reduzir a viabilidade dessas culturas. Tanto para as culturas de ciclo curto como para as

25 Pranc, em comunicação pessoal, em 1989.

26 Baseado nas estatísticas do comércio global da Organização das Nações Unidas para a Alimentação e a Agricultura (FAO) e nas estimativas da Agência Antidrogas dos Estados Unidos sobre o comércio global de cocaína.

perenes, é essencial preservar não só o *habitat* dos parentes silvestres, mas também os sistemas agrícolas em que foram domesticados e pelos quais é mantida a diversidade de cultivares. Os índios Ticuna do rio Negro possuem mais de uma centena de cultivares de mandioca adaptadas a diferentes tipos de solo, diferentes tolerâncias ao ataque de pragas e que produzem tubérculos com distintas características.

Os Ticuna cultivam esses cultivares em uma diversidade de condições ambientais e experimentam diferentes cruzamentos entre as variedades. As culturas perenes – como cacau, borracha, árvores frutíferas, fibras, óleos e palmeiras produtoras de frutas – provavelmente desempenharão um papel mais importante à medida que os sistemas agroflorestais emergirem na economia mundial de alimentos. Sua manipulação de espécies perenes ocorre nas fases sucessionais secundárias, quando os lotes agrícolas podem se regenerar e quando as frutas e outras árvores são plantadas na sucessão; as espécies florestais podem produzir cruzamentos úteis com árvores domesticadas. Nenhuma agricultura é estática, e a experimentação constante de cultivares é tão característica do agrônomo nativo quanto do geneticista de cultivos mais experiente que trabalha no Centro Internacional de Agricultura Tropical, da Colômbia. Ao destruir as culturas nativas – muitas já desapareceram –, o mundo perde o conhecimento que levou vários milênios para se desenvolver. Esse conhecimento não pode ser reconstruído a partir de cacos, assim como nossa agronomia dinâmica não poderia ser regenerada se todos os livros, laboratórios, campos experimentais, sementes e a maioria dos agrônomos fossem destruídos. A agricultura requer culturas vivas, trabalhando com todos os elementos de sua agronomia: o ambiente particular, as cultivares, as formas como as pessoas transmitem seu conhecimento sobre a agricultura, seus rituais e saberes. Os amazônicos desenvolveram a ciência que forneceu ao mundo algumas de suas espécies mais úteis e valiosas; os sistemas e o germoplasma das culturas que eles desenvolveram só podem ser efetivamente conservados no contexto da agricultura tradicional.

As perdas de amanhã

William Balée, um etnobotânico fixado em Belém, mostrou recentemente que os índios Ka'apor, no oeste do Maranhão, o estado do nordeste brasileiro que faz fronteira com o Atlântico ao sul de Belém, nomeiam e usam 94% das plantas em uma determinada área amostral de cerca de 2,5 hectares. Estudos comparativos com vários outros grupos também mostram que, pelo menos, 50% das espécies são utilizadas regularmente por populações florestais.[27] Mas os povos indígenas não são os únicos repositórios desse conhecimento. Caboclos, pequenos extratores e populações ribeirinhas também influenciam a estrutura e a produção das florestas, e têm um profundo conhecimento da grande variedade de espécies florestais que utilizam regularmente. Este não é simplesmente um conhecimento folclórico misterioso, muitas dessas plantas e frutas formam a base de economias locais; açaí, umari, pupunha, maçaranduba, caju-bravo e uxi podem não atingir os paladares da maioria dos povos do Primeiro Mundo, mas são a base de economias que sustentam milhares de habitantes da floresta perto de cidades como Belém, Manaus e Iquitos. Cada vez mais, estudos – realizados nas várzeas do Peru, por Padoch e Peters; no estuário de Belém, por Anderson e seus colegas sobre os seringueiros e por Hecht e Schwartzman; e do babaçu, por Hech, Anderson e May – mostram o amplo uso de recursos florestais naturais para proporcionar uma vida sustentável e trazer uma visão sobre as diversas maneiras pelas quais as pessoas usam as florestas para ganhar a vida sem destruí-las. Essas formas de produção são muitas vezes subvalorizadas por serem expressas apenas para subsistência, mas, embora os produtos extrativistas contribuam de forma importante para essa subsistência, eles também fazem parte da economia regional e até atendem aos mercados internacionais. Relegar seu papel apenas ao de subsistência é como descartar a importância econômica dos pomares da Califórnia ou dos mercados regionais franceses de caça ou de cogumelos. Outros estudiosos, como a etnofarmacologista Elaine Elizabetsky, mostram as ricas tradições medicinais elaboradas pelos caboclos e outras populações do sertão, nas quais também há o comércio de ervas aromáticas.

A diversidade biológica dessas florestas tropicais tornou a Amazônia uma fonte particularmente importante de medicamentos. As prateleiras das farmácias do Primeiro Mundo são repletas de centenas de exemplos, drogas que devem sua origem à perspicácia médica de pajés amazônicos que

27 Ver, por exemplo, Clay (1988), Posey e Balée (1989), Denevan e Padoch (1987), e Altieri e Hecht (1989).

guiaram botânicos por meio de suas farmacopeias, as chamadas *drogas do sertão*. Desde o século XVI, a Amazônia tem sido foco de buscas por plantas medicinais. As drogas do sertão foram a base econômica da Amazônia por séculos; o desejo por salsaparrilha, ipeca, guaraná, casca de quinino alimentaram e estimularam as primeiras incursões pelos afluentes e a ocupação das terras ao redor. As medicinas nativas incluem curas contra toxinas animais, como picadas de cobras e de vespas, vermífugos, repelentes naturais contra insetos (característica comum dos pigmentos usados na pintura corporal), anti-inflamatórios de vários tipos, anticoncepcionais, abortivos, anticonvulsivantes (como o *Cissus sicyoides*), relaxantes musculares (como curare) e eméticos (como a ipeca). Existem também medicamentos contra malária e febre, como quinino, e também drogas psicotrópicas poderosas, como datura, virola, coca e a iagê. Setenta por cento das plantas conhecidas por terem algum tipo de composto anticancerígeno são nativas das planícies tropicais. Enquanto a maioria das drogas derivadas de fontes tropicais no comércio do Primeiro Mundo se concentrava em produtos de pouca relevância, como o inhame mexicano, que é usado na produção de esteroides; o potencial dessas plantas permaneciam em grande parte inexplorado e não testado para mercados comerciais.

As necessidades mudam. No final do século XIX, a borracha vulcanizada era um dos materiais básicos da civilização industrial. Cem anos antes, a seringueira (*Hevea brasiliensis*) não despertava tanto interesse, mas seu *caoutchouc*[28] já havia sido relatado por La Condamine. Os efeitos inseticidas da rotenona derivada de *Lonchocarpus* eram de pouco interesse ainda na década de 1960. Fora da Amazônia, a flor rosada da pervinca de Madagascar (*Vinca*) atraiu pouca atenção até que se descobriu que a leucemia infantil podia ser tratada com essa planta. A flor, fonte de vincristina e comercializada como Oncovin®, é agora a base de uma indústria de US$ 100 milhões por ano.

Embora a pervinca de Madagascar não tenha sido usada na medicina popular, cerca de três quartos das principais plantas de drogas no comércio internacional foram usadas pelos primeiros médicos populares e pajés no ponto de sua coleta original. As plantas medicinais de amanhã e a base genética de nossos alimentos e fibras desaparecerão se a sua origem for

28 Nome de origem peruana dado à resina extraída da seringueira. (N. T.)

erradicada pelos tratores D8 na BR-364. As culturas que preservaram, observaram e utilizaram essas plantas estão sendo aniquiladas, os curandeiros nativos e populares, junto a todos os outros exilados em comunidades urbanas, estão desperdiçando seus talentos, para manter corpo e alma unidos, ao dedicarem-se a um trabalho não qualificado.

Sobre a questão da extinção, Erwin escreveu:

> Nossa geração participará de um processo de extinção envolvendo talvez 20 a 30 milhões de espécies. Não estamos falando de algumas espécies ameaçadas nos livros do Red Data,[29] ou das poucas ervas de piolho (*Pedicularis furbishiae*) ou dos pequenos peixes de água doce *snail darters* (*Percina tanasi*), que atraem tanta atenção da mídia. Não importa o número de que estamos falando, seja 1 milhão ou 20 milhões; o importante é que está acontecendo uma destruição maciça da riqueza biológica da Terra.[30]

O pensamento é convincente, mas deveria ser ampliado. A extinção não é apenas da natureza, mas da natureza socializada. O que também está sendo exterminado na Amazônia é a civilização.

---

29 Inventário com a lista de espécies ameaçadas, publicado pela International Union for Conservation of Nature (IUCN), instituição fundada em 1964. (N. T.)

30 Erwin (1988). A discussão deste Capítulo também está baseada no trabalho de Plotkin (1988), Farnsworth (1988), Myers (1984, 1988), e Elizabetsky e Setzer (1985). Ver também Posey e Santos (1985), Gottlieb (1981), Mors e Rizzini (1966) e Balandrin et al. (1985).

4
O PROSPECTO AMAZÔNICO

De suas montanhas, pode-se cavar prata, ferro, carvão, cobre, mercúrio, zinco e estanho; das areias de seus afluentes, lava-se ouro, diamantes e pedras preciosas; de suas florestas, pode-se coletar as drogas das mais incomuns virtudes, especiarias do mais delicioso aroma, gomas e resinas das mais úteis propriedades, corantes das mais brilhantes tonalidades, com madeiras de construção e mobília do mais fino brilho e mais sólida textura. Seu clima é um verão permanente, suas colheitas, perenes.

Matthew Fontaine Maury, *The Amazon and the Atlantic Slopes of South America, 1853*

A região é um turbilhão de putrefação onde os homens morrem como moscas.
Mesmo com todo o dinheiro do mundo e a metade de sua população,
é impossível terminar essa ferrovia.

Companhia Britânica de Obras Públicas, 1873

O que é agora denominada a destruição ambiental da Amazônia é apenas a mais recente onda de um longo épico de aniquilamento. A dinâmica da região permanecerá um mistério para nós a menos que possamos reconstruir e compreender as formas de percepção dos mercados, de captação de recursos e de exploração do trabalho com o passar dos anos.

Atualmente, é fácil ver do alto as longas divisões na floresta onde as árvores foram retiradas para dar caminho às estradas e às pastagens. A fumaça paira sobre a Amazônia de julho a outubro; as águas de uma centena de afluentes de rios, como os rios Tapajós e Araguaia, antes de águas cristalinas, foram sujas com o lodo das minas. No entanto, outras feridas mais antigas são agora invisíveis, ou mais difíceis de serem decifradas; elas são registradas não tanto como cicatrizes sobre uma paisagem, mas como as ausências dela.

A história da exploração da Amazônia ressoa tristemente nos nomes de tribos já extintas, nos cacos de cerâmica policromada feita por povos há muito desaparecidos, nos petróglifos nas rochas das cataratas que marcam santuários para as tribos, que, ao final, não escaparam. Os trilhos da ferrovia Madeira-Mamoré enferrujam na floresta, e as locomotivas antigas permanecem de forma pitoresca em um pátio, com vista para a grande curva do rio Madeira, abaixo da cataratas de Santo Antônio. A construção da ferrovia custou milhares de vidas, e seu colapso, em 1912, abalou as bolsas de valores da Europa e arruinou mais de uma grande fortuna. No alto Guaporé, ainda existe um quilombo de escravos fugitivos, onde seus descendentes continuam a residir. Esse quilombo foi formado há mais de 150 anos por escravizados que conseguiram fugir dos horrores das minas de ouro de Cuiabá. A selva secundária agora reivindica as belas cabanas e plantações da cidade de Belterra, que fora construída por Ford, ao lado do rio Tapajós. Na pobre cidade de Lábrea, na foz do Purus, não é raro encontrar trabalhos em ferro finamente forjado no estilo da Belle Époque, importado da França durante o *boom* da borracha. De forma tentadora, o passado se apresenta.

A exploração da Amazônia sempre foi pautada nos ritmos da violência, da captura e da obsessão. As exigências do meio ambiente, a escassez crônica de mão de obra e o fascínio por fortunas fáceis de serem arrebatadas dos tesouros da floresta sempre ameaçaram sobrecarregar o fraco pulso da agricultura. As imponentes famílias de Belém ansiavam pela estabilidade digna dos impérios agrícolas para rivalizar com os engenhos açucareiros do Nordeste e as fortunas pastoris do Recife, mas a sua riqueza era acumulada com produtos retirados da floresta por escravos ou peões supervisionados por seus filhos mais novos, ou seus criados – filhos bastardos do dono da casa – concebidos para serem servos e capatazes leais. Por décadas, as ambições agrícolas expiraram à medida que tanto o trabalho quanto o capital foram perseguidos rio acima em mais uma excursão extrativa, a busca pela casca de quinino, salsaparrilha, baunilha, chocolate, índigo e, é claro, borracha. Tratava-se de uma elite mercantil e burocrática no estilo tradicional do império português, implantada ao longo dos séculos. A esperança de que a Amazônia se submetesse graciosamente aos paradigmas do desenvolvimento e evitasse as tentações extravagantes da extração sobreviveu até a década de 1950, quando a Superintendência do Plano de Valorização Econômica da Amazônia (SPVEA) – agência inicial de desenvolvimento do pós-guerra para a Amazônia – proclamou que o passado grosseiro da região finalmente seria extinto e ela se tornaria uma cornucópia de colheitas respeitáveis. Isso havia sido antecipado pelo efusivo impulso de Matthew Maury, que, em meados do século XIX, disse ao público norte-americano que a Amazônia poderia sustentar duas safras de arroz e quatro de milho por ano e que "o país escoado pelo Amazonas seria capaz de sustentar [...] a população de todo o mundo".

A estratégia de Pombal para a Amazônia

Os empreendedores podem ganhar notoriedade na Amazônia, mas em vários momentos o Estado tentou definir a agenda de desenvolvimento. A região ressoava as façanhas de saqueadores, bandeirantes e religiosos, mas, em 1750, com o Tratado de Madri, a Espanha cedeu sua parte da Amazônia à coroa portuguesa até a junção do rio Madeira, sob o princípio do *uti possedetis* (quem o ocupa, o possui). Os espanhóis, distraídos pelas contínuas hostilidades com a coroa britânica, mal perceberam que haviam cedido quase 1.600 quilômetros de rio e milhões de acres com todo o tesouro neles contido.

O primeiro ponto da agenda foi a afirmação da soberania sobre as áreas florestais. O imperativo "A Marcha para o Oeste" do regime de Vargas, na década de 1930, ecoou impulsos imperiais anteriores. Os objetivos dos senhores do Império, em 1750, prefiguravam os dos generais brasileiros que tomaram o poder em 1964, e há indícios dos atuais projetos para a Amazônia nos projetos do século XVIII.

O Império português temia a invasão dos espanhóis, holandeses e britânicos. Os generais da década de 1960 tinham memória suficientemente longa para recordar as guerras de fronteira no Acre e a possível apropriação de terras por um consórcio internacional naquela época. Em seguida, veio a consolidação do próprio Estado. Como empreender a exploração ou o desenvolvimento do que era, afinal, mais da metade do território nacional? O Marquês de Pombal estava tão preocupado com o papel da Amazônia no império luso-brasileiro que, em 1777, enviou seu irmão, Francisco Xavier de Mendonça Furtado, para governar os estados do Maranhão e do Pará. As cartas passavam de Pombal, no Rio ou Lisboa, para seu irmão em Belém, constantemente preocupado com o motivo de a província estar em tal decadência e rendendo tão pouca renda aos cofres do Estado.

A temática de Rousseau foi trazida para preocupações pragmáticas. Pombal declarou os índios maltratados e decretou que lhes fossem concedidos todos os privilégios e direitos dos cidadãos brasileiros, libertos da escravidão, da servidão e da tutela da Igreja. Seu propósito era duplo: livres do jugo religioso, os índios se tornariam súditos leais da Coroa e porta-estandartes de sua soberania. O território nacional exigia cidadãos, e os imensos territórios agora cedidos a Portugal seriam impossíveis de serem "ocupados", dada a escassa população portuguesa. Os nativos, como "cidadãos livres", podiam ocupar essa terra e fazer *de jure* uma ocupação *de facto* por sua humilde existência. Perseguindo essa lógica de integração nacional, Pombal foi um vigoroso defensor da miscigenação e promulgou decretos contra a perseguição aos mestiços.

Virulentamente hostil à Igreja, o marquês desferiu um golpe econômico mortal nas propriedades da Igreja, pois os índios formavam a sua força de trabalho e, nas missões, eram, nas palavras do irmão de Pombal, "condenados ao duro jugo do cativeiro perpétuo". Missionários, ou índios "descendentes", trabalhavam nas propriedades da Igreja, mas eram disponibilizados como trabalhadores assalariados para os colonos. Pombal vislumbrou a estagnação econômica da região como resultado do monopólio jesuíta do trabalho e das terras nobres e, assim, concebeu uma lei de alocação de trabalho destinado a libertar essa mão de obra cativa. Conhecida como Diretório dos Índios, e sob seus auspícios, cada aldeia indígena teria um diretor para alocar seu trabalho, supervisionar e dar o dízimo de uma parte de sua produção à Coroa.

Pombal olhava para uma Amazônia povoada por índios destribalizados, aculturados e mestiços. Ao lado das pequenas fazendas fornecedoras de alimentos e fibras para sustentar a economia escravista, que teoricamente poderia recorrer às aldeias do Diretório para trabalho extra, ele imaginou enormes plantações de açúcar, algodão, café e cacau com mão de obra de escravizados africanos. Sua grande estratégia para a Amazônia, se expressada nos termos atuais, foi a promoção de um protocapitalismo agrário baseado na exportação da agricultura de plantação de monocultura e sustentada com alimentos cultivados por pequenos agricultores.

Em um movimento que ecoou mais de duzentos anos depois pelos generais, Pombal decidiu que a região precisava do estímulo da expansão econômica apoiada pelo Estado. Buscando imitar a Companhia das Índias Orientais, criou a Companhia Geral de Comércio do Grão-Pará e Maranhão para estimular e monitorar o comércio em toda a região. Distribuiu concessões, incentivou investidores privados e forneceu galeões à frota atlântica da Companhia para proteger da pirataria. O empreendimento agrícola recebeu incentivos e estímulos, e a Companhia, uma empresa paraestatal, subscreveria e subsidiaria vários empreendimentos agrícolas, concederia isenções fiscais, promoveria o empreendedorismo individual por meio de concessões especiais e até estipularia preços. Tanto negociando quanto fornecendo crédito para escravizados africanos, a Companhia também forneceria o transporte de mercadorias da região, e suas flotilhas ficariam sob proteção do Estado. Esse enfoque da oferta para o desenvolvimento regional concentrou-se na superação do problema das restrições de capital e transporte incerto, atraindo investidores para as atividades produtivas da região.

Um dos primeiros atos dos generais após a tomada do poder em 1964 foi a reformulação da Companhia do Grão-Pará. Em sua forma moderna, recebeu o nome de Superintendência de Desenvolvimento da Amazônia (Sudam), que, da mesma forma, por meio do Banco da Amazônia (Basa), fornecia isenções fiscais, concessões, subsídios e fundos de investimento para grandes projetos nos quais se basearia o futuro empreendedor da Amazônia.

O problema do trabalho

A visão de Pombal era notavelmente moderna em sua noção de como o desenvolvimento poderia funcionar. Os ingredientes essenciais em tais estratégias geralmente incluíam uma ampla força de trabalho, uma classe de pequenos proprietários para amortecer ou absorver ameaças de ruptura social e política de uma baixa "classe perigosa", estímulos ao espírito empreendedor na forma de monopólios, concessões e escoltas militares para seus galeões. Essas eram as esperanças de Pombal no Rio de Janeiro e em Lisboa. Em Belém, onde seu irmão foi encarregado de administrar essa estratégia, as perspectivas eram mais confusas. Havia na Amazônia, como sempre, o problema do trabalho, e a estratégia de Pombal deveria ter efeitos de longo alcance. A Companhia poderia atrair empresários e estimular o comércio, mas, sem mão de obra, esse capital não poderia avançar o desenvolvimento. A alocação de trabalhadores "livres" era responsabilidade do Diretório.

No programa de Pombal, diretores nomeados pelo Estado substituíram o controle jesuíta do trabalho indígena. Sob o novo sistema, cada aldeia indígena estava sob o controle de um diretor que daria orientações ao cacique indígena e organizaria suas expedições de coleta, produção agrícola, trabalho escravo e trabalho pago para os colonos ou para o Estado. Por meio do bloqueio ao trabalho nativo, os diretores tornaram-se senhores de feudos e, sob uma economia de trabalho cronicamente curta, eram constantemente lançados no caminho da tentação, pois podiam lucrar de várias maneiras devido a atividades exercidas por seu cargo. Os diretores não recebiam salário, mas recebiam um sexto do valor dos produtos e serviços da aldeia como seu sustento; logo perceberam que poderiam angariar mais riqueza enviando os aldeões em expedições extrativistas do que com a produção de arroz, feijão e mandioca. Essas longas ausências afastaram os homens saudáveis do trabalho agrário, minando os sonhos pastoris de Pombal. Os diretores também podiam lucrar com as vendas não oficiais da produção aos comissários volantes (comerciantes ambulantes) que começaram a percorrer os rios. Essas transações informais eram atraentes, pois todo o valor, não apenas um sexto, podia ser retido pelo diretor. O Diretório oferecia fortes incentivos para envolver os nativos em um trabalho que pudesse beneficiar diretamente o diretor da aldeia e, como os encarregados pelas tarefas tinham pouco conhecimento sobre o sistema monetário, eram facilmente enganados.

A disponibilidade de mão de obra para os colonos foi prejudicada por outra disposição do sistema pombalino. Aqueles que queriam alugar indígenas eram obrigados a adiantar todo o salário deles, o que tornava a prática quase impossível para qualquer pequeno colono. Seguiu-se o inevitável na forma de um monopólio do trabalho em rápida aceleração por aqueles com capital, os grandes proprietários de plantações e os extrativistas em crescimento. Novamente, foi possível fazer acordos ilegais com os diretores para garantir uma alocação favorável num ambiente de trabalho muito competitivo. Sob uma variante do trabalho escravo e do sistema mita espanhol,[1] os indígenas também foram alocados em projetos estatais. Os funcionários da Coroa esgotavam continuamente a força de trabalho com as suas demandas intermináveis de mão de obra necessária para montar seus empreendimentos militares: barqueiros, carregadores, fornecedores e guias. Os fortes tinham de ser erguidos, paliçadas plantadas e valas cavadas. O complexo militar-colonial convocava os diretores de trabalho com crescente urgência. A princípio, os indígenas preferiram o serviço do governo aos caprichos dos colonos. Mas, à medida que a escassez de mão de obra se aprofundava, eles, ou pelo menos os diretores, conseguiam negociações mais vantajosas no setor privado. O resultado foi que grandes proprietários, diretores e o Estado controlavam toda a mão de obra e os recursos da região. Os colonos menores ou se tornaram "nativos" em meio a muito desprezo, ou se tornaram comissários volantes (como eram chamados os primeiros comerciantes móveis – regatão – e intermediários – marreteiro –, que movimentavam mercadorias pela região sem impostos e sem entraves da Coroa). Aqui, no pequeno mercantilismo do pujante "mercado negro" de bens escassos e de população isolada, os diretores podiam ganhar alguns mil-réis extras, e os colonos, de outra forma condenados, iniciavam o comércio que tanto caracterizou a região durante o período da borracha. Algumas das grandes casas de aviadores que administraram o comércio da borracha tiveram seus primórdios nos modestos comissários. Os executores do plano de Pombal depararam com uma força de trabalho cada vez menor por vários motivos. Aqueles pressionados a realizar o serviço militar e enviados a longas expedições muitas vezes morriam ou desertavam. A doença cobrou seu preço, atingindo os trabalhadores com força depois que a Companhia Geral do Grão-Pará e Maranhão passou a trazer regularmente mão de obra escravizada da África Ocidental; sem saneamento, sem quarentena

1 Sistema de trabalho compulsório. (N. T.)

dos escravizados e sem resistência interna, as populações indígenas cambaleavam sob os golpes de epidemias regulares. Nessas condições, muitos indígenas preferiram fugir para Belém, ou rio acima, a ficarem presos em suas aldeias, onde podiam ser recrutados pelo Estado, diretores, grandes agricultores ou senhores escravistas. O trabalho para a agricultura permaneceu tão indisponível como sempre foi.[2] Os mestiços, embora considerados esperança de miscigenação para Pombal, também fugiram para Belém e se abrigaram ao longo do estuário. Ali, libertos da tirania dos diretores, o indígena e o mestiço engrossaram uma força urbana de trabalhadores cada vez mais rebeldes, não mais tutelados nem pelos padres jesuítas nem pelo Estado pombalino.

O programa de Pombal fracassou por outras dificuldades familiares: seu irmão entregou concessões de monopólio a seus comparsas e, inclusive, recompensas. Por exemplo, as fazendas jesuítas com meio milhão de cabeças de gado na Ilha de Marajó – emblemas mais importantes da pecuária da colônia – foram apropriadas pelo Estado e prontamente entregues a um punhado de parasitas sociais, cujas verdadeiras intenções estavam distantes de qualquer administração produtiva desses bens, como atesta o declínio vertiginoso da pecuária de Marajó no século XIX.

Em parte, a próspera colônia do plano de Pombal foi minada pela intensidade de seu próprio anticatolicismo. Ele acreditava que a pobreza da colônia poderia ser explicada, em boa medida, pelas exigências da Companhia de Jesus. No Pará, o irmão do Marquês teve essas suspeitas fortalecidas por grupos inescrupulosos que cobiçavam os bens da Igreja e, por isso, exageravam as fortunas que supostamente estavam sendo remetidas a Roma. Não foi a última vez na Amazônia que as expectativas de tesouro superaram amplamente a realidade. Os jesuítas foram expulsos, e a Igreja despojada de todos os bens importantes e do potencial econômico, mas a revolta não teve nenhuma consequência cauterizante particularmente benigna. No fim, o único resultado da iniciativa do Diretório foi a criação de uma classe de trabalhadores livres e de caboclos com uma cultura sincrética distinta em número insuficiente para o desenvolvimento agrícola, mas pronta para a

2 Excelentes discussões sobre o Diretório e a economia colonial em geral podem ser encontradas em Alden (1969a, 1969b), MacLachlan (1972, 1973), Morner (1965), Hemming (1987), Parker (1985). Uma discussão mais detalhada da história mercantil e inicial da Amazônia pode ser encontrada no clássico de Barata (1915). Uma revisão rigorosa dos documentos da Companhia Geral do Grão-Pará e Maranhão é encontrada em Dias (1970).

próxima etapa histórica – a servidão por dívida –, associada ao extrativismo que atingiu seu apogeu no grande ciclo da borracha.

Longe de repelir a ameaça de quaisquer classes perigosas por meio de uma pacata classe de pequenos proprietários, Pombal semeou um legado de descontentamento social explosivo que eclodiu no início da década de 1830, na famosa Revolta da Cabanagem, quando uma aliança de povos da floresta – indígenas explorados, caboclos empobrecidos e escravizados fugitivos dos quilombos –, que não aguentavam mais o monopólio econômico e a opressão dos oligarcas, como será descrito mais adiante, revoltaram-se.

O Império português manteve-se decidido em evitar que a Amazônia apresentasse qualquer desafio à produção de açúcar e outras culturas no sul do Brasil. Como os estrategistas do Império a conceberam, a vantagem comparativa da Amazônia estava nas drogas do sertão, nos corantes e nas madeiras. Ao mesmo tempo, um novo comércio extrativista já estava surgindo no Pará, na Ilha de Marajó, subindo o rio Jari e descendo o rio Tocantins.

A ascensão do comércio de borracha

Supõe-se frequentemente que o comércio de borracha na Amazônia não atingiu qualquer significado até o final do século XIX e quase nenhuma presença nos mercados mundiais até que Charles Goodyear a descobriu acidentalmente em 1839. Em 1844, Goodyear patenteou o meio pelo qual a borracha, quando combinada com enxofre na presença de calor, poderia ser quimicamente estabilizada em um processo que William Brockedon nomeou simpaticamente de "vulcanização" em 1842. Por volta de 1750, não muito depois de La Condamine relatar à Academia de Ciências que havia visto a *cahuchu* – como ele originalmente ouviu a palavra nativa "quéchua" no Peru –, botas e mochilas do Exército estavam sendo enviadas de Lisboa para Belém para serem impermeabilizadas. Até Dom José, rei de Portugal, despachou suas botas para o Pará com esse propósito. Em 1768, Macquer aprendeu a fazer tubos e cateteres de borracha. Um ano depois, o químico Priestley estava apagando marcas de lápis com o que os ingleses então chamavam de borracha-da-Índia. Os homens estavam se elevando em balões revestidos de borracha em 1785. Em 1811, Champion estava impermeabilizando materiais para o Exército francês, e um ano mais tardes, o Barão Schilling usou um cabo submarino de borracha para explodir uma mina no rio Neva, em São Petersburgo. Já em 1800, Belém estava exportando sapatos de borracha para a Nova Inglaterra, chegando a comercializar 450 mil pares em 1839.[3]

Em 1803, foi fundada uma fábrica de borracha que fazia ligas femininas na França. Em 1813, Clark registrou patentes de camas infláveis e travesseiros tratados com borracha. A primeira fábrica industrial britânica para a fabricação de artigos de borracha – toldos e bombas – abriu em 1820. Charles Mackintosh descobriu que a nafta adicionada à borracha resultava um revestimento impermeável para tecidos e patenteou a sua descoberta em 1823. Em 1827, uma mangueira de borracha havia apagado um fogo em Fresh Wharf, Londres. A primeira fábrica de borracha nos Estados Unidos foi inaugurada em Roxbury em 1828.[4] Dadas as associações das palavras "produtos de borracha", deve-se acrescentar que os preservativos feitos de borracha começaram a ser comercializados na década de 1840, após a descoberta de Goodyear.[5]

---

3 Ver Dean (1987). Ver também Néry (1901[1885]), obra em que ele observa que, muito antes de La Condamine ter relatado o uso de *cahuchu* (traduzido em galeco como *caoutchouc*), "o Padre Manoel da Esperança [...] o havia encontrado em uso entre os indígenas Cambeba", e ele "o chamou, dizem, pelo nome singular de seringa. Ao observar que esses selvagens inteligentes a usavam para fazer garrafas e tigelas em forma de seringa, o bom padre chamou em seu auxílio suas figuras de retórica e concebeu o nome de seringa para a substância que servia para a fabricação desses artigos para uso doméstico. Daí veio o nome 'seringas' ou 'seringueiros', pelos quais os extratores da seiva leitosa ainda são conhecidos na Amazônia, e o nome 'seringais' dado aos locais onde extraem esse produto por incisão". Ver também Edwards (1847), Kidder (1939) e Reis (1953).

4 Ver Schidrowitz e Dawson (1952).

5 É tentador traçar a etimologia da palavra "preservativo" (*condom*) a La Condamine, já que seu nome foi associado à importação para a Europa de artefatos de borracha. Mas o preservativo não só estava em uso no século XVII, sendo então feito de tripa animal ou membrana de peixe, mas também recebeu esse nome. Houve um longo debate sobre a derivação da palavra, com várias etimologias propostas sendo traçadas por William E. Kruck, em sua monografia minuciosamente pesquisada, *Procurando o dr. Condom*, (Universidade do Alabama, 1982). Kruck defendeu que uma etimologia de um "Dr. Preservativo" ou "Contom" ou "Condom" que supostamente forneceu anticoncepcionais a Carlos II não pode ser sustentada e que "o homem e seu ato de invenção [...] são um mito". Kruck concluiu que nenhuma etimologia era satisfatória. A palavra "condum" aparece pela primeira vez impressa em 1706, em um poema de John Hamilton, segundo o Barão de Belhaven. Como resultado do debate sobre os 25 artigos da união em 1706, um panfletário, contratado pela Coroa para promover a visão pró-união entre os escoceses, escreveu um poema refutando o alarme de Belhaven, que

As consequências do comércio de borracha na Amazônia eram previsíveis. Qualquer entusiasmo pela pacata agricultura diminuiu rapidamente à medida que a borracha cresceu em importância e seu comércio começou a moldar os direitos trabalhistas e de propriedade.

A estrutura essencial das indústrias extrativas de borracha, ouro e outros produtos florestais permaneceu inalterada por mais de 150 anos. Havia dois constrangimentos constantes e conhecidos: a escassez de capital e de mão de obra. Os eixos do investimento e da exploração juntaram-se em Belém e, em menor escala, em Manaus. Ali estavam as grandes casas comerciais, financiadas inicialmente pelo capital britânico, estendendo rio acima até os seus confins uma cadeia de crédito e dependências que terminava no barraco do

---

expressara temores sobre essa aproximação. A resposta do barão veio com a publicação de "A resposta de um escocês a uma visão britânica", na qual incluiu a menção de que um resultado perturbador da união seria o aumento da atividade sexual na terra civilizada dos escoceses por causa do uso de preservativos. Belhaven escreveu:

> Então Sirenge e Condum
> Vêm ambos a pedido,
> Enquanto o virtuoso Quondam
> É tratado com deboche.

Aparentemente, Belhaven estava se referindo à entrada de Argyll no Parlamento e o seu uso equivocado da palavra "quondam". Ele primeiro dá o nome correto do instrumento, *condum*, e então faz a rima com a paronímia de Argyll dizendo que tal item zombaria do decoro escocês de tempos passados, de *quondam*.

O uso da palavra "seringa" não indica que os produtos de borracha amazônicos fossem parte de um ataque licencioso inglês à Escócia no início do século XVIII, uma vez que seringas não feitas de borracha já eram usadas na medicina e nas tentativas de contracepção. Como vimos, um antigo visitante europeu da Amazônia aplicou essa palavra, derivada do grego, a um dos artefatos de borracha usados pelos indígenas amazônicos, dando à borracha o nome genérico português. As histórias relevantes são silenciosas sobre a ascensão da seringa de borracha como dispositivo contraceptivo.

A primeira Revolução do Preservativo ocorreu depois que Goodyear inventou o processo de vulcanização, em 1839, e o patenteou em 1844, tornando possível a produção de preservativos de borracha com relativo baixo custo. No início de 1900, os preservativos de borracha estavam amplamente disponíveis. No entanto, calcula-se que três quartos deles eram defeituosos e a qualidade de muitos se deteriorava em três meses. À medida que se tornavam comuns, eles eram condenados pelos médicos como imorais e perigosos.

Na década de 1930, a segunda revolução tecnológica ocorreu quando o processo de látex foi desenvolvido, fazendo preservativos de látex líquido em vez de borracha crepe. O uso de látex líquido e a introdução de máquinas automáticas tornaram o preservativo ainda mais barato e, no início da década de 1930, veio à tona em um Tribunal de Apelações do Circuito Americano que um fabricante norte-americano, Youngs Rubber Corporation Inc., vendeu 20 milhões de unidades em um ano para farmacêuticos e médicos. O látex também melhorou a qualidade dos preservativos.

isolado seringueiro ou do caboclo.[6] Toda a estrutura repousava sobre a servidão por dívida, como Barbara Weinstein tão bem descreve em seu clássico *The Amazon Rubber Boom*. As ligações desses barracos seguiam diretamente para o barracão onde os seringueiros compravam seus suprimentos a crédito a preços grosseiramente inflacionados, e para o qual vendiam suas peles ou bolas de látex por uma ninharia em forma de mercadorias. A partir dessa clássica troca desigual, floresceram as enormes fortunas dos barões da borracha de Manaus e Belém, e das casas mercantis dos diretores. Os elos da cadeia podiam ser simples ou estendidos – por meio de seringalistas, ribeirinhos ou comerciantes –, mas as bolas de borracha sempre acabavam nos armazéns das casas de comércio dos aviadores e, daí, nas casas de exportação, que eram dos agentes de compradores de Nova York e Liverpool.

Houve pouco patrocínio ou intervenção estatal nessa rede, que ironicamente teve a sua origem nos pequenos comissários volantes, surgidos do desespero dos colonos durante o Diretório de Pombal. O Estado não fez nenhuma tentativa de regular o comércio, conhecido por extorsões e crueldades, além de suas duas preocupações, que eram cobrar impostos de exportação no porto do Pará (Belém) e garantir que a soberania nacional não fosse corroída pelos consórcios internacionais; sem qualquer razão, como veremos. O Estado financiou algumas obras públicas para auxiliar no comércio de exportação e tornar Belém mais agradável aos seus novos ricos e aos empresários internacionais que tinham cada vez mais oportunidades de visitar ou hospedar-se na região.

Quando o *boom* começou a crescer no final do século XIX, já era tarde demais para o desenvolvimento industrial baseado na borracha na Bacia Amazônica. As lojas artesanais de cinquenta anos antes, que produziam artigos

---

6 Como a borracha era realmente coletada? O seringueiro se levantava antes do amanhecer e, equipado com machado, revólver e lata, percorria os caminhos de um seringal a outro. Com um machado (depois uma faca), ele cortava a casca da árvore, e o látex pingava em um copo fixado ao tronco. Voltando duas ou três horas depois, ele recolhia o látex na lata e voltava para seu barraco. Lá ele comia mandioca, feijão e, talvez, carne seca, e começava a defumar o látex. Fazia um fogo com nozes oleosas de urucuri e colocava sobre ele um funil (originalmente de barro, depois de chapa de ferro). Em seguida, enrolando um pouco de borracha coagulada em volta de uma pá, ele a mergulhava na lata de látex e depois a secava sobre a fumaça, repetindo o processo até formar uma grande bola, ou pele, de borracha escurecida pela defumação. Às vezes, os seringueiros adulteravam as peles com mandioca ou areia, ou aumentavam seu peso acrescentando madeira ou pedras. A borracha seria posteriormente classificada em Belém como "fina dura Pará (semifina), "entrefina" (grossa) ou "cernambi".

de borracha para exportação, foram superadas pelas fábricas altamente mecanizadas dos Estados Unidos e da Europa. Produtores de calçados de borracha em Boston – coração do nordeste industrial norte-americano – preferiam fazer suas próprias mercadorias de látex a importar produtos acabados de qualidade desigual do Brasil. O estado do Pará lançou tardiamente incentivos para o desenvolvimento industrial, e, na década de 1890, o estrago já estava feito. Havia oficinas mecânicas em Belém para atender o transporte fluvial, que afinal desempenhava papel crucial no comércio e era uma verdadeira fonte de renda, mas não havia oficinas de fabricação de produtos de borracha beneficiada para competir no mercado internacional. Isso definiu a história. Na frase de Barbara Weinstein, "o Pará ganhou reputação muito merecida por produzir o que não podia consumir e consumir o que não podia produzir". Em ambos os casos, os beneficiários eram os capitães da indústria dos países desenvolvidos e as elites mercantis locais. Um jornalista de Belém lamentou, em 1895: "Belém tornou-se um empório de produtos manufaturados estrangeiros".

O olhar de cobiça do mundo

Além de cobrar impostos sobre as exportações, o Estado – primeiro, o Império português, depois, o brasileiro – preocupou-se em consolidar a soberania sobre a região, e com razão. Os naturalistas e exploradores que andaram pela Amazônia ao longo do século XIX tinham, muitas vezes, uma agenda tão comprometida quanto os antropólogos de uma época posterior, transmitindo suas descobertas sobre os grupos indígenas para as empresas de construção e as agências governamentais. Apenas sete anos depois do *Savannah* ter feito a primeira travessia a vapor do oceano Atlântico, da Geórgia a Liverpool, em 1819, os empresários norte-americanos tentaram enviar um barco a vapor pelo Amazonas até as fronteiras do Peru, mas ele naufragou no caminho. Esse tipo de embarcação não teve uma presença bem-sucedida no sistema fluvial até que o governo brasileiro, chefiado por Dom Pedro II, subsidiou a Companhia de Navegação e Comércio do Amazonas, organizada pelo Barão de Mauá, com o apoio de capitais britânico e português. Seus navios a vapor estavam em operação em 1853 e operaram por vinte anos, até que os britânicos compraram a linha em 1873.

O levantamento mais famoso da navegabilidade do Amazonas foi feito em 1849 por dois oficiais da Marinha dos Estados Unidos, o tenente Lewis Herndon e o guarda-marinha Lardner Gibbon. O cunhado de Herndon era Matthew Maury, o impulsionador do livre comércio com a Amazônia e da oportunidade de sua colonização. Maury, natural da Virgínia e, em dado momento, chefe do Observatório Nacional, tinha uma agenda abertamente política ao clamar:

> Deixe os escravos do Sul serem vendidos ao fazendeiro da Amazônia. Os escravos do Sul valem 1,5 bilhão. Seu valor está aumentando a uma taxa de 30 ou 40 milhões por ano. Ela é o capital industrial do Sul. Alguma vez um povo consentiu em afundar tanto capital industrial pela emancipação ou qualquer outro ato voluntário?

Maury, que publicou uma série de artigos extremamente influentes sobre a Amazônia no *The National Intelligencer* sob o pseudônimo Inca, sustentava a visão comum aos primeiros-mundistas dos séculos XIX e XX de que os amazônicos eram um bando de indolentes, incapazes de desenvolver a sua região. Ele disse sobre a corte do Brasil: "Ela se colocou contra a melhoria e o progresso da época e, por meio de intrigas, tentou moldar o curso dos acontecimentos para que pudesse trancar com o selo da ignorância e superstição e da barbaridade selvagem as mais belas porções da Terra; e se os homens livres mantivessem seu silêncio, as próprias pedras clamariam".[7]

A sra. Agassiz, acompanhando o marido em sua famosa viagem, observou também que a esperança para a região estava na colonização, "quando as margens do Amazonas estarão repletas de uma população mais vigorosa do que qualquer outra já vista, quando todas as civilizações compartilharem de sua riqueza, quando os continentes gêmeos apertarem as mãos e os americanos do Norte vierem ajudar os americanos do Sul no desenvolvimento de seus recursos". O sr. Agassiz percebeu que 300 milhões de pessoas poderiam claramente viver na região.

---

7 Maury (1853). Maury não foi o único norte-americano a sonhar em exportar as relações econômicas do Velho Sul. No final da década de 1850, o aventureiro William Walker, brevemente presidente da Nicarágua, introduziu a escravidão, em parte como um esforço para atrair o apoio do sul para o seu empreendimento.

As ordens de Herndon não vieram de Maury, mas da Marinha dos Estados Unidos, que solicitou que ele explorasse toda a bacia hidrográfica da Amazônia, tanto a navegabilidade quanto as possibilidades do território no "campo, na floresta, no rio ou na mina". Também foi demandado a ele levar quaisquer espécimes ou sementes que considerasse possíveis de se adaptar nas costas norte-americanas. Seu relatório foi finalmente publicado em 1854, três anos antes de seu autor morrer em uma tempestade no Cabo Hatteras, afundando com seu navio e uma carga de barras de ouro. No entanto, seus hinos à riqueza da Bacia Amazônica (e, deve-se acrescentar, à beleza das mulheres da região), despertaram grande entusiasmo. Entre aqueles que resolveram partir imediatamente para fazer fortuna, estava um jovem de 21 anos que leu Herndon em Keokuk, Iowa, e que ficou particularmente interessado pelo relato do marinheiro sobre a coca, à qual ele atribuiu poderes milagrosos.

Mark Twain escreveu mais tarde, em seu ensaio *The Turning Point in My Life*:

> Fui incendiado pelo desejo de subir o Amazonas. Também pelo desejo de abrir um comércio de coca com o mundo todo. Durante meses sonhei esse sonho e tentei arranjar formas de chegar ao Pará. Em Nova Orleans, perguntei e descobri que não havia nenhum navio partindo para o Pará. Também que nunca houve uma partida para o Pará. Eu meditei. Um policial veio e me perguntou o que eu estava fazendo, e eu disse a ele. Ele me fez seguir em frente e disse que se me pegasse meditando na rua novamente ele me faria correr [...] Na minha descida [pelo Mississippi], eu tinha conhecido um piloto. Implorei-lhe que me ensinasse sobre o rio, e ele aceitou. Tornei-me piloto.

E assim Mark Twain embarcou no rio que o levou a Huckleberry Finn e Tom Sawyer. Com horários de navegação diferentes, ele poderia ter subido o rio Amazonas e o rio Madeira.

A ferrovia para El Dorado

A Guerra Civil dos Estados Unidos retirou a atenção das possibilidades amazônicas, mas apenas por um período. Um dos veteranos dessa guerra foi o soldado, jornalista e especulador George Church, que dirigiu a sua atenção para um trecho da Amazônia que recentemente havia conquistado o fascínio do empresário internacional.

Na década de 1850, a sede mundial por borracha havia enviado garimpeiros por mais de 11 mil cursos d'água que compõem a Amazônia em busca de faixas de seringueiras não reclamadas. As primeiras vindas apoderaram-se de enormes territórios; eram particularmente desejáveis as terras que se encontravam no encontro dos territórios brasileiro e boliviano, definidas pelo rio Madeira e seus afluentes, vindos dos rios do sul (Abunã, Beni, Mamoré e Guaporé). Os vales dessas drenagens e suas interconexões com as cabeceiras dos rios Purus e Juruá incluíam as mais ricas florestas de *Hevea* de toda a Bacia Amazônica, mas havia enormes impedimentos à exploração eficiente. Apenas cinco quilômetros acima de onde hoje se ergue Porto Velho, ao lado do rio Madeira, na antiga cidade de Santo Antônio, começava uma série de nada menos que dezenove cataratas e corredeiras formadas pelo encontro do Escudo Brasileiro com a planície amazônica. Por mais de 400 quilômetros o rio era inacessível. Barcos puxados para cima e para baixo em viagens cansativas faziam apenas três viagens de ida e volta por ano. Atravessando essa via fluvial estavam as imensas propriedades de três barões da borracha, sendo o mais notório Nicolau Suarez, que usava em suas propriedades a mão de obra de indígenas Karipuna, que eram em tudo, menos no sentido formal, escravizados. Suarez não era apenas o dono de mais de 12 milhões de acres de seringais, ele também governava as corredeiras e podia cobrar as taxas que desejasse.

Além desses territórios ficava a Bolívia e, em La Paz, os empresários daquele país sem litoral sonhavam com a passagem fácil de seus produtos por uma ferrovia que contornasse não apenas as corredeiras, mas as extorsivas taxas de Suarez. A era das ferrovias já havia despontado na América Latina. No final da década de 1850, os trilhos estavam sendo colocados em todo o continente e, para os bolivianos, a passagem ferroviária e fluvial pelo Amazonas apresentava uma saída muito desejável para as produções de casca de quinino das florestas da base dos Andes e dos seringais extremamente produtivos da cabeceira dos rios Purus e Juruá. Nessas bacias hidrográficas, eles eram então os donos do que mais tarde se tornou o estado brasileiro do Acre.

Nessa empolgação, eles foram abordados por George Church, que mais tarde anunciaria a seus leitores norte-americanos que a Bolívia era o jardim do Senhor. Church os convenceu de que uma ferrovia de 350 quilômetros, correndo a leste das corredeiras dos rios Mamoré e Madeira até Santo Antônio, era viável. Bolívia e Brasil aprovaram o plano, Church levantou 1,7 milhão de libras esterlinas em títulos garantidos pelo governo boliviano e, assim, criou a Madeira-Mamoré Railway Company.

Em 1872, sua primeira equipe de engenheiros britânicos chegou e seguiu rumo a um desastre. Seus barcos afundaram, e os indígenas Karipuna os atacaram; as tripulações, assoladas pela febre, tentaram escapar de seu destino mergulhando nas florestas, mas, em menos de um ano, o projeto havia acabado. Em Londres, as ações da Madeira-Mamoré despencaram de 68 para 18 pontos na bolsa de valores. Ao saber da falência de seu projeto, os trabalhadores que restaram da ferrovia correram rio abaixo, deixando ferramentas e equipamentos apodrecendo e enferrujando. Apesar da dura resposta dos acionistas britânicos – a quem os empreiteiros disseram que "a região é um poço de putrefação onde os homens morrem como moscas. Mesmo com todo o dinheiro do mundo e metade da população, é impossível terminar essa ferrovia" –, George Church era irrefreável. Ele foi para a Filadélfia, uma cidade tomada pelo desemprego após o pânico de 1873, e da qual capturou as perspectivas brilhantes que desfraldou com tanta veemência. Dizia-se que nada menos que 80 mil homens se candidataram para trabalhar nos escritórios de engenharia de P. T. Collins para ter o privilégio de viajar ao coração da Amazônia. Em 2 de janeiro de 1878, o primeiro contingente de engenheiros, trabalhadores, materiais de construção e até carvão partiu da cidade. Sem dúvida, a perspectiva de uma ferrovia sem nenhum pedaço de carvão num raio de milhares de quilômetros também provocou um arrepio de prazer na espinha dos proprietários de minas de carvão da Pensilvânia, vislumbrando exportações.

As terríveis condições de trabalho logo provocaram o descontentamento que se expressou em conflitos entre os trabalhadores irlandeses, alemães e italianos. Indignados com os salários mais altos de Collins para os trabalhadores irlandeses e alemães, os italianos entraram em greve. Uma noite, 75 deles escaparam pela floresta em direção à Bolívia; nunca mais se ouviu sobre eles novamente. Outro grupo de trezentos trabalhadores desanimados fugiu com algumas canoas e navegou rio abaixo por cerca de 1.600 quilômetros até Belém, onde chegaram esfarrapados e sem dinheiro.

A mão de obra era escassa. Os barões da borracha já instavam os aviadores de Manaus e Belém a enviar-lhes outros seringueiros, em parte para ocupar novos territórios, em outra para substituir os seringueiros indígenas que morreram ou fugiram. Em um padrão migrante que dura até hoje, trabalhadores do Nordeste, endemicamente atingido pela seca, mudaram-se para o oeste. Quinhentos desses trabalhadores cearenses chegaram para trabalhar na ferrovia de Church, mas logo começaram a morrer por causa da febre amarela. Em 1881, quando o governo brasileiro encerrou o projeto, mais de 500 dos 1.400 trabalhadores que haviam sido enviados para o projeto haviam morrido. Grande parte da linha havia sido inspecionada, 40 quilômetros nivelados e seis quilômetros de trilhos colocados. Uma locomotiva com o nome de Church chegou a puxar alguns carros de trabalho por algumas centenas de metros dessa trilha exígua[8] antes de, ingloriamente, sair dos trilhos.

Os senhores do Acre

Consumidos pela urgência de superar seu isolamento geográfico como nação sem litoral, os bolivianos vinham desenvolvendo outros projetos para chegar às águas do Atlântico. Era crucial para todos os seus projetos a livre passagem pelo Amazonas, e eles encontraram um grande aliado no irrefreável Maury. Assim como os bolivianos, Maury achava justo que as hidrovias da Bacia Amazônica fossem internacionalizadas. Como geógrafo, ele concebeu a noção de que as forças naturais ligavam a bacia ao delta do Mississippi, já que o redemoinho de correntes e ventos oferecia uma passagem fácil entre os dois. Esse vínculo natural poderia ser consolidado com os laços do comércio benéfico. O governo brasileiro via com profunda desconfiança qualquer noção de livre comércio ou livre navegação.[9] Temiam, com razão, que os

8 J. Fred Rippy faz um relato sucinto do transporte ferroviário na Amazônia em seu livro *Latin America and the Industrial Age* (1944), incluindo algum divertido material sobre Maury e Church. Ver também Manuel Rodrigues Ferreira (1987).

9 Herndon, em seu Relatório, contou como o comandante brasileiro, no posto que encontrou após cruzar a fronteira do Peru, insistiu para que ele abrisse mão de seu próprio barco e navegasse em madeira brasileira, mantendo assim a lei – que vigorou até 1875 – que nenhuma embarcação estrangeira poderia navegar em águas brasileiras. Herndon também teve o

esparsos habitantes das margens do Brasil pudessem ser facilmente seduzidos pela infiltração estrangeira, entregando sua nacionalidade e vínculos com a língua portuguesa, que muitas vezes não era a sua, pois muitas populações ribeirinhas nessa época eram indígenas destribalizados, frequentemente mais felizes falando suas próprias línguas ou a *língua geral*.[10]

No entanto, o presidente da Bolívia, Belzu, ficou encantado com as ideias de Maury e ansiava por realizá-las instantaneamente. Ele poderia ser considerado o que, naquela época, era descrito como um diamante bruto, de quem o refinado diplomata carioca Duarte Ponte Ribeiro disse com amargura, "um soldado que tinha sua casa no bar ou no bordel, que nunca apareceu na sociedade decente e que nunca abriu um livro".[11] Belzu também ofendeu o senso de propriedade do Brasil ao ameaçar atirar em seu adido comercial em uma praça pública de La Paz, levando o prudente enviado a fugir da capital. Essa humilhação diplomática não foi a única. Church mais tarde relatou aos amigos sobre o caudilho Mariano Melgarejo, que lhe deu sua concessão ferroviária em 1869; cansado das queixas de um enviado britânico, Melgarejo levantou as saias de sua amante e ordenou que o britânico beijasse seu traseiro nu. Com a recusa do diplomata, Melgarejo mandou-o desfilar em um asno, virado para trás. Diante das ocorrências, a rainha Vitória e seu primeiro-ministro, Palmerston, ordenaram que a capital da Bolívia fosse bombardeada. Ao saber que estava fora do alcance das canhoneiras, eles se contentaram apenas em apagar a Bolívia dos mapas britânicos.[12]

Em janeiro de 1853, argumentando que os portos livres tornavam os rios livres, o presidente Belzu decretou que os portos dos afluentes bolivianos do rio Madeira[13] fossem abertos ao comércio internacional e ofereceu um

---

cuidado de viajar com descrição, com um pequeno grupo e armas triviais, para que os Estados Unidos não pudessem ser acusados de montar uma expedição. Ver William Herndon, *Exploration of the Valley of the Amazon*, editado por Hamilton Basso, 1952.

10 Língua praticada na região amazônica no período colonial até início do século XX, baseada na língua tupi e elaborada pelos jesuítas sobretudo para fins missionários. Era usada por diferentes nações, tupi e não tupi, portugueses e escravizados africanos. (N. T.)

11 Ver Jose Antônio Soares de Souza (1952).

12 Ver Gauld (1964).

13 Afluentes Trinidade, Exaltação, Loreto, Renenvaque, Chimoré, Guarani, Coroico, entre outros.

prêmio de US$ 10 mil, grande soma naquela época, para o primeiro navio que atracasse em um porto boliviano. Essa afronta à soberania do Brasil exigia resposta imediata, e o governo brasileiro respondeu, de forma previsível, ao desafio de Belzu com a sua visão de que tanto o rio quanto as margens estavam sob o domínio da nação em que se encontravam.

Os bolivianos estavam mais interessados no princípio da livre passagem para movimentar suas mercadorias pela Amazônia do que contornando o Cabo Horn. Nem bolivianos, nem brasileiros, tinham muita noção do imenso valor potencial de seus recursos nas cabeceiras dos rios Purus, Juruá e afluentes do Madeira; a área foi concebida como *terra incógnita*. Em 1866, os dois países assinaram o Tratado de Ayacucho, que determinava uma fronteira internacional de grande simplicidade geométrica (uma linha reta de oeste a noroeste do rio Beni até as cabeceiras do rio Javari, cuja geografia era desconhecida). Isso omitia qualquer reconhecimento da economia política e, portanto, de qual país estava capturando *de jure* os recursos que até então eram mantidos sob o princípio do *uti possedetis*. A Bolívia havia adquirido soberania sobre o território do Acre.[14]

Essa façanha da diplomacia não teve consequências imediatas, mas, na década de 1880, o Acre estava se tornando um dos territórios comercialmente mais desejáveis do planeta. Na assinatura do Tratado de Ayacucho, o rio Purus tinha apenas cerca de 240 casas em suas margens. Em 1877, o aumento do preço da borracha e a seca particularmente desastrosa daquele

14 Esse tratado tornou-se fonte de muita discórdia. Mais tarde, por meio de uma a engenhosa solução do Barão Rio Branco, foi legitimada a posse brasileira do território do Acre. Dizia o tratado: "Deste rio [o Beni na sua confluência com o Madeira] para o oeste seguirá a fronteira com uma paralela, tirada da sua margem esquerda em latitude 10°20' até encontrar o rio Javari". Foi acrescentada uma salvaguarda, no caso de o Javari não atingir a latitude de 10°20'. Essa exceção tornou-se, no final, o cavalo de batalha sobre o qual as reivindicações brasileiras foram travadas. O adendo afirmava que, "Se o Javari tiver as suas nascentes ao norte daquela linha leste-oeste, seguirá a fronteira, desde a mesma latitude, por uma reta que busca a origem principal do dito Javari". O debate sobre uma linha reta ligando os dois rios ou linhas paralelas tornou-se central nos conflitos pela posse do terriório. O ponto central era que se uma linha oblíqua ligasse o Madeira e o Javari, as drenagens dos rios Iacó, Acre, alto Purus e Juruá começariam pela Bolívia. Se a linha de fronteira permanecesse paralela à latitude 10°20' o Brasil manteria os antigos territórios acreanos espetacularmente ricos. Como se pode deduzir de qualquer esforço para encontrar essa linha em um mapa, ninguém sabia realmente onde estava qualquer coisa, o que o Barão percebeu sensatamente. Um bom relato desses assuntos pode ser encontrado em Tocantins (1961). Ver também Reis (1953) e Craveiro Costa (1940).

ano no Nordeste impulsionaram uma migração tumultuada de até 100 mil cearaenses rio acima, auxiliados diretamente pelos seringalistas, ou mesmo pelos aviadores. Em 1887, Antonio Labre, seringalista e depois bandeirante, relatou que 500 mil quilos de borracha desceram os rios Acre e Purus, e que 10 mil almas podiam ser encontradas ali.[15] A borracha era agora parte integrante do desenvolvimento industrial do Primeiro Mundo, e cerca de 20% de todas as receitas da borracha da Bacia Amazônica já se originavam da drenagem dos rios Acre e Madeira. Com imensas fortunas em jogo, a intriga começou a envolver o território inestimável.

À medida que as terras se tornavam mais valiosas, as comissões de fronteira percorriam o alto Amazonas tentando encontrar as cabeceiras do rio Javari. De cunho mais nacionalista do que legalista, o coronel Taumaturgo, da Comissão de Fronteira Brasileira de 1896, observou, com tensão, que o Brasil perderia as melhores porções de seu território e os seus "rios que dão a maior parte das exportações de borracha [...] extraídas pelos brasileiros".[16] A área tinha sobrenomes brasileiros, e se fosse traçada uma linha reta entre 10°20' de latitude e o rio Javari de 7°10' de latitude, essas terras cairiam em mãos bolivianas. Além disso, muitos dos proprietários de terras aguardavam o título definitivo do Estado brasileiro. Em uma ação que enfureceu Taumaturgo e a população local, o ministro brasileiro Dionísio de Cerqueira, fixado no Rio de Janeiro, informou ao enviado boliviano José Paravacini que o Brasil ainda reconhecia as reivindicações bolivianas ao Acre, embora os conflitos nas pesquisas precisassem ser resolvidos. Paravacini sentiu que os resultados de novos levantamentos provavelmente não favoreceriam a Bolívia e, assim, instou e participou da ocupação imediata do território contestado.

A Bolívia ansiava por ver a linha traçada no papel, pelo Tratado de Ayacucho, assumir forma material em suas receitas alfandegárias e impostos. Seus líderes se preocupavam com o fato de que os seringueiros e comerciantes que agora enchiam seu novo território eram indubitavelmente brasileiros e pouco respeitadores dos direitos soberanos da Bolívia. Por sua vez, o Brasil

15 Ver Labre (1887).

16 Taumaturgo de Azevedo (1901). Este volume das viagens de demarcação e correspondência diplomática de Taumaturgo inclui muitos comentários sarcásticos sobre a covardia do corpo diplomático brasileiro, bem como suas correspondências secas com seu colega boliviano, José Pando.

rejeitou furiosamente as propostas de que a Bolívia começasse a estabelecer alfândegas e impor taxas. Enquanto Paravacini instalava o porto boliviano de Puerto Alfonso, perto do seringal de Lua Nova, os barões da borracha locais olhavam de soslaio. Em uma terra onde o principal recurso era o "artigo 44 do Código Legal", que significava o domínio da arma – referindo-se à carabina Winchester 44 –, as escolas "para ambos os sexos" e as capelas de Paravacini eram contrapesos fracos para a sua afirmação alarmante de que Puerto Afonso e os rios do Acre, Purus e Iaco estariam abertos "às frotas mercantes das nações amigas da Bolívia, desde o ponto onde se encontram as alfândegas e armazéns até os limites da navegação". Essas eram palavras de luta, sobretudo porque os descobridores dos grandes seringais precisavam agora pleitear à Bolívia a formalização de seus direitos concessionários. Para pessoas cujo "desesperado anseio por riquezas rápidas para sair mais rapidamente da linha de fogo" e para os "aproveitadores de todos os matizes e especuladores de todas as persuasões",[17] as sutilezas formais da burocracia boliviana foram recebidas com raiva e crescente insubordinação. Os bolivianos procuraram interditar todas as armas na área.[18] As casas comerciais de Manaus e Belém assumiram uma postura previsivelmente pragmática; os seringalistas locais e os aviadores de Manaus, já lucrando muito com os seringais acreanos, tinham as razões mais práticas para apoiar a resistência às demandas bolivianas, enquanto seus rivais em Belém esperavam que, se os bolivianos assumissem o controle real da área, pudessem fazer seus próprios arranjos e forçar um menor controle dos aviadores de Manaus. De qualquer forma, Belém estava relutante em ver qualquer coisa atrapalhar o lucrativo fluxo de látex. Milhares de quilômetros ao norte, os geoestrategistas em Washington e os barões da borracha em Nova York olharam para seus mapas da Amazônia e ponderaram como tirar vantagem da situação. Assim começou a famosa companhia Bolivian Syndicate.[19]

---

17 José Carvalho, *A Primeira Insurreição Acreana*, 1904.

18 Paravacini estava preocupado com qualquer esquema que inflasse os cofres bolivianos. Ele buscou socorro do clero. O padre Leite, da diocese de Lábrea, não apenas assumiria os ofícios sagrados, mas também atuaria como agente na administração de uma empresa estatal de 'seguros de vida'. Como forma de indulgência, os seringueiros pagariam ao padre por suas bênçãos para evitar desastres. Este foi mais um de uma série de vexames que irritaram os colonos brasileiros.

19 Consórcio de investidores norte-americanos para explorar a região do Alto Acre. (N. T.)

Bolivian Syndicate

A companhia de comércio colonial era um dos principais veículos pelos quais os governos imperiais podiam realizar a administração e o desenvolvimento de recursos à distância. Em troca de outorgas e concessões, durante um período predeterminado, elas faziam a administração colonial básica e se responsabilizavam pela infraestrutura da região, enquanto o Estado recebia parte das receitas. As companhias-modelo daquela época incluíam a Companhia Britânica da África do Sul, a Companhia Alemã da África Oriental e a Companhia do Congo Belga. Uma nação que reivindicasse uma área subcontrataria a administração e a economia a uma grande empresa que levantaria capital internacional, bem como receberia financiamento inicial da nação que reivindicasse a soberania.

Avelino Aramayo foi um capitalista boliviano visionário que viu a imensa relevância dessa forma de exploração econômica para a *terra incógnita* da Amazônia boliviana. Os direitos da companhia Aramayo eram vastos e, antes que sua história terminasse, implicou os nomes dos maiores capitalistas da época (Vanderbilt, Astor, Morgan) e de grandes diplomatas (Hay, Barão von Richthofen, Nabuco).

A carta de Aramayo era direta. O sindicato, com sede em Nova York, teria a administração fiscal do território do Acre e o direito exclusivo de cobrar impostos, taxas alfandegárias, pedágios e aluguéis de terras em conformidade com a lei boliviana por trinta anos. Teria o direito de usar a força para garantir seus privilégios. Nada menos que 60% dos lucros do capital inicial de 500 mil libras esterlinas iriam para a Bolívia, e o restante para a companhia. O consórcio poderia comprar qualquer terra no Acre não reivindicada por outros sob a lei boliviana, e os direitos minerais seriam cedidos à companhia. A Bolivian Syndicate construiria ou subcontrataria o desenvolvimento de estradas, portos, telégrafos e outras infraestruturas cruciais; em troca teria direitos de livre navegação e poderia, a seu critério, outorgar concessões de navegação e ainda estudaria formas de unir o Acre, por via férrea, aos rios Orton e Madre de Dios.

Apoiados por poderosos interesses bancários, a US Rubber Company, a Metropolitan Life e outros acionistas alinharam seu destino com o consórcio boliviano, agora denominado Whittlesey Aramayo Company. Os bolivianos dissimularam sobre a natureza da organização, mas, em essência, o Acre se tornaria uma colônia norte-americana, se não de nome, de fato.

Nos seringais de Bom Destino e Caquetá, José Carvalho e alguns outros acreanos descontentes, irritados com a dominação boliviana e com as exigências das suas alfândegas, começaram a se agitar e enviaram uma missiva ao representante apontando para um "grande movimento popular contra a autoridade boliviana". Descendo o rio Acre às cinco da manhã, Carvalho desembarcou em Puerto Alfonso, exigindo uma audiência com o sonolento cônsul boliviano Santiváñez, e declarou: "Cônsul [...] venho à sua presença em nome do povo deste rio e do povo brasileiro para notificá-lo a abandonar este lugar porque não toleramos mais o governo que você representa". Surpreso, o cônsul perguntou: "E quem é o líder desse movimento?". Carvalho respondeu com veemência: "Ninguém! Todos nós lideramos esse movimento".

Assim começou a revolta acreana. O manifesto dos conspiradores de Carvalho afirmava:

> O povo brasileiro [...] o notifica a abandonar seu governo ilegal neste território [...] domesticado, habitado e, hoje, defendido por milhares de brasileiros [...]. O povo deste estado tem sido extremamente tolerante diante dessa condição vergonhosa, sancionada, é verdade, por um desastroso ministro brasileiro [de relações exteriores] [...] a paixão de nossa vontade, tão patriótica e tão justa, não permite longa discussão [...]. Essa posse [do Acre pela Bolívia] é um insulto à nossa soberania [...] notificamos a retirar o seu governo deste território o mais rapidamente possível porque esta é a vontade principal do povo deste município.

No dia 1º de maio de 1899, a proclamação da libertação foi entregue ao cônsul. Em 3 de maio, o cônsul deixou o Acre. Paravacini, percebendo que seu cônsul havia fugido, esperou a salvação vir do Norte.

A revolução do Acre

Em março de 1899, o *Wilmington*, da Marinha dos Estados Unidos, atracou no Pará, e Chapman Todd desembarcou para cumprimentar o governador do estado. Falou com eloquência do "amor que dignifica a espécie humana", mas sua verdadeira missão era levar ao governo dos Estados Unidos um acordo secreto de Paravacini, o diplomata boliviano que o esperava ansiosamente. Em um momento de loucura, o boliviano, então, pediu a Luis Gálvez, um jovem jornalista que trabalhava para o Pará, que lhe traduzisse o documento do espanhol para o inglês, supondo que a ascendência hispânica de Gálvez garantiria sua discrição. Julgou mal. Gálvez examinou o documento e resistiu a acreditar; as sete cláusulas do documento exprimiam uma grande conspiração. Os Estados Unidos forçariam uma questão diplomática entre Bolívia e Brasil; daria à Bolívia toda a assistência militar apropriada; pressionaria o Brasil a conceder livre passagem por suas alfândegas e rios de todos os transportes e produtos procedentes dos portos da Bolívia; defenderia os direitos bolivianos a esse trânsito livre; receberia um desconto de 50% em todos os impostos sobre mercadorias norte-americanas enviadas para a Bolívia; receberia, por dez anos, 50% de todas as receitas alfandegárias da borracha da Bolívia embarcada na Amazônia; pagaria o custo da guerra entre os dois países latino-americanos; receberia cerca de um terço das propriedades acreanas da Bolívia para colonização. Sem demora, um furioso Gálvez correu para seu jornal e publicou o documento, mas a revelação sensacional não despertou grande entusiasmo em Belém, cujas casas comerciais eram complacentes, como vimos, com qualquer conspiração entre a Bolívia, o governo McKinley e a Bolivian Syndicate, que incluía um parente de Teddy Roosevelt, que depois viajaria com Rondon pela região e quase pereceria.

Gálvez era espanhol de nascimento, cosmopolita por natureza e, na expressão de Tocantins, aventureiro por ação.[20] Também era um revolucionário. "Estou trabalhando em Belém", afirmou, "em tudo relacionado à dramática questão da soberania Brasil-Bolívia, e estou de pleno acordo com os revolucionários acreanos [...]". Ele, então, seguiu para Manaus e se juntou à revolução. Dois milhões de quilos de borracha vieram do Acre. Manaus, como Belém, nadava em ouro, e o governador Ramalho Junior não estava disposto a vê-lo evaporar. Despachado junto a vinte homens e um carregamento de armas rio acima, sob o pretexto de procurar seringais, Gálvez apareceu no final de junho em um seringal a poucos minutos ao

20 Ver Tocantins (1961).

norte de Puerto Alfonso, onde a Junta Revolucionária estava instalada. No vazio político criado pelo despejo do cônsul boliviano e pela indiferença brasileira, os revoltosos concordaram que a nação brasileira não havia respondido aos pedidos do Acre, perdendo assim a soberania. Diante disso, fundaram o Estado Independente do Acre, por vezes chamado de República dos Poetas. Em 14 de julho de 1899, 110 anos após a tomada da Bastilha, foram enviados telegramas aos chefes de Estado que reivindicavam o Acre como uma república independente, fundada nos princípios da Revolução Francesa. Entre aplausos, Gálvez tornou-se presidente.

A riqueza do Acre não poderia, porém, ser deixada aos estratagemas de alguns românticos. Em La Paz, Manaus e Belém, a contrarrevolução estava se formando. Os aviadores locais e os políticos poderosos fizeram seus arranjos. Em um golpe de estado, Gálvez foi substituído pelo comerciante Souza Braga e banido para Fortaleza. Enquanto isso, os bolivianos retomaram Puerto Alfonso, e logo surgiu um novo paladino na pessoa de Plácido de Castro, um gaúcho e também filho de Santa Catarina, que foi para o Acre fazer fortuna como seringalista. Ele havia participado de muitas ações militares e era hábil em treinar e disciplinar homens rudes; era um homem de ação, não de poesia, e enfureceu-se com a arrogância da Bolivian Syndicate, a seu ver, formada por espoliadores da humanidade acreana. Caudilho de espírito e não afeito a visões igualitárias, ele ainda defendia um Acre independente, dada a pequena resposta do Brasil aos invasores. Percorreu a região com um simples comando sobre cada um de seus companheiros seringalistas: "dê-me homens ou morra". Mostrou-se adepto da guerrilha e, depois de alguns meses, os bolivianos estavam em plena retirada. Plácido foi feito presidente do Acre e, em negociações posteriores, foi induzido a devolver o estado ao Brasil.

Em 1908, Plácido de Castro sofreu uma emboscada em decorrência de uma briga com outros seringalistas.[21] Como presidente do Acre, ele era

21 A morte de Plácido de Castro mostra como a justiça mudou pouco no Acre. O dr. Nilo Guerra apresentou provas ao Exército de que um grupo de "indivíduos, pública e notoriamente conhecidos por terem o mais saliente desejo de assassinar Plácido de Castro", entre eles Alexandrino José da Silva, Luiz Paulo e Antônio "[...] o mesmo que, armado de dia com fuzis, desafiava com insultos quem se aliasse a Plácido". Emboscado mais tarde no rio Acre, Plácido pronunciou suas últimas palavras: "A morte é um fenômeno tão natural quanto a vida. Quem sabe viver saberá morrer. Só lamento que, tendo tido tantas ocasiões para uma morte gloriosa, esses 'heróis' tenham atirado nas minhas costas" (ver Lima, 1973).

a favor da independência, mas estava convencido de que seu futuro seria mais bem garantido como parte do Brasil. As habilidades do Barão de Rio Branco foram, então, exibidas nas negociações que produziram o Tratado de Petrópolis em 1903. Examinou os mapas e as definições do Tratado de Ayacucho, e realizou cálculos topológicos, toleráveis apenas para um exército derrotado. Quinze milhões de hectares de território boliviano – o Acre, terra produtora de borracha mais rica do mundo – passaram definitivamente à posse do Brasil após pagamento de US$ 2 milhões para a Bolivian Syndicate e após uma promessa do Brasil de financiar a ferrovia Madeira-Mamoré. Os bolivianos se curvaram ao inevitável. O Tratado de Petrópolis foi assinado em 17 de novembro de 1903, e uma estátua de Plácido foi erguida na praça central de Rio Branco, onde pode ser admirada até hoje.[22]

Os planos da companhia boliviana não foram esquecidos no Brasil e ajudam a explicar por que a noção de internacionalização da Amazônia, apresentada ainda hoje por alguns políticos norte-americanos e europeus como solução para a crise do desmatamento, tem um significado particularmente temeroso.

---

22 Esta não foi a última vez que o Barão de Rio Branco se envolveu em uma incerteza cartográfica. "Aquele estadista-geógrafo falhou em 1906-1911 em esclarecer a localização exata do rio Juruena a partir dos levantamentos do marechal Rondon. Isso enfraqueceu o valor da General Rubber Company, de propriedade norte-americana, para uma enorme área de floresta de borracha. Rio Branco permitiu que Generoso Ponce, que tomou violentamente o governo de Mato Grosso, roubasse a concessão de 53 mil km^2) quadrados ao renomear arbitrariamente o Juruena. O resultado foi que a empresa investiu em plantações de borracha na Ásia, ajudando a destruir a economia baseada na monocultura da Amazônia (Gauld, 1964).

5
Os magnatas na Amazônia: entre o *boom* e a guerra

O medo, às vezes expresso, de que a borracha produzida no distrito da Amazônia um dia sofra quando um substituto for encontrado para ela, ou que a produção diminua ou desapareça é, aparentemente, bastante infundado. As experiências feitas em outras partes do Brasil, na África, no México e em outros lugares, não têm sido muito animadoras, embora as árvores plantadas tenham sido tratadas com todo cuidado e atenção que a experiência poderia sugerir. Em nenhum lugar parece que as condições climáticas são iguais às da selva da Amazônia para o crescimento deste notável produto, onde a seringueira parece prosperar ainda melhor quando deixada por si do que quando é cultivada em uma plantação controlada. A opinião de especialistas aponta para a borracha amazônica ser, sem dúvida, um produto exclusivo, que não precisa temer a concorrência de nenhum rival.

Amazon Steam Navigation,
The Great River, 1904

As coisas não prosperaram tão bem quanto poderiam.

Carl LaRue a Henry Ford, sobre a Fordlândia, 1930

A evolução final do *boom* da borracha teve – como todas as explosões – um efeito hipnótico. No ano de 1906, o estado do Pará exportou pouco mais de 11.500 toneladas de borracha. Nessa época o *boom* atingiu seu pico, embora o estouro da bolha não tenha ocorrido até 1910. As sementes transportadas por Wickham estavam agora amadurecendo em plantações no Ceilão, Malásia e Índias Orientais Holandesas.[1]

---

1 Lendas foram elaboradas a partir da transferência de sementes de seringueira da Bacia Amazônica para as plantações britânicas e holandesas no sudeste da Ásia. O resumo a seguir baseia-se estreitamente no relato de Warren Dean preciosamente pesquisado em seu *Brazil and the Struggle for Rubber* (1987).

Em 1836, La Condamine enviou de volta à França amostras de borracha de Castilla, no Equador, onde era conhecida como *hévé*. Ele chamou a borracha de *caoutchouc*. Uma década depois, encontrou a borracha de seringa na Amazônia e a confundiu com a de Castilla. Em 1775, o naturalista francês Fusée-Aublet publicou uma descrição de uma seringueira das Guianas, que ele chamou de *Hevea guianensis*, sem perceber que a árvore *hévé* de La Condamine não tinha nada a ver com sua seringueira. Finalmente, em 1807, Carl Ludwig Willdenow, diretor do jardim botânico de Berlim, obteve uma espécie de seringa à qual deu o nome de *Hevea brasiliensis* em 1811.

A retirada das sementes de *Hevea brasiliensis* pela via de Londres para as plantações do Sudeste Asiático, destruindo o ciclo da borracha na Amazônia em 1910, aconteceu da seguinte forma. Um brasileiro, José da Silva Coutinho, vinha defendendo o cultivo da borracha para as autoridades brasileiras no início da década de 1860 e, provavelmente, foi a pessoa que despachou as sementes de *Hevea* para o Rio de Janeiro, onde foram plantadas nos terrenos do Museu Nacional. Em 1867, Coutinho foi um dos representantes do Brasil na Exposição Universal de 1867, em Paris, onde, como presidente do júri que avaliou vários tipos de borracha, mostrou que a *Hevea brasiliensis* possui melhor qualidade, e chegou a calcular os custos de produção das plantações. As conclusões do júri foram publicadas no registro oficial da Exposição e estudadas com interesse por James Collins, curador, na Grã-Bretanha, da Pharmaceutical Society. Collins publicou seu próprio relato sobre a borracha, o que despertou a atenção de Clements Markham, que, uma década antes, havia organizado com sucesso a transferência da planta *Cinchona* do Peru (com a ajuda de Spruce) para a Índia. A transferência e posterior produção asiática de quinino foi ponto de virada na história do Primeiro Mundo da penetração dos trópicos, uma vez que proporcionou os estudos para a cura da malária nos vários remansos coloniais. Em 1870, enquanto trabalhava no Escritório da Índia, Markham começou a refletir sobre a ideia de cultivar seringueiras nas colônias asiáticas da Grã-Bretanha. Em 1873, pediu ao Ministério do Exterior que solicitasse ao cônsul britânico, em Belém, o fornecimento de sementes de *Hevea*, sugerindo que Henry Wickham, então residente perto de Santarém, poderia facilitar o envio. Wickham já havia escrito para Joseph Hooker, diretor do Kew Gardens, oferecendo-se para coletar espécimes de possível importância.

A primeira remessa de sementes de *Hevea* foi levada para Londres pessoalmente por Charles Ferris, que trocava correspondência com Collins, que recebeu £ 5 por 2 mil sementes que foram plantadas no Kew Garden. Doze delas germinaram, das quais seis foram enviadas para o jardim botânico de Calcutá, onde três foram abandonadas após um ano, e nenhuma parece ter sobrevivido. Wickham, muito azarado e sustentado em parte pelos bons ofícios da colônia confederada exilada, vivia perto de Santarém e ofereceu-se para cultivar *Hevea*, pois considerava ser melhor do que enviar sementes. Esta oferta foi rejeitada, mas Markham disse a Hooker para informar Wickham que o Escritório da Índia compraria dele qualquer quantidade de sementes de *Hevea*. Na primavera de 1876, Wickham, no Tapajós colhia sementes de cultivares inferiores às árvores da drenagem dos rios Acre e Madeira, que se beneficiavam muito da estação seca mais longa ali.

Mas, em Manaus e Belém, e nas bolsas de valores Londres e Paris, o investimento continuou desenfreado. Isso pode ser comparado à indiferença do *Californian* aos foguetes e sinalizadores de socorro que a sua tripulação

---

Mais tarde, vieram relatos de Wickham cada vez mais gloriosos de sua fatídica remessa de sementes: a coleção clandestina de cerca de 70 mil sementes, cuidadosamente embaladas, saiu em um navio britânico, o *Amazonas*, e junto a ele, a sua esposa e os seus bens. Com declarações solenes de si mesmo e do cônsul britânico em Belém, de que "delicados espécimes botânicos" estavam sendo enviados para o Kew Garden, o chefe da alfândega de Belém deu permissão para a exportação do produto mais precioso da Amazônia, as sementes de *Hevea brasiliensis*.

Com uma erudição tenaz, Dean mostra que esse relato é suspeito ou certamente falso. O motivo de Wickham era exagerar seus próprios recursos e a dificuldade de sua missão, a ponto de ser recompensado, por uma nação agradecida, com dinheiro e honras, ambos recebidos no devido tempo, e sendo nomeado cavaleiro perto do fim de sua vida. A verdade é que ele coletou as sementes com a permissão dos seringalistas e, quase certo, com o conhecimento das autoridades. Sua história do navio fretado era fantasiosa e o seu misterioso "Barão do S", chefe da alfândega de Belém, outra ficção. Naquela época, não havia proibição de exportação de sementes de seringueira.

Em 15 de junho de 1876, as sementes de Wickham estavam no Kew. Em 9 de agosto, 1.919 das mudas foram enviadas para o jardim botânico em Peradeniya, na capital do Ceilão, Colombo. Qualquer pessoa interessada na cegueira da burocracia deve ler o relato de Dean sobre os esforços desesperados de Markham para fazer que o Ministério da Índia remetesse a Thwaites, diretor do jardim de Peradeniya, as taxas de frete sem as quais a empresa de transporte se recusou a liberar as mudas. Markham teve de levar a fatura até Louis Mallet, secretário de Estado para a Índia, um homem de grande estupidez que não percebeu que, com suas transferências de cinchona e *Hevea brasiliensis*, Markham era certamente um dos mais valiosos servidores que o Império jamais conheceria.

Deste carregamento resultou a maior parte do estoque genético de *Hevea brasiliensis* em todas as colônias britânicas e holandesas. Em 1881, os primeiros experimentos para explorar o estoque de Wickham começaram na estação de pesquisa Heneratgoda, no Ceilão. Fazendas foram estabelecidas em Ceilão e Malásia. No final do século, holandeses, franceses e belgas patrocinavam plantações no Congo, Java, Sumatra, Cochinchina e Camboja. Em 1907, os embarques de borracha das plantações asiáticas atingiram mil toneladas. Em 1910, quase 1 milhão de acres foram entregues às plantações de *Hevea* na Malásia, e 250 mil acres plantados nas colônias holandesas. Dean calcula que naquela época havia "mais *Hevea brasiliensis* crescendo em plantações do extremo Oriente do que crescendo em estado selvagem na Amazônia brasileira!". O grande *boom* da borracha na Amazônia havia acabado. Wickham pode ter exagerado as circunstâncias de sua conquista, mas devemos deixá-lo na nota mais gentil da avaliação final de Dean: "Apesar de todo o amadorismo e desespero de seus esforços, ele teve sucesso onde dezenas, talvez centenas, de aventureiros mais bem equipados e até botânicos profissionais haviam falhado. Em trinta anos, algumas cestas cheias de sementes foram transformadas em um recurso agrícola de imensa importância no comércio e na indústria mundial".

As esperanças que envolviam a borracha nas colônias britânicas podem ser obtidas das reflexões de *sir* Henry Blake, governador do Ceilão entre 1903 e 1907 (e bisavô de um dos autores deste livro, Alexander Cockburn). Já em 1894, sir Henry, então governador da Jamaica, vinha tentando introduzir plantações de borracha no Caribe. A edição do (London) *Morning Advertiser*, de 15 de janeiro de 1908, trazia um relato de um discurso que *Sir* Henry fizera na noite anterior, no Royal Colonial Institute, no *Ceylon of Today*. Depois de lidar com as duas

viu sendo enviados pela tripulação do *Titanic* naufragando; as notícias de que o desastre chegava a Porto Velho quase no exato momento em que a

---

grandes indústrias da ilha (chá e coco), sir Henry Blake disse que, nos últimos quatro anos, surgiu outra indústria que ampliou as bases da prosperidade do Ceilão e fez uma aposta justa para se tornar a segunda em valor, se não a principal exportação da ilha. Em 1903, havia apenas 11.595 acres plantados com seringueiras. Então veio um grande aumento no preço de mercado, e os capitalistas perceberam que o Ceilão possuía todas as capacidades necessárias para a produção de uma colheita tão valiosa.

> A terra foi tomada com pressa febril, e todo funcionário do governo que pudesse ajudar em seu levantamento, colonização e venda foi dedicado ao dever de satisfazer as demandas de capitalistas impacientes. Em uma colônia onde um grande número de direitos de propriedade era indeterminado, o governo era obrigado a garantir que todos os títulos concedidos aos compradores fossem válidos e isentos de reclamações, e que em muitos casos esse processo necessariamente envolvia um atraso considerável; mas o governo fez tudo o que estava ao seu alcance para agilizar as coisas, de modo que até meados do ano passado a área adquirida e desmatada para seringueira era de mais de 12 mil hectares, e empresas tinham sido constituídas com um capital total de 700 mil.
>
> Havia, atualmente, pelo menos 140 mil acres plantados com a seringueira no Ceilão que, na estimativa que ele havia adotado, em seis anos retornaria anualmente 14.062 toneladas [...] Tendo em conta a quantidade de terra aberta para a borracha, era evidente que a oferta de mão de obra deveria ser ampliada em provavelmente 150 mil, e um número considerável de superintendentes e gerentes europeus seria necessário. A demanda por mais mão de obra veio em um momento em que a competição pelo trabalhador indiano estava se intensificando. Na competição, o Ceilão tinha uma grande vantagem, pois não era só ele que ficava à porta dos recrutas do sul da Índia, mas era o berço e o lar inicial de inúmeros que iam e vinham no movimento anual de trabalhadores braçais.

Em 1906, *sir* Henry presidiu a Exposição de Borracha do Ceilão, realizada na estação botânica de Peradeniya, cujo livreto para visitantes comparava a borracha das plantações com os produtos da Amazônia, com grande desvantagem deste último. Em 1914, *sir* Henry se tornou presidente da Quarta Exposição Internacional de Borracha em Londres, promovendo a borracha por acompanhar o homem em todos os estágios de sua vida, desde a tetina da mamadeira até as rodas de borracha de um carro funerário. Nessa exposição, a North British Rubber Company expôs um ambiente demonstrando a versatilidade do produto. Conforme descrito em *The African World*,

> O apartamento mede 20 pés por 15 pés. As paredes têm um material de borracha de aparência agradável [...] Molduras de borracha dura emolduram as fotos [...] A escrivaninha e outras mesas da sala, assim como a Chesterfield e as cadeiras, são feitas de borracha [...] os suportes de tinta e até as ponta de caneta são inteiramente feitos de borracha [...] A janela tem cortinas de borracha lindamente desenhadas. Elas são fixados em anéis de borracha e pendurados em uma haste de borracha [...]. Outra novidade é a quadra de tênis de borracha [...]

Sir Henry era um fervoroso defensor da pavimentação de borracha, apontando em uma carta publicada no *The Standard*, em 13 de outubro de 1915, que o choque experimentado pelos soldados nas trincheiras foi espelhado pelo terrível barulho do tráfego de carruagens nas principais cidades da Grã-Bretanha, "onde o sistema nervoso e o poder cerebral dos empresários são gravemente afetados pelo barulho do trânsito".

ferrovia Madeira-Mamoré foram totalmente ignoradas. Como um relatório disse mais tarde, os homens do *Californian* não podiam compreender a possibilidade de desastre.

Para ser justo, deve-se dizer que nem todos eram insensíveis à aproximação do perigo. Em 1904, o jornal *A Província* preocupava-se com o progresso britânico das plantações no Ceilão e na Malásia, denunciando a elite paraense local por sua "mentalidade extrativista". O jornalista Ignácio Moura alertou que a liderança da Amazônia na produção de borracha estava ameaçada e que algo deveria ser feito.[2]

Foi nesse mesmo ano que Percival Farquhar pisou pela primeira vez na costa do Brasil.[3] Na longa história de ambições fatais pela Amazônia, nutridas por empresários norte-americanos, os nomes de Henry Ford e Daniel Ludwig vêm rapidamente à mente, mas as esperanças de Farquhar e, no período de seu triunfo, seu alcance, foram muito maiores. Em seu apogeu, em 1912, ele tinha uma fortuna em papel no valor de US$ 25 milhões; controlava grande parte da atividade econômica do Brasil em ferrovias, portos, navegação fluvial, serviços públicos e pecuária. O Farquhar Trust era um marco da execração nacionalista e, nas percepções populares, seu nome era sinônimo de complôs capitalistas estrangeiros para saquear o Brasil.

O objeto dessas animosidades era um *quaker* da Pensilvânia cujo pai fizera fortuna exportando máquinas agrícolas. Farquhar foi por pouco tempo um membro da legislatura do estado de Nova York, no início da década

2 Ver Wickham (1872, 2014[1908]). Em 1910, os empregados de Farquhar expressaram em seu jornal local, o *Porto Velho Marconigram*, que as plantações no Ceilão e na Malásia se expandissem para mais de 300 mil acres. Muitas vezes, é uma condescendência da história que todos no caminho do desastre que se aproximava fossem estúpidos demais para vê-lo chegando.

3 De longe, a melhor fonte sobre Farquhar, refletida estreitamente nas páginas seguintes, é Charles Gauld, *The Last Titan, American Entrepreneur in Latin America* (1964), publicado como uma edição especial do *Hispanic American Report*, sob a direção de Ronald Hilton, na Universidade de Stanford. A monografia de 427 páginas de Gauld deve ser um dos relatos mais detalhados de um empresário nos estudos da história dos negócios. Com base em longas horas com Farquhar e seus associados, além de muita pesquisa de arquivo, essa monografia é leitura essencial para quem tenta entender a mentalidade e as práticas cotidianas dos capitalistas mergulhados nos investimentos latino-americanos na virada do século XIX para o XX. A perspectiva de Gauld é muitas vezes a de Farquhar, mas tais simpatias são claramente visíveis. Outras fontes incluem algumas passagens sarcásticas sobre Farquhar em Rippy. Ver Manuel Rodrigues Ferreira (1987[1959]), uma obra excepcionalmente bela com fotografias de Marcos Santilli da antiga ferrovia e dos sobreviventes que nela trabalharam, seguidos de um útil mapa.

de 1890, sendo um democrata de Cleveland representando o antigo "distrito ampulheta" de Manhattan, incluindo o Bowery e o Gramercy Park. Ele também foi registrado em Albany como o único membro da máquina Tammany[4] a ter um manobrista.

Enquanto Plácido desgastava os bolivianos na guerra do Acre, Farquhar juntava-se, com sucesso, à batalha com concorrentes de Cuba para obter concessões extremamente lucrativas para ferrovias e serviços públicos, após a retirada da Espanha de seu antigo domínio. Sua genialidade – evidente nessas batalhas – estava em conceber grandes projetos que seu jeito franco e seu temperamento otimista tornavam irresistíveis para os grandes empresários. Ele havia atraído enormes grupos de capital de Toronto, Londres, Paris e Bruxelas, e foi apenas com a eclosão da Primeira Guerra Mundial que, no final, destruiu seu acesso a esses mercados.

Em 1904, Farquhar estava tentando levar a eletricidade para Constantinopla, mas foi dissuadido pela lendária corrupção de Abdul Hamid II, que também tinha a desvantagem – do ponto de vista de um investidor em serviços públicos – de considerar a eletricidade uma obra do demônio. Farquhar dirigiu sua atenção para o Brasil e, com o apoio do capital canadense, logo ganhou o controle das concessionárias e do sistema de bondes do Rio de Janeiro. Em 1906, comprou a concessão para desenvolver o porto do Pará, em Belém, que tinha uma garantia do governo brasileiro de ganhar 6% de juros sobre o capital, além de a empresa receber um imposto de 2% sobre todo o ouro importado. Pode-se supor que os fracassos de Church na década de 1870 teriam dissuadido qualquer empresário prudente de se envolver em um plano para construir a ferrovia Madeira-Mamoré, mas Farquhar não era prudente. Em 1908, ele comprou a concessão para construir a Madeira-Mamoré, adquirindo-a por US$ 750 mil em ações de um engenheiro brasileiro chamado Joaquim Catramby, que havia feito uma oferta absurdamente baixa quando o governo oferecera a concessão pela primeira vez. Catramby acumulou sua grande fortuna nas últimas eclosões do ciclo da borracha, chocando Farquhar ao gabar-se abertamente de ter, às vezes, afundado carregamentos de borracha no rio Madeira, pois podia obter um lucro maior no seguro do que na venda do produto.

4 Referência à organização associada ao Partido Democrático norte-americano, que governou Nova York entre 1854 a 1934. (N. T.)

Farquhar dirigiu-se mais uma vez a seus banqueiros na Europa. Sua ânsia de conseguir a concessão da ferrovia Madeira-Mamoré era tão grande que chegou a deixar de exigir do governo brasileiro a garantia de juros sobre o capital investido, o que causou, posteriormente, a fúria de seus patrocinadores franceses. Aparentemente, ele achava que o triunfo sobre as dificuldades que haviam esmagado Church aumentaria muito a sua reputação e facilitaria as negociações e o financiamento de seus outros planos. Ele disse mais tarde: "Eu tinha a expectativa de que a conquista fosse meu cartão de visitas".

O magnata na Amazônia

Entre 1905 e 1912, Farquhar financiou seus projetos com o investimento de US$ 70 milhões em capital europeu, sem jamais reunir opiniões especializadas destacadas sobre as perspectivas econômicas da Amazônia. Ele próprio nunca viajou rio acima além de Belém, e foi somente depois que o *boom* terminou que contratou o jornalista Charles Akers, do *The Times* (também, diziam, do Serviço Secreto), para fazer um estudo comparativo das economias da borracha da Amazônia e da Ásia. O estudo era pessimista sobre a Amazônia, mas Farquhar, para seu crédito, o publicou imediatamente. Em 1908, o Acre exportava anualmente US$ 20 milhões em borracha e o estado do Amazonas outros US$ 20 milhões, as alfândegas federais de Manaus e Belém haviam arrecadado US$ 12,5 milhões em impostos (assim alegavam os números com os quais Farquhar assegurou a si e a seus fornecedores de capital de que estavam investindo com segurança). As indústrias automobilística e elétrica estavam se expandindo rapidamente. O próprio Humboldt não havia previsto, um século antes, que Belém estaria destinada a ser uma das maiores cidades do mundo? Como eles poderiam falhar? Farquhar tinha imensa energia e era um perfeito magnata da época. Em Paris, morava sozinho, cercado por doze criados, em uma mansão na Avenue d'Iena; tinha uma noiva romena, Cathya Popescu, com quem, mais tarde, foi casado por muitos anos, e ele cavalgava todas as manhãs de maneira majestosa no Bois de Boulogne. Os visitantes o encontravam em um vasto escritório revestido, cercado por assistentes, onde recebia e enviava longos telegramas em código e, constantemente, ficava ao telefone com Londres, Bruxelas e Nova York. Farquhar enfrentou enormes dificuldades a cada passo de seu projeto. Belém ainda era famosa pela febre amarela, e os construtores portuários de Farquhar, vulneráveis como qualquer pessoa, ameaçaram desistir. Para contornar a situação, levou para Belém o dr. Oswaldo Cruz, fundador de ilustres instituições de medicina nos trópicos e popularmente conhecido como o salvador do Rio de Janeiro, por ter eliminado com sucesso os principais criadouros de mosquitos na área. À medida que os homens de Farquhar começaram a avançar para o sul, a partir da cidade nascente estabelecida por seus engenheiros em Porto Velho, fazendo levantamentos, abrindo terrenos e abrindo rastros, as doenças – principalmente febre amarela, malária, poliomielite e beribéri – cobraram um preço assustador. Em 1908, Farquhar teve de contratar 15 mil trabalhadores ao longo de um ano para sustentar uma força de trabalho ativa de mil homens. Mais tarde, montou um hospital de trezentos leitos em Candelária e impôs rigorosas administrações diárias de quinino a seus trabalhadores.

Na ferrovia, a folha de pagamento mensal era de US$ 300 mil e os salários eram considerados bons, mas mesmo assim havia períodos de escassez de mão de obra enquanto o preço da borracha subia para 2,50 libras ou até 3 libras. Os caboclos e os trabalhadores estrangeiros do Nordeste preferiam tentar a sorte nos seringais a trabalhar na ferrovia Madeira-Mamoré, que ganhava fama de ser um poço de pragas. Outros foram atraídos pelos altos salários que Farquhar pagava pelo desenvolvimento do Porto do Pará. No entanto, a ferrovia avançou, a sudoeste até Manoa e o entroncamento com o rio Abunã, depois ao longo dos rios Madeira e Mamoré, até o seu destino em Guajará-Mirim. Em 1911, seus carros começaram a aceitar frete boliviano. O trigésimo milésimo paciente deu entrada no hospital da Candelária. Em 30 de abril de 1912, as tripulações de Farquhar chegaram ao quilômetro 366 e a Guajará-Mirim, mesmo dia em que Porto do Pará foi inaugurado. A cerimônia de abertura ocorreu em 7 de setembro de 1912; Farquhar despachou uma cavilha de ouro de Paris, devidamente martelada pela esposa do empreiteiro Albert Jekyll, Grace. O presidente brasileiro achou a viagem muito cansativa, e o caudilho boliviano achou muito arriscado sair de La Paz. O velho motor enferrujado *Coronel Church* foi reformado para fazer o transporte inaugural. A ferrovia custou US$ 33 milhões, cerca de US$ 20 milhões pagos pelo Brasil e o restante por investidores europeus decepcionados, a maioria deles franceses, pois os mercados financeiros parisienses havia muito se especializavam no financiamento de projetos

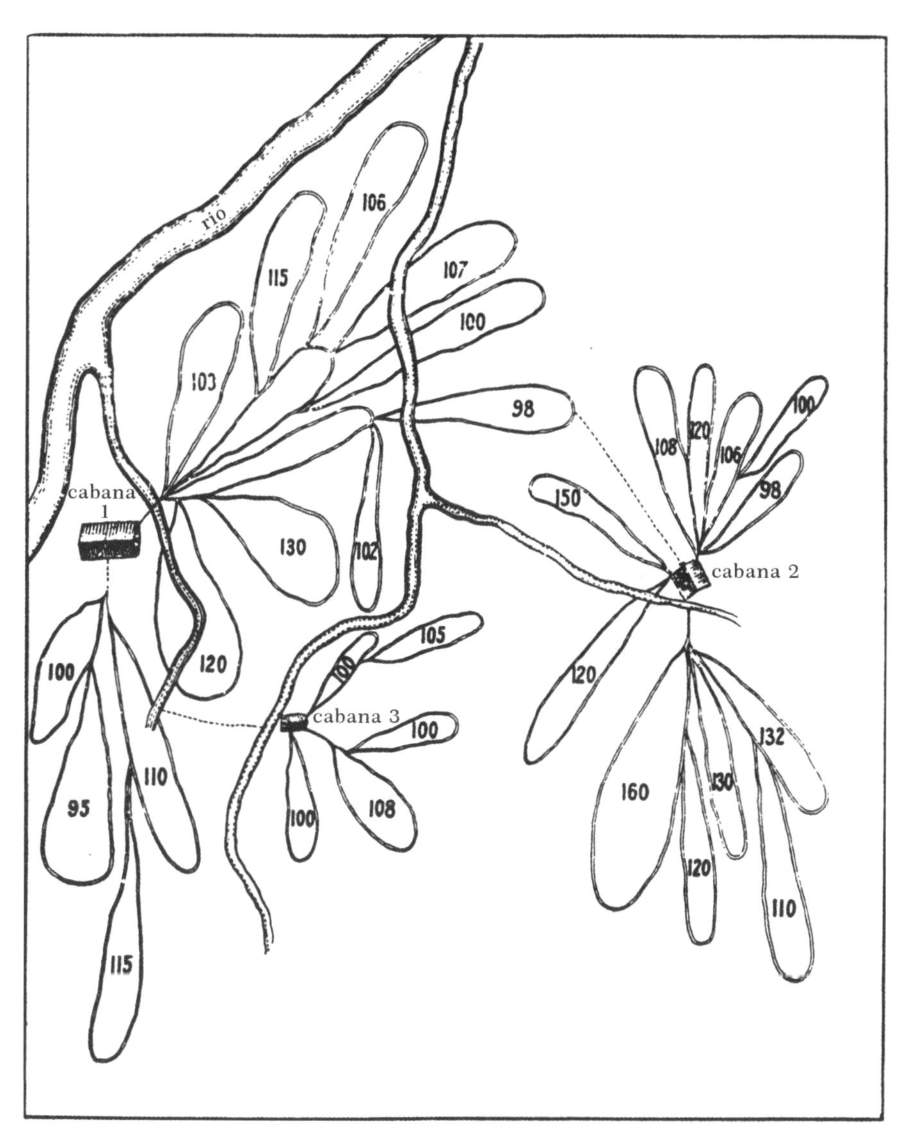

Mapa de um seringal (1911). Mostra as estradas, o número de árvores em cada uma e as cabanas dos seringueiros. Cabana 1: 7 homens que trabalham em 15 estradas; cabana 2: 6 homens, 12 estradas; cabana 3: 2 homens, 5 estradas.

apoiados pelo governo. Farquhar calculou que 3.600 homens morreram durante a construção da ferrovia, embora o historiador brasileiro Ferreira Reis sugira quase o dobro desse número. Mais tarde, Farquhar compararia os custos e as taxas de acidentes com outros empreendimentos tão árduos: a famosa ferrovia andina de Henry Meiggs, construída a leste de Lima na década de 1870, custou em torno de US$ 72 mil o quilômetro, contra os US$ 90.500 da Madeira-Mamoré, mas também custou mais de 6 mil vidas; e a ferrovia do Panamá, construída pelos norte-americanos na década de 1850, custou 10 mil vidas.

A queda de um Titã

O Porto do Pará e a ferrovia Madeira-Mamoré foram inaugurados em meio ao colapso do *boom* da borracha. Em pouco tempo, as exportações de borracha de Belém caíram vertiginosamente, enquanto 220 mil toneladas de alimentos tiveram de ser importadas para a Amazônia, fazendo os recebimentos com os quais Farquhar esperava financiar sua enorme dívida diminuírem muito. Ele sempre fizera provisão inadequada de capital de giro para manter suas empresas funcionando, e as dívidas eram tão grandes que teriam de passar anos antes que essas empresas conseguissem se pagar. A frota da Amazônia, que havia comprado dos britânicos em 1909 (ameaçando abrir uma empresa rival com taxas mais baixas) e ampliada com navios novos e de baixo calado, estava quase ociosa em Belém. Os protestos nacionalistas em suas enormes propriedades, incluindo 60 mil quilômetros quadrados de terra no Amapá, ao norte de Belém, e as concessões de terras em Mato Grosso, tornaram o governo brasileiro cada vez menos cooperativo.

A ameaça da aproximação da guerra mundial esfriou as economias latino-americanas e secou a oferta de capital da Europa. O Brasil começou a descumprir o pagamento de suas dívidas, incluindo o dinheiro devido aos interesses de Farquhar. O empresário permaneceu otimista, apesar do rápido declínio da confiança entre associados astutos, como o financista *sir* Edgar Speyer. O gerente geral da Ferrovia Brasileira de Farquhar, em São Paulo, era Frank Egan, que, ao longo de 1912, transmitiu a Paris relatórios mensais otimistas. Impulsionado por essas notícias, Farquhar continuou a adquirir grandes parcelas de seus próprios títulos para aumentar seu valor, comprando na baixa da bolsa e vendendo outros interesses para salvar suas empresas brasileiras. No início de 1913, durante um almoço em sua mansão para banqueiros e amigos, um assessor, Dewey Brown, trouxe uma mensagem decodificada de Egan confessando que falsificava o verdadeiro estado da ferrovia brasileira e apresentando sua demissão. Farquhar, como gostava de se lembrar anos depois, percebeu instantaneamente que estava arruinado, mas colocou o telegrama no bolso e continuou almoçando como se nada tivesse acontecido.[5] Ele tentou um último lance, buscando levantar um empréstimo europeu de US$ 300 milhões para o Brasil, que, então, seria capaz de pagar suas dívidas com os negócios de Farquhar. Mas à medida que o calendário avançava para agosto de 1914, a ameaça de guerra arruinou seus planos. Farquhar voltou ao Rio de Janeiro, onde passou os últimos trinta anos de sua longa vida tentando, em vão, obter concessões para explorar as jazidas de ferro de Itabira, em Minas Gerais, que ganhariam grande destaque após a Segunda Guerra Mundial. Em 1921, o Brasil deixou de pagar os juros garantidos do Porto do Pará, que foi finalmente nacionalizado em 1940, junto à linha do rio.

A ferrovia Madeira-Mamoré durou sessenta anos. Em 1912, a Bolívia construiu uma ligação ferroviária com o Pacífico, e o Canal do Panamá logo foi aberto. Em 1919, os britânicos tomaram a linha e a administraram até 1931, quando a ferrovia endividada foi entregue ao governo, que a manteve em atividade até 1972, quando foi fechada em favor de uma nova rodovia, a BR-364. Saqueadores avançaram rapidamente sobre seus bens, e os arquivos de Porto Velho viraram fumaça. Em 1979, a pressão de grupos em Porto Velho e São Paulo levou o governo a proibir mais desmantelamentos. Iniciou-se a restauração de pequenas porções em ambas as extremidades da linha, para que turistas e pessoas pudessem saborear pelo menos uma pequena lembrança desse prodigioso empreendimento. Certamente, o depoimento mais eloquente em favor da ferrovia foi feito por um de seus ex-diretores, Vivaldo Teixeira Mendes, em 1972, em solenidade de comemoração de sua nacionalização e seu fechamento:

5 Assumindo que essa história é verdadeira, dentro das regras de etiqueta, Farquhar manteve nervos fortes e modo impecável. Sobre o comportamento do antigo associado de Farquhar, *sir* Edgar Speyer, no dia do *crash* de Wall Street, em 1929, ver as memórias de Claud Cockburn.

Estrada de Ferro Madeira-Mamoré, tu que foste a ferrovia estrada dos trilhos de ouro, tu que foste a espinha dorsal do território, tu que foste a estrada da esperança, tu que foste a ferrovia do diabo, tu que foste cantada em prosa e verso, tu que transformaste Porto Velho na promissora cidade de Porto Velho, tu que foste pioneira da civilização e do progresso desta região... hoje termina tua jornada. Quanto o monstro de ferro não mais romper a mata com seu estridente apito, quando as criancinhas não virem passar a Maria-Fumaça, não tendo mais na sua inocência a quem acenar, quando tuas locomotivas e teus vagões, que carregavam tantas riquezas, descansarem na sucata, apresenta-te, querida estrada de ferro, ante o altar da pátria, altaneira e varonil, bate continência ao gigante pela própria natureza e diga-lhe: "Pronto, Brasil. Missão cumprida!".[6]

Plantando a borracha

Como consequência do desastre, a Amazônia enfrentou um futuro que parecia não ter perspectivas – para a elite de Belém e Manaus – de retorno à sua antiga boa condição. As riquezas que pareciam permanentemente asseguradas – afinal, as receitas da borracha estavam em uma curva crescente havia um século – desapareceram de repente, e os governadores dos Estados do Norte caminhavam em suas mansões em ruínas, imaginando como sobreviver. Mesmo durante o *boom*, a dívida agregada desses Estados superava suas receitas, e agora não havia nada a pagar pelas burocracias civis que haviam inflado nos dias de prosperidade. Agora, fornecendo apenas 5% da produção global de borracha, as economias amazônicas estavam preparadas para fazer qualquer coisa para sobreviver. O governador do Amazonas pensou em oferecer nada menos que 500 mil quilômetros quadrados de terras do Estado a uma empresa norte-americana em troca de promessas

6 Vivaldo Teixeira Mendes disse ainda: "Assim, no dia 10 de julho de 1972, às 19 horas, quando a lua brilhou no céu, nesta mesma praça cintilando as luzes de cinco de nossas locomotivas, todas elas com as cabeças cobertas de vapor, bufando e fumegando, como se estivessem ansiosas para partir, ou como se estivessem protestando contra o fechamento, quase toda a população de Porto Velho se reuniu para testemunhar o término das operações da ferrovia Madeira-Mamoré. Era o fim, o último capítulo de uma saga que começou no passado remoto de 1872. A população chorou, toda a multidão se comoveu com o ruído incessante das locomotivas. Madeira-Mamoré!".

extremamente vagas para desenvolvê-las. Depois que essa manobra foi exposta, o governo federal, antecipando iniciativas semelhantes da junta militar, quarenta anos depois, protestou contra o possível dano à soberania nacional e procurou impor alguma disciplina administrativa e fiscal. Na maioria das vezes, as tentativas de fortalecer a fraca economia regional tomaram a forma de compras estatais de borracha quando os preços estavam baixos, e, contrárias à liberação, quando o mercado estava mais favorável. O modelo era baseado nos planos de compra de café em São Paulo, mas, enquanto a flutuação nos preços do café muitas vezes refletia as variações climáticas, os preços da borracha simplesmente enfrentavam um longo declínio. Os amazônicos queixavam-se de que a União se orgulhou em reivindicar o norte apenas enquanto suas seringueiras derramavam látex, e seus orgulhosos seringueiros afugentavam o invasor boliviano. Agora que os dias sombrios haviam chegado, toda a região havia sido esquecida, como um problema sem importância. Os amazônicos reclamavam e até ameaçavam se separar. Tudo em vão. Os preços continuaram a cair e a nação permaneceu indiferente.

Naturalmente, os amazonenses começaram a ponderar sobre as fazendas de borracha. Como o maior mercado do mundo era a América do Norte, e a Amazônia ficava muito mais próxima desse mercado do que das plantações do Sudeste Asiático, era lógico supor que eles pudessem copiar os métodos de produção de borracha do colonialismo britânico e holandês e ter a vantagem do frete mais barato. Essa análise logo encontrou expressão na Superintendência da Defesa da Borracha lançada em 1912. A Superintendência produziu projetos para as fazendas, mas o interesse logo diminuiu quando se percebeu que era muito mais barato cortar custos buscando a extração de borracha selvagem. O grande problema, que tantas vezes prejudicou a agricultura de plantação, não apenas na Amazônia, era o preço cobrado pela natureza tropical.

Os naturalistas sempre notaram na Amazônia a distância considerável entre árvores da mesma espécie. Muitos biólogos supõem que essa distância é um mecanismo de defesa contra doenças e pragas que afligem espécies que crescem juntas; as plantas coevoluem com insetos e doenças de plantas, e as áreas que são seus centros de origem geralmente têm mais dessas pragas restritivas. As fazendas desses locais destroem a proteção da distância, permitindo concentrações muito maiores dos inimigos tradicionais da planta. Foi assim com a borracha. A estrada de borracha, ou a estrada do seringueiro, levava o trabalhador ao longo de uma série de árvores a não menos de 100 metros, mantendo-se assim a desejável distância entre cada árvore. Assim que as seringueiras foram plantadas em uma proximidade ordenada, pragas imediatamente atacaram, sendo a mais devastadora a *Microcyclus ulei*, a praga das folhas da borracha. Mas, uma vez removidas de seu centro de origem e acompanhadas de uma gama de pragas, as seringueiras poderiam ser cultivadas em fazendas e prosperar no novo ambiente, relativamente livre de doenças. Esta é a regra da produção tropical. O café, originário da África, atinge sua extensão mais produtiva na América do Sul, distante das doenças de seu local de origem nas terras altas da Etiópia. O cacau, nativo da Amazônia, tem melhor desempenho em florestas tropicais muito além da Amazônia, seja na Bahia ou na África.

Sem estoque resistente, os seringais estabelecidos na própria Amazônia estavam fadados ao fracasso, como ficou evidenciado na desastrosa experiência de um grande investidor norte-americano, depois de Farquhar, que buscava extrair fortuna da região.

Fordlândia

Como já vimos, os exploradores do Primeiro Mundo da Amazônia muitas vezes sentiam que o único impedimento para o sucesso estava nas deficiências, nos hábitos de trabalho e na psicologia dos habitantes locais. Em 1912, James Bryce lamentou que

> a parte branca da nação brasileira – e esta é a única parte que precisa ser considerada – parece pequena demais para a tarefa que a posse deste país impõe. Como os homens do Mississippi fariam barulho ao longo do Amazonas! Em trinta anos o Brasil teria 50 milhões de habitantes. Os vapores cruzariam os rios, as ferrovias atravessariam os recessos da floresta e o já vasto domínio quase inevitavelmente seria ampliado às custas dos vizinhos mais fracos, até chegar à base dos Andes.[7]

7 Bryce (1912).

Um visitante do Departamento de Agricultura dos Estados Unidos, Carl LaRue, comentou em 1924: "Um milhão de chineses nas seções de borracha do Brasil seria uma dádiva de Deus para aquele país". Nessa perspectiva, os requisitos para o sucesso eram a organização, o capital e as disciplinas de trabalho do mundo industrial avançado ou, nesse caso, daquelas sociedades vigorosamente arregimentadas na Ásia. O capitalista mais famoso do mundo, Henry Ford, foi vítima dessas ilusões intelectuais.

Em 1922, o excesso mundial de borracha estava afligindo seriamente até mesmo as plantações do Sudeste Asiático. Como 4 de cada 5 plantações não estavam pagando dividendos, uma comissão oficial britânica, conhecida como Comitê Stevenson, recomendou a restrição na produção, e os preços mundiais subiram logo depois. A essa altura, a produção mundial parecia estar se inclinando para um monopólio britânico e holandês e, como o *boom* industrial da década de 1920 nos Estados Unidos se baseava em automóveis, que, por sua vez, se apoiavam em pneus de borracha, o secretário de comércio, Herbert Hoover, organizou uma missão do governo para procurar fontes alternativas de abastecimento. No devido tempo, um grupo do Departamento de Agricultura foi à Amazônia, a princípio com a ideia de adquirir sementes de seringueiras para plantá-las nas colônias norte-americanas do Panamá e das Filipinas. Enquanto isso, os enviados brasileiros, frenéticos para atrair investimentos para a Amazônia, faziam suas próprias abordagens a magnatas como Ford e Harvey Firestone. Em 1927, Ford pagou US$ 125 mil, totalmente desnecessários, exigidos por um vigarista brasileiro, Jorge Villares, pela terra que o Pará estaria ansioso para lhe dar de graça. A propriedade, que se chamaria Fordlândia, tinha 2,5 milhões de acres e se estendia por 120 quilômetros ao longo da margem leste do rio Tapajós, ao sul de Santarém. O estado do Pará ficou feliz em perdoar os novos impostos da Ford Company do Brasil por cinquenta anos, recebendo como contrapartida a participação nos lucros após doze anos. Foi essencialmente o mesmo acordo arranjado por Farquhar, quando recebeu terras no Amapá, e por Ludwig, quando recebeu 2,5 milhões de acres em Jari em 1967.

Logo os brasileiros estavam maravilhados com as casas elegantes da empresa, escola, serraria, hospital e outras instalações enviadas de Dearborn, Estados Unidos. Uma plantação de pouco menos de 7 mil acres foi iniciada, e um prazo para extração foi estabelecido para 1936. Nesse ínterim, a serraria processaria e exportaria as madeiras de lei tropicais derrubadas na propriedade. Era para ser uma empresa nos moldes das indústrias Ford, caracterizadas por vínculos estreitos com fornecedores e controle rigoroso sobre a mão de obra. A Fordlândia seria uma extensão ao sul do complexo industrial River Rouge, em Detroit, com seu sistema integrado de produção.

As coisas deram errado desde o início. As concessões a Ford tornaram-se um assunto polêmico na política estadual e, para desviar acusações de que havia sido subornado por agentes de Ford, o governador do Pará, Dionísio Bentes, deixou de cooperar. A terra era totalmente inadequada. Os acertos entre Villares e seu provável coconspirador norte-americano, LaRue, conseguiram colocar a Fordlândia em um dos terrenos mais indesejáveis do estado do Pará, amaldiçoado por morros, afloramentos pedregosos e solos arenosos, todos inimigos de uma bem-sucedida plantação de borracha, impossibilitando a mecanização. As madeiras de lei logo foram processadas e a serraria ficou parada. Assim que as copas das árvores jovens começaram a se fechar, o *Microcyclus ulei* atacou violentamente. Em seus primeiros cinco anos, não havia ninguém na Fordlândia formado em agricultura ou com experiência em plantio de seringueira. Seu gerente, Archibald Johnston, achava que os galhos da *Hevea*, se presos no solo, criariam "raízes quase sem falhas". Os executivos da Ford imaginavam que seriam abençoados com uma abundância de trabalhadores dóceis, gratos por um salário decente e moradia gratuita, mas estes não se importavam com a rigorosa ética corporativa imposta pelos administradores de Dearborn. Eles logo protestaram, e as demissões em massa se seguiram. Os cardápios e as receitas culturais norte-americanas, como a dança de quadrilha, também não foram particularmente bem-vindos. Pior ainda, era difícil obter trabalhadores, e o Estado paraense chegou a discutir a importação de asiáticos para preencher a lacuna.

O recrutamento era difícil por várias razões: em uma área tão remota quanto Fordlândia, a mão de obra era escassa; muitos seringueiros retornaram ao Nordeste no final do *boom*; ao longo do canal principal do Amazonas, fazendas produtivas de caboclos junto a trilhas de extração exigiam o trabalho de homens que poderiam estar em Fordlândia, para satisfazer as necessidades da família e do aviador local; as pequenas aldeias continuavam a exigir trabalho forçado, e as oscilações da vida incorriam em dívidas que tinham de ser pagas com bens extrativistas. Os seringueiros e caboclos viam seus empregos na Fordlândia como uma ocupação sazonal, que seria deixada de lado quando necessário para outras atividades sazonais, como o plantio, a colheita ou as jornadas extrativistas na selva. As escalas salariais na Fordlândia excederam largamente as normas regionais, mas muitos dos trabalhadores acharam que o controle corporativo concomitante não era do seu agrado.

Em 1941, a Ford Company do Brasil tinha 2.723 funcionários trabalhando em suas plantações florestais, mas era previsível que a situação iria piorar. Em 1934, o empreendimento foi transferido para um terreno mais favorável em Belterra, mais abaixo no Tapajós, porém o *Microcyclus ulei* voltou a atacar. Enxertos e clones resistentes a doenças foram trazidos de Sumatra e da Libéria na tentativa de combater a praga. Todas as 53 introduções mostraram-se suscetíveis aos ataques, e nada menos que 23 variedades de insetos predadores também atacaram Belterra. O enxerto era trabalhoso e extremamente caro, e os senhores do capital recuaram. Em 1945, após a empresa ter investimento quase US$ 10 milhões, Henry Ford II vendeu os ativos de Fordlândia e Belterra ao governo brasileiro por US$ 500 mil.[8]

Vargas, Rockefeller e a batalha da borracha

A década de 1930 foi a década do presidente Getúlio Vargas e, com a chegada ao poder desse famoso gaúcho, nasceu pela primeira vez, desde Pombal, uma estratégia abrangente de desenvolvimento regional. Se Vargas fez eco a Pombal, também pressagiou os generais dos anos 1960. Como artífice do primeiro milagre econômico brasileiro no final da década de 1930, ele entendeu bem o poder unificador de seu famoso *slogan* "A Marcha para o Oeste", ou seja, a integração do interior do Brasil, incluindo a Amazônia, no destino nacional. Impulsionado pelos sonhos de uma Amazônia dominante nas bolsas globais de mercadorias e suprindo as crescentes

8 Dean (1987) faz um relato da Fordlândia e da guerra corporativa interna (embora o autor tenda a desconsiderar problemas posteriores, preferindo enfatizar – como ele faz em toda a sua história da Amazônia pós-*boom* da borracha – a importância do *Microcyclus ulei*). Marianne Schmink escreveu um ensaio sucinto sobre a Fordlândia e o projeto desastroso de Ludwig, no Jari, em "Big Business in the Amazon" (1988).

necessidades industriais do Brasil, Vargas sentiu que as preocupações gêmeas de recuperação econômica e integração da Amazônia seriam atendidas pelo renascimento da economia da borracha.

As políticas do Estado Novo de Vargas foram afirmadas em termos autoritários, "modernizadores". O presidente considerava como opositores tanto os velhos oligarcas corruptos quanto o movimento comunista em ascensão, que tinha como grande expoente Luís Carlos Prestes, que ameaçavam sua estratégia de corporativismo industrial empresarial. Na visão de Vargas, esses oligarcas e comunistas tinham apenas preocupações paroquiais, e o que a nação exigia era uma classe militar e burocrática profissional cuja lealdade fosse ao Estado e a uma visão nacional abrangente. À medida que a guerra se aproximava mais uma vez, ficou claro que, sendo a borracha material estratégico, as potências prudentes iriam estocar o máximo possível desse produto. Os químicos do Terceiro Reich já estavam trabalhando arduamente para buscar uma versão sintética, que IG. Farben acabaria descobrindo e fabricando com o mais horrível de todos os trabalhos forçados do complexo de Auschwitz. Mesmo antes da guerra, a Alemanha comprava quase 80% da borracha da Amazônia. Também estava claro – embora implausível para os britânicos – que o Japão poderia ameaçar as plantações de borracha da Malásia e das Índias Orientais Holandesas.

Vargas e as autoridades norte-americanas passaram a alimentar seus planos. Ele próprio suspeito de favorecer a causa das potências do Eixo, o presidente brasileiro tinha um objetivo claro em mente: a sede de borracha dos Aliados poderia ser usada como uma base para alavancar milhões em dinheiro do desenvolvimento para a economia brasileira, acelerando sua industrialização, reequipando os militares (de cujos benefícios Vargas dependia) e revigorando o comércio. Benefícios de longo prazo poderiam surgir dessa crise de curto prazo, e os esforços e a atenção na Amazônia apaziguariam os "integralistas" (partido fascista), cujos temores geopolíticos sobre a ocupação da Amazônia estavam caindo em ouvidos ansiosos. Sua agenda política para a integração nacional ficaria assim satisfeita. Washington via que seu curso era o de garantir o máximo de borracha possível e de neutralizar qualquer inclinação do Brasil em direção ao Eixo. Por fim, o Board of Economic Welfare e a Inter-American Affairs Agency, da qual Nelson Rockefeller era força motora, chegaram a um acordo sobre o que seria oferecido a Vargas: US$ 100 milhões seriam disponibilizados para a mobilização geral da economia brasileira, dos quais US$ 5 milhões seriam destinados à produção de borracha, tendo a Rubber Development Corporation como agência oficiante. Os Estados Unidos criariam um banco de crédito de borracha com capital norte-americano, brasileiro e de investidores privados, e teriam controle sobre a compra e venda de borracha. O Banco de Crédito da Borracha (BCB) foi o primeiro banco de desenvolvimento real da Amazônia, e serviu de modelo para futuras instituições de crédito estatais da região. A instituição bancária seria, em última instância, a coordenadora das exportações, fornecendo o capital necessário para transporte, saúde e recrutamento de mão de obra. O Brasil, após satisfazer suas próprias necessidades domésticas, exportaria o restante da borracha para os Estados Unidos à taxa fixa de 39 centavos a libra.[9] Ocorreriam retrocessos de colonização da Amazônia e outras formas de crédito.

Assim começou a batalha da borracha. Vargas manteve a sua parte do acordo. O encarregado de obter a mão de obra para o ciclo da borracha era um companheiro do presidente chamado João Alberto Lins de Barros. Uma pessoa de tendências maníacas e energia visionária, Lins de Barros havia sido um líder da Coluna Prestes enquanto ela marchava pelo sertão em uma campanha – semelhante à Longa Marcha de Mao –, para chamar as massas à revolução. Ele tornou-se coordenador da mobilização para o esforço de guerra brasileiro, e ficou particularmente intrigado com as dimensões amazônicas do programa, especificamente seu recrutamento de mão de obra.

Em 1942, uma estiagem mais uma vez secou o Nordeste do Brasil. Diante dessa situação, Lins de Barros propôs que os flagelados fossem imediatamente encorajados a ir para a Amazônia, e começou a planejar a primeira migração em massa financiada pelo governo no Brasil. Com enorme imaginação, ele pensou que cerca de 80 mil homens poderiam ser convencidos a se mudar para a Amazônia. Recrutadores vasculharam os vilarejos do Nordeste tentando atrair pessoas tanto para o Exército quanto

---

9 Os nativos da Amazônia preferiam que o preço mundial da borracha não fosse regulamentado, já que estava novamente em alta e os velhos tempos de glória não haviam desaparecido da memória, mas Vargas não queria que as suas recentes indústrias fossem eliminadas por um bando de rentistas amazônicos. A solução foi fornecer bônus para entrega de borracha além das projeções. Em 1944, o preço teve de ser ajustado em até 60 centavos a libra. Esses aumentos não refletiram em melhoria na qualidade de vida da força de trabalho.

para a batalha da borracha, prometendo um futuro mais glorioso do que a fome pelo menos. João Alberto achava que se a Coluna Prestes, inclusive ele próprio, podia marchar pelos sertões entre São Luís e Belém, o exército da borracha também poderia. Ele montou pontos de parada ao longo do rio Tocantins, mas acabou sendo convencido a repensar sua abordagem, e um serviço marítimo e marchas terrestres foram organizadas para acompanhar a mudança. Ele também imaginou que, junto dessa migração, fosse possível a colonização da região para que uma economia agrícola vigorosa pudesse florescer do empreendimento patriótico da borracha. Mas ele foi severamente repreendido por Nelson Rockefeller, que começava a se destacar como mais um empresário da Amazônia; nenhuma atividade deveria competir com as urgências da coleta de borracha. O Serviço Especial de Mobilização de Trabalhadores para a Amazônia (Semta) tentava freneticamente trazer 50 mil trabalhadores para a região em um ano. Ao final, apenas cerca de 9 mil foram recrutados, em condições enganosas que chocaram tanto o coordenador norte-americano do Banco de Crédito, Douglas Allen, quanto um, até então, desconhecido padre católico – que mais tarde se tornaria um destacado ativista e arcebispo de Recife –, dom Helder Câmara, que pediu que a Semta fosse dissolvida. A força de trabalho dessa guerra da borracha foi treinada por um mês em Belém antes de ser enviada para o *front*, quando foi entregue mais uma vez à potencial servidão por dívida nas mãos dos seringalistas. A escassez de mão de obra estimulou outro afluxo de capital, de cerca de US$ 2,4 milhões, para mais uma agência de recrutamento, com o objetivo de atrair homens para os seringais. Prometendo 16 mil trabalhadores, eles acabaram conseguindo apenas 6 mil. Na tentativa de anular o sistema de servidão por dívida, novos contratos entre o seringalista e o seringueiro estipulavam que seriam permitidos alguns cultivos de alimentos e que 60% dos lucros da venda da borracha iriam para o trabalhador. Como a maioria dos seringueiros era analfabeta, tais contratos eram facilmente ignorados pelos seringalistas que impunham sua disciplina habitual aos recém-chegados do Nordeste.[10]

As contínuas ineficiências na contratação de mão de obra culminaram no restabelecimento do sistema de livre mercado. A Rubber Development

10 A história da batalha da borracha baseia-se na tese de doutorado de Galey (1977), Martinello (1988) e Mahar (1979). Para uma visão política do período, ver Skidmore (1967).

Corporation cedeu o recrutamento de mão de obra para as casas de aviadores, que, afinal, tinham longa experiência nesse tipo de atividade. Um veterano de guerra comentou com amargura, 45 anos depois, que os soldados tiveram seus ferimentos tratados em hospitais e voltaram para suas aldeias natais cobertos de glória. Já os seringueiros enfrentaram um futuro de servidão por dívida; na selva, lutavam isolados e, acometidos por doenças ou contratempos, sofriam ou morriam sozinhos. Entre 1940 e 1945, a produção anual de borracha da região aumentou 10 mil toneladas. Mais uma vez, os seringais foram abastecidos com novos recrutas do Nordeste, e, mais uma vez, havia um mercado ávido. Quando tudo acabou, nada havia realmente mudado, assim como nada havia mudado quando a Amazônia despertou após o *boom* em 1910. Os seringueiros oprimidos foram abandonados na floresta. Havia, no entanto, os novos aeródromos construídos pelos norte-americanos em parceria com os brasileiros para contrariar a possibilidade de potências do Eixo usarem campos de pouso secretos na Amazônia para um ataque furtivo ao Canal do Panamá. A infatigável Fundação Brasil Central, de Lins de Barros, tentou encarnar a Marcha para o Oeste em um programa de colonização e transporte localizado na área Araguaia-Xingu, que ligaria a Amazônia ao Sul. Usando a estratégia do bandeirantismo patriótico, ele tentou fazer com que grandes industriais de São Paulo criassem empresas privadas para desenvolver recursos e trazer imigrantes, um esquema que caiu em ouvidos moucos.[11] Agora, havia um banco de desenvolvimento, o BCB, a mais recente encarnação da ideia original de Pombal, mas, mesmo assim, a Amazônia começou mais uma vez a deslizar para as margens da história mundial, até que os anos 1960 amanheceram e, finalmente, a Marcha para o Oeste – e para a destruição – começou de forma determinada.

---

11 Para uma emocionante história de João Alberto Lins de Barros, ver Telles (1946).

6
O PROJETO DOS MILITARES

Pois o verdadeiro geopolítico é, afinal, como o porco-espinho. Pode não saber muito, mas sabe uma coisa importante. Essa, a força que lhe empresta a geopolítica, com sua perspectiva vigorosa, parcial sem dúvida, sempre incompleta, esquemática até, por vezes fanática, mas afinal unificadora e classificadora de uma realidade cambiante e complexa, em que, a despeito de tudo, é preciso planejar e agir.

General Golbery do Couto e Silva, 1957

A ocupação amazônica prosseguirá como se estivéssemos travando
uma guerra estrategicamente conduzida.

Marechal Humberto de Alencar
Castello Branco, 1964

Quando a Segunda Guerra Mundial terminou, as florestas da Amazônia se estendiam quase tanto quanto duzentos anos antes. No entanto, em trinta anos as árvores começaram a cair; uma década depois, a Amazônia voltou a ser o foco da preocupação mundial, assim como foi quando Roger Casement divulgou os horrores do ciclo da borracha no Putumayo em 1912.

Em meados da década de 1980, não faltavam explicações sobre o motivo pelo qual as florestas estavam queimando. Os malthusianos argumentavam que os camponeses famintos e as suas famílias numerosas, abandonando fazendas nas montanhas nos Andes, ou no Nordeste atingido pela seca, ou empurrados pela pressão populacional dos lotes cada vez mais subdivididos no Sul, haviam tomado a Amazônia. Lá estavam eles desmatando a floresta para ter algum retorno agrícola escasso para alimentar suas crescentes famílias.[1]

Outros, seguindo a famosa tese de Garrett Hardin sobre a "tragédia dos comuns", propuseram que as pressões da população crescente e as forças de mercado sobre as propriedades comunitárias estavam gerando usos inadequados e ambientalmente destrutivos da terra.[2] Os ganhos individuais foram obtidos pela degradação ambiental, um pequeno custo pago por toda a sociedade. O incentivo individual para exploração dos recursos era alto, enquanto a penalidade era baixa. A solução, segundo Hardin, foi a propriedade privada. Ao fazer o destruidor sentir a consequência direta de suas ações em sua propriedade, a gestão dos recursos melhoraria, pois os custos seriam sentidos pelo produtor, e não pela comunidade.

Era de se esperar que muitos contestassem a noção de que a expansão das relações de propriedade capitalista reduziria a degradação ambiental dos recursos comuns. A contestação era de que, de fato, a incursão dos mercados e as estruturas sociais capitalistas estavam causando dano, já que o imperativo capitalista era explorar pessoas e recursos impiedosamente em busca de lucro. Em seu jargão desagradável, a degradação ambiental é meramente uma "externalidade", um custo que está fora do cálculo

---

1 Existem muitos relatos sobre essa situação. Típica é a seguinte declaração de Gerard Piel, fundador da *Scientific American* e ex-presidente da American Association for the Advancement of Science, a maior organização profissional científica dos Estados Unidos:

> A destruição das florestas é o preço pago pelo crescimento da população humana sustentado pela agricultura de subsistência em seu equilíbrio histórico com a miséria. Os solos frágeis [...] rapidamente ficam estéreis quando a floresta é derrubada. O fazendeiro ali leva sua tecnologia primitiva para dentro da floresta (Prance, 1986).

2 Garrett Hardin publicou seu famoso artigo, "The Tragedy of the Commons" (1968). Seu argumento pode ser resumido da seguinte maneira: com recursos comuns, todos os atores tentam maximizar seus benefícios individuais. Com terras de propriedade comunitária, um indivíduo pode inicialmente obter benefícios econômicos pessoais de procedimentos de superexploração a um custo pessoal pequeno, sendo as consequências adversas suportadas por toda a comunidade. No final, toda a propriedade comunitária está ambientalmente degradada. A solução, argumentou Hardin, era ter um melhor controle populacional nos moldes malthusianos e privatizar terras públicas. Esta tese foi aplicada por Dornellas Meadows à Amazônia, e a evocação da Amazônia como um bem comum global ainda é levada a sério.

empresarial e que considera a destruição de uma floresta ou de outros recursos, simplesmente, o preço do progresso.[3]

Nessa perspectiva da Amazônia, os exploradores eram frequentemente considerados as empresas internacionais do Primeiro Mundo, principalmente consórcios internacionais de mineração e madeira, extraindo recursos e lucros, e deixando um rastro de ruínas. Um argumento propunha que os exploradores não eram necessariamente as empresas capitalistas internacionais *per se*, mas apenas os mercados internacionais, atraindo a Amazônia para uma produção sem parcimônia para a exportação, como nas reivindicações da notória "conexão do hamburguer", nas quais as cadeias de *fast-food* da América do Norte mantêm os custos baixos comprando carne bovina barata do Terceiro Mundo, criada em áreas de florestas desmatadas.

Menos enraizadas na história, ou na natureza, eram as análises que enfatizavam que a Amazônia havia sido vítima de "tecnologia inadequada", ou seja, os camponeses que chegaram de fora da região teriam explorado a terra de forma que não se encaixava às ecologias locais, ou se tornavam mal adaptados à medida que as densidades humanas aumentavam.[4] A visão implícita aqui é a de que os problemas da degradação ambiental estariam em alguma tecnologia defeituosa, que poderia ser corrigida por um acerto tecnológico. Outros argumentaram que a culpada era a política negligente ou a aplicação de subsídios errados a estratégias de desenvolvimento mal consideradas. Por esse ângulo, tecnologias e planejamentos ruins seriam os responsáveis pela ruína ambiental. Mais recentemente, uma acusação popular é a de que o desmatamento foi causado pela crise da dívida que aflige o Terceiro Mundo, notadamente o Brasil, uma vez que as cobranças dos credores do Primeiro Mundo forçaram o país a esgotar recursos preciosos (como a madeira) ou a desmatar florestas para exportar produtos (como a carne bovina e o cacau) para produzir divisas valiosas.

Cada uma dessas explicações tem sua solução. Para os seguidores de Malthus, as respostas para a ruína ambiental estão, em última análise, no

3 Essa ideia ecoa vários corpos de pensamento. Rosa Luxemburgo, por exemplo, argumentou que a penetração do capital inevitavelmente trouxe desastre para as "economias naturais", e uma vasta literatura antropológica com orientação histórica tem documentado essa dinâmica. Muitos excelentes estudos recentes argumentam que quaisquer mudanças no uso de recursos devem ser analisadas em termos mais complexos, examinando como o acesso a recursos, poder e riqueza, muda na economia política local. Ver, por exemplo, Watts (1983).

4 Ver Sanchez e Benefes (1987) e Alvim (1980).

controle rigoroso da população e, no curto prazo, no aumento da produtividade das melhores terras agrícolas. Os discípulos de Hardin incitam a conversão tumultuada de terras comunitárias em terras privadas junto do controle populacional. Uma análise enfatizando o papel funesto do capital internacional levou, naturalmente, à conclusão de que, no mínimo, o controle do "capital internacional" deveria ser afastado da Amazônia. Aqueles que veem as árvores queimadas como resultado de uma combinação falha da agricultura com o meio ambiente – os defensores tanto da persuasão agroecológica quanto da alta tecnologia – sustentam que, se as práticas agrícolas insalubres produziram desastres ambientais, a solução está em utilizar tecnologias aprimoradas e bem sintonizadas. Aqueles cujas preocupações enfatizam as políticas afirmam que o problema central está no incentivo à pecuária, como o crédito subsidiado para pastagens, e que a redução desses subsídios seria uma solução. Aqueles que consideram a dívida como a responsável pelo desastre exigem prazos de pagamento mais longos e outras formas de compensação, até mesmo a rejeição ou, de modo menos drástico, alguma forma de troca de "dívida pela natureza".

Por que a destruição começou?

Exceto a visão entusiasmada de Hardin a respeito dos poderes de recuperação da propriedade privada, todas essas teorias têm um toque de verdade. Mas, enquanto o conjunto dessas ideias pode ajudar a entender a dinâmica da destruição ambiental na Amazônia, cada argumento por si tem sérias deficiências. Os seguidores de Hardin que se apressam em condenar as formas comunitárias de propriedade ignoram o fato de que praticamente todo o desmatamento amazônico ocorreu em terras particulares ou é usado para acelerar a passagem de terras públicas para mãos privadas. De fato, a Amazônia é o lugar de um dos movimentos de cercamento mais rápidos e em grande escala da história, o que é comprovado pelos 100 milhões de acres de propriedade pública que passaram para a privada.[5] Essa transferência coincide exatamente com a explosão do desmatamento na Amazônia.

5 Para se ter uma ideia da rapidez desse processo: no estado do Acre, cuja área era de 75% de terras devolutas em 1971, 80% de seus cerca de 33 milhões de hectares tornaram-se propriedades privadas em 1975, apenas quatro anos depois; o estado do Pará transferiu cerca

Os discípulos de Malthus ignoram o fato inconveniente de que, embora a Amazônia forme mais de 60% do território nacional brasileiro, menos de 10% da população brasileira vivem lá. A região é importadora inconteste de alimentos do sul do Brasil, e mais da metade da população da região amazônica vive em cidades. Apenas 6 milhões de pessoas vivem em zonas rurais, dos quais entre 2 milhões e 3 milhões vivem na própria floresta. A maioria das terras desmatadas produz pouco em termos de alimentos e, muitas vezes, ela não foi desmatada para esse fim. A migração para a Amazônia tem muito mais a ver com mudanças estruturais na região de emigração do que com o crescimento populacional; a diminuição do acesso à terra, como ocorreu nos estados do Nordeste, estimulou a emigração. No caso dos migrantes do Sul, a expansão da agricultura mecanizada e a ocupação de enormes áreas de terras agrícolas forçaram a saída de pequenos agricultores de suas propriedades e que, por fim, também foram expulsos pela ameaça de violência e a falta de emprego. Dado que mais da metade de todos os agricultores no Brasil dependem do trabalho assalariado, bem como da renda obtida pela colheita, as atividades, como a mecanização, que reduzem o emprego rural, são muitas vezes tão desastrosas para os camponeses quanto a expulsão brutal de suas terras.[6]

O Brasil é certamente uma economia capitalista, apresentada como um exemplo de desenvolvimento capitalista no Terceiro Mundo. Mas a Amazônia apresenta alguns problemas para essa teoria. Por exemplo, a borracha – o produto industrial por excelência – era e é extraída pelo trabalho "pré-capitalista" na medida em que os seringueiros variaram do *status* de peões endividados a pequenos comerciantes, muitas vezes em uma economia de troca.[7] Em diversos casos, eles tinham controle sobre seu próprio

---

de 13,4 milhões de acres no início do *boom*, entre 1959 e 1963; as propriedades da Sudam – quase 20 milhões de acres – foram transferidas para proprietários privados com extrema rapidez; e os Estados de Mato Grosso e do Pará forneceram grandes propriedades para empresas colonizadoras privadas – 120 mil hectares, ou mais –, processo que foi acelerado pela lei 1.164 de 1971.

6 Para uma discussão sobre os fatores que afetaram a migração amazônica, ver May (1986). Aragon (1978) aponta que 27% dos migrantes que ele estudou fugiram para evitar a violência. Ver também Millikan (1988) e a excelente série de estudos produzidos por Sawyer (1989a, 1989b) sobre a migração amazônica. Para um estudo sobre o papel da represa de Itaipu na migração para Rondônia, ver Quandt (1987).

7 Barbara Weinstein (1983b) afirma, ao tentar explicar por que o *boom* não transformou a Amazônia, que "a economia da borracha é essencialmente pré-capitalista em suas relações de

trabalho, mas a coação chegava ao ponto de troca. Assim, um produto tão emblemático da expansão econômica do capitalismo foi suprido por mão de obra não capitalista em circunstâncias que produziam pouca degradação ambiental. Uma série de exemplos semelhantes podem ser encontrados no setor extrativista.

Uma visão particularmente popular no Terceiro Mundo é a de que o capital internacional, relativamente isento de regulamentação local ou internacional, tem sido o principal patrocinador da destruição florestal. Embora a degradação ambiental certamente esteja associada a interesses multinacionais de mineração, seu esforço é realizado em conjunto com empresas nacionais e paraestatais que, muitas vezes, são multinacionais. A tríplice aliança de corporações internacionais, domésticas e estatais requer uma análise mais profunda sobre o papel do Estado e das elites nacionais do que a em geral é oferecida. Os estudos sobre o papel das empresas internacionais na destruição ambiental da Amazônia, cada um com seu bestiário de dez ou vinte empresas, passa por cima da responsabilidade e da cumplicidade das elites nacionais.[8] De fato, o papel do capital internacional no desmatamento da Amazônia tem sido relativamente menor; a forma de mineração mais tóxica e difundida – a mineração de ouro – é realizada por garimpeiros artesanais, e o principal motivo para o desmatamento na região – a pecuária – tem sido amplamente realizado por capitalistas brasileiros sem conexão com patrocinadores ou investidores transnacionais.

No entanto, a degradação ambiental ocorre em regiões destinadas a produções para atender mercados internacionais, particularmente as de culturas como o algodão, e, historicamente, o mercado de exportação de manteiga de tartaruga que levou, como vimos, à quase extinção da tartaruga amazônica. Mas a maior parte da extração de madeira alimenta as necessidades domésticas de uma das maiores economias mundiais, a brasileira. Mesmo a América Central, onde a "conexão do hambúrguer" foi mais bem elaborada, exporta apenas cerca de 15% de sua carne bovina.[9] Definitiva-

---

produção [...] o produtor direto, com a apropriação do excedente ocorrendo no nível da troca [...] também trabalhou para sufocar quaisquer desenvolvimentos que pudessem ter gerado uma transformação fundamental na economia extrativa". Reis (1953), Almeida (1988) e Santos (1984) defendem essencialmente o mesmo ponto.

8 Ver Evans (1979) e Pompermeyer (1979).

9 Ver Leonard (1987).

mente, a Amazônia é um importador de carne bovina. Com a febre aftosa, endêmica e abundante em seus rebanhos, a carne bovina amazônica está proibida de ser comercializada nos mercados internacionais.[10] O Brasil exporta, mas sua fonte pode ser encontrada nos confinamentos e na produção intensiva dos estados de São Paulo e Rio Grande do Sul.

Aqueles que consideram que o problema da destruição da Amazônia seja a tecnologia inadequada devem explicar por que uma ou outra tecnologia em particular é promovida e prevalece, uma vez que as formas de produzir uma cultura podem utilizar diferentes técnicas e ter distintas estruturas sociais.[11] As tecnologias de produção estão profundamente inseridas na lógica econômica e nos sistemas sociais. Sem essa explicação, suas próprias soluções acabam fracassadas, inadequadas como as que elas suplantaram. Existem tecnologias e estratégias agroecológicas bem-sucedidas na Amazônia, sendo o sistema agroflorestal a mais notável. Mas, por que uma tecnologia indubitavelmente apropriada e sustentável, como a agroflorestal, é tão pouco evidenciada, em contraste com as vastas extensões de pastagens degradadas? A resposta deve ser buscada nos processos econômicos nacionais e locais que assolam os sistemas agroflorestais existentes e impedem, em muitos casos, a expansão de novos sistemas.

Considerar a política pública "frágil" como o fator do desmatamento é ver a "política pública" como algo concebido e executado por tecnocratas isolados da economia política de um país, e é uma suposição muito ingênua. Um tema constante proposto por aqueles que defendem a abordagem da "má política" tem sido o papel do crédito subsidiado e dos incentivos que criam distorções e impulsionam a destruição ambiental. Não há dúvida de que tais créditos e incentivos desempenharam papel importante, mas não oferecem uma explicação para a maior parte da degradação que se pode ver na Amazônia. Por exemplo, embora créditos de todos os tipos tenham começado a diminuir depois de 1980, o desmatamento aumentou vertiginosamente.[12]

---

10 Essa informação se refere à época de lançamento da primeira edição do livro. (N. E.)

11 Ver Altieri (1987), Altieri e Hecht (1989) e Kloppenburg (1989).

12 Veja a Figura 1. A concessão de créditos e incentivos provocou dois tipos de análise. Um é exemplificado pelos estudos do World Resource Institute, que tendem a considerar que subsídios e incentivos distorcem o funcionamento do livre mercado e que a sua remoção resultaria em práticas ambientais mais saudáveis (abordagem pouco corroborada pelo grá-

O enorme endividamento do Brasil com os bancos do Primeiro Mundo – maior do que qualquer outro país do Terceiro Mundo – o levou a superexplorar e destruir seus recursos naturais amazônicos em um esforço para satisfazer seus credores? É difícil fundamentar uma resposta afirmativa, pois as exportações brasileiras representam menos de 10% de seu Produto Interno Bruto, quase 50% dessas exportações vêm de produtos têxteis e atividades de manufatura, e a participação das mercadorias primárias do Brasil, exceto combustíveis, minerais e metais, caiu para menos da metade de vinte anos atrás. Essas mercadorias são agrícolas e refletem, predominantemente, a contribuição dos produtos brasileiros processados de soja e suco de laranja, bem como as exportações tradicionais de café, açúcar e cacau, porém, 85% das receitas de exportação do Brasil, de acordo com estatísticas do Banco Mundial, são produzidos quase inteiramente fora da Amazônia. O alumínio e o ferro do Brasil são, principalmente, da Amazônia (de Trombetas e Carajás), mas enfrentam mercados comerciais em declínio.

Além disso, um dos episódios mais dramáticos da história ambiental do Brasil foi a destruição quase total das florestas de araucária, muito antes de sua dívida se tornar um problema. As exportações de madeira representam

fico). Binswanger (1987) produziu um resumo conciso dos incentivos que contribuem para o desmatamento; outros, como Hecht e Browder apontaram para o contexto político e econômico em que tais subsídios foram feitos.

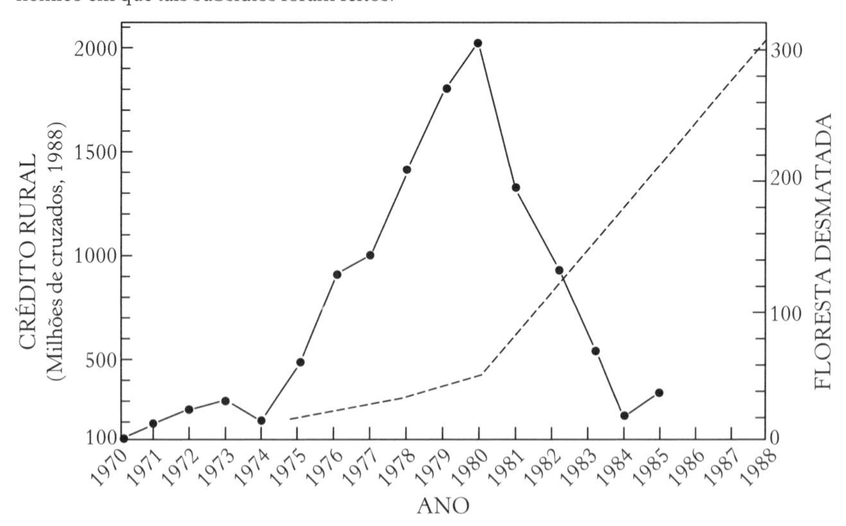

Figura 1. Crédito rural oficial vs. Floresta desmatada na Amazônia clássica

uma proporção crescente, mas até o momento isso reflete o esgotamento das florestas no Sul do Brasil, nos estados de Santa Catarina e Paraná.

É verdade, como mencionamos, que o afluxo de migrantes para a Amazônia ao longo da década de 1980 foi motivado, em parte, pela expansão da agricultura mecanizada, principalmente a produção de soja para exportação, no Sul e no Centro-Oeste do Brasil. O crescimento desses latifúndios de soja empurrou os pequenos agricultores de suas terras, para as cidades ou para o Norte. À medida que vendiam suas propriedades, esses pequenos agricultores se beneficiavam do aumento dos preços locais e, assim, podiam comprar um lote maior na Amazônia, a qual foi desmatada depois. Assim, há uma ligação indireta com a expansão das exportações, mas esta não é uma explicação completa. O endividamento e as políticas preconizadas pelo Fundo Monetário Internacional (FMI) e pelos bancos do Primeiro Mundo contribuíram poderosamente para a miséria do Brasil como um todo,[13] mas o fizeram exacerbando, e não gerando, o que já era a distribuição mais desigual de ativos e rendimentos no mundo.

A causa da destruição

Todas essas explicações padecem de uma falha comum em confrontar a degradação da Amazônia nos últimos vinte anos com a história e a economia políticas da região e do Brasil. Nenhuma análise efetiva pode emergir sem um esforço para compreender os raciocínios de determinados atores, à luz de suas posições de classe e suas estratégias econômicas.[14] Os artífices do declínio ambiental da Amazônia imaginavam estar seguindo cursos racionais de ação, embora essas ações estabelecessem forças muito além do alcance de qualquer solução única. Uma vez compreendidas história e economia políticas, surge a genealogia do desastre. As causas da degradação ambiental na Amazônia podem ser atribuídas a uma filosofia e estratégia de desenvolvimento regional formulada pelos militares brasileiros, cuja influência na política brasileira e, especificamente, amazônica, expandiu-se

13 M. Pastor (1987).

14 Para exemplos dessa abordagem, ver Schmink e Wood (1987), Hecht (1985, 1989c), De Janvry e Garcia (1988), Browder (1986), Collins (1986), Millikan (1988) e Bunker 1985.

com constância desde os primeiros dias do Estado Novo de Vargas, em 1937. Após a Segunda Guerra Mundial e, particularmente, após a tomada de poder em 1964, os militares estabeleceram uma agenda para a Amazônia que desencadeou as novas forças que hoje estão destruindo a região.

Os militares não pressionaram seus planos, de forma súbita, para uma região intocada desde a batalha da borracha. Em 1953, foi criada a Superintendência de Valorização Econômica da Amazônia (SPVEA), uma agência com a incumbência de elaborar e colocar em execução os planos de desenvolvimento de longo prazo da região. Tornou-se, assim, o primeiro grande órgão de planejamento da Amazônia. Três conquistas marcaram o errático avanço da SPVEA até sua extinção pelas mãos dos militares em 1964. Primeiro, ampliou a área legal da Amazônia para incluir partes de Mato Grosso, Goiás e Maranhão e, com esse golpe burocrático, tornou-se a autoridade de planejamento para mais de 60% do território nacional; em segundo lugar, tomou o banco de borracha dos tempos de guerra, o Banco de Crédito da Borracha, e o converteu em um banco regional de desenvolvimento com interesses mais amplos; e, em terceiro, em 1958, supervisionou o início da construção da "estrada da onça", a rodovia Belém-Brasília, concluída em 1960. Em meio aos aplausos de políticos locais, empreiteiros e outras pessoas, reunidos para a inauguração da estrada, a chamada "caravana da integração" percorreu a floresta aberta, ao sul pela estrada de terra (a pavimentação foi concluída em 1973) ao longo do vale do Tocantins, e subiu as savanas do planalto até Brasília.

Havia muita incerteza sobre as repercussões econômicas da rodovia, mas entre os que acolheram a abertura da estrada estavam os militares brasileiros, exaltando que, pela primeira vez, o Norte seria acessível tanto por terra quanto por ar ou mar. Menos encantados ficaram os indígenas, cujas terras tradicionais haviam sido invadidas várias vezes por agrimensores, trabalhadores rodoviários, tratores, especuladores de terra e migrantes.

Quase da noite para o dia, o primeiro *boom* de terras explodiu na Amazônia. Grandes extensões de terras devolutas, ou terras estatais inexploradas, foram transferidas para proprietários privados em uma imensa série de cercamentos. Entre 1959 e 1963, 13,4 milhões de acres no Pará passaram de mãos públicas para privadas.[15] Prenunciando horrores maiores por vir, uma

15 Santos (1984).

revolta sobre os direitos fundiários, reivindicações fraudulentas de terras e incertezas associadas transformaram a região em uma zona de conflito sangrento, dando-lhe uma reputação de violência que se mantém até hoje.

As três contribuições da SPVEA tiveram importantes efeitos a longo prazo e criaram estruturas de financiamento, administração e infraestrutura que sobrevivem até hoje. No entanto, essas conquistas não puderam extinguir a reputação de corrupção e má conduta anexadas à Superintendência desde a sua criação. Não tinha nada que lembrasse um corpo técnico, seus executivos entregaram contratos a amigos e parentes e avançaram relativamente pouco em sua agenda reconhecidamente ambiciosa.[16] Dentre os que observavam com desagrado as artimanhas da agência estavam os militares, que achavam que, se a Amazônia fosse desenvolvida de forma ordenada, a corrupção da SPVEA e a influência perversa generalizada dos baronatos extrativistas da região deveriam ser destruídas. Em 1964, chegou o seu momento.

A geopolítica e o general Golbery

A geopolítica dominou os horizontes intelectuais dos militares, como era de se esperar em um país cujas fronteiras foram redesenhadas ou pressionadas desde 1750. Somente o século XX viu vários tratados territoriais importantes. Em 1903, o Tratado de Petrópolis cedeu o Acre ao Brasil. Em 1904, por meio de um acordo intermediado pelo rei da Itália, o Brasil perdeu mais de 14 mil quilômetros quadrados de território para a Guiana Inglesa; e, em 1905, o Brasil renegociou sua fronteira com a Venezuela e fez o mesmo, em 1907, com a Colômbia. Em 1919, a fronteira com o Peru foi redesenhada. Essas preocupações com a consolidação militar, política e econômica do território nacional foram, no pós-guerra, acrescidas de novas ansiedades sobre a subversão comunista, com as consequentes redefinições da natureza da guerra.

Dada a indubitável e bem documentada hostilidade dos Estados Unidos contra o presidente João Goulart, e o papel dos governos Kennedy

16 Para uma discussão sobre a SPVEA, ver Galey (1979).

e Johnson em planejar a sua queda,[17] a tomada do poder pelo marechal Castello Branco, às vezes, é mal interpretada como meramente um golpe

17 Qual foi o tamanho do envolvimento dos Estados Unidos no golpe que derrubou Goulart? Bons relatos são oferecidos em Phyllis Parker (1979) e Black (1977). Três governos norte-americanos – Eisenhower, Kennedy e Johnson – viram a evolução política pós-guerra com crescente apreensão e, depois de 1º de abril de 1964, com alívio. A revolução cubana de janeiro de 1959 aumentou enormemente os temores sobre o potencial comunista no Brasil, particularmente no Nordeste. Os irmãos Kennedy observaram o país de perto, e Robert Kennedy visitou Goulart, em Brasília, em novembro de 1962, com o propósito de discutir o que a Casa Branca considerava a "problemática tendência para a esquerda" do Brasil. Nessa reunião, Lincoln Gordon, embaixador dos Estados Unidos no Rio de Janeiro, se ofereceu para listar a Goulart os comunistas na Petrobras e na agência de correios e telégrafos. Tanto a ajuda militar quanto a econômica dos Estados Unidos foram oferecidas com objetivos políticos claros, com recursos destinados a estados considerados politicamente amigáveis, e não ao governo central. A assistência militar e os suprimentos de material de controle de distúrbios para as forças policiais também foram enviados para o aparato de segurança do Brasil em quantidades crescentes à medida que aumentava o desconforto norte-americano em relação a Goulart. A assistência econômica baseava-se em medidas tradicionais de austeridade e na redução dos gastos sociais, de um tipo associado às agências governamentais dos Estados Unidos e ao FMI.
No período que antecedeu as eleições brasileiras de 1962, a embaixada dos Estados Unidos e os consulados regionais desembolsaram cerca de US$ 5 milhões (na lembrança de Gordon) para candidatos conservadores. Nesse mesmo ano, Vernon Walters foi transferido de Roma para o Rio de Janeiro como adido militar. Walters havia sido tradutor de oficiais brasileiros durante a campanha do general Mark Clark com a Força Expedicionária Brasileira, e conhecia muitos oficiais pessoalmente, incluindo Castello Branco. O norte-americano lembrou mais tarde que, na época de sua transferência, lhe disseram que o presidente Kennedy não seria avesso à derrubada de Goulart se ele fosse substituído por um governo anticomunista estável. Em março de 1964, o embaixador Gordon telegrafou ao Departamento de Estado pedindo aumento da ajuda militar dos Estados Unidos para as Forças Armadas brasileiras, considerando tais suprimentos "essenciais para conter os excessos de esquerda do [governo] Goulart". A essa altura, o chefe do Estado-Maior, general Castello Branco, havia, provavelmente em fevereiro, se juntado aos conspiradores militares contra Goulart e um golpe era iminente. No comício de 13 de março no Rio de Janeiro, o presidente brasileiro disse a uma grande multidão que ele havia assinado uma ordem expropriando proprietários privados de todas as terras que se estendiam a 10 quilômetros de cada lado de todas as rodovias federais, ferrovias e projetos hídricos, e também estava expropriando refinarias de petróleo (todas de propriedade nacional). Esse discurso foi assistido por Castello Branco de sua janela no Ministério da Guerra e, mais tarde naquela noite, o marechal disse a Walters que não acreditava que Goulart cumpriria seu mandato. Nos últimos dias de março, a Embaixada dos Estados Unidos informou a Washington que um golpe era iminente. O Departamento de Defesa norte-americano preparou carregamentos de petróleo, gasolina e lubrificantes para serem fornecidos às Forças Armadas brasileiras em caso de guerra civil. Grandes carregamentos de espingardas e outros armamentos leves (em uma operação chamada Irmão Sam) já estavam prontos na Base Aérea de McGuire, em Nova Jersey. O porta-aviões *Forrestal* recebeu ordens de seguir para o sul e se afastar do Rio Grande do Sul, onde se pensava que a resistência aos militares poderia ser feroz.

de Estado ao longo das linhas bolivianas. Tal visão desconhece seriamente o lugar dos militares no sistema político brasileiro; eles se apresentavam e, de fato, eram muitas vezes percebidos como uma presença profissional, incorrupta e ordenada dentro da cultura política nacional e que poderiam, em última instância, resolver contradições e ditar prioridades que vão além da competência ou alcance dos políticos civis.

No período pós-guerra, o Brasil começou a dilacerar-se com imensas convulsões: a migração interna do campo para a cidade, a industrialização desordenada, o rápido crescimento econômico, a inflação. Aproveitando essas convulsões – uma delas, em 1954, levou Vargas à conclusão de que o

---

O golpe culminou em 1º de abril, com o Departamento de Estado apresentando relatórios quase de hora em hora para Washington, e com Walters em contato próximo com Castello Branco. Um dia depois, o presidente Johnson estava enviando um telegrama de congratulações aos novos líderes do Brasil (que ainda não haviam recebido nenhuma forma de ratificação constitucional do Congresso brasileiro). O embaixador Gordon, naquele mesmo dia, enviou uma mensagem a Carl Hayden, presidente *pro tempore* do Senado norte-americano, descrevendo o golpe como "uma vitória para [o] mundo livre". Thomas Mann, secretário de Estado adjunto para assuntos interamericanos, disse que chegara a hora do "sacrifício para todos os grupos, incluindo a reforma agrária". Os Estados Unidos rapidamente forneceram ajuda econômica aos novos líderes do Brasil.

A conclusão moderada de Phyllis Parker é de que "há evidências de que a ajuda dos Estados Unidos enfraqueceu ainda mais um governo central já debilitado, não apenas ao negar assistência ao governo de Goulart [...] mas também [...]. por meio de negociações diretas e apoio de outros grupos", e "os Estados Unidos não se envolveram na execução do golpe apenas porque não havia necessidade". Jan Knippers Black pergunta retoricamente em sua conclusão: "Os da direita [...] estariam dispostos a arriscar um confronto armado sem a expectativa do apoio dos Estados Unidos? Celso Furtado (o economista) põe isso em dúvida, e este autor também". Esse é o nó. Ambos, o embaixador Gordon e o adido militar Walters, mantiveram contato contínuo com oficiais militares brasileiros nos meses anteriores ao golpe e em nenhum momento os advertiram de que isso seria visto com desfavor em Washington. Ao contrário. Assim, os militares embarcaram nessa empreitada sabendo que tanto a ajuda militar imediata (incluindo a intervenção física norte-americana), quanto a ajuda econômica de longo prazo, estavam por vir.

Nos anos que se seguiram, mesmo quando se tornou evidente que o rápido retorno ao regime civil democrático inicialmente previsto pela embaixada dos Estados Unidos não estava ocorrendo, o apoio norte-americano permaneceu. Em meados de 1989, houve um furor diplomático no Brasil quando um assessor de uma deputada brasileira denunciou, diante da possível nomeação de Richard Melton como novo embaixador dos Estados Unidos, que enquanto ele estava preso (e torturado) em Recife em 1968, Melton, servindo no consulado em Recife na época, o havia interrogado. Em 1971, o senador Frank Church observou que, mesmo sem contar os voluntários do Corpo da Paz, os Estados Unidos tinham duas vezes mais funcionários, *per capita*, no Brasil do que a Grã-Bretanha tinha na Índia quando governava aquele país.

suicídio era a sua única opção política[18] – os militares assumiram o poder em 1945, 1954 e 1964, e realizaram tentativas abortadas em 1955 e 1961. À medida que aumentavam as tensões sociais e políticas, aumentava o ritmo da intervenção militar.[19] Em 31 de março, em um discurso televisionado nacionalmente, Goulart recusou-se a dissociar-se dos ataques à disciplina militar. Os planos há muito nutridos para um golpe atingiram seu clímax. Em Minas Gerais, um general disse a suas tropas, em 31 de março, que deveriam marchar sobre o Rio de Janeiro. Em 1º de abril de 1964, Goulart deixou o Rio de Janeiro, voou para Brasília e depois para o Rio Grande do Sul. Em 4 de abril, foi para o exílio no Uruguai. O embaixador dos Estados Unidos já havia telegrafado, no primeiro dia do mês, ao Departamento de Estado dizendo: "acreditamos que tudo acabou, com [a] rebelião democrática [*sic*] já 95% bem-sucedida". No início de 2 de abril, o presidente Johnson telegrafou ao novo presidente em exercício, Ranieri Mazzilli, mencionando seus "mais calorosos votos de felicidades". O marechal Castello Branco foi devidamente proclamado o novo presidente militar em uma "revolução pelo alto".

Apenas uma semana após o golpe, os militares assumiram a SPVEA, expurgaram-na dos chamados maus ou antipatrióticos brasileiros e a colocaram sob o controle de um ministério extraordinário de agências regionais, a ser reestruturado para se adequar melhor às estratégias há tanto tempo ponderadas pelo general Golbery.

O nome do general Golbery do Couto e Silva deveria ter lugar de destaque em qualquer relato da história da Amazônia. Gaúcho que estivera em Joinville em 1940, em seguida passou por treinamento nos Estados Unidos

18 Tendo alienado quase todos os setores da sociedade, e com os generais exigindo sua demissão, Vargas tirou um revólver da mesa e deu um tiro no próprio coração. Uma nota de despedida, cuja autenticidade foi questionada, foi imediatamente publicada na imprensa. Afirmava que o capital internacional e os interesses nacionais corruptos estavam colocando o Brasil em risco e ferindo os interesses dos trabalhadores, Vargas concluiu: "eu ofereço em holocausto minha vida. Escolho este meio de estar sempre convosco. [...] Eu vos dei a minha vida. Agora vos ofereço a minha morte. Nada receio. Serenamente, dou o primeiro passo no caminho da eternidade e saio da vida para entrar na história". Ver Skidmore (1967).

19 Alfred Stepan demonstra este ponto em grande detalhe em seu respeitado *The Military in Politics: Changing Paterns in Brazil* (1971): "Os golpes poderiam ser considerados não apenas uma resposta unilateral de uma instituição militar arbitrária e independente agindo em nome de seus próprias necessidades institucionais e ideologia, mas como resposta dupla de oficiais militares e civis às divisões políticas na sociedade".

em 1944, antes de se juntar, como Castello Branco, no fim da guerra, ao IV Corpo de Exército do general Mark Clark, como membro da Força Expedicionária Brasileira (FEB).[20] Em 1950, tornou-se oficial de inteligência de alto escalão e, em poucos anos, foi um dos formuladores da doutrina militar brasileira, ensinada na Escola Superior de Guerra. Em 1960, tornou-se chefe de operações do Estado Maior e, um ano depois, chefe de gabinete do Conselho de Segurança Nacional. Não demorou muito e se aposentou do serviço militar ativo, mas manteve-se envolvido e participou dos preparativos para o golpe de 1964, ano em que foi nomeado chefe da segurança do Estado, o Serviço Nacional de Informação (SNI). Foi chefe de gabinete de Ernesto Geisel e João Figueiredo, os militares que governaram o Brasil no final dos anos 1970 e início dos anos 1980, até que Figueiredo inaugurasse a abertura à "democratização". Ao longo de todo o período, poucas grandes iniciativas políticas ocorreram sem consulta a Golbery. Em sua fazenda no Rio Grande do Sul, militares e civis de todas as vertentes políticas respeitáveis iam para o churrasco, feito à moda gaúcha.

Em seus livros, Golbery delineou uma filosofia de ação coerente.[21] Para ter qualquer ressonância de longo prazo, as políticas tinham de ser definidas nas realidades geopolíticas do Brasil. Com seus aglomerados populacionais agarrados ao litoral de Porto Alegre a Belém, o Brasil havia ignorado o "vasto interior, esperando e desejando ser despertado para a vida e cumprir seu destino histórico". Na visão de Golbery, esse destino era a consumação da Marcha para o Oeste de Vargas, que despertaria na população um senso de propósito nacional e alcançaria a importantíssima ocupação do interior vazio e da fronteira desguarnecida, explorando recursos não utilizados.

A análise política de Golbery deve muito ao geógrafo alemão Ratzel e aos teóricos geopolíticos, também alemães. Segundo o general, a configuração espacial do Brasil era a realidade fundamental da vida política da nação;

---

20 A corte de oficiais brasileiros servindo na FEB, e com isso fomentando laços estreitos com os militares dos Estados Unidos, foi posteriormente concentrada na Escola Superior de Guerra, conhecida como Grupo Sorbonne, e foi o núcleo do golpe em 1964.

21 A filosofia de Golbery é delineada em duas obras – *Geopolítica do Brasil* (1967) e *Conjuntura política nacional: o poder executivo e geopolítica do Brasil* (1981) – e em diversos discursos. A geopolítica, por razões óbvias, sempre foi um tema popular entre os militares. Ver Mattos (1980), Rodrigues (1947), Alves (1985). Para discussão mais geral do Estado militar brasileiro, Stepan (1971) e O'Donnell (1979).

qualquer estratégia de desenvolvimento tinha de enfrentar esse espaço físico. Para ele, a primeira tarefa era, portanto, conceituar um "quadro geopolítico", a partir do qual uma estratégia de desenvolvimento de longo prazo ("grande estratégia") pudesse ser articulada e implementada por políticas específicas. A geopolítica é o farol que orienta os objetivos e as políticas. No caso brasileiro, o Sul desenvolvido serviria como uma "plataforma de manobra" por meio da qual ocorreria a consolidação geopolítica do Nordeste, Centro-Oeste e Amazônia. Tal geopolítica, formulada como grande estratégia, foi combinada com a "guerra total" contra a subversão interna e externa, a guerra fria. De fato, a segurança nacional do Brasil exigia a integração completa da estratégia econômica e militar e do espaço, uma vez que o rápido desenvolvimento econômico era obrigatório para neutralizar os desafios políticos da esquerda.

Não é necessário dizer que essas noções formuladas por Golbery e expostas nos manuais de treinamento para oficiais que ingressam na Escola Superior de Guerra, a escola de guerra brasileira, foram muito influenciadas pela evolução da doutrina hemisférica norte-americana.[22] O pânico deflagrado com a vitória da Revolução Cubana e a fuga de Fulgencio Batista em janeiro de 1959 levaram os irmãos Kennedy e sua equipe a desenvolver uma política tanto de assistência econômica quanto de estreita cooperação com os militares e as polícias na América Latina, fortalecendo sua ideologia e seus arsenais de repressão. O aspecto mais divulgado dessa estratégia, incorporada na Aliança para o Progresso, foi o programa de ajuda econômica para superar os desafios da esquerda. Dentro das prescrições mais amplas da geopolítica, da grande estratégia e da "guerra total", Golbery foi extremamente prático em seu programa de três fases, em que a Amazônia desempenharia papel central. A primeira fase era fortalecer a integração entre o Nordeste e o Sul e, ao mesmo tempo, fechar possíveis corredores de subversão guerrilheira, como os dos vales dos rios Tocantins, Araguaia e São Francisco, que poderiam afunilar a insurgência para a plataforma central – área do sul de Mato Grosso e Goiás, o "verdadeiro coração do país" –,

22 A Escola Superior de Guerra foi fundada em 1949 e, no início da década de 1950, o Exército dos Estados Unidos tinha direitos exclusivos para auxiliar na sua administração, que foi modelada no National War College, em Washington. Houve muita troca de oficiais entre os dois países, bem como muita assistência norte-americana no fornecimento de material e treinamento. Ver Skidmore (1967, 1988).

e do Sul. A segunda fase era redirecionar a colonização nas fronteiras do Sul do Brasil para o noroeste, lançando esse avanço para o noroeste a partir da plataforma central, integrando-a simultaneamente às regiões política e economicamente desenvolvidas ao leste e ao sul. A fase final, na prosa peremptória de Golbery, era "avançar a partir de uma base avançada, desenvolvida no Centro-Oeste e coordenada com uma progressão leste-oeste, seguindo o leito do grande rio, para proteger certos pontos de fronteira e inundar a floresta amazônica com civilização".

A política e os militares

No início de dezembro de 1966, o transatlântico *Rosa da Fonseca* partiu de Manaus rio acima. A bordo estavam militares, empresários, banqueiros, industriais e estrategistas. No cruzeiro de uma semana que se seguiu, os trezentos convidados relaxaram com iguarias regionais e entretenimento folclórico, discutindo as implicações do importante discurso que tinham acabado de ouvir em Manaus, onde, em 3 de dezembro, o marechal Castello Branco havia revelado a tão esperada Operação Amazônia, a concretização da grande estratégia de Golbery para a região. Embora um dos primeiros atos dos militares após a tomada de poder tenha sido destruir a antiga Superintendência, a SPVEA, eles levaram mais de 2,5 anos para traçar os planos e desenvolver a estrutura para o desenvolvimento amazônico.

A atenção à SPVEA refletiu o peso da Amazônia no pensamento do governo militar e a importância estratégica que teria para o desenvolvimento econômico nacional. Embora instalados pela força – ao menos, a força ameaçadora – das armas, os militares ainda estavam preocupados com sua própria legitimidade, que poderia ser reforçada pelo apelo unificador de um chamado à integração nacional, sob a égide do destino manifesto, acompanhado pela fervorosa ideologia da modernização. "Este é um país que vai pra frente" tornou-se o seu grito de guerra, e os militares começaram a consolidar sua base política.

As elites fundiárias ainda estavam em pânico por causa da forte pressão de Goulart em favor da reforma agrária. Milhões de pessoas no país clamavam pelo desmembramento de seus enormes latifúndios, e a direção das ligas camponesas estava cada vez mais organizada e determinada. Para elas, os militares poderiam oferecer a válvula de escape da colonização amazônica para, pelo menos, alguns desses milhões de sem-terra. Os militares agradaram muito os latifundiários ao destruir, da maneira mais sangrenta, as ligas camponesas[23] e, ao mesmo tempo, estimularam os aplausos dos burocratas visitantes da Aliança ao aprovar uma lei de reforma agrária conhecida como Estatuto da Terra, que parecia seguir a prescrição de Goulart ao exigir que os empregadores pagassem salários e benefícios de saúde para seus trabalhadores rurais. Mas a lei era apenas simbólica. Nenhum esforço foi feito para colocá-la em prática, e foi visto pelos camponeses como "para inglês ver", somente para agradar os estrangeiros. Seus efeitos concretos, quando efetivados, minaram os meeiros nas terras rurais, e foi um dos fatores que acabou contribuindo para o surgimento dos boias-frias, trabalhadores temporários sem-terra na agricultura.[24]

Assegurando a confiança imediata das elites industriais ao declarar ilegais todas as greves, os generais rapidamente estabeleceram uma relação sólida entre os sonhos empresariais e os objetivos militares.[25] Como disse Castello Branco, "Buscamos um diálogo sincero com os investidores [...] o empresário nacional é o instrumento fundamental e a base mestra do modelo de desenvolvimento econômico que preferimos".

Para o trabalhador-consumidor médio no Brasil, a preocupação central eram os preços dos alimentos, principalmente o da carne. Políticas de alimentação baratas, em especial a da carne bovina, eram, portanto, prioridade. No entanto, a indústria de carnes do Brasil havia chegado a um momento de crise:[26] a demanda interna e internacional havia disparado, mas os produtores tradicionais, os fazendeiros, pareciam incapazes de atender a essa demanda. Este foi um fracasso particularmente irritante para os militares, uma vez que as exportações de carne bovina poderiam gerar divisas e diversificar seu setor de exportação, conforme solicitado pela Aliança para o Progresso e as organizações internacionais. As perspectivas para a pecuária na América Latina pareciam animadoras, porém os economistas

---

23 Ver Page (1972), Azevedo (1982) e, ainda, a excelente sociologia histórica de Soares (1981).

24 J. S. Martin (1984).

25 Nos primeiros anos do governo de Castelo Branco, o chefe da Associação Comercial de São Paulo era, de fato, um general.

26 Isso também ocorreu porque o ciclo do gado brasileiro estava em baixa, e os proprietários estavam segurando todos os animais para construir seus rebanhos reprodutores. Ver Hecht (1982b) e Jarvis (1986).

argumentavam que a indústria precisava de modernização e que um dos principais problemas era que o crédito limitado concedido a esse setor havia dificultado seu crescimento. Uma estratégia lógica para os militares teria sido forçar a modernização, ou seja, a melhoria da produtividade, nas antigas fazendas, e algum esforço foi feito nessa direção.[27] Isso também serviu para incentivar as elites empresariais e agroindustriais a embarcar na produção de gado na Amazônia bem irrigada, onde as desagradáveis estações secas não prejudicariam o crescimento animal e o fornecimento de carne bovina comercializada. A história de trezentos anos da pecuária na ilha de Marajó, na foz do Amazonas, dava a impressão totalmente falsa de que um sucesso semelhante poderia ser obtido em terras altas e nas novas pastagens criadas a partir da floresta. Havia outra circunscrição que a estratégia procurava satisfazer: as preocupações de segurança dos militares. Nos mapas em seus escritórios, os vales dos rios Araguaia e Tocantins, que se estende ao sul da foz do Amazonas em Belém, tinham um significado especial. Aqui, na estimativa dos militares, havia uma artéria que poderia transportar as toxinas da subversão do Norte para o Centro-Oeste. Mais ao norte, no meio do mapa, ficava Manaus, isolada e em declínio. Na prescrição de Golbery, Manaus seria o pivô da Amazônia. Os militares agora formulavam a estratégia que fundiria a política e a geopolítica nos moldes elaborados por Golbery, e foi isso que Castello Branco finalmente revelou em Manaus em 3 de dezembro de 1966.

Vinte e seis anos antes, em outubro de 1940, o presidente Getulio Vargas havia ido a Manaus para dar seu depoimento sobre o futuro da Amazônia. Vargas acabara de visitar a condenada fazenda de Ford em Belterra, no rio Tapajós, e admirou muito o que viu, declarando-a "planejada" e "racional". Em Manaus, proclamou:

> nada nos deterá neste movimento que é, no século XX, a tarefa mais elevada do homem civilizador: conquistar e dominar os vales das grandes torrentes equatoriais, transformando sua força cega e sua extraordinária fertilidade em energia disciplinada. O Amazonas, sob o impacto da nossa vontade e do nosso trabalho, deixará de ser um simples capítulo da história do mundo e, equiparado a outros grandes rios, tornar-se-á um capítulo da história da civilização.

27 Ver FAO e World Bank (1987a).

A Operação Amazônia

Em seu discurso de 1966, Castello Branco discorreu sobre alguns objetivos maiores, dos quais o primeiro foi a ocupação regional por meio de "polos de desenvolvimento". O conceito de polos de desenvolvimento teve origem com François Perroux, em meados da década de 1950, que havia defendido uma abordagem deliberadamente desequilibrada dos incentivos ao desenvolvimento. Ao inundar o setor-alvo – conhecido no jargão dos planejadores como setor propulsor – com isenções fiscais, concessões de terras, incentivos comerciais, empréstimos e crédito, Perroux e seus seguidores acreditavam que os efeitos "multiplicadores" se seguiriam; as indústrias, os serviços e o comércio de todos os tipos floresceriam para atender o setor-alvo privilegiado. O desenvolvimento geral seria o feliz resultado. Em qualquer empreendimento econômico para o qual o polo de crescimento fosse projetado, o afortunado investidor teria lucros garantidos, o que explicava, em parte, a alegria no *Rosa da Fonseca*. Enquanto as indústrias agrupadas em torno do polo estivessem sujeitas à política do livre mercado, a empresa central usufruiria todas as benções econômicas de competência do governo.[28] Outros objetivos traçados por Castelo Branco incluíam o incentivo à imigração e à colonização na Amazônia; a criação de uma população estável e autossustentável; o desenvolvimento da infraestrutura, principalmente pavimentação da rodovia Belém-Brasília e a construção de vias secundárias de ligação à rodovia; uma aposta na pecuária e na agricultura, com execrações contra o extrativismo familiar desde os tempos de Pombal; e ampliação de pesquisa sobre o potencial da Amazônia em recursos como de minério, madeira e peixes.

No ano anterior ao seu discurso, Castelo Branco havia reunido uma equipe de cinco homens para auxiliar no desenvolvimento desse programa. Grandiosamente descrito como "o grupo para a reformulação da economia política da Amazônia", seus membros incluíam três militares e dois empresários encarregados da tarefa de transformar a antiga SPVEA em um órgão novo, enxuto e profissional, impregnado de virtudes militares austeras. O grupo também teve a tarefa de determinar como aplicar os incentivos fiscais, nos moldes elaborados por Perroux, para estimular os investidores privados. A parte mais inebriante do discurso de Castello Branco foi a

28 Para explicação mais detalhada, ver Hecht (1986a).

lista de incentivos que agora podiam ser usufruídos pelos empresários que ele saudava como os mais estimados aliados do regime. Esses incentivos estipulavam que 50% da dívida tributária de uma corporação poderiam ser investidos em projetos já existentes na Amazônia, por até doze anos, permitindo, assim, que os impostos se tornassem capital de risco. Novos projetos iniciados antes de 1972 desfrutariam de um desconto de imposto de 100% por doze anos (isenção fiscal posteriormente estendida para dezessete anos). Em seguida, 75% dos custos dos projetos na Amazônia seriam fornecidos pelo governo federal, e linhas de crédito especiais seriam abertas no Basa, o Banco da Amazônia. Finalmente, linhas de crédito subsidiadas existentes para o desenvolvimento da pecuária seriam disponibilizadas para o empresário amazônico, incluindo fundos para a compra de terras, com períodos de carência de quatro a oito anos antes do início do pagamento, a taxas de juros de 10% a 12%. O significado dessas provisões para os empresários do *Rosa da Fonseca* foi particularmente fortificante. Dadas as taxas históricas de inflação, o governo estava oferecendo enormes quantias de dinheiro a taxas de juros negativas. Os empresários, flutuando no Amazonas naquela semana de dezembro, poderiam ecoar Farquhar, mas com muito mais certeza. Era a mais certa das coisas certas.

E assim teve início o novo *boom* da Amazônia. Os projetos se espalharam na região Araguaia-Tocantins, que recebeu *status* preferencial como um foco de desenvolvimento. Ao mesmo tempo, Manaus tornou-se zona franca e plataforma de exportação, recebendo incentivos industriais semelhantes aos aplicados ao setor pecuário. Das filas de empreendedores ávidos que agora perseguiam a Superintendência do Desenvolvimento da Amazônia (Sudam), substituta da SPVEA, mais de 60% eram de São Paulo e traziam os nomes de suas mais importantes empresas industriais e agroindustriais.

Os incentivos fiscais não foram a única dimensão empolgante da Operação Amazônia. O investimento na pecuária era uma das atividades menos arriscadas da região, ou assim os empresários entenderam. Os animais podiam até ir ao mercado se necessário, superando assim algumas das limitações do precário sistema de transporte. A pecuária exigia pouca mão de obra e sempre podia, prontamente, ser contratado do Nordeste um grupo de trabalhadores necessitados para os grandes trabalhos de desmatamento. Sempre houve um mercado de demanda por carne e, ao contrário do cacau ou de outras culturas, o gado era relativamente resistente aos caprichos da ecologia tropical. Além disso, à medida que a inflação subia, essas terras (e o gado) eram certamente uma excelente maneira de diversificar as carteiras de investimentos, e poderiam servir de proteção contra a inflação.

A combinação de benefícios desencadeou um *boom* extraordinário da terra, cujo valor chegou a 100% ao ano em termos reais.[29] A terra na Amazônia tornou-se um veículo de captura de incentivos, créditos baratos e assumiu a forma de instrumento especulativo, além de um objeto de troca, em vez de um insumo na produção. Mais uma vez, os sonhos de uma agricultura estável se dissiparam em rajadas de extrativismo financeiro de um tipo jamais sonhado na história da região.

Nos anos que se seguiram ao discurso memorável de Castelo Branco, investidores correram para a Amazônia, assim como legiões de trabalhadores e posseiros, atraídos pelo trabalho nas novas estradas e pelas possibilidades de um novo começo sob a bênção do governo. Para a maioria desses pretensos colonos, a dificuldade de adquirir terras significava que seu futuro estava mais seguro em uma favela na periferia de Belém do que em uma fazenda. Em meio às incursões na Amazônia oriental, em que os índios fugiam das escavadeiras que avançavam ou eram expulsos de suas terras por armas, ameaças e documentos legais dos fazendeiros, e onde os caboclos viam gigantescas seringueiras e castanheiras serem derrubadas ou engolidas pelas chamas, as tensões sociais na região tornaram-se cada vez mais explosivas. Os piores pesadelos dos militares começaram a tomar forma, provocados pelos próprios esquemas que haviam planejado para impedir que a rebelião tomasse conta do Araguaia-Tocantins. Onde as grandes propriedades da Sudam foram tituladas, os beneficiários desses títulos tiveram de contar com as forças repressivas do Estado para retirar os indígenas e os camponeses de suas terras. Em 1970, o Partido Comunista do Brasil (PC do B) iniciou um foco rural na divisa entre os estados do Pará e Goiás. Cerca de setenta guerrilheiros – casais e famílias – militantes do Partido eram agricultores de dia e, à noite, iam treinar na floresta. Descoberto pelo serviço de inteligência do governo, a resposta foi rápida. Cerca de 20 mil soldados treinados em contrarrevolução ocuparam a área e, na maior mobilização já realizada pelos militares brasileiros, perseguiram os guerrilheiros e os liquidaram, além de terem torturado seus simpatizantes. A contrarrevolução foi bem-sucedida; gratificante para o Exército brasileiro e seus assessores

29 Mahar (1979).

norte-americanos, pois trazia muitas semelhanças com os programas de pacificação dos Estados Unidos no Vietnã.[30]

A terra para os colonos

A mensagem para os militares era muito clara: seu programa favoreceu apenas os grupos mais poderosos. Em uma área tão grande quanto a Amazônia, era irracional negar alguns hectares para colonos em busca de terra. De uma disposição para satisfazer essa fome de terra, surgiu o grande Programa de Integração Nacional (PIN), cuja intenção era mudar a ideologia da ocupação amazônica de uma perspectiva econômica para uma social. Assim, os *slogans* "Amazônia é o seu melhor negócio" que circulava na televisão e no rádio foram postos de lado em favor de "O homem é a meta". O general Emílio Garrastazu Médici, presidente militar da época e notório linha-dura, em uma viagem bem divulgada ao Nordeste atingido pela seca, manifestou-se tocado pelo sofrimento que observou e, por isso, decidiu abrir para assentamento as terras bem irrigadas da Amazônia, a oeste de Marabá em direção a Porto Velho. Tomando emprestada uma linha do sionismo do século XIX, ele ofereceu "uma terra sem homens para homens sem-terra".

A construção da rodovia Transamazônica foi anunciada imediatamente. Ela corria para o oeste da confluência dos rios Tocantins e Araguaia, em Marabá, até Itaituba, no Tapajós, e daí para Porto Velho. Outros projetos foram anunciados com menos alarde: uma estrada de Cuiabá, no sul de Mato Grosso, indo diretamente para o norte até Santarém; e a Perimetral Norte, uma rodovia logo abaixo da fronteira norte do Brasil. Todas essas estradas prospectivas traziam a marca da visão geopolítica de Golbery. A rodovia Transamazônica e a estrada que corta o norte pelo Mato Grosso ligariam a sua plataforma central com a Amazônia, que, por sua vez, seria ligada pela Transamazônica ao Nordeste, todas ancoradas pela agora pavimentada Belém-Brasília, a "estrada da onça". Os nordestinos famintos seriam os agentes pelos quais a Amazônia seria "inundada de civilização".

30 Ver Alves (1985) que aponta que o "programa de pacificação" envolvia o deslocamento de camponeses para campos de prisioneiros próximos às cidades onde poderiam ser mantidos sob vigilância. O relato mais completo deste episódio foi escrito pelo filho de um membro assassinado do PCdoB, Vladimir Pomar (1980).

A Perimetral Norte, nunca construída, mas depois renascida como Calha Norte, era uma defesa direta de recursos geopolíticos.

O PIN teve três consequências principais. Formalizou a primeira incursão dos militares na colonização com a concessão de créditos para pequenos agricultores e, por meio do Instituto Nacional de Colonização e Reforma Agrária (Incra), com a criação de um órgão com competência para mediar disputas de terras e outorgar títulos. Também nacionalizou as terras devolutas ao longo das rodovias federais e adjacentes às fronteiras norte e oeste do Brasil, e assim as terras devolutas que antes pertenciam a Estados passaram para o controle do governo federal;[31] a Lei n.1.164, representando um renascimento do última iniciativa de João Goulart antes de sua derrubada, aumentou enormemente o poder federal e, portanto, militar. Por fim, O PIN também forneceu uma grande linha de crédito, chamada Proterra, para investimento na Amazônia; inicialmente concebido para pequenos agricultores, seus fundos eram muitas vezes apropriados por grandes proprietários de terras.[32]

Do ponto de vista dos militares, a lógica do PIN era bastante clara. Ao estabelecer o controle federal sobre as terras particularmente desejáveis, adjacentes às rodovias, ela controlaria ou esperava-se que, pelo menos, esfriaria a febre especulativa. A realidade dificilmente ratificou essas esperanças. A Lei n.1.164 gerou imediatamente três mercados de terras separados: o convencional, em que a terra era comprada e vendida em resposta a sinais de preço; o ilegal, baseado em fraude e apropriação de terras; e o de terras do governo, que incluía concessões de terras e preços de concessão. Todos esses mercados poderiam operar simultaneamente em uma determinada área e, em alguns casos, envolver o mesmo pedaço de terra.

Para um otimista, o projeto para o qual os planejadores exultantes de Brasília descreveram como faixas, extensões de "ocupação social", conectando "polos de crescimento dinâmico", deve ter parecido atraente. Os pequenos agricultores, encarregados por "inundar" a Amazônia de civilização, receberiam terras nas faixas ao longo da rodovia, enquanto os grandes empresários se concentrariam nos "polos de crescimento". A supervisão do setor empresarial seria de responsabilidade da Sudam e do Ministério do Interior, enquanto os pequenos agricultores estariam sob a égide do Incra,

31 Ao longo da rodovia em faixas que variam de 10 quilômetros a 100 quilômetros de largura; ao longo da fronteira em faixas de 150 quilômetros de largura.

32 Ver Pompermeyer (1979) e Sayad (1984).

órgão que se tornou fiscal de 2,2 milhões de quilômetros quadrados de terras, dimensão maior que o território de diversos países.

Por que os colonos fracassaram?

A Transamazônica foi lançada com uma campanha publicitária que enfatizava a terra rica e as oportunidades vibrantes da região, e que aguardava os colonos que escolhessem forjar um novo futuro na Amazônia. Os ministros protestantes exortaram seus encarregados a buscar a terra prometida. As igrejas pentecostais viram diversas congregações sendo abertas por toda a Amazônia, presença que acabou sendo mais sólida do que a Igreja Católica gostaria de admitir. O Incra também ofereceu incentivos tangíveis: transporte para a Amazônia e um terreno de 240 hectares para cada assentado, com fornecimento de título e crédito garantido para o plantio de arroz, milho e feijão; um subsídio doméstico de seis meses para sustentar a família durante os primeiros meses; e subsídios alimentares, como seguro contra desastres. Aos colonos também foram prometidas moradia, escolas, remédios, transporte e assistência técnica. Se os militares esperavam um equivalente amazônico à corrida pela terra de Oklahoma, ficaram tristemente desapontados. Dos migrantes que iam para o oeste, cerca de um terço veio do estado do Pará, uma fatia um pouco menor do Nordeste e um quarto do Sul; mas embora fossem inicialmente esperados 100 mil migrantes, no final, um número muito menor, menos de 8 mil, se comprometeu com a nova vida. Em vez dos *yeomen jeffersonianos*[33] comandando a fronteira dos sonhos dos militares, os colonos falharam, voltaram para sua cidade ou tentaram a sorte em novos lotes, mais ao oeste.

O fracasso da grande maioria desses pequenos agricultores foi tema de debates furiosos, pois havia muita coisa em jogo. Uma facção buscou a resposta para o fracasso em fatores ambientais e agronômicos; os solos tropicais pobres teriam condenado os colonos desde o início, e mesmo que um tivesse tido a sorte de obter seus 240 acres em um pedaço rico em terra roxa, as pragas logo cobrariam seu preço. Grandes fazendeiros estavam ansiosos

33 O *yeoman* tornou-se um símbolo da filosofia agrária da construção da nação norte-americana, elaborada por Thomas Jefferson, na qual o agricultor era parte da fundação da democracia. (N. T.)

para defender essa opinião, por interesse próprio, evidentemente. Apenas um ano após o início dos assentamentos transamazônicos, Reis Velloso, ministro do Interior, argumentou que

> até agora, a Transamazônica deu ênfase à colonização. Mas a necessidade tanto de evitar a ocupação predatória, com o consequente desmatamento, quanto de promover o equilíbrio ecológico, nos leva a convidar grandes empresas a assumirem as tarefas de desenvolvimento da região.

Os mais comprometidos com os argumentos biológicos alegaram que a capacidade do ambiente havia sido excedida e, assim, a natureza, de certa forma, "desabou", levando consigo os colonos. Alguns agrônomos sugeriram que as cultivares e até os sistemas agrícolas inadequados haviam derrubado os colonos. Alguns culparam os atributos pessoais dos colonos que fracassaram,[34] imputando-lhes falta de capacidade empreendedora ou de habilidades agrícolas. Talvez, alguns sugeriram, os problemas estivessem na infraestrutura e nas instituições. Os colonos teriam sido jogados na floresta com poucos meios para comercializar seus produtos, e a chuva e a poeira sufocante tornavam as estradas intransitáveis por longos períodos. Além disso, as rotas de transporte precárias permitiam aos intermediários e caminhoneiros impor preços de monopólio.[35] Os atrasos na titulação de suas terras os deixavam sem a garantia formal necessária para obter crédito, e eles simplesmente afundaram. Além disso, os preços que os agricultores podiam obter por esses produtos eram mantidos por tetos impostos pelo governo. Mesmo que o rendimento de um camponês fosse excelente, o retorno dificilmente poderia cobrir seus custos.[36] De fato, todos os estudos sobre toda a Amazônia têm mostrado que os retornos da agricultura camponesa são muitas vezes negativos, e sem a renda adicional do trabalho assalariado, ou mesmo da pequena extração, os pequenos colonos não conseguem sobreviver.[37]

---

34 Um estudo detalhado de Moran (1982) argumentou que os colonos que tinham uma visão mais empreendedora e experiência gerencial anterior na gestão de suas próprias propriedades tinham maior probabilidade de sucesso. Para comprovar isso, o autor observou a quantidade de capital e a qualidade de crédito daqueles que tiveram sucesso ou fracassaram.

35 Fearnside (1986).

36 Bunker (1985) e Moran (1982).

37 Ver Hecht (1989b) e Hecht, Anderson e May (1988). Para estudos de renda dos camponeses, ver Moran, Browder (1988c) e FAO-CP e World Bank (1987).

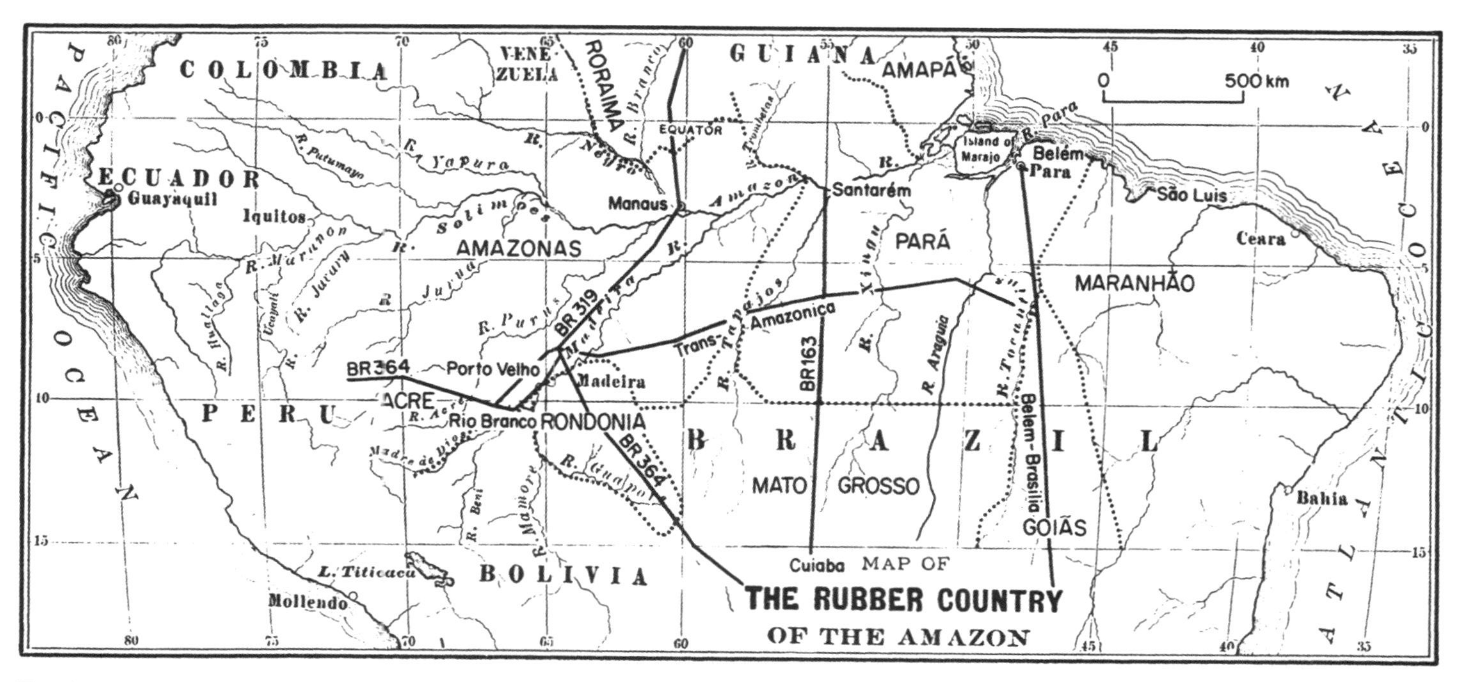

Estados e principais estradas na Bacia Amazônica.

A motivação do ministro do Interior, falando em nome dos grandes empresários, era evidente. Se o assentamento de pequenos agricultores fosse abandonado, as terras que lhes foram atribuídas poderiam ir para grandes fazendas. De fato, Velloso, após seu discurso, alocou 6 milhões de acres que haviam sido designados para a colonização a grandes fazendeiros, com a advertência de que os camponeses "realizam a única e perigosa atividade disponível para eles: o desmatamento e o esgotamento do solo para a agricultura de subsistência". É claro que os casos mais extensos de desmatamento e degradação do solo podiam ser observados por qualquer pessoa que dirigisse pela Transamazônica a partir de Marabá, nas grandes fazendas, de ambos os lados. Mais uma vez, a visão que culpava o meio ambiente ignorou o contexto político e econômico em que esses colonos se encontravam. A visão dos camponeses puramente como agricultores distorcia qualquer compreensão de sua real condição econômica. Cerca de três quartos dos colonos da Transamazônica precisavam de algum tipo de trabalho assalariado para realizá-los. O sonho de um *yeoman jeffersoniano* que adquirisse sua sobrevivência do solo ignorava a realidade ao longo da Transamazônica, onde, para sobreviver e manter a si e sua família vivos, um colono precisava de um emprego paralelo e acesso a recursos extrativistas que variavam do peixe à lenha, da castanha brasileira à madeira. Quando os empregos acabaram e os recursos extrativistas se esgotaram, os colonos não tiveram outra opção senão emigrar.

Nenhum estudo em qualquer lugar da Amazônia foi capaz de mostrar que colonos que viviam em solos pobres têm maior probabilidade de fracasso do que aqueles em solos excelentes.[38] Certamente, as técnicas agrícolas poderiam fazer a diferença nas condições precárias em que os colonos se encontravam, mas a habilidade agrícola não foi o fator determinante.

Embora os problemas institucionais e de infraestrutura fossem certamente graves, como sempre são em novos assentamentos em áreas de fronteira, as forças que subjugaram tantos colonos foram fatos elementares da vida econômica. Os colonos chegaram com capital e capacidade de crédito

38 Ver Leite e Furley (1985) e Moran (1981). Esta questão é cuidadosamente abordada por Fearnside, Stochastic Modeling and Human Carrying Capacity Estimation (1983). Ver também Millikan (1988).

variados; aqueles com mais meios conseguiram captar mais recursos do Estado e arrebatar os lotes de vizinhos hesitantes, repetindo o ritmo familiar do campo brasileiro, a consolidação das grandes propriedades e fragmentação das pequenas. O *boom* da terra também teve suas consequências para os colonos. As reivindicações de terras concorrentes, fossem de posseiros ou de grandes proprietários que reivindicam o direito de usufruto de imensas extensões, geraram um clima turbulento de animosidade especulativa. Camponeses com títulos de propriedade do Estado – mercadoria rara na Amazônia – podiam vender esses títulos por uma quantia maior do que poderiam ganhar em cinco anos, perspectiva que muitas vezes era irresistível. Outros colonos se viram diante de grileiros que pretendiam desmatar a floresta – reivindicando-a pela noção brasileira de *uso efetivo*, fruto do antigo princípio do *uti possedetis* – e, portanto, vendendo-a prontamente. Tais confrontos eram muitas vezes acompanhados de violência. Todas as áreas de colonização direta ou espontânea na Amazônia sofreram as pressões da especulação e da coerção física. Os grandes proprietários de terras reivindicavam áreas que os pequenos colonos julgavam ter títulos, e os expulsavam com ameaças e tiros. Estudos sobre a migração amazônica mostraram mais tarde que um em cada três colonos abandonaram ou venderam seus lotes porque temiam por suas vidas.[39]

A colonização corporativa

À medida que os militares revisaram sua tentativa de civilizar a Amazônia dois anos após o início da Transamazônica, eles tiraram uma conclusão sombria: a ocupação social tinha custado muito caro, principalmente à luz de que o "milagre" econômico brasileiro dos anos 1960 e início dos 1970 começava a vacilar. A colonização ao longo da Transamazônica estava muito abaixo das projeções iniciais. Assim, os militares, com incentivo da Associação dos Empresários da Amazônia, passaram das complexidades da ocupação social para os balanços mais simples dos grandes projetos, e anunciaram o Plano de Desenvolvimento da Amazônia (PDAm), invocando o

39 Ver o bom artigo de Schmink (1982), Bunker (1985), Millikan, (1988), Hecht, (1988), Wagner (1986b), J. Martins, (1980) e J. Foweraker, *The Struggle for Land* (1982).

sitiado milagre brasileiro e com foco no desenvolvimento de capital intensivo nas áreas de "vantagem comparativa" da Amazônia, a mineração, a madeira e, claro, o gado. O ministro da Agricultura reformou a legislação que permitia que lotes de mais de um milhão de acres ao longo das estradas fossem concedidos a grandes empresários, derrubando os limites de terra existentes. Já não se falava em ocupar a Amazônia com a influência civilizadora de pequenos agricultores diligentes. Se a civilização fosse pressionada para a bacia, tomaria a forma do histórico método brasileiro de ocupação do grande espaço: a pata do boi pisaria em pastagens degradadas. A ordem do dia deveria ser o desenvolvimento conduzido pela exportação, livre dos problemas perturbadores do pequeno agricultor.

Para impulsionar essa nova estratégia, os militares anunciaram o programa Polo Amazônia – um refinamento dos polos de desenvolvimento da Operação Amazônia –, que previa uma Amazônia segmentada em quinze territórios de exploração, onde se concentrariam a infraestrutura e os investimentos, e onde os projetos de capital intensivo bem subsidiados preparariam os produtos para exportação. Esses polos também sinalizaram aos empresários os melhores locais para ganhos especulativos,[40] com alguns dos melhores rendimentos vindos da área dos chamados Grandes Projetos. Os Grandes Projetos são frequentemente citados como uma fase separada no planejamento amazônico, mas eles se enquadram no Programa de Desenvolvimento da Amazônia e no Polo Amazônia. Os Grandes Projetos

40 Os polos de crescimento do projeto Polo Amazônia estão numerados no: Xingu-Araguaia, essencialmente uma zona pecuária com processamento de carne; 2: Carajás, fonte de minério de ferro e ouro e posteriormente transformado em um grande polo de desenvolvimento regional sob o Projeto Grande Carajás, que passou a dominar 10% do território nacional; 3: Araguaia-Tocantins, inicialmente pecuário, mas logo visto como uma importante área de comércio, devido à sua situação na travessia dos rios Belém-Brasília e Transamazônica, e a confluência dos dois rios, o Araguaia e o Tocantins. Sua importância foi posteriormente aumentada pela extração de madeira e mineração de ouro; 4: Trombetas, enormes jazidas de bauxita; 5: Altamira, na Transamazônica, se tornaria um polo agropecuário para atender as áreas de mineração próximas ao Tapajós; 6: Amazônia Maranhense, pretendido como polo agrícola, mas o investimento se concentraria na construção da ferrovia de São Luís à mina de Carajás; 7: Rondônia, agricultura e pecuária; 8: Acre, agricultura e pecuária; 9: Juruá, extração de madeira, mas a área virou centro de exploração de petróleo; 10: Roraima, fomento da pecuária em áreas próximas à fronteira e mineração preliminar; 11: Tapajós, agricultura e pecuária perto de Itaituba, mas logo se torna uma próspera economia do ouro; 12: Amapá, agricultura e pecuária na zona de fronteira e mineração de manganês; 13: Juruena, pecuária e desenvolvimento agrícola em uma área que, mais tarde, se torna uma importante zona de

têm um impacto enorme no curto prazo, na medida em que atraem grande número de trabalhadores para realizar as árduas tarefas de construção e, sob essa luz, podem ser vistos como a pedra angular da estratégia de emprego rural da Amazônia, embora no final, gerem pouco emprego.[41] Seus impactos, como a inundação de florestas para a construção de barragens, rejeitos de minas e desmatamento, engendram os mais fervorosos debates sobre o meio ambiente.

Ludwig e o Jari

Embora não fosse tecnicamente um grande projeto no âmbito dos polos de desenvolvimento, o projeto Jari foi apoiado com entusiasmo pelo general Golbery. De todas as alianças entre o governo e as empresas, nenhuma no período pós-guerra foi mais conhecida no Primeiro Mundo do que a operação de celulose no rio Jari, lançada em 1967 pelo magnata norte-americano Daniel K. Ludwig. Em escopo e em despesas, ela superou em

mineração de ouro; 14: Aripuanã, pesquisa e extração florestal, e uma zona pecuária em expansão; 15: Marajó, pecuária, exploração de madeira e petróleo.

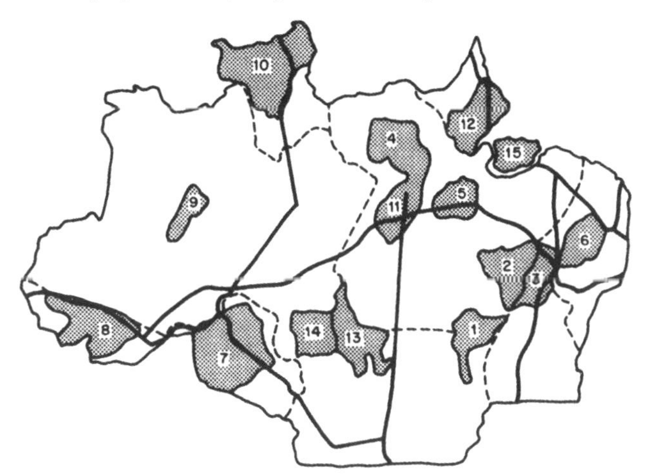

Polos de desenvolvimento na Bacia Amazônica.

41 A. T. Silva, (1986). A partir de 1986, o emprego estável indireto foi calculado por Silva como tendo produzido menos de 53 mil empregos para esses multibilionários. Além de seus impactos diretos no meio ambiente, eles acionam a construção de estradas e outros processos que aumentam os índices locais de desmatamento.

muito as tentativas de Henry Ford de cultivar seringueiras na Fordlândia e em Belterra. Embora a escala fosse maior, foram repetidos muitos erros. O plano de Ludwig, ao comprar 3 milhões de acres no norte do Pará, a oeste, ao longo do Amazonas, desde a Ilha de Marajó, era plantar uma árvore de rápido crescimento da Índia Oriental, a *Gmelina arborea*, atendendo a uma provável futura escassez de fibra de madeira. Ele também vislumbrou a maior plantação de arroz do mundo, juntamente de operações de mineração e pecuária, comunidades bem planejadas para trabalhadores, uma rede de 4 mil quilômetros de estradas e 80 quilômetros de ferrovia.

Assim como na Fordlândia, as coisas deram errado desde o início. As escavadeiras usadas para limpar a floresta também rasparam o solo precioso, e a maioria das mudas de *Gmelina* fracassou. Trabalhadores tiveram de ser contratados para substituir as escavadeiras caras e inúteis, deixando Ludwig com custos muito maiores e uma taxa anual de rotatividade de mão de obra de 200% a 300% ao ano. Em meados de 1970, menos de um quarto da plantação prevista de 250 mil acres havia de fato sido plantada, e os rendimentos estavam até 50% abaixo das projeções (*Gmelina* adaptou-se muito mal nos solos arenosos onde havia sido plantada tolamente). Nesse meio-tempo, Ludwig havia levantado um empréstimo de US$ 250 milhões do Banco Japonês de Importação e Exportação, garantido pelo governo brasileiro por meio de seu Banco Nacional de Desenvolvimento Econômico e Social (BNDES), para construir uma fábrica de celulose e uma usina a lenha no Japão. Em meio a grande alarde, duas barcaças trouxeram esse investimento do Japão por meio do oceano Índico, passando pelo Cabo da Boa Esperança, atravessando o Atlântico e subindo o Amazonas até o rio Jari, onde foi rebocado em triunfo final para o porto de Munguba. Mas o atraso na produção da *Gmelina* deixou a cara fábrica de celulose sem madeira para processar, e Ludwig teve de substituir pelo pinho do Caribe, que cresceu em menor velocidade. A madeira nativa da vasta propriedade de Ludwig foi usada para abastecer a instalação e operar a usina, que acabou produzindo celulose feita de *Gmelina* misturada com uma combinação de árvores locais.

A visão original para a plantação de arroz era de uma produção intensiva em capital, com semeadura aérea e pulverização, o que se mostrou muito caro. A única operação lucrativa foi uma mina de caulim, jazida felizmente descobertas na propriedade. No início da década de 1980, todo o esquema, no qual Ludwig havia investido cerca de três quartos de bilhão de dólares, estava em péssimas condições. Ao longo de sua gestão de quatorze anos, o magnata contratou e demitiu nada menos que trinta diretores do projeto.

Se a Fordlândia, no início da década de 1930, não tinha botânicos ou especialistas em plantações, Jari tinha apenas um pesquisador. O contexto político no qual o esquema de Jari prosperara estava mudando, e Ludwig não conseguia obter o título da propriedade nem ter uma garantia do governo para apoiar a compra de uma segunda fábrica de celulose. Em 1982, o respeitável bilionário estava farto, e um consórcio de 27 empresas, apoiado pelo governo brasileiro, comprou o projeto de celulose, a operação de caulim e a pecuária por US$ 280 milhões.

Era o fim do mergulho de Ludwig na Amazônia, mas o Jari continuou e, no final dos anos 1980, estava lançando uma sombra mais longa e funesta sobre a Amazônia. Em meio a alegações de que, sob uma gestão mais racional, o Jari estaria dando lucros, o *lobby* desenvolvimentista na Amazônia argumentou que, finalmente, a silvicultura de grandes plantações foi um sucesso comprovado e, portanto, o apetite voraz por carvão vegetal do projeto de fundição de ferro-gusa de Carajás poderia, assim, ser atendido pelo combustível das plantações. Mas tais alegações não refletiam adequadamente as realidades do local. O "lucro operacional" reivindicado para 1985-1986 não refletia o fato de que o projeto Jari fora vendido por uma fração de seu investimento original e, portanto, a carga da dívida também era uma fração do que seria em qualquer operação equivalente. O grande gerador de renda era o caulim, outra boa sorte geológica que uma operação equivalente não poderia esperar. A fertilização das plantações de *Gmelina* existentes foi abandonada em 1982, mas seria retomada de forma cara para que a produção continuasse. A rotatividade de mão de obra continuou alta. O ecologista Philip Fearnside, em visita ao Jari em 1986, mostrou aos funcionários uma fotografia de 22 técnicos que ele havia tirado em 1982, e constatou que restavam apenas dois daquele grupo. Os salários para aquele trabalho haviam caído 50% desde 1980. Fearnside foi interrogado sobre o seu conhecimento do projeto Jari de visitas anteriores, já que a plantação praticamente não tinha memória institucional – um déficit sério em uma plantação de árvores –, e a isenção de imposto de renda do projeto Jari, bem como o usufruto de outros subsídios, também lançaram dúvidas sobre a sua suposta lucratividade.

As reivindicações fictícias do Jari estavam sendo aplicadas ao programa Grande Carajás, cujos planos previam 27 empreendimentos, incluindo 7 usinas de ferro-gusa que necessitavam de carvão, e cuja produção, por sua vez, exigiria 1,680 milhão de hectare de plantações de eucalipto, dez vezes mais plantações do que no projeto Jari. As perdas reais na silvicultura obtidas em Jari logo se manifestariam em plantações na região de Carajás, cujos capatazes continuariam a destruir florestas nativas para economizar.[42]

***

Os programas públicos de colonização foram temporariamente abandonados em favor de polos de crescimento e do que se poderia chamar de colonização corporativa.[43] Os militares haviam agora desencadeado pressões por assentamentos muito além de seu controle e, no final da década de 1970, a zona do rio Araguaia estava fervendo com conflitos por terra, enquanto migrantes, grileiros e garimpeiros lutavam. Com o aumento da disrupção social em 1980, toda a região do Araguaia-Tocantins foi colocada sob controle militar emergencial do Grupo Executivo das Terras do Araguaia-Tocantins (Getat). Aqui, os títulos podiam ser resolvidos com eficiência militar, e os focos entre o clero, camponeses e latifundiários eram reprimidos com rapidez. Criado pelo Decreto-lei n.1.767, em 1980, o Getat – dissolvido sob o Conselho de Segurança Nacional em 1988, com partes dele incorporadas ao Projeto Grande Carajás – tinha muitos poderes que excediam os de uma agência de terras. Com cerca de 113 milhões de acres sob a sua jurisdição, o grupo pesquisava, demarcava e distribuía terras para a "recuperação social e econômica da região". Com foco em uma reforma agrária *ad hoc*, seu objetivo era resolver as tensões de curto prazo que produziriam pressões por uma reforma agrária mais abrangente. O número e a quantidade de títulos superavam facilmente qualquer sistema anterior de titulação; em seus primeiros quatro anos, distribuiu milhares de títulos para cerca de 12 milhões de acres.

42 Ver a excelente série de artigos do ecologista (alguns deles em coautoria), em *Interciência*, por exemplo, Fearnside (1982).

43 O estudo da colonização privada tem sido negligenciado na pesquisa amazônica. A informação escassa vem da tese de doutorado de Jim Butler (1985), sobre colonos, garimpeiros e pecuaristas, que discute o projeto Tucumã no sul do Pará.

A estratégia do Getat era reassentar rapidamente os camponeses quando eles estivessem envolvidos em conflitos. De forma previsível, a distribuição era terrivelmente distorcida; 72% dos títulos cobriam apenas 5% das terras que distribuíam, enquanto os 354 títulos de terras acima de 2.400 acres cobriam 32% (entre estas propriedades, havia uma de 960 mil acres). Outra tendência preocupante, no entanto, foi a velocidade com que esses títulos definitivos foram traficados (um título definitivo valia ouro). Os títulos concebidos para um camponês muitas vezes terminavam como "apertos dourados de mão" dos grandes proprietários de terra, e, assim, no final, estes eram muito mais eficazes na remoção de camponeses do que os pistoleiros. Enquanto a colonização mediada pelo Exército continuava no leste da Amazônia, um novo capítulo da colonização estatal estava se abrindo no oeste.

Os migrantes seguiam para o norte de Cuiabá, subindo a BR-364 – ainda não pavimentada – até Rondônia. Para lidar com ondas e mais ondas de migrantes que lotavam a Amazônia, invadida por caminhões sobrecarregados, o governo brasileiro começou a negociar com o Banco Mundial fundos para assentamentos e construção de estradas. A essa altura, os migrantes vinham de campos tão distantes quanto o estado do Paraná, alguns expulsos pela construção da maior barragem do mundo em Itaipu; outros, pela expansão da soja e outras formas mecanizadas de agricultura nos estados do Sul. Por decreto presidencial, foi estabelecido um novo polo de crescimento, em Rondônia e norte de Mato Grosso, quase do tamanho da França; US$ 1,5 bilhão de fundos de desenvolvimento, mais da metade do Banco Mundial, foi investido no projeto, que visava organizar a ocupação da área pelo Estado civil e pela gestão ambiental, evitando, teoricamente, os capítulos ensanguentados e queimados da colonização da Amazônia oriental.

Horizontes de fogo

Em 1980, o regime militar estava sob crescente desafio. O general Ernesto Geisel não conseguira deter a queda do padrão de vida da maioria dos brasileiros, e o valor da moeda evaporava diariamente, com os níveis de inflação excedendo as taxas anuais em mais de 100%. A essa altura, os empréstimos do Brasil, que financiaram os esquemas faraônicos dos militares e seus comparsas, geraram enormes obrigações para com os bancos do Primeiro Mundo a fim de cumprir cronogramas onerosos de pagamentos vinculados a taxas de juros flutuantes, vinculadas a flutuações na taxa básica de juros dos Estados Unidos em multas extras ao Brasil de centenas de milhões de dólares. Quando o último defensor militar, o "general cavaleiro" João Baptista Figueiredo, assumiu o cargo em 1980, a era do regime militar sem limites estava chegando ao fim. Pela primeira vez, em 25 anos, houve greves – entre elas, uma organizada pelos trabalhadores metalúrgicos, encabeçados por Luiz Inácio Lula da Silva –, e à medida que a economia oscilava de uma improvisação a outra e a inflação avançava, crescia o clamor por eleições diretas.

Em 1980, a realidade da Amazônia estava muito distante do firme prospecto militar elaborado uma geração antes pelo general Golbery: a região estava entrelaçada com trilhas de migrantes; os garimpeiros corriam para a Serra Pelada, para se colocarem ao longo do flanco sul do Amazonas, no Pará e no norte do Mato Grosso; os trabalhadores dos grandes projetos de construção seguiam seu caminho para Carajás e Tucuruí e ao longo do projeto de estrada para Rondônia; em grandes caminhões, os colonos continuavam seguindo para o sul do Pará e Rondônia; as florestas estavam sendo devastadas com uma velocidade cada vez maior; os incêndios da década anterior haviam sido alarmantes, mas poucos estavam preparados para os infernos que ardiam horizonte após horizonte, das florestas de babaçu no Maranhão, no Atlântico, aos bosques de mogno e seringueiras na fronteira boliviana.

Distraídos pelas crescentes pressões econômicas e políticas em nível nacional, os militares tentavam melhorar a sua posição por meio do Terceiro Plano de Desenvolvimento Nacional, que tinha os objetivos gerais de manter os preços dos alimentos baixos, as exportações altas e controlar a inflação. Em contraste com os movimentos da Operação Amazônia, do PDAm e do Polo Amazônia, o Terceiro Plano era pouco inspirador em seu alcance. As velhas preocupações continuavam: a utilização de mecanismos tributários e incentivos fiscais para dar continuidade à missão histórica de integração da Amazônia ao destino nacional. A essa altura, o projeto focava preocupações ecológicas e proferia uma virtuosa ideia sobre a exploração não predatória dos recursos naturais e a conveniência de manter o equilíbrio ecológico. Esse discurso era a indicação mais verdadeira do que havia acontecido com o projeto original dos militares.

A medida final da mudança do destino político dos generais foi o plano nacional de reforma agrária, anunciado em 1985. Seu objetivo era distribuir mais de 100 milhões de hectares a 1,5 milhão de famílias em todo o Brasil. A contribuição da Amazônia Legal envolveria cerca de 100 mil quilômetros quadrados para 140 mil pessoas. Mais uma vez, a Amazônia iria emergir, pelo menos no papel, como a saída segura para as irresistíveis demandas camponesas por reforma agrária, tirando a pressão das terras ricas e desenvolvidas do Sul, e ocupando a Amazônia de civilização. Enquanto a reforma agrária enfatizava a desapropriação em outras partes do Brasil, grande parte das terras designadas no Norte viria do governo federal; as áreas-alvo estavam no coração da Amazônia florestal, nos estados do Amazonas e Acre.

A ameaça de desapropriação desencadeou um surto de desmatamento entre os proprietários, já que era mais difícil desapropriar terras se elas estivessem em alguma forma hipotética de uso. A reforma agrária também implicou a construção de novas estradas com a concomitante especulação e desmatamento. Se a intenção da reforma era dar terra aos camponeses, então o resultado na Amazônia estava longe de ser inspirador. Menos de 5 mil famílias foram reassentadas e, em um programa que se mostrou impotente em todo o Brasil, sua atuação na Amazônia foi a mais fraca de todas. Seu principal legado foi um ritmo acelerado de desmatamento.

Embora o Brasil tivesse retornado ao regime civil sob o presidente Sarney, os militares ainda desempenhavam um papel extremamente poderoso na política nacional e, em particular, na Amazônia, sob o olhar zeloso do general Bayma Denys, presidente do Conselho de Segurança Nacional (cargo antes ocupado pelo general Golbery). Preocupados com o fato de que o território estratégico brasileiro logo abaixo da fronteira norte estivesse parcialmente entregue às reservas indígenas e, além disso, fosse uma área de contrabando, os militares quiseram associar a segurança e a política nacional às tribos indígenas. A região, que era lar dos Yanomami, a maior tribo da Amazônia, cuja população atravessa várias fronteiras, foi excluída de outro *boom* mineral. A Serra da Traíra recebeu mais de 20 mil garimpeiros, nos trechos da fronteira norte e suas fronteiras porosas. Nessa conjuntura, os militares sugeriram que a presença dos Yanomami poderia gerar conflitos reais ou latentes. Entre as preocupações, estava o regime politicamente antipático no Suriname, o domínio de revolucionários nas regiões amazônicas da Colômbia, e venezuelanos irritados que expulsaram 5 mil mineiros brasileiros. Os militares comentavam que parte de sua missão era "acabar com qualquer preocupação com a subversão guerrilheira em nosso território". Com essas apreensões em mente, nasceu o projeto Calha Norte.

Calha Norte

O projeto Calha Norte representou o primeiro programa amazônico da Nova República do governo civil emergente. Em 1985, o secretário-geral do Conselho de Segurança Nacional criou um grupo de trabalho para elaborar um plano de desenvolvimento para a zona do Calha Norte; o plano foi anunciado no outono de 1986. A área sob seu controle era vasta: cerca de 14% da área do território nacional e 24% da Amazônia Legal. Estendendo-se de Tabatinga, na fronteira com o Peru, até Oiapoque, na fronteira com a Guiana, um total de 6.400 quilômetros, mais uma faixa de 258 quilômetros dentro da fronteira, ficariam sob a vigilância dos militares. Nessa área, 84 áreas indígenas, 51 tribos, 537 garimpos (50% brasileiros, 40% internacionais e 10% empresas estatais), 20 mil garimpeiros e especuladores de terra vindos das savanas de Roraima começaram a se instalar. Caracterizado, no documento de planejamento, "pela natureza rudimentar de suas formas produtivas, com uma pequena população, uma extensa zona de fronteira e grandes áreas indígenas [ele] inspira a pensar em tarefas ligadas à segurança e ao desenvolvimento".

A elaboração do plano foi realizada em segredo sob a égide da segurança nacional. Embora Golbery tenha morrido ainda no início do Calha Norte e, pelo menos, um de seus amigos tenha afirmado que ele se opunha, sua sombra pairava sobre o documento.[44] O programa de desenvolvimento concentrava-se em três áreas centrais que também carregavam um anel geopolítico inefável, a zona fronteiriça, os rios e o sertão. Com a ressalva sobre a natureza delicada do projeto, tanto nacional quanto internacional – principalmente à luz de sua reformulação da política indigenista –, apontou cinco necessidades prementes: o aumento das relações bilaterais, utilizando

44 Embora Elio Gaspari, o amigo em questão, não tenha optado por revelar sua relação com Golbery, ele sugeriu que o general tinha reservas sobre o Calha Norte em uma resenha de *The Fate of the Forest* (1990).

os mecanismos do pacto amazônico para combater o narcotráfico, o reforço internacional das redes rodoviárias e a expansão de consulados regionais; o aumento da presença militar na área (a primeira fase foi a melhoria das instalações militares e a infraestruturas de transporte); a melhoria do estabelecimento físico das balizas fronteiriças; a definição de uma política indigenista adequada à área; a ampliação da infraestrutura rodoviária, a aceleração da produção de energia hidrelétrica e a integração de polos de desenvolvimento e prestação de serviços sociais mais básicos.

Seus projetos incluíam desenvolvimento da rodovia perimetral norte, projetos agrícolas, colonização na zona sudeste do território Yanomami e a construção da usina hidrelétrica do Paredão. Os primeiros esforços dos militares foram para melhorar a infraestrutura precária de aeroportos e estradas. Eles passaram a monitorar o movimento de estrangeiros nessas zonas de fronteira e a fiscalizar o movimento de brasileiros por meio do uso de carteiras de identidade. Para melhorar o controle indígena, passaram a promover a sua colonização, buscando transformar os nativos em camponeses brasileiros assentados em terrenos de 240 acres, rigorosamente.

A natureza não natural

No final de 1988, o governo brasileiro, sob comando de um presidente civil, José Sarney, e cercado pela opinião nacional e internacional, estava ficando cada vez mais difícil encarar os protestos contra a destruição da Amazônia como meras invenções dos ambientalistas do superaquecimento. Os órgãos conservadores, como o Banco Mundial e o Banco Interamericano de Desenvolvimento, estavam começando a congelar empréstimos ou a suspendê-los; o meio ambiente sempre pareceu desempenhar um papel nessas decisões. Em outubro de 1988, o presidente Sarney convocou um grupo de trabalho interministerial para desenvolver uma política para o meio ambiente, criando o projeto Nossa Natureza, promulgado em 1º de abril de 1989. Ao passo que o projeto Calha Norte havia sido nutrido em conselhos militares secretos, Nossa Natureza foi apresentado quase como um exercício de tomada de decisão participativa.

Alguns políticos norte-americanos vinham pedindo a "internacionalização da Amazônia" e, contra isso, o plano Nossa Natureza tinha um tom fortemente nacionalista, enfatizando que a nação brasileira não aceitaria desafios à sua soberania. Foi a primeira vez que um governo brasileiro dotou um programa de desenvolvimento regional com uma perspectiva ambiental. O plano elaborado pelos grupos de trabalho de Sarney reconheceu a realidade da poluição tóxica nas áreas de garimpo, discutiu a necessidade de proteger a floresta das queimadas e elaborou um programa de proteção e pesquisa ambiental. O tratamento dado a este último tema pelos grupos de trabalho foi de excepcional interesse, pois o documento passou de uma avaliação de questões ambientais gerais para uma consideração específica sobre os efeitos da degradação ambiental nas áreas ocupadas por comunidades nativas, populações envolvidas em processos extrativistas e ribeirinhos, os moradores das margens dos rios.

A novidade é que, embora os indígenas tenham recebido alguma atenção no planejamento do governo, esta foi a primeira vez que "moradores da floresta" e ribeirinhos, antes invisíveis para os formuladores de políticas, foram reconhecidos. O projeto Nossa Natureza também se dirigiu aos garimpeiros, outro grupo até então invisível ao governo. Aos poucos foi surgindo uma possível estratégia governamental: a criação de diversas reservas em toda a Amazônia, destinadas a grupos como garimpeiros, indígenas e extrativistas. Nessas áreas, presumivelmente, os direitos de propriedade e as estruturas comunitárias podiam diferir das ocupações corporativas externas. Para o bem ou para o mal, o Nossa Natureza estava propondo um sistema de *ejido*, uma série de terras comunitárias, ou não privatizadas, como as que foram distribuídas no México após a revolução.

A experiência mexicana forneceu pouco otimismo sobre essa forma de propriedade. Os enclaves isolados em meio a uma economia corporativa de necessidade conduzem a vidas incertas e difíceis. Mesmo assim, as aspirações sociais e políticas dos garimpeiros, ribeirinhos, seringueiros e indígenas haviam claramente atraído a atenção do governo. Como veremos, a ideia de se criar reservas, reconhecida no Nossa Natureza, foi um campo de batalha em que homens e mulheres – entre eles o líder dos seringueiros, Chico Mendes – lutaram e morreram. A morte de Mendes ocorreu em 22 de dezembro de 1988, no momento em que o Nossa Natureza estava sendo formulado.

Dois outros pontos receberam muita atenção do público. O Nossa Natureza soou bem mais inovador do que realmente foi ao suspender temporariamente os incentivos da Sudam e ao impor limites à exportação de toras redondas (em oposição à madeira serrada). A essa altura, a maioria dos programas de incentivo da Sudam estava terminando, e a exportação de toras redondas estava proibida havia anos.

O projeto criou florestas nacionais no Amapá e no Amazonas, parques nacionais no Acre e no Mato Grosso, e destacou a elaboração de diversas unidades de pesquisa e conservação. Além disso, deu ênfase ao zoneamento agroecológico, palavra cada vez mais comum no planejamento ambiental. O plano simulava o fato de que a reforma agrária fora da Amazônia poderia estancar o fluxo de migrantes e de que uma ocupação econômica mais intensa na região Centro-Oeste poderia desviar a população migrante. O plano também apontava que a segurança pública na Amazônia deveria ser melhorada.

Era difícil brigar com essas posições e igualmente difícil levá-las a sério à luz da demorada reforma agrária da Nova República. Vários levantamentos de colonos já indicavam que grandes porcentagens de migrantes amazônicos haviam se dispersado de Norte ao Centro-Sul, que era, de toda forma, o novo centro de vastas propriedades de soja. As exortações sobre justiça social pareciam, na melhor das hipóteses, irônicas. No caso da morte de Chico Mendes, apenas os que se entregaram estavam atrás das grades, e outra liderança, Osmarino Amâncio Rodrigues, havia sofrido várias tentativas de assassinato. O assassinato de um parlamentar socialista permaneceu em grande parte sem investigação, e dois dias antes do anúncio do Nossa Natureza, o principal advogado trabalhista rural em Manaus havia sido baleado.[45]

Nossa Natureza foi interessante pelo que o projeto não disse. Os migrantes eram agora tão invisíveis quanto os habitantes da floresta haviam sido, não havia uma palavra sobre eles. Tampouco o Nossa Natureza se dirigiu às principais atividades no desenvolvimento da infraestrutura: a construção de barragens e estradas. Esta foi uma omissão significativa, uma vez que a degradação ambiental na Amazônia foi forçosamente expressa nos

45 Diante do abismo entre a ação e a palavra, o comentário bem-humorado de seringueiros sobre o programa traz a visão deles: "*Nossa* Natureza?", eles riram, "Você deve estar brincando. Eles estão falando do Natureza *deles*, então é assim que nós chamamos o programa, Natureza *Deles*!".'

estrondos do projeto da barragem em construção de Balbina, na proposta da barragem do Xingu e na discussão contínua sobre a pavimentação e a extensão da estrada para o Peru, a partir de Rio Branco, no Acre. A construção de estradas na Amazônia mais que triplicou em uma década.

Houve ainda alguns discursos sobre como conciliar o desenvolvimento econômico com as preocupações ambientais, mas o que o Nossa Natureza deixou bem claro foi que a verdadeira política amazônica seria encoberta, ou pelo menos não discutida em público, da mesma maneira que os negócios feitos quase um quarto de um século antes, a bordo do *Rosa da Fonseca*.

A lógica do desastre

Voltemos à questão inicial. Por que as árvores de repente começaram a cair? É claro que os incentivos e os créditos subsidiados oferecidos pelos militares tiveram papel na expansão da pecuária, portanto, na conversão da floresta em pastagem degradada. Mas o número de empresários que os receberam foi extremamente limitado – menos de quinhentos – e, além disso, apenas cerca de 10% de todas as propriedades da Amazônia usavam algum tipo de crédito. Portanto, incentivos e crédito subsidiado não explicam, por si, o padrão explosivo de desmatamento que ocorreu.

Os militares estabeleceram um contexto em que a luta pela terra e pelos recursos se tornaram intensas e, quase invariavelmente, terminaram na destruição de ainda mais florestas. No contexto da economia brasileira mais ampla, os militares governaram sob taxas de inflação cada vez maiores (até 100% durante a maior parte dos anos 1970 e 1980). Nessas condições, a terra servia como proteção contra a desvalorização da moeda e acompanhava os aumentos do custo de vida; o aumento do valor das terras amazônicas muitas vezes excedeu a taxa de inflação. Mais uma vez, com a alta inflação e a instabilidade econômica geral, havia muito a ganhar com o investimento em jogadas rápidas em ações no mercado de câmbio noturno e em terras.

A valorização da terra foi mantida por diversos motivos na economia regional amazônica. À medida que os levantamentos de recursos naturais foram concluídos, ficou claro que as reservas minerais eram muito mais extensas e potencialmente lucrativas do que se supunha a princípio. Outros recursos, como a madeira, tornaram-se cada vez mais importantes devido à destruição das florestas de araucárias do Sul do Brasil[46] e, dessa forma, a demanda começou a se deslocar para o Norte. Nas cidades em expansão, os consumidores de baixa renda exigiam cada vez mais carvão para cozinhar. Os valores dos terrenos dispararam devido ao compromisso do governo brasileiro com a expansão da construção de estradas, pelo menos dentro das áreas dos polos de desenvolvimento. Uma fórmula bem conhecida afirmava que os terrenos próximos a estradas eram de quatro a dez vezes maior do que terrenos mais distantes, de estradas vicinais menores. Também contribuiu para o desmatamento constante o fato de que o valor da terra desmatada para pastagem geralmente excedia o valor da terra com floresta em pelo menos 30%. Finalmente, no centro das pressões para o desmatamento estavam as maiores batalhas por reivindicações de terras, seja por pequenos ou por grandes proprietários. Aqui, o princípio era uma nova versão do *uti possedetis*: o que está desmatado é meu.

Uma geração antes, os militares haviam embarcado no que consideravam uma missão histórica, a integração geopolítica da Amazônia na vida econômica e política da nação. Sob uma "democracia" – Sarney tinha um gabinete civil e militar –, o projeto Calha Norte tinha a reputação de ser o plano mais secreto e autoritário de todos. Na época do Nossa Natureza, 25 anos após a tomada do poder pelos militares e três planos depois, bilhões de dólares haviam sido investidos em infraestrutura na Amazônia, milhões de migrantes haviam se deslocado para a região, os milionários do Sul do país instalaram-se em suas grandes fazendas ao longo do sul da floresta, os militares haviam desencadeado forças além de seu controle e, naquele momento, a Amazônia enfrentava seu apocalipse.

46 As exportações de madeira mencionadas anteriormente neste Capítulo derivam em grande parte de plantações no Sul.

7
As fúrias desencadeadas

[...] entre os mais estranhos civilizados que ali chegam de arrancada para ferir e matar o homem e a árvore, estacionando apenas o tempo necessário a que ambos se extingam, seguindo a outros rumos onde renovam as mesmas tropelias, passando como uma vaga devastadora e deixando ainda mais selvagem a própria selvageria [...] os desmandados aventureiros [...] abrindo a tiros de carabina [...] novas rotas para seus itinerários.

Euclides da Cunha, "Entre os caucheiros",
À margem da história, 1909

Os velhos negros, descendentes dos mocambos (os escravos fugidos) [...] são os que mantêm os segredos dos campos dourados. O celebrado Agustinho Mafra era aquele que tinha o dom de encontrar ouro. Esterrão, seu sucessor, transmitiu o segredo a Tito, Valério, Alexandre, Tibério e, então, isso veio para os vivos.

R. Almeida, "A região nordeste
do Maranhão", 1961

Desde os anos 1960 até os dias atuais, toda a Amazônia foi convulsionada por um enorme movimento de cercamento, facilmente rivalizando com a conversão de terras públicas em propriedade privada no início da Europa moderna, que definiu claras linhas de batalha. De um lado estavam os militares, os grandes empresários – a quem os militares viam como seus aliados naturais para o desenvolvimento –, as oligarquias extrativistas das florestas de borracha e das plantações de castanha, que haviam enriquecido com seus arrendamentos estatais e a servidão por dívida, e os especuladores e fazendeiros. Do outro lado, estavam as pessoas em grande parte sem propriedade privada, ou, se tinham, eram incapazes de mantê-la: primeiro, os 200 mil indígenas da Amazônia que tinham terras ancestrais, mas estavam sob um ataque implacável, tanto pela apropriação direta quanto por meio das constantes incursões para tomarem seus valiosos minerais e madeira; em seguida, os garimpeiros, os cerca de 300 mil e 500 mil trabalhadores das minas de aluvião. Em muitos relatos da Amazônia, os garimpeiros costumam ser tachados como os vilões da história, confrontando indígenas e, por vezes, assassinando-os, poluindo seus rios e terras. Mas esses garimpeiros são também vítimas de tempos difíceis e oportunidades limitadas para os pequenos agricultores e da dura luta para sobreviver nas cidades. Há também os extratores – de borracha, castanhas, resinas, produtos de palma e plantas medicinais –, que são a base da economia amazônica há quinhentos anos. Mais de 2 milhões de pessoas nas florestas amazônicas estão engajados nas economias da pequena extração e, muitas vezes, são também pequenos agricultores; vivem em florestas intactas das quais estão sendo expulsos e que estão sendo destruídas. E, finalmente, há os colonos; desde os anos 1960, cerca de 2 a 3 milhões de refugiados da devastação econômica no Nordeste ou no Sul do Brasil. Essas são as pessoas atraídas para a Amazônia por promessas governamentais de terra e apoio financeiro, são as que se viram forçadas a escolher entre migrar ou perecer, ou que apenas apostaram em tempos melhores. Indígena, garimpeiro, extrator e colono foram muitas vezes inimigos ferrenhos no passado e muitas vezes ainda são hoje (garimpeiro contra indígena, indígena contra extrator e colono, colono contra extrator). Mas, contra eles todos, militares e seus aliados juntaram-se quando começaram a colocar seu plano em execução. As circunstâncias, a logística e a lógica deste ataque serão descritas a seguir.

Os tempos de destruição na Amazônia são variados; séculos e décadas devem ser a nossa escala de tempo. Em épocas anteriores, estavam entre os agentes de destruição micróbios, pessoas escravizadas e ferramentas de metal. Os meios de explorar a riqueza da Amazônia vinham do controle sobre o trabalho, enquanto agora decorrem do controle sobre a terra. Atualmente, o testemunho da destruição acelerada da Amazônia pode ser encontrado em: constantes batalhas entre as tribos nativas sobreviventes e aqueles que invadiriam suas terras, explorariam seus recursos e negariam suas culturas; constante atrito entre novos migrantes, antigos colonos, pequenos extratores e grandes latifundiários; e campanhas assassinas travadas por grandes fazendeiros famintos por pasto, intolerantes com quaisquer grupo indígena, seringueiros, pequenos extratores ou pequenos colonos que possam estar em seu caminho. O testemunho também pode ser encontrado na devastação ambiental (florestas queimadas, espécies aniquiladas, terras degradadas, rios envenenados e solos tóxicos).

Karajá, Munduruku, Suyá: as três histórias de destruição

Praticamente no momento em que Pinzón pôs os olhos no estuário do Amazonas, no alvorecer do século XVI, o contato com esses estranhos pálidos trouxe desastre para os habitantes nativos. A exploração da região agravou o desastre à medida que a doença varreu essas populações nativas e à medida que foram escravizadas. Poucas calamidades demográficas se igualam na profundidade de destruição ao destino das tribos na Bacia Amazônica, e atualmente há mais topônimos com nomes indígenas do que índios no Brasil. Com essas nomenclaturas como testemunha e fortalecido com os relatos fragmentados que sobreviveram, um viajante na Amazônia pode reconstruir os destinos de cada tribo em histórias de desgaste e aniquilação.

Quando o explorador francês Francis de Castelnau desceu o rio Araguaia em 1844, encontrou os indígenas Karajá. A tribo ficava à margem do rio, e Castelnau enalteceu suas grandes aldeias e suas ricas plantações agrícolas. Os Karajá o encantaram: eles eram bonitos, possuíam excelentes artesanatos de penas elegantes e algodão finamente tecido. Depois da corrupção que ele havia visto em sua passagem por Goiás, onde povos indígenas viviam em postos militares degenerados, a vida saudável dos Karajá, que viviam protegidos por corredeiras acima e abaixo deles, era uma fonte de prazer. A expedição francesa ficou maravilhada com a vida ritual vibrante, as grandes máscaras corporais de palha de palmeira, o rico uso da decoração corporal, a música e a dança.[1]

Desta tribo apenas cerca de mil indígenas permanecem hoje. No contato, o número dos Karajá foram estimados em mais de 57 mil; atualmente, pouco resta deles ou de seus domínios, exceto o seu nome. Ao longo dos

1 Castelnau (1850).

trechos fronteiriços do rio Araguaia, os portugueses construíram fortes nas confluências de importantes rios – Santa Isabel, onde o rio das Mortes se unia ao Araguaia, e São João, onde o Araguaia encontra o Tocantins – ou em pontos estratégicos próximos às corredeiras. Santa Maria, do outro lado do rio de Conceição do Araguaia, ficava logo abaixo da barreira de corredeiras. Esses fortes foram construídos, nas palavras de um comandante militar, para "deter o contrabando de ouro, impedir que escravos fugissem rio acima de Cametá (na junção do rio Tocantins com o Amazonas) para Goiás e conter as agressões dos Timbira, Karajá e Apinajé. Os Timbira e os Apinajé habitavam as áreas mais ao norte e eram tribos da floresta.

Os Karajá eram acima de tudo uma tribo fluvial e, portanto, vulneráveis a qualquer forma de desastre que pudesse afetar as águas. A proximidade com os comerciantes brancos, mesmo sem más intenções, fez deles as primeiras vítimas de todas as epidemias, e foram devastados por um surto de varíola nos rios Araguaia-Tocantins entre 1812 e 1817. As batalhas de fronteira mais a leste, ao longo do Tocantins, foram extremamente brutais. A traição levou tribos, como os Timbira, à escravidão e aos mercados de escravos de Belém e São Luís. Outras foram atraídas para cidades onde a varíola era comum e, mais tarde, no interior da floresta, a doença afligiu as populações nativas. O rio Araguaia, menos agredido diretamente, mas ainda sitiado, não foi punido pela guerra direta, mas sentiu os efeitos dos conflitos intertribais à medida que esses grupos no Tocantins eram pressionados para o rio, enquanto as tribos do sul e do oeste avançavam para as florestas mais seguras e pressionavam os Karajá. Nativos e brancos ainda buscavam cativos, pois a legalidade dessa atividade era de menor interesse. As incursões militares aumentavam à medida que as pressões dos colonos do leste e do sul cresciam. Em 1813, os guerreiros Xavante e Karajá atacaram e destruíram a guarnição de Santa Maria. Ataque após ataque, eles perturbavam o comércio fluvial. Vistos como hostis, os Karajá, os Xavante e os Apinajé estavam sujeitos a constantes ameaças dos brancos onde quer que fossem encontrados. Além disso, uma tribo extremamente feroz, chamada Canoeiro, que aterrorizava grandes áreas do Tocantins e do Araguaia, era considerada por alguns como tropa de choque dos Karajá, conhecidos como excelentes mestres da água, ao contrário de muitas das tribos da floresta, como os Xavante.[2]

---

2 Essa discussão é baseada em Hemming (1987), Baldus, *Tribes of the Araguaia* (1960) e na obra de Ehrenreich (1965).

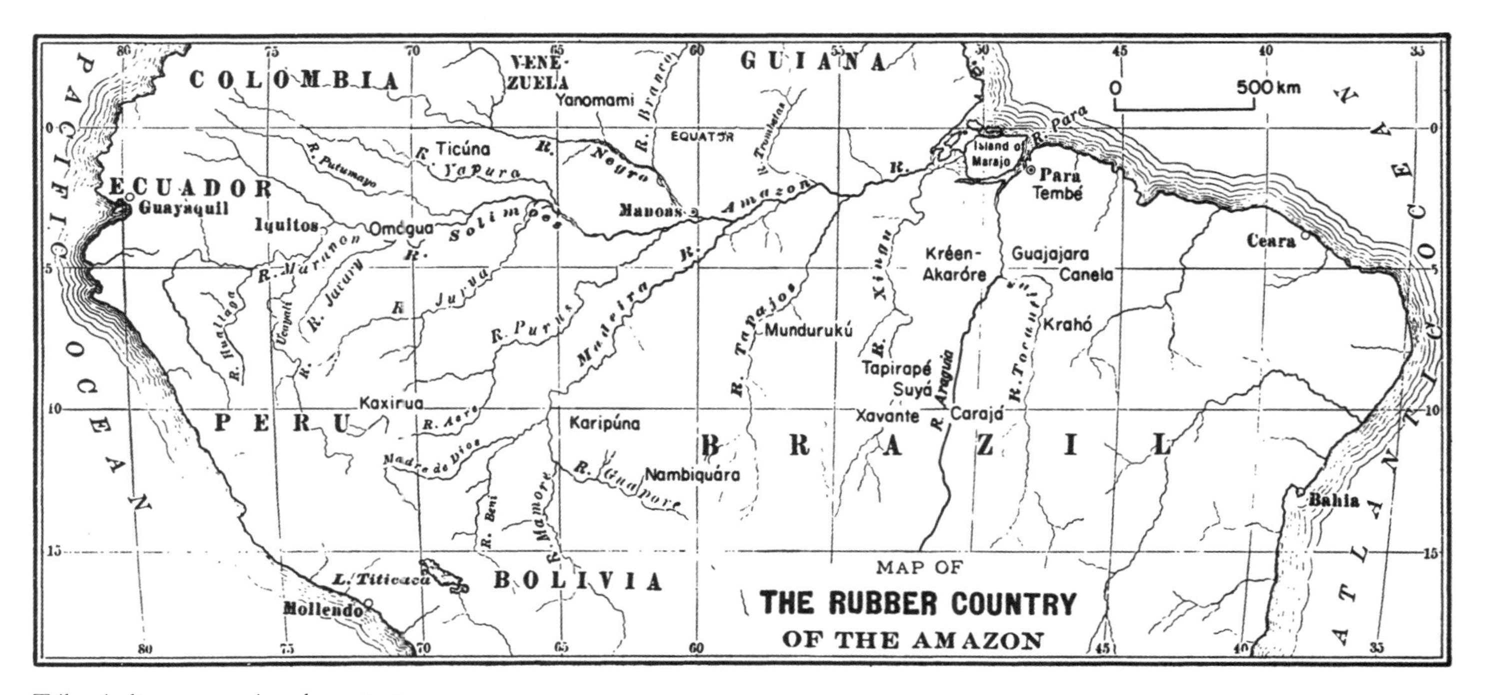

Tribos indígenas mencionadas no texto.

Algumas dessas histórias refletem a confusão portuguesa sobre as tribos e sobre o que cada uma fazia. Os indígenas violentos receberam as mesmas classificações de outros indivíduos, todos eles aterrorizantes. O que era claro é que as irritações com uma tribo podiam facilmente se traduzir em brutalidade contra outra.

A explosão do ciclo da borracha, não muito depois da viagem de Castelnau, ao longo do médio Araguaia, levou homens para as florestas próximas de Conceição do Araguaia e expandiu o uso do rio à medida que o comércio de látex penetrava em todos os remansos imagináveis. As tribos mais dóceis, como a hortícola Karajá, constituíram relações comerciais, mas estavam muito menos integradas à produção de borracha do que as tribos locais da floresta, ou as do alto Amazonas. As incursões graduais de fronteiriços durante a metade do século XX pouco os afetaram.

O golpe final veio com a explosão da pecuária nos anos 1970, e para os Karajá isso significou um desastre absoluto. Vivendo agora na ilha do Bananal, os membros remanescentes da tribo servem como guias para o turismo de aventura e exercem seus precários ofícios nos aeroportos locais.

O nome Karajá estará pelo menos na boca das pessoas pelos próximos séculos, o tempo presumido que levará para esgotar as minas – 18 bilhões de toneladas e cerca de 67% puras – de minério de ferro. A Serra dos Carajás – as montanhas dos índios Karajá – revelou-se um dos mais ricos achados minerais do planeta, com enormes depósitos de ferro, níquel, cobre, bauxita e ouro. Uma ferrovia de 2,5 bilhões de dólares, financiada pelo governo brasileiro, Estados Unidos e Japão, transporta cerca de 70 toneladas de minério de ferro por vagão, em trens que muitas vezes ultrapassam cem carros. Entre as presas vermelhas da mina e o oceano azul de São Luís estão as três usinas de ferro-gusa a carvão, destinadas a aumentar o desmatamento da região de cerca de 640 quilômetros quadrados para 970 quilômetros quadrados por ano.[3] Deslocando a mão de obra da agricultura, um vasto exército de cortadores abrirá caminho através de qualquer floresta que encontre, a fim de fornecer a energia bruta para converter o minério da mais alta qualidade em pepitas industriais de menor valor. O valor do ferro-gusa caiu 55% desde 1980. Como já vimos, a economia do ferro-gusa

3 Ver Fearnside (1989), A. B. Anderson (1989), Kiernan (1989) e Bunker (1989).

só é racional quando os custos de energia – a floresta – são calculados em zero.[4] Com até 25 fornos de ferro-gusa, 3 fábricas de cimento e 6 usinas de ligas metálicas estão planejadas para pontilhar a rota da ferrovia. Sua demanda por carvão ultrapassará 2,5 milhões de toneladas e todos receberão um pacote extraordinário de concessões: subvenções de capital de 75% dos custos de desenvolvimento das usinas, isenções fiscais e outros incentivos. Embora eles próprios não fossem uma tribo conquistadora – pelo menos em comparação com grupos como os Kayapó –, os fantasmas de Carajás saberão que seu nome, pelo menos como rótulo para a mina, tornou-se conquistador: as terras devastadas se estenderam pelos territórios de seus antigos vizinhos e inimigos, os Timbira, os Guajajara e os Canela. Depois de funcionar como carvão, essas matas sofreram o conhecido declínio para as terras desmatadas e pastagens degradadas, inúteis ao homem e ao animal, como pode ver quem anda de trem de Marabá a São Luís.

Na década de 1780, uma poderosa força de mais de 2 mil guerreiros Munduruku aterrorizaram a sua terra natal pelo leste, no Tapajós, através de duas bacias hidrográficas: o Xingu e o Tocantins. Conhecidos como caçadores de cabeças, que sempre carregavam como troféus quando caçavam ou guerreavam, e temidos pelos adjacentes Mawe, os Munduruku caíram com fúria sobre os colonos do rio Capim e do rio Moju, não muito longe de Belém, a capital da Amazônia. Indignados com os ataques tão próximo de casa, os portugueses rapidamente enviaram uma expedição de represália. Voltando aos seus territórios, os Munduruku foram surpreendidos no rio Cururu, próximo às cabeceiras do Tapajós. Lá, em batalha campal, mil de seus guerreiros caíram, mas os indígenas conseguiram uma reviravolta e a expedição de retaliação portuguesa foi repelida com sucesso. Na esteira do revés português, Lobo d'Almada, governador do Pará, sugeriu que a bondade poderia ter sucesso onde a força havia falhado. Dois Munduruku feridos capturados em outro conflito, em 1795, foram tratados com humanidade e enviados de volta às suas tribos em canoas carregadas de presentes. Os indígenas que retornaram transmitiram a mensagem, lembrando que, se o restante da tribo fornecesse mercadorias e farinha de mandioca aos brancos, eles também seriam carregados com machados e facões de metal. Assim começou a duradoura trégua dos Munduruku com os brancos,

4 Ver A. B. Anderson (1989) e Sudam (1986).

forjando uma longa colaboração dessa tribo com uma série de traficantes de escravos, extrativistas de produtos florestais e barões da borracha.

A tribo era populosa e poderosa. Em 1819, Martius calculou seu contingente entre 18 mil e 40 mil. A lealdade dos Munduruku era inquestionável e, como agentes da coroa, sua história guerreira serviu-lhes bem. Eles, inclusive, ajudaram os portugueses a reprimir a rebelião da Cabanagem da década de 1830 – uma revolta de escravizados e mestiços contra os proprietários portugueses –, nos confins da floresta que eles conheciam tão bem. Bem integrados aos circuitos comerciais europeus e receptivos ao comércio de mercadorias, se não ao domínio branco, os Munduruku foram rapidamente varridos na primeira onda da economia da borracha. Ainda na primeira metade do século XIX, muitos naturalistas e comentadores da cena amazônica notaram o papel dos Munduruku como seringueiros na extração da borracha. No início da década de 1850, quando Bates os descreveu, eles eram tratados com muito respeito, e como contrapartida recebiam armas, munições e algodão pelas cargas de borracha que davam aos comerciantes, uma recompensa adequada para aqueles que tornavam o rio Tapajós seguro para o comércio.[5] Mas apenas 25 anos depois, outros comentaram como era estranho que os antigos senhores do Tapajós tivessem se tornado seus escravos.

Em 1875, Antônio Tocantins escreveu, sobre o alto do Tapajós, como os comerciantes de borracha gradualmente atraiam os indígenas nativos para a servidão por dívidas e, depois, os usavam para explorar as muitas árvores que haviam reivindicado. A dívida era de fato o principal instrumento de controle, mas métodos mais severos raramente eram evitados. Os comerciantes do alto Tapajós mantinham os familiares dos seringueiros nativos como prisioneiros, reféns para serem resgatados pela borracha coletada pelo seringueiro que, assim, não tinha escolha para onde vender sua colheita. O estupro de mulheres indígenas era padrão. Um caso famoso no Tapajós envolveu o assassinato do seringueiro Manoel Paes, um barão de 5 mil árvores, e diversos coletores indígenas Munduruku, Mawe e Apiaká. Uma jovem Mawe, repelindo os avanços do barão, atirou nele e o matou. No julgamento que se seguiu, um tribunal ficou extasiado à medida que a jovem, levantando as saias até as coxas para mostrar as marcas do abuso, descrevia

5 Ver Murphy (1960) e Hemming (1987).

as cenas orgíacas que se desenrolaram no barracão (posto de comércio de borracha). Em sadismo, eles concorriam facilmente com os horrores descritos por Roger Casement na condenação das práticas em Putamayo por agentes da grande casa de borracha peruana, a Casa Arana.

Um dos principais entrepostos comerciais do Tapajós era a pequena aldeia de Itaituba, onde os Munduruku comercializavam havia mais de um século. Quando Antônio Tocantins visitou a aldeia em 1875, para fazer uma travessia nas corredeiras de São Luís do Tapajós, ela já exportava 150 toneladas de borracha para Belém. O guaraná, ingrediente estimulante, assim como a salsaparrilha e o óleo de copaíba, também foram para Belém e Mato Grosso. Esses produtos extrativistas compunham apenas uma parte da economia.

O ouro também era encontrado no Tapajós. João de Souza Azevedo, um dos primeiros exploradores bandeirantes, movido pela ânsia de ouro e pelo interesse contínuo no uso dos afluentes do Amazonas como transporte ao norte do Mato Grosso, iniciou sua exploração em 1746 e descobriu um importante depósito aurífero. Essa mina foi totalmente esgotada, mas a sua memória nunca foi eclipsada. Atualmente, existem mais de 186 garimpos – minas de aluvião – no Tapajós extraindo ouro (mais de 10 toneladas em alguns anos) que já superam a produção da Serra Pelada.[6] Cerca de 84 minas são atendidas pela cidade de Itaituba, agora em expansão, cuja população cresceu cerca de 2 mil pessoas, em 1970, para mais de 30 mil atualmente. Esses números foram ampliados pela chegada da Transamazônica, a chegada de colonos para a região e a mão de obra livre que se mudou após a construção da hidrelétrica de Tucuruí, fonte de energia para Carajás. Hoje, a economia dos Tapajós é centralizada no ouro.

O ouro sempre foi um empreendimento significativo na Amazônia. Desde o século XVII, galvanizou explorações, reescreveu a história dos assentamentos, levou milhares de pessoas à morte. O papel do Estado no Novo Mundo foi, inicialmente, administrar e regular a produção de minerais preciosos. Os arrogantes e os desesperados abriram caminho para as jazidas de ouro; os primeiros, empolgados pela lenda de El Dorado;

6 O Tapajós incorpora uma área de reserva de mineração de cerca de 28.700 quilômetros quadrados, embora a área sob garimpos no Tapajós agora exceda 60.000 quilômetros quadrados. As estatísticas de produção de ouro são do Departamento de Produção Mineral.

os segundos, pelo mito mais humilde da Montanha dos Mártires, uma montanha de incríveis riquezas inscritas com cenas da paixão de Cristo. A mineração brasileira sempre contou com mestiços ou mamelucos que, buscando um "remédio para sua pobreza", começaram a garimpar os rios em busca de ouro.[7]

No passado amazonense, negros e índios escravizados trabalharam nas minas ao longo dos flancos do sul do Amazonas, no Mato Grosso, Goiás e Maranhão. Natividade foi construída por cerca de 16 mil escravizados, Águas Quentes, por 12 mil. Os missionários jesuítas usavam africanos escravizados para trabalhar em suas jazidas de ouro no Maranhão. Atualmente, as minas atraem homens para as suas covas por causa do declínio dos salários rurais, da marginalização dos pequenos agricultores e do alto desemprego no Brasil urbano.

A nova corrida do ouro na Amazônia começou em 1980. As cenas na Serra Pelada ficaram famosas em fotografias semelhantes às obras de Bruegel, mostrando o sedimento sendo carregado morro abaixo, galão a galão, e depois lavado no lodo no baixo Tocantins por homens encharcados de lama, apenas distinguíveis do substrato porque se moviam. Mas a principal zona de produção de ouro foi o Tapajós, onde mais de 60 toneladas saíram da terra e 120 toneladas de mercúrio foram lançadas em solos e águas tropicais.[8] Os garimpeiros invadiram parques nacionais – terras indígenas – por ganância e desespero. Cerca de 85% da produção de ouro brasileira agora vem dos garimpos. As minas de aluvião geram quase 1 bilhão de dólares por ano e empregam cerca de 500 mil pessoas segundo o Departamento Nacional de Produção Mineral.

Atualmente, um século após o início da exploração da borracha e do ouro, os Munduruku, que no passado mobilizaram milhares de tropas de guerra, foram reduzidos a cerca de seis aldeias e 1.500 almas.[9]

---

7 Os caboclos e outros sertanejos ainda são usados para explorar a Amazônia. O antropólogo Darren Miller, que analisou a dinâmica da urbanização no sertão amazônico, registra o uso generalizado de caboclos para essa tarefa em ltaituba. Ver seu excelente artigo sobre Itaituba, "Replacement of Traditional Elites: an Amazon Case Study" (1985).

8 Estes são números fornecidos por Silva, Souza e Bezerra (1988), sobre contaminação por mercúrio no Pará.

9 Os antropólogos tomaram a tribo como um interessante estudo de caso de adaptação de um grupo nativo às pressões econômicas, particularmente a da borracha. Seu etnógrafo mais cuidadoso argumentou que os Munduruku estão a caminho da dissolução social e da "cabo-

Em setembro de 1884, o explorador alemão Karl von den Steinen ficou exultante quando encontrou mais uma tribo no alto Xingu. Por meio de relatos de indígenas com os quais Steinen se relacionara em sua jornada pelas cabeceiras do Xingu, ele sabia que era um dos grupos aterrorizantes dos Kayapó, os Suyá.

Os Suyá fugiram do crescente caos das zonas costeiras e, como outros grupos Kayapó, abriram caminho até as águas altas, onde as cataratas poderiam oferecer alguma proteção, e ficaram concentrados em torno de um afluente do Xingu, chamado Suyá-Missu. A maioria dos relatos orais da história Suyá registra muitas batalhas com grupos nativos, como os Munduruku, os Kren-Akarore, os Trumai, os Juruena e os Kayapó do norte. Os Suyá também lembram várias epidemias devastadoras. Enquanto Von den Steinen comentava sobre como considerava grotescos os seus discos labiais, os Suyá o avaliavam de uma forma ainda mais negativa. Desde então, eles perderam a disposição a qualquer contato com brancos, e até 1959 nenhum homem branco sobreviveu a um encontro com eles. Nesse ano, a organização principal dos Suyá foi descoberta por reconhecimento aéreo e o contato formal foi feito com a tribo pelos renomados antropólogos brasileiros, os irmãos Villas-Bôas. A sabedoria da postura de segurança dos Suyá após a visita de Von den Steinen foi mais do que ratificada pelo que se seguiu. Os irmãos Villas-Bôas pediram que consolidassem suas duas aldeias em uma nova, em um novo local. Na mudança que se seguiu, todos os homens mais velhos morreram de doenças.

Em meados dos anos 1960, os remanescentes dos Suyá foram aconselhados a se mudar para a reserva do Xingu. Outro ramo da tribo, os Suyá ocidental, aparentemente exaustos pelas constantes invasões de colonos e fazendeiros, e anos de aldeias queimadas e ataques de retaliação, tentou fazer contato pacífico com os brasileiros, que comemoraram o encontro dando-lhes carne de anta deliberadamente envenenada. Em 1968, os Suyá ocidentais foram contatados por funcionários do Serviço de Proteção aos Índios (SPI).[10] Como era comum nas ocasiões em que os "índios selvagens"

clização". Mas os indígenas afetados não ficam no limbo social. Em vez disso, eles deslocam seus principais vínculos de dependência para suas relações já existentes com os brancos e passam para a órbita da sociedade cabocla.

10 A Fundação Nacional do Índio (Funai), organização encarregada pela proteção dos indígenas, substituiu o escandaloso Serviço de Proteção ao Índio (SPI).

eram contatados, os repórteres foram trazidos, incluindo um que estava gripado, depois que os indígenas voltaram para suas aldeias, muitos morreram.[11]

É somente sob esse ponto de vista que a história contada por um dos grandes especuladores fundiários paulistas – e autodenominados bandeirantes modernos – da Amazônia, Hermínio Ometto, e seu sócio, Ariosto da Riva, soa relativamente positiva. Sete anos antes, em 1961, os dois procuravam terras para seu grande empreendimento pecuário. Naquela época, os únicos habitantes da área que eles procuravam considerar eram os Xavante, alojados em uma aldeia indígena. Ometto lembrou como eles conquistaram a confiança dos indígenas para roubar suas terras:

> Começamos jogando comida e presentes de um pequeno avião todos os dias, à mesma hora: carne seca, açúcar mascavo, pano vermelho, cobertores baratos. Não podíamos dar coisas boas. Fizemos tudo isso para enganar a tribo e fazer com que os índios ficassem no lugar onde havíamos jogado os presentes. Enquanto isso, Teles [seu capataz] abriria o piquete [um caminho desmatado e leito preliminar da estrada]. Os homens da floresta tiveram que abrir 120 quilômetros de mata virgem. Finalmente, encontraram os índios, que preferiram ficar no local onde o pequeno avião jogava presentes todos os dias.

Duzentos e quarenta acres de terra foram reservados para os indígenas.[12] Três anos depois, eles foram transferidos para uma missão na Silésia, e Ometto nomeou sua nova fazenda de Fazenda Suyá-Missu.

É quase certo que Ometto foi um dos passageiros encantados a bordo do *Rosa da Fonseca*, e ele e seu amigo Ariosto acabaram proprietários de quase 5 milhões de hectares naquela região, a maior das extensões que recebeu os incentivos fiscais promulgados por Castello Branco. A fazenda de Ometto tinha mais de 1.358.400 acres; mais de 60 mil acres foram desmatados em uma década. A fazenda foi finalmente vendida para o consórcio agrícola

---

11 Para um relato sobre os Suyá e discussão de seus sistemas de classificação e relação com a natureza, bem como a sua história, ver Seeger (1981) e Hemming (1987).

12 Para um relato da aquisição de terras por Ometto no Mato Grosso e no sul do Pará, ver Pompermeyer (1979). O autor baseia-se em um relatório do jornal de comércio *Amazônia*, n.24, de fevereiro de 1977, que dizia, com admiração, sobre o grileiro: "É com homens como Ometto que começou a verdadeira conquista da Amazônia".

italiano Liquigás, produtor de produtos químicos industriais no Brasil, que viu a terra como um bom meio de isenção de impostos, para a criação de gado e, finalmente, para a especulação de terras. Em 1974 e 1976, a Fazenda Suyá-Missu voltou a receber enormes incentivos fiscais.[13]

A escavadeira e a serra

Há centenas de etnografias de tribos indígenas na Amazônia que ecoam os destinos dos Karajá, dos Munduruku e dos Suyá. Muitos desses indígenas sofreram, de fato, um destino pior, porque a tribo foi completamente extinta. Em 1957, o antropólogo brasileiro Darcy Ribeiro publicou um relatório sobre a condição dos índios no Brasil.[14] Ribeiro demonstrou que, entre 1900 e 1957, cerca de oitenta tribos indígenas foram destruídas. Nesse mesmo período, o número total de indígenas caiu de 1 milhão para 200 mil. Muitas das tribos sobreviventes estavam à beira da extinção: aculturadas, dominadas por doenças e em desespero. A Bacia Amazônica abrigava a maioria dos indígenas remanescentes – cerca de 140 tribos –, que também seriam extintos, segundo Ribeiro, a menos que o SPI[15] conseguisse isolar as tribos do avanço da sociedade nacional. Descobriu-se que a proteção que o SPI tinha em mente era a sepultura.

No final da década de 1950, o SPI estava cheio de funcionários corruptos infligindo horror às mesmas pessoas que deveriam proteger. Em 1967, o ministro do Interior, general Albuquerque Lima, encomendou um inquérito

13 Hermínio Ometto mais tarde tornou-se chefe do grupo de lobistas, a Associação de Empreendedores da Amazônia. Um dos membros da Associação cumprimentou a "compreensão mútua" que Ometto conseguiu estabelecer entre os empresários e as autoridades governamentais da Sudam à medida que viajavam para a Amazônia oriental e às antigas terras dos Suyá, dos Kayapó e de outras vítimas de sua apropriação de terras. Um dos itens pelos quais Ometto pressionou os funcionários foram mais "reformulações", ou seja, refinanciamento de projetos apoiados pelo governo, com prazos de pagamento estendidos e uma nova e favorável computação de custos.

14 Ver "Culturas e línguas indígenas do Brasil", publicado inicialmente na revista *Educação e Ciências Sociais* (1957), e traduzido e impresso em Hopper (1967). O relatório de Ribeiro e os escândalos que levaram à substituição do SPI pela Funai são discutidos em Davis (1977).

15 Criado em 1910 por Rondon, sob a máxima "morrer, se preciso for; matar nunca". O líder indígena Ailton Krenak comentou, em 29 de março 1989, no jornal *Gazeta do Acre*, que o lema de serviços como os do SPI e da Funai deveria ser "matar se for preciso, morrer nunca".

ao procurador-geral, Jader Figueiredo, que resultou na publicação de um relatório de 21 volumes; entre outros crimes, encontrou evidências de massacres de tribos inteiras por dinamite, metralhadoras e açúcar envenenado. O relatório foi seguido por uma série de investigações privadas, incluindo uma de um adido médico francês, Patrick Braun, que afirmou que sua análise de vários arquivos do governo brasileiro, incluindo a do Relatório Figueiredo, mostrou que, entre 1957 e 1963, tribos do Mato Grosso haviam sido deliberadamente infectadas com varíola, gripe, tuberculose e sarampo, e que a tuberculose também havia sido introduzida nas tribos do norte da Amazônia em 1964 e 1965. Braun falou de evidências de que os micróbios da doença "foram deliberadamente trazidos para territórios indígenas por proprietários de terras e especuladores utilizando um mestiço previamente infectado" e disse que inúmeros índios morreram posteriormente.[16]

Em fevereiro de 1969, Norman Lewis relatou no *Sunday Times* de Londres que funcionários do SPI se juntaram a fazendeiros e especuladores de terra para assassinar indígenas e roubar suas terras. Lewis citou o procurador-geral Figueiredo dizendo: "Não é apenas pelo desvio de fundos, mas pela admissão de perversões sexuais, assassinatos e todos os outros crimes listados no código penal contra os índios e os seus bens, que se pode ver que o Serviço de Proteção ao Índio foi, por anos, um antro de corrupção e assassinatos indiscriminados".[17] O ministro do Interior, Lima, extinguiu o SPI e criou uma nova agência chamada Fundação Nacional do Índio (Funai), e prometeu restituição aos indígenas. No ano seguinte, Lima saiu da política e foi anunciada a rodovia Transamazônica, que, em linha reta, percorria impiedosamente as terras indígenas.

A Funai foi uma melhoria inicial; dificilmente poderia ter sido pior do que seu antecessor. No entanto, seus funcionários logo tornaram a corrupção evidente e atuaram como agentes de grandes fazendeiros, consórcios de mineração, madeireiros e projetos de estradas do governo. Em 1970, o presidente da Funai, Bandeira de Mello, que sempre foi defensor da abertura de estradas através de reservas indígenas como meio de trazer progresso para as pessoas que, de outra forma estariam em atraso, emitiu vários

16 As descobertas de Braun foram publicadas no *Medical Tribune* e no *Medical News*, em Nova York. Ver Davis (1977).

17 Davis (1977).

certificados para grandes pecuaristas, afirmando que nenhum indígena vivia na área de interesse dos fazendeiros no vale do Guaporé. Na verdade, a área era a pátria dos Nambiquara.

Em parte, em resposta ao histórico de corrupção nos órgãos destinados a atender os indígenas, a Lei n.6.001, ou Estatuto do Índio, foi aprovada em 1973 pelo Congresso brasileiro. A lei previa a proteção dos direitos indígenas à terra, aos recursos, à vida em comunidade e às suas próprias culturas. Mas também indicava que as populações nativas poderiam ser retiradas de suas áreas por decreto presidencial e que, de acordo com a legislação brasileira vigente, todos os minerais subterrâneos pertenciam à União Federal. A mineração pelo Estado em terras indígenas era, portanto, totalmente legal.

No entanto, este poderoso estatuto foi visto pelos empresários como um impedimento à aquisição de terras, e várias campanhas foram desenvolvidas para derrubá-lo ou atacá-lo. Em 1978, o Decreto de Emancipação do Índio foi promulgado por Rangel Reis, ministro do Interior, que havia sido um promotor veemente da pecuária na Amazônia. Em sua formulação, a Lei n.6.001 e a lei de proteção aos índios de 1910 eram condescendentes com os povos nativos na medida em que assumiam os povos indígenas como tutelas do Estado. Com a "emancipação", essa relação de guardião seria posta de lado e substituída por uma em que um indígena gozaria das mesmas proteções legais que qualquer outro adulto brasileiro. Sob o decreto de emancipação, o título das terras indígenas passaria do Estado para os índios individuais, que poderiam então dispor dos bens como quisessem. Outra dimensão do decreto de emancipação proposto era que as atividades proibidas pela lei brasileira não poderiam ser praticadas por indígenas. Estes estariam, portanto, sujeitos a processos por práticas tradicionais como a poligamia, a nudez, o uso de alucinógenos e a prática de infanticídio seletivo. O decreto de emancipação tornou-se lei, mas foi recebido com tal indignação nacional e internacional que teve de ser revogado.

Outra tentativa de minar o Estatuto do Índio tomou a forma de um conjunto inovador de critérios identificados pelo coronel Zanoni Hausen para estabelecer a "indianidade". As sessenta categorias de Hausen incluíam "mentalidade primitiva", frequência de uso de roupas brancas, "a marca de nascença mongol" e se a "identidade de caráter" era "latente". Tal racismo provocou alvoroço, e os esquemas de Hausen tiveram de ser abandonados. Uma tentativa mais recente de burlar a lei envolveu a proposta dos generais no projeto Calha Norte de assentar indígenas em lotes nos moldes de colonização, sob uma disposição do Estatuto do Índio que permitia sua realocação em zonas de segurança nacional.

Sob a nova constituição, os indígenas fizeram vários avanços. Após o *lobby* de muitos índios, seus direitos demandaram que a demarcação e proteção das terras indígenas ocorressem em cinco anos, em reconhecimento de seus direitos originais à terra para reprodução física e cultural. A Constituição, no artigo 232, afirma que "os índios, suas comunidades e organizações são partes legítimas para ingressar em juízo em defesa de seus direitos e interesses". Setenta anos depois, a objetificação de um indígena como tutelado do Estado foi derrubada. Talvez o artigo mais significativo seja o de número 231, que permite o desenvolvimento de recursos energéticos e minerais em terras nativas apenas por ato do Congresso e garante *royalties* dessas atividades aos indígenas. Se esse conjunto esperançoso realmente consolidará os novos direitos dos nativos, dependerá da dinâmica da sociedade brasileira, bem como da sua capacidade de organização. Também será determinado pela boa capacidade de as comunidades indígenas administrarem as forças econômicas já desencadeadas em seus territórios e em seu ambiente.[18]

Os indígenas lutam contra os fazendeiros há quinhentos anos e sofrem uma pressão particularmente intensa das fazendas desde a década de 1960, não apenas pela ocupação de suas terras, mas pela explosão de construções de estradas. As rodovias federais e estaduais aumentaram mais de 13% em um ano na Amazônia, de pouco mais de 18 mil quilômetros em 1960 para quase 25 mil quilômetros em 1984;[19] total que não inclui as vastas extensões de estradas particulares construídas para ligar fazendas, sítios e zonas madeireiras a essas rodovias. A construção de estradas através de florestas "vazias" geralmente resultava em topógrafos e indígenas surpresos encontrando-se, em desespero mútuo. As rodovias construídas apenas sob a égide do PIN atingiram 96 tribos, mais da metade das tribos na Amazônia brasileira, e outras incursões sobre os auspícios dos projetos Polonoroeste e Calha Norte expandiram esse número para aproximadamente 75%. Quando a Transamazônica foi construída, os indígenas Parakanã perderam 45%

18 Ver M. C. Cunha (1989); ver também Clay (1989).
19 Dner (1987).

de sua população em um ano. Com a construção da BR-364 e a abertura de áreas no vale do Guaporé, os Nambiquara, tão admirados por Lévi-Strauss e que somavam cerca de 20 mil no início do século XX, foram reduzidos a 650 almas em desalento. No território Yanomami, os primeiros encontros com os grupos das rodovias reduziram em cerca de 25% a população das aldeias. Esses dados consideram apenas a abertura para o desmatamento, à medida que as florestas eram derrubadas para dar lugar a fazendas e ranchos, os animais fugiam e eram caçados, e à medida que os madeireiros faziam as suas incursões.

Em 1986, homens Kayapó, em uma expedição de caça de um mês para fornecer carne para a grande cerimônia de outono, encontraram quatro madeireiros e os assassinaram. Alguns observadores acharam isso surpreendente, pois os Kayapó sabiam há muito tempo das filas de caminhões madeireiros que percorriam a estrada de terra de mais de 60 quilômetros que ligava suas glebas a Redenção e à madeireira da indústria Seba/Azzayp. A Funai negociou contratos de madeira altamente desiguais que pagavam aos indígenas US$ 50 por árvore e fornecia uma estrada e um sistema de água potável em troca de 10 mil árvores, cada uma valendo entre US$ 350 e US$ 500. Durante todo o verão, caminhões madeireiros faziam fila todas as noites à espera do carregamento. Após o ataque predatório da indústria madeireira às árvores de mogno do sul do Pará e o uso ineficiente de madeira na derrubada de pastagens, poucos povoados existem agora fora das reservas nativas no sul do estado, e as florestas mistas, onde o mogno crescia, se transformaram em pastagens. Atualmente, muitos admiram os requintados currais de mogno nas fazendas do sul do Pará. O desejo por mogno alimentou uma onda de contratos legalmente válidos, mas profundamente extorsivos, entre a Funai, os madeireiros e os indígenas, que alimentaram a longa fúria das tribos contra o que eles e muitos defensores deles veem como práticas corruptas. Há também incursões de extração ilegal de madeira. O desejo pela bela madeira de lei desencadeou contratos e invasões em áreas indígenas em Rondônia, Pará, Mato Grosso e Amazonas.[20] Essas

20 A exploração madeireira ocorre nas terras das seguintes tribos: Nambiquara, Cinta Larga, Surui, Gavião, Arara, Kayapó, Guajajara, Tikuna. A extração de madeira em terras nativas é tecnicamente ilegal de acordo com o Estatuto do Índio. Assim, a extração de madeira não supervisionada e não controlada também seria ilegal sob o código florestal. Os problemas com a extração de madeira em terras nativas são distributivos na medida em que a riqueza

atividades também explodiram em violência. Em março de 1988, ocorreu um massacre de índios Tikuna no Amazonas enquanto eles se agrupavam para uma reunião: quatro deles morreram, 23 ficaram feridos e 10 foram baleados e desapareceram enquanto fugiam para a floresta.[21]

Quer a exploração madeireira ocorra em terras indígenas, quer em florestas nacionais ou lotes de colonos, a indústria madeireira no planalto da Amazônia é ecologicamente danosa. Embora mais de setecentas espécies promissoras na região tenham sido testadas, o comércio madeireiro amazônico concentra-se, em sua maior parte, em cerca de vinte espécies. A Amazônia aumentou sua participação na madeira serrada brasileira de 14% para 44% em uma década.[22] A extração amazônica normalmente retira, com enormes danos ambientais, uma árvore por hectare (2,4 acres). À medida que os madeireiros avançam com trilhas de arraste e tratores florestais, eles retiram uma pequena proporção das árvores (cerca de 3%) e matam ou danificam mais de 52% das que permanecem.[23] As florestas danificadas ficam vulneráveis a incêndios de terras adjacentes, potencialmente prejudicando a recuperação espontânea das plantas menores, sementes e brotos. Pior ainda é a erosão genética dessas árvores valiosas; as melhores são cortadas. Essa seleção, chamada no comércio de alto padrão, reduz a possibilidade de criar excelentes linhagens "domesticadas". As trilhas de arraste também podem fornecer a infraestrutura inicial para as invasões de colonos e pecuaristas, embora a atividade madeireira geralmente ocorra em terras reivindicadas e, muitas vezes, seja vista como um meio de financiar investimentos posteriores nelas.[24]

---

muitas vezes fica com o chefe ou seu clã; os indígenas são quase sempre subcompensados, podendo ocorrer violência na distribuição. O contato com doenças externas também aumenta. Ver Greenbaum (1989).

21 Os 20 mil Tikuna são resultado de uma guerra com o madeireiro Castello Branco e sua equipe. Os assassinatos dos indígenas fora uma repetição sangrenta de um episódio de 1985, quando vários Tikuna na cidade local foram caçados pelas ruas da cidade, resultando dez feridos. Os criminosos não foram identificados.

22 A. B. Anderson, Relatório de consultoria para a Fundação Ford, 1987.

23 Uhl Vieira (1989).

24 O uso de madeira para financiar parte de atividades foi documentado por Uhl e Buschbacher (1985); colonos também a usam para financiar seus trabalhos. Ver livro de Hecht (1989b). Um dos motivos da indignação com o projeto de assentamento privado de Tucumã, no sul do Pará, foi que a empresa descartou a mata antes da venda dos lotes dos colonos. Isso desencadeou uma fúria que acabou culminando na aquisição do projeto por posseiros.

As minas e o mercúrio

A exploração madeireira é uma incursão recente. Seus custos são altos, mas não tão altos quanto o problema mais insidioso e generalizado da mineração em terras nativas. Até o verão de 1989, mais de 560 pedidos de alvarás foram aprovados em 88 reservas indígenas, com mais 1.685 pendentes. As solicitações começaram em 1983, quando o presidente Figueiredo decretou que as terras indígenas seriam abertas para mineração mecanizada, com concessões disponíveis para empresas nacionais ou internacionais. Esse decreto foi estabelecido em um momento de certo pânico, quando Figueiredo enfrentava a perspectiva de insurreição em Serra Pelada. As mineradoras ficaram furiosas por serem superadas na lucrativa corrida do ouro, na extremidade inferior pelos garimpos, as pequenas minas de aluvião e, na extremidade superior, espremidas por grandes projetos, como Trombetas e Carajás. As incursões em terras nativas forneceram novos horizontes substanciais para as suas ações, mas os garimpos estavam sempre à frente deles.

A mineração de ouro em solos aluviais tem uma história respeitável na Amazônia, com caboclos e garimpeiros "geólogos" provando, repetidas vezes, serem mais hábeis em descobrir ouro do que as formas de prospecção mais tecnologicamente avançadas.[25] O caso clássico, certamente, é o Carajás, onde os geólogos encontraram ferro, e os garimpeiros, ouro. Existem pelo menos 26 minas de ouro em terras nativas e, embora às vezes sejam chamadas de "minas clandestinas", pois frequentemente são ilegais, seus efeitos são extremamente óbvios.

A maior e mais famosa delas é a mina Cumaru, na reserva Gorotire Kayapó. Ao contrário da única e enorme cova da Serra Pelada, Cumaru é composta por diversas pequenas propriedades que sobem os córregos laterais. A reserva foi invadida por 10 mil garimpeiros em 1980; os índios solicitaram a intervenção do governo e negociaram 10% de *royalties* sobre a produção da mina. A invasão de Cumaru parece ser um presságio do que está acontecendo atualmente no território Yanomami. A preocupação mais imediata é o lamentável fato de que as terras indígenas frequentemente não serem demarcadas e, com a descoberta do ouro, têm menos possibilidade de alcançar

25 Ver o bom trabalho de D. Cleary, "An anatomy of a gold rush: Garimpagem in the Brazilian Amazon" (1987). Ver também Miller, 1985.

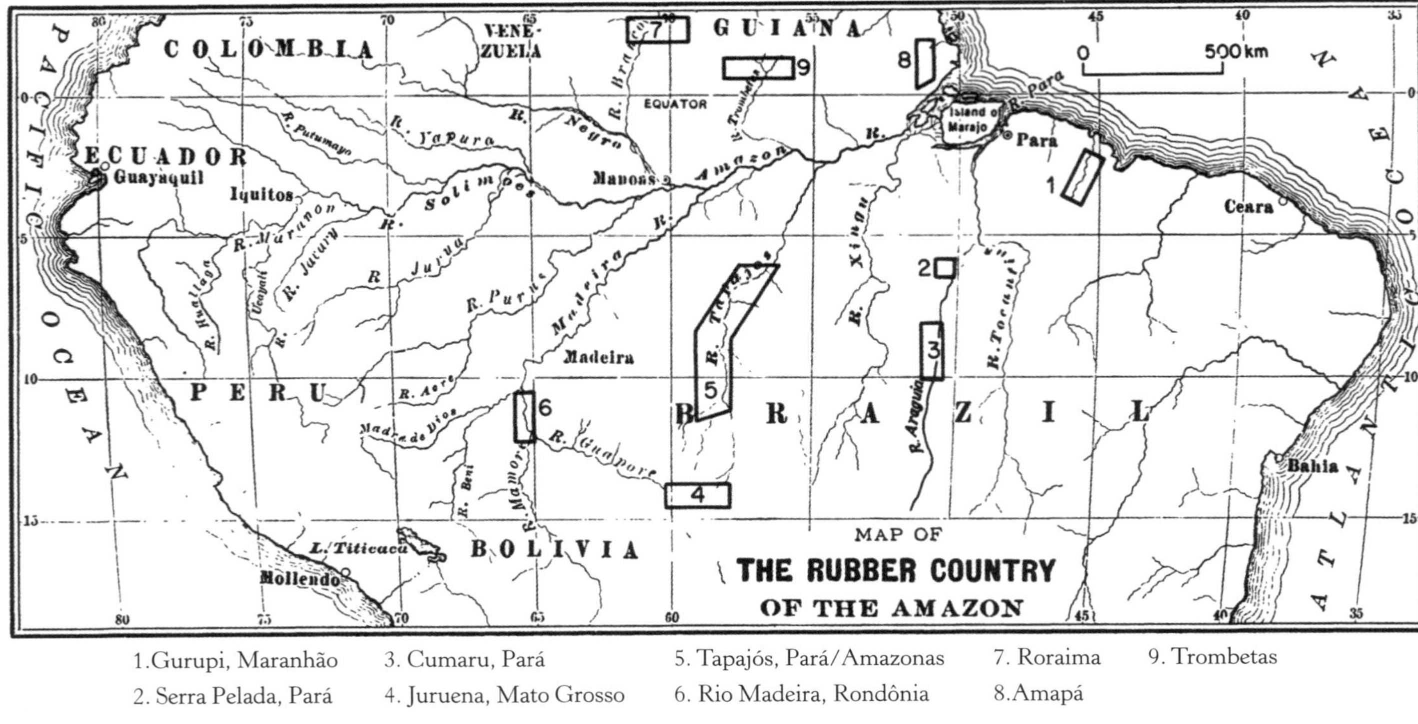

1. Gurupi, Maranhão
2. Serra Pelada, Pará
3. Cumaru, Pará
4. Juruena, Mato Grosso
5. Tapajós, Pará/Amazonas
6. Rio Madeira, Rondônia
7. Roraima
8. Amapá
9. Trombetas

Produção de ouro nas áreas da Bacia Amazônica.

esse *status* desejável. A habilidade dos Kayapó, de jogar com o medo dos garimpeiros, permitiu que eles também se concentrassem e controlassem melhor as atividades do garimpo. Os Kayapó usaram esse dinheiro para demarcar as suas terras, mas podem ter de pagar outros sérios custos.

Os Kayapó têm defendido ferozmente suas terras contra colonos e fazendeiros – incluindo um ataque a uma fazenda em que 21 invasores foram mortos –, mas as tentações e pressões dos garimpos são mais insidiosas. Os garimpos podem pagar a demarcação, os aviões, os caminhões, os cuidados médicos e o aumento da autonomia, reduzindo a dependência da sempre problemática Funai. Entretanto, os garimpos também trazem a ameaça de mais invasão de outros rios e córregos à medida que os garimpeiros buscam novas descobertas. Eles trazem a malária virulenta, que tem resultado em um aumento de até 600% nos casos de febre debilitante nas tribos. Eles poluem os cursos d'água e tornam as áreas de pesca inúteis. O que antes era água cristalina, onde as mulheres se lavavam e as crianças brincavam, tornou-se um fluxo oleoso e túrgido, cheio de doenças transmitidas pela água e, acima de tudo, de mercúrio, mais sutil e mortal.

Um estudo realizado em 1988 pelo Departamento de Minas e Energia indicou que as crianças Kayapó, distantes da fossa do garimpo, apresentam níveis de mercúrio no sangue apenas levemente inferiores aos níveis no sangue dos próprios garimpeiros.[26] Tais números representam um desastre ambiental de grandes proporções. As propriedades tóxicas do mercúrio são conhecidas desde a Idade Média, quando o processo de amalgamação era utilizado para a extração de prata. Essa técnica envolve a passagem de uma pasta do minério sobre placas de cobre revestidas de mercúrio, às quais as partículas de ouro aderem. Essas partículas são raspadas periodicamente, mas o mercúrio restante misturado ao ouro é removido por destilação, vaporizando no ar.

Onde quer que tenha ocorrido, o uso de mercúrio foi associado ao envenenamento humano; os níveis de envenenamento que provavelmente aparecerão na Amazônia prometem eclipsar Bhopal,[27] ou qualquer caso

---

26 As crianças Kayapó têm um nível médio de sangue de 4,74 partes por milhão e os garimpeiros que trabalham na mina Cumaru a montante têm níveis de 4,97 ppm. O limite superior aceitável é geralmente tomado como duas partes por milhão, de acordo com da Silva et al. (1988).

27 Referência ao desastre ambiental de 1984 na cidade de Bophal, na Índia, quando mais de 500 mil pessoas foram expostas ao vazamento de gás altamente tóxico oriundo da fábrica de pesticidas da Union Carbide. (N. T.)

de envenenamento industrial. A escala descentralizada e generalizada de contaminação por mercúrio do meio ambiente e de seus habitantes não tem precedentes históricos. O que se sabe sobre o envenenamento por mercúrio é o resultado de algumas exposições de "pontos quentes" no mundo industrial. Em 1985, uma das autoridades em toxicidade do mercúrio indicou que cerca de 8 mil casos foram documentados ao redor do planeta, e que cerca de oitocentas pessoas morreram. Claramente desinformada sobre a corrida do ouro na Amazônia, esta avaliação se concentrou nos famosos envenenamentos de Minamata[28] e em um caso desastroso de uso de agrotóxicos, quando grãos encharcados de mercúrio para retardar o crescimento de fungos foram ingeridos letalmente por turcos.

A contaminação por mercúrio pode ocorrer por contato direto: inalação dos vapores; absorção pela pele, manuseio de pastas de mercúrio e ouro; absorção pelo trato intestinal (quando o mercúrio que transporta poeira atinge os alimentos, ou utensílios ou mãos entram em contato direto com o elemento). Todos os dias, centenas de milhares de mineradores estão em risco por causa desse contato direto. A intoxicação indireta vem da ingestão de alimentos contaminados, principalmente peixes de águas contaminadas com o metal pesado. Mesmo a absorção de quantidade muito pequena de mercúrio por dia pode resultar em sintomas de envenenamento, uma vez que o mercúrio penetra e se acumula no sistema nervoso central.

Quais são os sintomas da toxicidade pelo mercúrio? Os sintomas subclínicos incluem irritabilidade, dificuldade de audição, problemas renais, insônia, febre baixa, comportamento maníaco-depressivo e perda de memória; em suma, um vago conjunto de sintomas que podem variar de efeitos semelhantes a uma ressaca, malária ou qualquer número de doenças menores. Nesse caso, porém, os efeitos cumulativos também incluem a loucura (os chapeleiros malucos das primeiras indústrias manufatureiras e Lewis Carroll)[29] e terríveis defeitos de nascença.

---

28 Referência ao desastre ambiental ocorrido no Japão, na cidade de Minamata, em 1952, com envenenamento por mercúrio provocado por uma fábrica de alimentos. (N. T.)

29 Referência ao debate controverso sobre a inspiração de Lewis Carroll ao criar o Chapeleiro Maluco da obra *Alice no País das Maravilhas*. O autor teria se inspirado nos chapeleiros descritos em trabalhos que analisam a intoxicação por mercúrio em chapeleiros de 1860. Essa suposição é contestada, no entanto, dadas as comparações de sintomas e características do personagem. Ver O'Carroll, G. et al. The Neuropsychiatric Sequelae of Mercury Poiso-

Rogério da Silva e seus colegas em Belém analisaram sangue, urina e cabelo de pessoas direta e indiretamente expostas ao mercúrio, e os dados são extremamente preocupantes: 25% dos índios Kayapó testados tinham quantidades excessivas de mercúrio; e os mineiros do Tapajós apresentaram níveis de mercúrio acima do normal em 37% dos casos.

Ninguém sabe ao certo quantas pessoas foram expostas ao envenenamento por mercúrio nas minas de ouro de aluvião na Amazônia, mas o Departamento Nacional de Produção Mineral de Belém sugere que existam cerca de 500 mil garimpeiros diretamente envolvidos na mineração de ouro e que teriam sido envenenados.[30] Por causa da forma como o mercúrio é absorvido pelo ecossistema, haverá muitas outras vítimas.

Encontramos mercúrio em formas inorgânicas e orgânicas, porém é mais nocivo quando se torna metilado, processo no qual ele é facilmente absorvido, em particular, pelo sistema nervoso central. Ele passa pela placenta e interrompe a divisão cromossômica e celular do feto em níveis baixos e também se acumula em partes do cérebro. Os sintomas de envenenamento não ocorrem de imediato. O mercúrio pode ser metilado por micro-organismos, nas vísceras de peixes ou em várias outras vias biológicas. Nas águas da Amazônia, o processo químico conhecido como metilação do mercúrio (que o torna muito mais biologicamente ativo) é estimulado por metais como ferro e manganês, comuns nas águas amazônicas. A metilação é ainda mais intensificada com o aumento da acidez da água, o que, infelizmente, pode transformar os reservatórios de água da Amazônia em áreas extremamente tóxicas. As barragens na Amazônia inundam florestas vivas, e debaixo d'água, sem ar, a vegetação em decomposição gera grandes quantidades de ácidos húmicos que aceleram os problemas da metilação.

Os enormes lagos que ficam atrás dessas barragens são potencialmente mais virulentos em termos de mercúrio do que as águas correntes. O mapa dos projetos de barragens atuais e previstos do Brasil coincide com precisão assustadora com muitas de suas áreas de mineração. A zona de mineração do

---

ning. The Mad Hatter's Disease Revisited. *British Journal of Psychiatry*, v.167, n.1, 1995; Waldron, H. A. Did the Mad Hatter have mercury poisoning?, *British Medical Journal*. v.287, dec. 1983. (N. T.)

30 Este número baseia-se na estimativa de que existiram 300 mil garimpeiros em determinado momento nas minas de ouro, mas que eles se dedicavam periodicamente a outras atividades, como agricultura, construção e extração. Ver R. Silva et al. (1988).

Amapá-Guiana se sobrepõe a três barragens planejadas para essa área; as zonas de mineração Tapajós-Alta Floresta, com sua respeitável história de mineração, podem infectar as seis barragens projetadas para o Tapajós e seus afluentes com águas e sedimentos carregados de mercúrio. As zonas do sudeste de Pará, Altamira-Tocantins-Carajás, marcadas por numerosos garimpos, devem ser o local de dezenove barragens construídas em vários rios para atender o corredor industrial, o Novo Vale do Ruhr, que está planejado para a área. Os rios Xingu, Araguaia e Tocantins serão afetados. A zona de mineração de Paru-Jari possui sete barragens encaixadas em seus cursos d'água. Trombetas, famosa por suas minas de bauxita, também indica prósperas jazidas de aluvião, e os planos de longo prazo preveem quatro barragens. Os impactos ambientais das barragens são muito debatidos, mas suas implicações, como os depósitos de resíduos de mercúrio, são ainda mais alarmantes.

O mercúrio encontra suas vítimas de várias maneiras, porém a mais comum é pela cadeia alimentar, pois os peixes concentram mercúrio em grandes quantidades. O Departamento Nacional de Produção Mineral testou os peixes que vivem perto de vários garimpos e das águas em que habitam; todos eles estavam acima dos limites toleráveis, assim como estavam 80% das amostras de água. Quando enormes cardumes de peixes mortos apareceram nas águas do Pará e do Mato Grosso em 1985 e 1986, muitos consideraram que o envenenamento por mercúrio seria a causa. Outros animais selvagens, particularmente aves aquáticas carnívoras, também são afetados. Mesmo áreas protegidas distantes de minas sentirão o efeito da água envenenada. O Pantanal, no oeste de Mato Grosso, talvez o maior pântano do mundo, lar de inúmeras aves migratórias e rica fauna, já foi contaminado; a mineração de ouro ocorre no parque nacional, de 2,4 milhões de acres, no Tapajós. Com a mineração ativa dentro das reservas, isso certamente afeta os nativos que lá vivem. Refúgios do mercúrio são cada vez mais difíceis de encontrar, e mesmo áreas protegidas de outras formas de invasão – os parques nacionais, os refúgios de vida selvagem, as reservas indígenas – sentem suas consequências. Ainda mais preocupantes são as implicações do mercúrio nas represas, seja nas grandes barragens que estão sendo construídas, seja as que estão ainda sendo amadurecidas na imaginação faraônica dos desenvolvedores do Brasil.

Os mineiros na Amazônia

Quem são esses 500 mil garimpeiros trabalhando em minas de aluvião ao longo do sul do Pará, ao longo do rio Tapajós, no Gurupi, no norte do Mato Grosso perto de Alta Floresta, mais ao norte no Amapá, na drenagem do Trombetas e no Carajás? Contemplando paisagens tão tóxicas, é tentador insultar os garimpeiros pelo veneno que administram à terra, ar e água, à cada pepita de ouro que extraem. Na luta pelo ouro, muitas vezes eles estão do outro lado das linhas de batalha dos indígenas, mas, na verdade, eles têm uma existência ainda mais afetada em muitos casos, já que as fileiras de garimpeiros estão inchadas de pessoas sem terra ou quase sem terra.

Existem diversos estereótipos: o garimpeiro aventureiro – um esbanjador vulgar que desperdiça sua fortuna em bebidas, mulheres e várias extravagâncias, e que acaba na mina falido e sóbrio –, o garimpeiro predador, ganancioso e indisciplinado, o destruidor da floresta. Essas imagens, como tantas outras da Amazônia, ilustram o que o observador vê. O isolamento do garimpeiro, o trabalho árduo e a esperança de um golpe de sorte, alimentam esses mitos; a história da região está impregnada de caça ao ouro, e esses mitos guardam as verdades da vida desse trabalhador.

Existem muitos tipos de garimpeiros, assim como existem variados tipos de garimpos, as minas de aluvião em terraços geológicos ou margens aluviais. Eles vão desde minas nas profundezas da floresta, com alguns homens segurando uma "cobra fumando" ("cobra fumante" é a bomba usada para explodir os sedimentos e um dos maiores avanços técnicos), até milhares de homens subindo e descendo caminhos precários, desbastando as saliências e as entranhas da Serra Pelada. No código oficial do governo, os homens descritos como mineiros são os que trabalham as "formações naturais aluviais com tecnologia rudimentar e cujo processo produtivo se caracteriza pela natureza individualizada do trabalho". Presumivelmente elaborada em um escritório de mineração brasileiro, essa classificação serviu como foco de conflito entre os métodos de garimpo de mão de obra intensiva e os procedimentos mecanizados das mineradoras formais.

Nos poucos levantamentos realizados sobre eles, chegou-se à conclusão de que os garimpeiros são principalmente homens jovens, entre 15 e 25 anos, e mais da metade é filho de pequenos agricultores. Também podem ser pequenos extratores de castanha-do-pará e outros produtos florestais, ou podem trabalhar no setor informal urbano – trabalhadores da construção civil ou da extremidade inferior dos mercados de emprego formal urbano, como mensageiros, vendedores de loja ou assistentes. Sejam eles rurais ou urbanos, os garimpeiros fazem parte dos segmentos mais precários da economia amazônica; a vida no garimpo oferece uma esperança real de mobilidade social: poder comprar uma participação e obter *status* e renda por poder contratar trabalhadores para si. Controlar o próprio trabalho e estar livre de capatazes opressores, essas, junto à renda, são as reais vantagens do garimpo. A maioria dos que possuem reivindicações em áreas de mina começou como garimpeiro e progrediu até de *status*.

Trabalhar em um garimpo é uma opção para os que estão à margem da economia urbana ou rural. Os maiores campos de ouro, como Serra Pelada ou Cumaru, atraem pessoas de todo o Brasil, mas as dezenas de minas menores obtêm seus trabalhadores do interior local. O trabalhador que pode bamburrar, ou ficar rico, tem a possibilidade de deixar o garimpo quando se faz necessário na fazenda da família ou por algum outro motivo. Em todo caso, os salários que ele ganha excedem por uma margem considerável as normas das zonas rurais. Como pequenos garimpeiros de outros lugares,[31] garimpeiros podem trabalhar nas minas para complementar a renda obtida pela agricultura. Para um pequeno agricultor, sempre sob ataque de dificuldades internas e externas, e da natureza errática dos mercados de trabalho em toda a Amazônia, o garimpo é uma dádiva de Deus.[32]

Diferentemente do caldeirão social hobbesiano invocado pelo governo, o garimpo é regido por um conjunto complexo de normas e uma ideologia de independência e solidariedade.[33] Todas as formas de trabalho podem ser encontradas, desde pecuária até arrendamento e trabalho assalariado. Dado o contexto de constante e violento confronto nas zonas de assentamento, o garimpo serve como uma importante válvula de escape para os resultados previsíveis da crise agrária.[34]

O significado do garimpo encontra-se no setor agrário. Algumas estatísticas ajudam a contar a história. Em um estado como o Pará, quase 90% das

31 Godoy (1985).

32 Como destaca Schmink (1985).

33 Essa discussão sobre garimpagem é baseada no trabalho de Cleary (1987), Schmink (1987), Godoy (1985), Silva, Souza e Bezerra (1988), Rocha (1984) e M. Baxter (1975).

34 Ver L. F. Pinto (1980).

propriedades estavam em menos de 240 acres (lote padrão de colonização) e ocupavam 20% da área privada. Elas empregavam 82% da força de trabalho rural e produziam mais de 65% do valor agregado na agricultura. As propriedades com mais de 2.400 acres devoraram cerca de 60% da área privada, absorveram cerca de 3% da mão de obra e produziram apenas 13% do valor agrícola. Enquanto as pequenas propriedades se concentravam nas áreas próximas a Belém e nas zonas do estuário, onde esses agricultores podiam vender para a cidade, as grandes propriedades ocupavam os chamados "espaços vazios", as áreas de floresta supostamente livres dos extrativistas, caboclos e camponeses e, portanto, disponíveis para as enormes explorações que foram incentivadas nessas áreas. Nada menos que 23 dos 28 maiores latifundiários do Brasil têm suas imensas propriedades na Amazônia, cobrindo mais de 60 milhões de acres.

Os títulos falsos, as fazendas vazias

Os pequenos produtores amazônicos surgem de duas forças basicamente diferentes. Os primeiros são os caboclos, a população do interior formada a partir de uma longa história de destribalização, miscigenação e extração, a partir de cada onda imigrante que deixou pessoas na região. Vivendo do extrativismo, da agricultura, da caça e da pesca, esse grupo ocupou as terras como posseiros, arrendatários, meeiros e peões endividados. Tais direitos derivam de acordos informais com aqueles que reivindicaram vastas propriedades dos tempos passados, por meio de concessões coloniais e direitos de enfiteuse, ou seja, direitos de usufruto concedidos pelo Estado, em que se permite a exploração de recursos de superfície, como castanha-do-pará e borracha. Central para qualquer compreensão da questão da terra é a importância do Estatuto da Terra de 1964, que previa a "terra para o agricultor". Se uma pessoa pudesse comprovar o uso efetivo – cultivo por um ano e um dia – então poderia reivindicar a propriedade.

As questões de titulação de terras na Amazônia eram hilárias, exceto pelo desastre humano e ecológico que elas implicam. Grande número de títulos amazônicos se baseia em fraudes descaradas. Não apenas o controle sobre a terra e os títulos mudou diversas vezes entre os níveis federal e estadual, mas a legislação e a política de fato tiveram de resolver os conflitos de apropriação estatal, direitos do usuário, apropriação do usuário e proteção da propriedade, em um contexto de severa má distribuição de recursos e de violência latente. Os direitos reconhecidos pela lei brasileira iam desde as sesmarias, títulos dos séculos XVII e XVIII, cujo uso era tão extenso quanto eram esboçados os levantamentos que os definiam, aos direitos dos humildes posseiros. Os escritórios de terra onde os arquivos eram alojados rotineiramente pegavam fogo, ou os documentos desapareciam misteriosamente; distritos inteiros eram vendidos ilegalmente.[35] A confusão e o potencial para fraudes e para reivindicações concorrentes eram enormes.

Em princípio, sob o Estatuto Fundiário de 1964 e das leis de usucapião de 1980, aqueles que comprovam que ocupam a terra há cinco anos e a tornam produtiva podem reivindicar legalmente os chamados direitos de posse. Essa questão dos direitos de uso dos pequenos proprietários *versus* outras formas de titulação tornou-se central nas lutas dos extrativistas – seringueiros e castanheiros – e pequenos agricultores à medida que os grandes latifundiários e grileiros começaram a desmatar as florestas. O que ficou comprovado é que, ao final, nas reivindicações de terras na Amazônia o que vale é a lei do mais forte.

Nessa situação caótica, o governo de Mato Grosso emitiu títulos de uma área de 12 milhões de acres maior que o estado. Outros Estados foram ainda mais mesquinhos. O estado do Pará, por exemplo, emitiu apenas 5.137 títulos entre 1975 e 1980, em pleno frenesi do *boom* especulativo do Pará; as autoridades eram coniventes com os especuladores. Benedito Tavares, especulador fundiário do Acre, comentou que com US$ 10 se comprava facilmente qualquer autoridade policial. Em todo o interior da Amazônia, os advogados usavam rotineiramente os registros de cartórios como a primeira linha de defesa contra quaisquer acusações de irregularidades na titulação. Adicionava-se zeros ao tamanho dos depósitos, as assinaturas eram forjadas, as páginas eram destruídas e ocorriam milagres da geografia, uma vez que os rios mudavam seus cursos da noite para o dia.

Também era comum a comercialização dos títulos de aluguel estatal como títulos de propriedade. Os aforamentos por usufruto davam aos

35 Em uma simulação da economia pecuária sob vários regimes de preços, com e sem subsídios e especulação e com diferentes tipos de tecnologias, Hecht, Anderson e May (1988) mostraram que a produção de gado (sem créditos, sem sobrepastoreio e sem valorização da terra) só era economicamente viável em condições muito específicas. O sobrepastoreio melhorou um pouco o cenário econômico. Ver também os excelentes estudos de Browder (1988).

proprietários o acesso a imensas áreas para o extrativismo. Em épocas anteriores, a renovação dos direitos era obrigatória, mas nos anos 1950 muitos desses direitos tornaram-se perpétuos. Com a explosão dos mercados capitalistas de terras na Amazônia e a caótica titulação, as reivindicações de recursos extrativistas em grandes áreas foram rapidamente comercializadas como reivindicações de terras. Essas reivindicações de recursos ocorriam na última parte do século XIX e início do século XX, por meio de violência e coerção; os donos dessas terras eram aqueles que controlavam o comércio em uma determinada área. A Sudam agravou esse problema: foram fornecidos títulos de grandes áreas do Estado, com pouca consideração pela existência de formas econômicas anteriores ou arranjos legais. A total despreocupação com a distribuição dos títulos de terra gerou a piada "Se o governo não dá títulos, nós fazemos os nossos". E foi isso que aconteceu.

A maneira mais segura de reivindicar a terra e todos os seus direitos e obrigações era limpar a maior área o mais rápido possível. Segundo a lei brasileira, a área de floresta desmatada é a evidência de uso efetivo e, portanto, cumpre o que as leis agrárias chamam de "ocupação social" da terra, tornando a pessoa que desmata a floresta o mais forte reivindicador por um título, minimizando a probabilidade de desapropriação posterior. O "uso efetivo" na Amazônia geralmente destruía grandes áreas de floresta para a produção de gado, muitas vezes deslocando os moradores de florestas, de indígenas a camponeses. A pastagem de gado, que se esgota em menos de dez anos, gerou valores de terra que ultrapassavam o valor da floresta em 30%.

Títulos sobrepostos e fraudes generalizadas colocaram mais de 12 milhões de acres em disputa acirrada apenas na Amazônia oriental. Repetidamente, os conflitos que se seguiram empurraram os antigos habitantes e migrantes para novas áreas mais distantes da fronteira ou mesmo para outros países. Pesquisas de migrantes descrevem uma história implacável de despejo de pessoas pelo gado e pelo desgaste de colonos, que vão da violência à desocupação.

As seduções da terra e da pecuária

Em toda a Amazônia brasileira, a expansão da pecuária esteve intimamente ligada à expansão das estradas e a uma variedade de créditos que iam de incentivos fiscais a empréstimos agrícolas subsidiados (o controle de grandes áreas de terra foi fundamental para a obtenção desses créditos e ganhos especulativos). Os grileiros, famintos por terra, começaram a vagar por toda a Amazônia, e a pecuária tornou-se forma de comprovação para obter o uso definitivo da terra, ocupando mais de 85% da área desmatada da região. Em níveis de produtividade muito baixos (um animal por 2,4 acres, ou um hectare), os custos de criação de gado raramente eram cobertos pelo preço de venda. Por outro lado, o valor dos créditos subsidiados e os valores crescentes da terra compensavam generosamente o desempenho irrisório da pecuária. Os latifúndios cobriam a paisagem amazonense, gerando a pior distribuição fundiária de todo o Brasil. Enquanto os novos latifundiários agitavam seus títulos fraudulentos e espalhavam suas propriedades em terrenos do tamanho de reinos, violentas disputas irrompiam entre os moradores que ocupavam os locais havia décadas ou, no caso dos indígenas, milênios. Aqueles que viviam do uso sustentável da floresta tiveram de confrontar fazendeiros e grileiros cuja fortuna vinha do desmatamento. Imigrantes empobrecidos do sul do Brasil, atraídos pelos sonhos da propriedade da terra, viram-se enredados nesses conflitos, pois também passaram a reivindicar parte dessas propriedades pelo único meio de que dispunham, a destruição da floresta.

Em um contexto de especulação imobiliária frenética, o Acre naturalmente atraiu a atenção. Barões da borracha desesperados, terrenos abaixo do preço, desenvolvimento de estradas, tudo isso criou o sonho de um especulador. No período entre 1972 e 1976, os preços da terra no estado do Acre aumentaram entre 1.000% e 2.000%, e mais de um terço do estado – cerca de 12 milhões de acres – mudou de mãos durante esse período. Destes, apenas 81 títulos, totalizando meros 18.500 acres, foram formalmente regulamentados pelo órgão estadual de terras, o Incra. Onde a frente especulativa avançava também aparecia o pasto. Reformulando Tácito, onde eles fizeram um deserto, deram o nome de lucro.

A criação do pasto exigiu legiões de homens para a fase em que a floresta foi destruída; depois, houve poucos empregos. Mesmo fazendas capitalizadas por altos subsídios governamentais da Sudam superestimaram em cerca de 60% o número de empregos que a pecuária criaria em seus empreendimentos. A pecuária ocupou terras e criou empregos de curto prazo, mas, no final, deixou em cinzas as enormes áreas desmatadas de árvores e as rendas produtivas que elas ofereceram.

As fazendas financiadas pela Sudam tiveram papel emblemático na expansão da pecuária na Amazônia. Especialmente favorecidas e, como vimos, também ricamente subsidiadas, essas fazendas são apenas um punhado de mais de 50 mil empresas de todos os tamanhos que criam gado na Amazônia. Como símbolos do setor "propulsor" do desenvolvimento rural amazônico, os investidores receberam grandes propriedades, cuja área média era de pouco menos de 60 mil acres, e vários projetos gigantescos com mais de 250 mil acres. Esses projetos receberam quase 1 bilhão de dólares em incentivos, e seu desempenho foi péssimo.

As fazendas da Sudam superestimaram grosseiramente a sua produtividade. Em parte porque as restrições à produção não foram bem examinadas, em outra porque quanto mais ambicioso o projeto, mais abundante o incentivo. Em média, eles atingiram cerca de 8% a 15% de suas projeções. Cerca de 30% dos grandes projetos foram abandonados, enquanto 40% não venderam nada (em um levantamento, apenas três desses projetos foram considerados rentáveis). Vários estudos mostraram que a pecuária na Amazônia não era lucrativa sem subsídios ou sem especulação.[36] Além disso, dos 86 projetos pesquisados, 48 não tinham títulos regulares – isso em um contexto de conflito fundiário incendiário.

Utilizando, principalmente, a mão de obra temporária, essas fazendas representavam os piores usos da terra imagináveis em termos sociais e econômicos. Quase qualquer atividade daria um retorno maior por acre se apenas o valor real derivado da produção animal fosse calculado. As principais vantagens, é claro, eram os ganhos principescos a serem obtidos por meio de isenções fiscais, subsídios e venda de grandes partes das enormes propriedades. Muitos proprietários conseguiram iniciar quatro ou cinco projetos simultaneamente, fizeram pequenas modificações e os venderam, promovendo um negócio vivo na compra e venda dessas grandes participações. Cerca de 20% desses projetos foram cancelados por gestão inadequada. A monopolização de vastas terras e a constante expulsão de colonos e moradores da floresta fizeram as áreas da Sudam se tornarem os locais mais violentos.

As atividades pecuaristas em grande escala na Amazônia, junto de seus efeitos nefastos, têm sido muito discutidas, mas as maiores taxas de

36 Essa discussão se baseia em Gasques e Yokomizo (1986); Hecht (1982a, 1982b, 1982c, 1985), Hecht, Norgaard e Possio (1988) e Browder (1987).

desmatamento ocorrem, atualmente, em Rondônia, onde colonos e pequenos produtores também estão intimamente envolvidos no desmatamento para pastagens, que hoje ocupa cerca de 84% de toda a terra desmatada. O aumento dos rebanhos de Rondônia foi superior a 3.000% no período entre 1970 e 1988. A prevalência de pastagens no contexto das pequenas propriedades quase não recebeu atenção.

O gado e o pequeno colono racional

Por que a pecuária deve figurar com tanto destaque na estratégia dos pequenos agricultores? Existem várias razões que dizem respeito à flexibilidade biológica dos animais e suas características inusitadas no contexto das economias rural e nacional. O gado e, de forma geral, a pecuária têm sido um dos meios de atenuar o risco na agricultura. Para a estratégia de um pequeno agricultor, o gado complementa a renda, na forma de leite ou de bezerros, e se, como é frequente na Amazônia brasileira, houver desastres agrícolas, o animal pode se tornar uma grande parcela de renda emergencial quando vendido. Dessa forma, ele atenua as vicissitudes da agricultura. A capacidade dos animais de se movimentar entre os valores de uso e de troca é importante para os pequenos produtores, assim como é o mercado local, que precisa de produtos de origem animal, entre os quais a carne bovina, que alcança o preço mais alto que qualquer fonte de proteína e o valor mais alto por quilograma de qualquer alimento básico. O gado oferece esses benefícios de mercado com menor custo de mão de obra do que arroz, feijão, milho, mandioca ou plantações de árvores. Ao contrário das culturas, os valores dos animais são flexíveis. A venda ou o abate do gado é determinado pela necessidade de uma família ou pelas oportunidades do mercado, e não pelos cronogramas biológicos da produção agrícola que, muitas vezes, prejudicam os pequenos agricultores, pois todos trazem suas principais culturas ao mercado simultaneamente.

A produção de gado também prolonga a vida econômica de uma área desmatada. As produções de locais plantados com culturas se esgotam no prazo de três anos, quando, em geral, são plantados com grama. Esta terra se converte em pasto até ficar sufocada com ervas daninhas, ou tão degradada que nenhuma forragem crescerá. Embora a produtividade dessas pastagens esteja entre as mais baixas da Amazônia, elas proporcionam um retorno marginal em um pedaço de terra que, de outra forma, geraria muito pouco para o colono. Essa atividade pode ser um pequeno incremento, mas a sua importância para as famílias pobres não pode ser facilmente descartada, em especial porque os custos do trabalho são baixos. Em economias com altas inflações, investir em animais é uma forma de os camponeses protegerem seus bens. Para pessoas que podem não se sentir confortáveis com os bancos, e também onde as taxas de juros não acompanham as taxas de inflação, essas estratégias são consideradas razoáveis. Projetos de colonização têm frequentemente produzido linhas de crédito para pequenos produtores de gado; há claros benefícios na compra de um bem valioso mediante empréstimo, cujo valor está constantemente evaporando, enquanto o valor do animal supera ou pelo menos se mantém no nível da inflação.

O papel do gado como meio de reivindicação de terras é bem desenvolvido para os pequenos proprietários e segue quase a mesma lógica dos grandes proprietários. Em toda a Amazônia, o pasto é a forma mais barata e fácil de reivindicar direitos de ocupação. Se, como muitas vezes acontece, uma família camponesa possui uma parcela de título questionável, e essa terra é adjudicada, quanto maior a área desmatada, maior a indenização se o camponês for desapropriado. Como as áreas desmatadas para pastagem têm um valor cerca de um terço maior do que a floresta, a capacidade do camponês de especular também aumenta. Entre os colonos, a especulação fundiária e a indenização pelo Estado ou por latifundiários maiores ocorrem com certa frequência. Dada a natureza dos lucros inesperados na Amazônia, um golpe de sorte no garimpo pode produzir imensos excedentes para uma família rural. Nesse caso, um dos poucos meios de diversificação da economia regional envolve muitas vezes o investimento em terras com gado.

Há muito simbolismo no gado como um item de prestígio na cultura luso-brasileira, e certamente há um elemento de orgulho em imitar a distinção desfrutada pelos ricos proprietários e seus brilhantes rebanhos brancos. Mas, com ou sem a sobreposição simbólica, a diversidade de fins econômicos que pode ser atendida pelo gado os torna muito atraentes para os colonos. Quer essas vantagens se concentrem na conveniência para a casa que luta no dia a dia ou na forma como o gado pode ser usado no contexto de maiores pressões econômicas, ele propicia um benefício extraordinário em comparação com o cultivo de culturas perenes, que muitos consideram ser um uso da terra mais apropriado. Não é de se surpreender que os camponeses de todos os lugares reivindiquem o gado e estejam decididos a limpar o pasto para o dia em que poderão aumentar seus humildes rebanhos.[37] A pecuária

---

37 Se a produção de gado é uma estratégia para o pequeno agricultor, mas é nocivo em suas consequências maiores, não é difícil argumentar de forma semelhante sobre a produção de coca, que é uma atividade importante da história da Bacia Amazônica e do futuro das florestas. A pecuária é devastadora para as economias locais, não absorve mão de obra, monopoliza a terra, marginaliza populações que podem ter desenvolvido usos sustentáveis da terra. A coca está bem adaptada às condições da Amazônia. Domesticada pelos indígenas do alto Amazonas, ela tem uma vantagem de produção em zonas tropicais segundo economistas: é adequada para o consórcio com culturas agrícolas e arbóreas. Ao contrário de muitas culturas perenes, a coca pode começar a ser colhida em curto prazo. Pode ser propagada por corte ou sementes, por isso é fácil de se movimentar. Além disso, pode ser colhida dentro de seis meses, então há uma boa colheita de dinheiro quase imediatamente, o que para os camponeses pobres é atraente.

Em meio ao fracasso e à emigração de colonos na Bacia Amazônica, as taxas mais baixas estão nas áreas produtoras de coca. A coca é lucrativa o suficiente para pagar por insumos como fertilizantes, tem alta demanda de mão de obra, cria muitos empregos locais e boa remuneração Seus produtores não estão entre os trabalhadores mais explorados do mundo; nas áreas produtoras de coca, os diaristas são bem pagos. Isso, por sua vez, gera uma demanda local efetiva por produtos agrícolas, de modo que uma economia agrícola razoável pode se desenvolver, alimentada pela demanda de alimentos para a população sem-terra envolvida na colheita. Seu processamento na primeira etapa é simples, de modo que o manuseio local e a industrialização incipiente são possíveis. É um modelo de como deve ser uma cultura comercial, e pode-se ganhar dinheiro decente. Enquanto o gado rende alguns dólares por acre; cacau, talvez US$ 150 a US$ 200 o acre; uma safra de milho de curto prazo, talvez US$ 150 o acre, a coca rende entre US$ 5 mil e US$ 10 mil por acre. Este é o camponês racional falando. Como o processamento local é tão simples, é fácil quebrar os monopólios no primeiro estágio de processamento, para que os intermediários locais (comércio local) possam prosperar, com os sonhos dos agricultores jeffersonianos finalmente se tornando realidade.

No entanto, é um produto ilegal. Além disso, a coca é cultivada em áreas que tendem a estar sob controle de grupos revolucionários e onde os mafiosos também circulam. A mera presença desses movimentos significa que essas áreas se tornam foco de contrainsurgência, muitas vezes sob o pretexto de controle de drogas. Tais áreas são, cada vez mais, zonas de violência. A agricultura da cocaína é a política de desenvolvimento das nações andinas de uma forma muito fundamental. Tudo nos países produtores de coca, da direita para a esquerda, repousa sobre essa imensa base econômica, pois o negócio de exportação dos países produtores de coca andinos vale US$ 60 bilhões. O flanco andino da Bacia Amazônica é administrado pelo comércio de coca, responsável por mais empregos e mais exportações do que qualquer outra atividade.

Em uma área de produção de coca, pessoas cuja ambição na vida era possuir uma mula, encontram-se, em seus termos, tendo muito dinheiro. Historicamente, um camponês investe em atividades relacionadas à terra. Um dos fatores que tem alimentado a pecuária nessas áreas é o superlucro da coca, já que há escassez de outros investimentos. No Guaviare, na Colômbia, por exemplo, há 12 mil hectares produzindo coca e 330 mil hectares destinados para a pecuária.

reduz o risco, protege os bens e, sendo fácil de comercializar, prolonga a vida e o valor da parcela de terra com um mínimo de esforço, uma vez que a criação do gado é um investimento relativamente barato e acessível.[38] Assim, tanto para os grandes como para os pequenos proprietários, as vantagens do gado são incontornáveis. Infelizmente, esses benefícios privados têm custos públicos muito desastrosos em termos de meio ambiente e suas implicações para a economia regional.

Como já descrevemos, as pastagens na Amazônia não permanecem produtivas por muito tempo. Quando a floresta é desmatada para pastagem, há uma descarga de nutrientes à medida que os elementos retidos no material vegetal são liberados para os solos, mas os nutrientes do solo declinam rapidamente para níveis abaixo daqueles necessários para manter a produção de pastagens. O valor nutritivo das gramíneas diminui, as ervas daninhas arbustivas começam a invadir o pasto e os solos tornam-se compactados. Desmatar as pastagens cortando o mato, queimando e fertilizando, pode dar às pastagens uma nova vida útil, ainda que curta, embora a economia de manter pastos em vez de desmatar novas terras seja contrária ao manejo das terras desmatadas existentes.[39] Novas áreas são constantemente desmatadas à medida que as antigas saem de produção. Os pastos na Amazônia são degradados e frequentemente abandonados em apenas dez anos, e essas terras degradadas são extremamente difíceis de recuperar. No final, a derrubada de pastagens muitas vezes condena a terra ao desperdício, e mais de 50% das áreas desmatadas têm sido abandonadas.

Em termos de economias regionais, o gado gera empregos efêmeros na fase de corte e manejo do mato, mas não absorve muita mão de obra em nenhuma escala de produção. Esta é uma vantagem privada tanto para os camponeses como para os grandes proprietários, mas para a economia regional é um desastre. A pecuária gera muito pouco emprego: a fazenda padrão usa principalmente mão de obra temporária e cerca de um vaqueiro para cada 3.600 acres desmatados. As ligações com outras partes da economia regional são bastante fracas: implementos, sementes, arames, suplementos para animais e produtos veterinários são todos provenientes do Sudeste do Brasil, de modo que os maiores benefícios dessas transações são

38 Serrão e Toledo (1988). Ver também Hecht (1982b, 1982c, 1985), e Buschbacher (1986).
39 Gasques e Yokomizo (1986).

para comerciantes e transportadores, enquanto a maior parte dos ganhos de emprego ocorre em São Paulo. Os centros urbanos locais consomem carne bovina amazônica, e algum emprego é gerado nos pequenos abatedouros e açougues, mas a maior parte da mão de obra ligada ao desenvolvimento de pastagens está no trabalho ocasional. As receitas fiscais geradas pela venda de animais são muito baixas. No caso dos empreendimentos da Sudam, as fazendas produziam em impostos cerca de 2% do valor do dinheiro de incentivo que recebiam.[40]

Extratores: os nervos econômicos da Amazônia

À medida que fazendeiros e camponeses passaram a se enfrentar, ambos derrubando árvores para garantir propriedades, outro importante segmento da população da Amazônia assistiu com horror à queda das árvores para a construção da fortuna, ainda que efêmera, de outros. Na Amazônia oriental, as árvores que eram transportadas para as serrarias eram castanheiras – as árvores da castanha-do-Pará –, uma das maiores e mais belas espécies da floresta. Os Kayapó e outros indígenas dizem que foram eles que plantaram esses bosques, e as mudas de castanha muitas vezes podem ser vistas em suas casas, onde a germinação é cuidadosamente supervisionada.[41] Essas árvores imensamente produtivas são o resíduo econômico de uma poderosa oligarquia que, rotineiramente, decora as seções de sociedade e negócios dos jornais paraenses. Cada vez mais, os castanhais têm sido palco de intensos conflitos sociais à medida que as florestas públicas foram apropriadas para uso privado, e aqueles que tiveram acesso a esses castanhais por décadas passaram a vê-los cerceados. Com a construção das estradas, as terras passaram

40 Stephen Bunker (1982) foi o primeiro a descrever a contração da produção de castanhas com a expansão do gado e o processo de substituição de um uso estável da terra por um uso efêmero.

41 Um estudo recente realizado em Rio Branco sobre os seringueiros de áreas urbanas e a formação da renda familiar no seringal mostrou que a renda no seringal era, de fato, cerca de 15% mais alta (61% da população ganhavam mais de 100 mil cruzados contra apenas 30% da de áreas urbanas). Enquanto 40% da população ganhavam abaixo de 65 mil cruzados nas cidades, apenas 9% ficaram abaixo desse nível de renda no seringal. Ver Hecht e Schwartzman (1989b).

a ser vendidas como instrumentos especulativos e, uma vez arrancada a base de sua sobrevivência, pequenos extratores de todos os tipos foram empurrados para as cidades, colônias agrícolas e minas de ouro. Os catadores tiveram o acesso negado às suas colheitas tradicionais ou foram fisicamente removidos delas, geralmente com ameaças de violência. Essa história se repete em toda a Amazônia, onde extratores e catadores – seringueiros, coletores de castanha-do-pará e babaçu – vivenciam um destino semelhante.

A extração sempre foi a parte mais próspera da vida econômica da Amazônia, mas até bem pouco tempo foi vista como resistência ao progresso da região. Mesmo quando os programas de desenvolvimento caíam sucessivamente em ruínas custosas, o extrativismo dos mais diversos tipos sustentou uma grande parte da população rural da Amazônia.

O que é pequena extração? Colocada em termos técnicos, envolve a remoção de alguma parte de um ecossistema para consumo comercial ou doméstico, de forma que não ameace a produtividade do recurso a longo prazo. Ela também implica a gestão do recurso que faz parte de uma longa tradição de conhecimento popular, por exemplo, os catadores de castanhas sabem quando queimar debaixo das árvores. Nos estuários dos rios, a população local elimina várias espécies para favorecer o crescimento espontâneo do açaí para a melhor produção de frutos de palmeira para os mercados locais e palmito para a exportação. A visão de que a extração é a única maneira de esses coletores ganharem a vida ignora o padrão comum, no qual os pequenos extratores se dedicam à agricultura, à pecuária e a qualquer outra atividade, incluindo a garimpagem assalariada, o comércio e outros empreendimentos de pequena escala. A extração é apenas uma das várias estratégias que o morador da floresta pode adotar tanto para a necessidade doméstica, quanto para a venda. Esses pequenos extratores dependem, principalmente, do trabalho familiar, de variantes de parceria ou do que os antropólogos chamam de "parentescos fictícios" (pedidos de ajuda sob o símbolo de alguma forma de relacionamento familiar). Também há a contratação de trabalho assalariado, e é comum a troca de trabalho.

O acesso aos produtos – castanhas, palmito, borracha, babaçu, copaíba etc. – que são a base da pequena economia, depende, em grande parte, de acordos informais. Um extrator pode arrendar, normalmente em espécie, uma área que pode depois explorar. Ele pode ser um meeiro, dividindo sua colheita com o "dono"; pode ser um peão por dívida; e até ganhar um salário diário. Raramente baseados em um único produto, tais sistemas extrativistas são muito flexíveis, pois quando o preço de uma mercadoria cai, há outras para auxiliar na renda.

Há uma falácia acadêmica sobre os catadores de que as atividades dos homens do sertão seriam inteiramente voltadas para a subsistência. Essa visão condescendente de uma Amazônia abrigando milhões de Calibans[42] rurais está muito longe da verdade. Os coletores florestais abastecem os mercados internacionais há mais de quinhentos anos e também fazem parte de mercados regionais intensos. Cerca de 30% dos habitantes rurais da Amazônia provavelmente se definiriam envolvidos na extração comercial. Além disso, dificilmente há uma família rural na região que não se sustente, em parte, pelo extrativismo.

Na enorme série de cercamentos de terras públicas que ocorreram na Amazônia na última geração, o extrativista sofreu os mesmos abusos que sofreram os camponeses da velha Europa – também envolvidos na pequena extração –, pois foram cerceados de suas antigas áreas e castigados ou enforcados por caça ilegal nas áreas de que foram expulsos.

Na Amazônia, esse abuso foi alimentado pelas depredações associadas ao ciclo da borracha, pela ignorância das estruturas biológicas e físicas reais das economias extrativistas e pela invisibilidade dessas economias para forasteiros que desconheciam a diversidade de produtos extrativistas em sua forma final, em contextos doméstico e de mercado. Essa cegueira endossou a expropriação de terras destinadas a atividades extrativistas para usos concorrentes, como a pecuária e a agricultura de colonos. Isso não só desestabilizou enormemente as populações rurais que dependem desses produtos tanto para fins domésticos como comerciais, mas interferiu em toda uma rede de pequenos transportadores e processadores, que – se os milhões de dólares de fundos de pesquisa e desenvolvimento destinados a grandes e destrutivos projetos fossem alocados para essas atividades – poderiam ter fornecido a base para economias rurais ecológica e economicamente sustentáveis na Amazônia.

---

42 Referência ao personagem de Shakespeare, de *A tempestade*, que incorpora o homem selvagem e vive isolado. (N. T.)

Não se trata de romantizar a vida de um pequeno extrator como uma vida de deleite pastoril. Por qualquer indicador (mortalidade infantil, alfabetização e renda), eles são evidentemente pobres. No entanto, após uma experiência sombria de migração forçada de suas antigas áreas de extração para as favelas de Rio Branco, os seringueiros descobriram que seus rendimentos reais eram mais altos no seringal, apesar de todas as suas dificuldades, do que como favelado marginalizado.[43] Nos anos 1980, ainda não haviam percebido que as atividades extrativistas, com a agricultura associada, eram superiores do ponto de vista ecológico e econômico, tanto à agricultura colonizadora quanto à pecuária.

Os burocratas e os planejadores acostumados aos antigos esquemas para civilizar a Amazônia só podiam sonhar com vacas e colonos. Estudos minuciosos sobre o valor desses produtos florestais só foram realizados depois de 1985, e praticamente nenhum deles foi feito por agências governamentais que elaboram os futuros econômicos da região. Os economistas, sentados em seus escritórios em Brasília, com pouca preocupação com questões de sustentabilidade e pouco conhecimento da Amazônia, geralmente comparavam o momento de retorno ótimo da pecuária nos melhores anos de agricultura antes da degradação dos solos – tudo isso computado em rendimento por acre – e, então, contrastavam esse número com os rendimentos por acre bastante modestos dos extratores. Esses cálculos nunca subtraíram a renda perdida da floresta que fora destruída.

Eles também assumiram que não havia custo ambiental na conversão da floresta. O custo em termos de espécies perdidas nunca pode ser calculado, mas o custo de recuperação de terras degradadas é conhecido e é muito substancial: mais de US$ 110 por acre em fertilizantes para reviver o pasto o suficiente para sustentar uma vaca magra; e aplicações contínuas de fertilizantes são necessárias. Recuperar uma floresta, segundo quem já reconstruiu florestas de espécies mistas de árvores, custaria mais de US$ 3 mil o acre.[44] No caso dos seringueiros acreanos, os retornos foram calculados e os custos de

---

43 Henry Knowles, comunicação pessoal. Knowles trabalhou no reflorestamento de áreas degradadas em Trombetas e, embora em grande parte seu trabalho não esteja publicado, ele é considerado um dos profissionais mais experientes nessa área.

44 A. Anderson e Posey (1985), Padoch et al. (1985), Hecht e Schwartzman (1989b).

recuperação de terras degradadas foram adicionados; quando esses usos foram comparados ao longo do tempo, ficou claro que o extrativismo era econômica e ecologicamente a melhor opção. Em todos os lugares que se virava na bacia, os retornos aos extratores mostravam o mesmo padrão básico. Sucessivos estudos comprovaram que os retornos da extração eram maiores do que os dos usos da terra que destroem as florestas.

Embora não houvesse dúvida de que os extratores eram pobres, os problemas residiam mais nos preços que recebiam por seus produtos do que no valor do que geravam. Aqui não havia mistério. Aqueles que controlavam os sistemas comerciais eram ricos, e foram ricos por muito tempo. No entanto, essas elites comerciais, que tinham muito a perder com a destruição das florestas, demoraram a defender a antiga base de sua riqueza. A razão, mais uma vez, estava na questão da terra e nas imensas fortunas que poderiam ser acumuladas na especulação imobiliária. Como a maioria dos senhores de seringais ou castanhais pagava pouco ou nada por suas terras, quando vendiam eles podiam ter lucros extraordinários, como aqueles especuladores do pasto. Para garantir sua venda, era essencial fazer a "limpeza da área", ou seja, retirar os habitantes do terreno para que ele pudesse ser comprado e vendido sem a presença daqueles que haviam feito a vida lá. Uma vez que as terras, independentemente de quem as havia encontrado, estivessem "limpas" e os títulos vendidos, a venda seria mais facilmente "regularizada" de acordo com as leis estatais. Uma vez regularizadas, aqueles que certamente haviam reivindicado a terra, segundo o Estatuto da Terra de 1964 ou pela lei do usucapião de 1985, podiam ser caracterizados como posseiros (invasores) e estavam legalmente vulneráveis à expulsão. Essa possiblidade "convidou" os grandes latifundiários a expulsar as pessoas de toda forma possível.

Certamente a maneira mais simples era por meio de intimidação e violência. O sofrimento, o deslocamento e o ódio engendrado por esses cercamentos e expulsões eram, pelo menos, tão grandes quanto aqueles que incendiaram as revoltas camponesas na Europa. A violência é subjacente a tudo no Acre, no Pará e em toda a Amazônia. Após sofrerem ataques dos fazendeiros, os indígenas, colonos e extratores não podiam mais suportar as ofensivas e começaram a revidar.

Artigos de borracha feitos por indígenas dos rios superiores da Bacia Amazônica. Na década de 1750, botas do Exército eram enviadas de Lisboa para Belém para serem impermeabilizadas. Em 1839, Belém exportava 450 mil pares de sapatos de borracha por ano para a Nova Inglaterra.

8
Os defensores da Amazônia

Oh, floresta! Eles cortaram seu coração verdejante.
As relvas, as castanheiras,
as feras selvagens sentem já o cheiro da prisão.
Dizemos: o povo deseja ser livre, então
Quem então serão os senhores da nossa história?

Samba do Quinze

Hoje já podemos confessar que realmente compramos armas com os leilões. No primeiro, em Goiânia, adquirimos 1.636 armas [...]. Atualmente temos cerca de 70 mil armas representando a cabeça de cada homem da União Democrática Ruralista, homens que deixaram de ser omissos da história do nosso país.

Salvador Farina, Líder da UDR em Goiás, 1987

Muitos anos mais tarde, enquanto se dirigia para os fundos de seu quintal e recebia as balas no peito, Chico Mendes não teve tempo de lembrar de Euclides Fernandes Távora, o fugitivo da polícia federal que parou em sua casa na floresta para conversar com ele e seu pai, e mostrar a Mendes algo chamado jornal. Távora concordou em ensinar o jovem a ler e escrever. Isso foi em 1962; Mendes tinha 18 anos. Toda semana caminhava três horas pela floresta até a cabana de Euclides para ter aulas de leitura e sobre a situação política do mundo. Nas profundezas da floresta acreana, Chico conheceu a tradição revolucionária do Brasil. Euclides fora seguidor de Luís Carlos

Prestes, organizador da Revolta dos Tenentes de 1924, que liderou a famosa Coluna Prestes em uma marcha de três anos e mais de 22,5 mil quilômetros pelo sertão do Brasil, incitando os camponeses a se levantarem contra oligarcas e a reviver a república. Euclides juntou-se a Prestes quando este voltou do exílio em Moscou, em 1935, e estava com ele quando foram presos em 1936; ele conseguiu escapar da prisão, foi para a Bolívia e ali organizou movimentos de trabalhadores. Agora, a apenas uma hora da fronteira boliviana, ele se tornara um seringueiro, o que demonstra que, de alguma forma, a Coluna Prestes ajudou a semear o movimento dos seringueiros.

Havia outras lembranças insurgentes na floresta onde Chico Mendes cresceu. Todo acreano conhece a história da insurreição contra a Bolívia e como os bravos seringueiros salvaram o Acre para o Brasil. Muitos dos seringueiros tinham raízes no Nordeste, e quase todos os nordestinos podem contar a história do líder milenar, Antônio Conselheiro, que liderou uma revolta e estabeleceu uma comunidade utópica, esmagada em 1897, após a feroz investida das tropas federais na campanha de Canudos, que se tornou a base da grande epopeia brasileira de Euclides da Cunha, *Os sertões*. Os nordestinos mais velhos da época de Antônio Conselheiro, que haviam permanecido no Ceará, ou seguido para o oeste, para os seringais do alto Amazonas, ouviam dos mercadores ambulantes sobre a Cabanagem, a grande revolta da década de 1830 que abalou a Amazônia por quase uma década.

Há uma longa tradição de resistência na Amazônia, embora até agora nenhuma tenha alcançado a ferocidade da Cabanagem. Durante a década de 1830 (embora concentrada nos anos de 1835 e 1836), 30 mil pessoas da escassa população da região morreram em suas batalhas. Nesse processo, e de uma maneira estranha, os insurgentes alcançaram seus objetivos. Essa foi a convulsão mais revolucionária em um Brasil que no século XIX estava cheio de revoltas.

O nome Cabanagem veio dos cabanos, os sem-terra ou migrantes que viviam em barracos perto de Belém, nas margens do rio ou na floresta. Embora ela tenha começado como uma batalha de elites políticas, tornou-se uma rebelião dos oprimidos e dos despossuídos. Indígenas livres, perseguidos por grupos escravistas apesar dos decretos pombalinos, e indígenas já coagidos à escravidão juntaram-se ao levante, lutando ao lado de pessoas não brancas e dos africanos dos quilombos (refúgios para onde os escravos se escondiam). Em 1800, havia provavelmente cerca de 2 milhões de negros escravizados no Brasil,[1] contra cerca de 1 milhão de brancos e 1,25 milhão de mestiços e mulatos. Em 1820, o estado do Pará havia recebido cerca de 53 mil escravos desde 1778[2] e, em 1833, pode ter tido 30 mil escravos[3] em uma população geral, excluindo os indígenas, estimados em apenas 130 mil.

A rebelião que mudou tudo

A Cabanagem surgiu inicialmente como uma disputa entre as elites paraenses. De um lado, estava a elite mercantil e latifundiária, com laços monárquicos e fidelidade a Portugal, mesmo após a Independência em 1822; de outro, os nativistas ou filantrópicos[4] que eram brasileiros natos. Na década de 1820, não se esperava que essa disputa chegasse às massas, mas a milícia recrutada se mobilizou nos dois lados, e os regatões começaram a falar a linguagem da rebelião.

Uma vez iniciada a luta, os oligarcas foram incapazes de controlar as paixões que fervilhavam desde que as histórias da Revolução Francesa e dos levantes de escravos no Caribe fluíram pelo oeste e sul. Os habitantes do Pará foram incendiados pela Revolução e levados à ação pelas graves diferenças econômicas entre a elite colonial, de um lado, e, do outro, os pequenos empresários e, claro, o "proletariado", agricultores e extratores. Não levou muito tempo para que essa mistura explosiva incendiasse a massa escravizada, indígenas e mulatos.[5] Em 7 de janeiro de 1835, os cabanos foram para o quartel, convenceram os soldados a se juntarem a eles e depois invadiram a prisão de Belém, antes de retornarem ao palácio presidencial, onde um indígena, Domingues Onça, em grande momento de vingança, matou o presidente do Pará. Félix Malcher, um dos líderes do levante, foi então proclamado o primeiro cabano presidente de Belém, embora ainda leal ao

1 Estimativa de Artur Ramos, citado por Darcy Ribeiro (1971). As estimativas do número total de africanos transportados variaram de 1,8 milhão a 3,3 milhões.
2 Salles (1971).
3 Ver R. Anderson (1985).
4 Referência ao Partido Filantrópico, dos liberal-autonomistas do Pará à época da abdicação de D. Pedro I. (N. T.)
5 Para um excelente relato da revolta, ver Di Paolo (1986). Ver também Rego Reis (1965).

Império brasileiro. As disputas abateram os líderes cabanos na província, mas, ao mesmo tempo, a mensagem da insurgência correu pela Amazônia e mudou as relações de trabalho e até de propriedade.

Nos meses e anos de turbulência, escravizados e indígenas semiescravizados aproveitaram o tumulto para fugir das plantações, fora das fazendas para a liberdade. O levante se estendeu rio acima, passando pelo Madeira, Purus e cabeceiras do Amazonas até Tabatinga, na fronteira com o Peru. Foi um levante que reuniu uma extraordinária aliança de trabalhadores urbanos, escravos, caboclos, camponeses e indígenas. Seus dirigentes vinham das classes mais humildes; os impetuosos irmãos Vinagre, entre os dirigentes da revolta, eram seringueiros. Como se poderia imaginar, o levante não foi apenas generalizado, mas violento e, quando acabou, uma força de trabalho semiautônoma prevaleceu na região não mais disposta a tolerar coerções diretas ao trabalho ou o trabalho forçado.

A Cabanagem permaneceu dolorosamente na memória das classes proprietárias. O declínio do Diretório e, depois, a Cabanagem baniram, irrevogavelmente, os antigos modos de dominação, e agora os proprietários estavam constantemente temerosos de novos levantes. Com grande parte da infraestrutura agrícola danificada ou destruída em quase uma década de agitação, o aumento do número de quilombos e a truculenta mão de obra cabocla colocou novamente essas elites frente ao velho dilema dos contornos econômicos da região. Elas ansiavam pela agricultura, onde o trabalho era muito mais fácil de controlar. Mas, depois da Cabanagem, a mão de obra complacente ficou escassa, já que a agricultura e o extrativismo sempre puderam dar sustento à população local. Em uma economia ainda baseada na extração de borracha, castanhas e outros produtos florestais, o modo de dominação passou do feitor da fazenda para os comerciantes e intermediários, forjando outros títulos de crédito e, até mesmo, a servidão por dívida. A região ficou repleta de caboclos independentes, sustentando-se com inúmeros recursos naturais e estabelecendo pequenas relações comerciais com os comerciantes do rio. O principal meio de controle do trabalho era realizado pelo aviador, e não pelo capataz. A forma como a mercadoria era produzida, com que velocidade e em que condições eram de pouca importância para esses comerciantes. Seu controle foi mantido por seu monopólio de suprimentos e por laços pessoais apoiados por ameaças de violência. Assim, eles impediriam o caboclo e, mais tarde, o seringueiro--imigrante nordestino, de exercerem a sua liberdade.

No baixo Amazonas, onde grande número de caboclos livres havia se estabelecido e onde um número maior de comerciantes navegava pelas águas, os laços de controle eram necessariamente mais frouxos. Mais acima, nos rios, passando pelas cataratas ou nas profundezas, formas opressivas de controle inconstante tornaram-se mais prevalentes. Sob ameaças de violência, os seringueiros – indígenas ou muitas vezes homens solteiros trazidos do Nordeste – foram proibidos de se dedicar à agricultura ou vender seus produtos. O trabalho forçado era usado para manter os seringais, colocar pontes sobre os igarapés, limpar árvores caídas, fazer escadas e manter desobstruídos os varadouros, as trilhas pela floresta. À medida que o ritmo do ciclo da borracha aumentava, aumentava também o nível de coerção.

No entanto, sempre havia um limite. O seringal era remoto, o seringalista era um e os seringueiros eram muitos. Mesmo rio abaixo, as classes altas descobriram que havia limites para seus poderes de coerção. Tentando conter as classes perigosas nas décadas que se seguiram à Cabanagem, eles buscaram ressuscitar o Corpo de Trabalhadores, uma brigada de trabalho forçado que incluía os sem-terra, muitos dos quais eram extrativistas já envolvidos no comércio da borracha. O presidente do Pará anunciou, no final da década de 1850, que o Corpo havia sido reformado

> com o propósito extremamente útil de impor obediência e disciplina e dar emprego permanente a indivíduos proletários, e mesmo vagabundos e pessoas suspeitas que se mostraram dispostas a seguir a bandeira da anarquia, e que teriam, sem dúvida, se alistado nas fileiras dos bandidos e desordeiros.[6]

Mas o esforço foi inútil. As esperanças de canalizar essa mão de obra (muitas vezes seringueiros sem-terra) para atividades agrárias ou de infraestrutura evaporaram. O Estado não tinha quem destinar para policiar a região e, então, a longa onda do ciclo da borracha estava começando a crescer. Havia muito dinheiro em borracha e não se queria perder tempo preocupando-se com os perigos potenciais dos coletores.

---

6 Apud Weinstein (1983a).

O fracasso dos "métodos modernos de negócios"

Essa relativa autonomia dos seringueiros incomodou outros grupos além das elites paraenses. No final do século XIX, os principais importadores estrangeiros de borracha estavam desanimados pelo que consideravam o sistema em ruínas que trazia a borracha para seus armazéns. O editor do *India Rubber World* declarou que era desejável uma "supervisão mais inteligente, sistemática e econômica da coleta da borracha".[7] Logo, firmas estrangeiras bem capitalizadas tentavam substituir os aviadores, buscando comprar diretamente dos seringueiros e impondo-lhes técnicas modernas de negócios, como horários rigorosos de trabalho e salários. Não haveria crédito adiantado, como nos tratos irregulares do aviador. Mas foi tudo um grande fracasso, os seringueiros não gostavam do regime tão caro aos empresários, assim como não gostariam dos esquemas de Henry Ford trinta anos depois. Como os estrangeiros não se sentiam politicamente poderosos o suficiente para emular os métodos ferozes do rei Leopoldo da Bélgica, em seu reino no Congo, ou mesmo a violência dos seringalistas locais, os seringueiros vendiam sua borracha em outros lugares. Assim, os empresários estrangeiros desistiram e se retiraram, frustrados pelos seringueiros na tentativa de transformá-los em assalariados com menor controle do processo de trabalho.

A despeito da experiência dos empresários estrangeiros, a borracha era produzida em condições que iam desde a escravidão do tipo vivida pelos indígenas no Putamayo, até condições de pequena produção independente, perto de Belém, em uma espécie de eco do nosso velho amigo fazendeiro jeffersoniano. Mesmo assim, a maioria dos seringueiros estava – e muitas vezes ainda está – envolvida em formas coercitivas de controle do trabalho que, devidamente, levaram à resistência.

A resistência pode assumir muitas formas, desde a subversão básica das cobranças do barracão, colocando pedras ou areia na borracha para obter um retorno maior com menos trabalho, até a venda clandestina das bolas de borracha a outros comerciantes, com a esperança de obter um melhor preço ou estabelecer maior independência. O seringueiro podia pegar um adiantamento do patrão e fugir. No fim das contas, ele podia matar o seringalista; ainda em 1982, os relatos do assassinato de um seringalista no Juruá

7 Apud Weinstein (1983a).

serviram como um caso de advertência.[8] Algo tão básico quanto o cultivo de seu próprio alimento pode ser um ato de resistência do seringueiro, pois isso diminuía o controle sobre ele. O grau de controle do seringalista e o grau de independência do seringueiro foram disputados no terreno das cobranças sutis, das recusas encobertas, das negociações flexíveis e da ameaça de violência. Estes dependiam de uma série de fatores condicionados pela localização, pelo momento histórico e pelo temperamento. Assim como as formas de tributo do proprietário nas sociedades camponesas europeias, a natureza da cobrança e das obrigações do produtor estava sendo constantemente redefinida.[9] De sua parte, durante a alta do *boom*, e mesmo hoje, em muitos seringais tradicionais, o patrão proibia com ameaças ou com violência real o cultivo das roças, justamente porque aumentava a independência do seringueiro

Historicamente, as batalhas giravam em torno do grau de dependência – se o seringueiro poderia plantar alimentos, para quem vender – e dos termos de troca, o preço que o seringueiro recebia por suas matérias-primas *versus* o preço que pagava pelos insumos necessários para continuar a trabalhar. No alto Amazonas, o dinheiro em si era de pouco interesse. Colocar pedras nas bolas de borracha era uma forma de melhorar os termos de troca. Com a exceção de matar, a última forma de resistência era a partida e a busca por um melhor patrão. A imagem do seringueiro solitário e sua família, sempre presos a algumas estradas particulares de seringueiras, não é inteiramente correta. Em praticamente todas as áreas, os seringueiros trocavam de um seringal para outro em busca de árvores melhores (boa de leite), de caça melhor (bom de rancho), um patrão melhor, uma vida melhor.[10]

O seringalista tinha várias opções disponíveis para tentar conseguir mais produtos de seus arrendatários: destruição de lotes, espancamentos e insistência rigorosa no controle do monopólio através de vários meios violentos. Mas também havia formas intermediárias. O seringalista poderia sugerir que daria um preço melhor pela mercadoria se o seringueiro se limitasse a explorar suas árvores.

---

8 M. Almeida (1988).

9 Ver Scott (1986) e Aston e Philpin (1985).

10 Para a migração interna, ver Hecht e Schwartzman (1989a). Deve-se dizer que também houve uma grande migração de retorno para o Nordeste após o término do *boom*.

O *boom* da borracha significou enormes riquezas para algumas centenas de pessoas em Manaus e Belém, mas para o seringueiro significou apenas horários mais difíceis e mais violência à medida que os preços subiam e os seringalistas procuravam aumentar seus lucros. Em uma reversão do padrão usual, onde os trabalhadores sofrem mais quando a indústria entra em colapso, o fim do *boom* derrubou o patrimônio dos ricos de Manaus e de Belém. Os aviadores enfrentaram tempos mais calmos, e o seringueiro sempre conseguia encontrar um mercado para suas bolas de borracha, enquanto, nessas condições mutáveis, a sua agricultura, a pesca e a caça o mantinham vivo.[11]

Relegados ao esquecimento do trabalho extenuante em um mundo indiferente aos produtores de necessidades tropicais, os seringueiros amazônicos continuaram a fornecer essa mercadoria a uma economia nacional, na qual os barões da borracha podiam requisitar proteção comercial e subsídios governamentais ao aviamento, sob o sistema de aviamento da borracha. No entanto, as tentativas de estabelecer plantações fracassaram continuamente por causa da praga das folhas que devastava os pés de *Hevea*. Os créditos ao setor de borracha, que permanecera nas mãos da elite do setor, raramente se traduziam em investimento em uma produção na qual apenas excêntricos, como Henry Ford, tentaram. De fato, o maior avanço técnico foi a introdução da faca de batida da Malásia; os recursos para o setor da borracha, na verdade, financiaram o aviamento, pois os seringalistas aplicaram seus créditos nesse empreendimento e nada fizeram para aumentar a produção.

O crepúsculo dos barões

A eclosão da Segunda Guerra Mundial reanimou mais uma vez as esperanças dos barões da borracha. Sob os acordos negociados em Washington, os Estados Unidos financiaram a revitalização dos seringais e pagaram pelo recrutamento de mão de obra – o exército da borracha – para suprir o esforço dos Aliados. A exportação e venda de borracha tornou-se monopólio do governo, com créditos de comercialização e preços garantidos para os barões.

---

11 Para as consequências econômicas do fim do *boom*, Weinstein (1983a, 1983b, 1986), e Oliveira Filho (1979).

A nova presença norte-americana introduziu modernas estruturas formais de crédito que permitiram aos barões tomar empréstimos de bancos, em vez de em casas mercantis comerciais, embora esses fundos, na maioria das vezes, não fossem investidos em grande medida na melhoria da produção na Amazônia. Enquanto a borracha amazônica desfrutava de maior participação de mercado por um breve período após a guerra, os seringueiros realizavam suas tarefas de coleta e processamento de látex da mesma forma que faziam havia quase um século; a vida escorrendo tanto quanto a seiva da borracha enchia as vasilhas colocadas para a coleta do látex das árvores feridas. Para os barões, no entanto, a economia da borracha estava claramente decadente, e como as plantações asiáticas e africanas foram expandidas, seu futuro estava cada vez mais em dúvida.[12]

Em 1967, o programa de borracha do Banco da Amazônia, estabelecido durante a Segunda Guerra Mundial, estava em grande parte falido. Acuados pela concorrência internacional e pelo uso crescente da borracha sintética, os seringalistas e barões da borracha não conseguiram pagar as suas dívidas. O Banco de Desenvolvimento da Amazônia (Basa) interveio por meio aplicação de correção monetária para reestruturação do débito e, em alguns casos, até intercederam na administração dos seringais por meio de seus agentes e gestores. Os seringalistas ficaram surpresos com a estratégia do Basa, uma vez que presumiam que as dívidas adquiridas no passado seriam mínimas à medida que a inflação avançasse. Com essas restrições de crédito impostas pelo banco, as dívidas dos seringais menores foram cobradas pelos seringalistas maiores, e alguns, como Altiver Leal, mais tarde senador acreano, tornaram-se os patrões de bacias inteiras.[13] Os seringalistas em controle das pequenas ou médias propriedades no vale do rio Acre começaram a abandonar seu interesse pela borracha e a vender suas terras para quitar dívidas. Os menores, ao longo da BR-364, tendiam a vender suas terras para os fazendeiros autocapitalizados menores; já os seringalistas maiores, como Leal, achavam que a venda para grandes corporações poderia proporcionar um desenvolvimento mais responsável.

---

12 Ver Schwartzman e Allegretti (1989); L. A. P. Oliveira (1985); M. Almeida (1988); Reis (1953).

13 No caso Leal, as bacias eram Gregório, Tarauacá e Riozinho da Liberdade. Ver Aquino (1982).

No Acre, os seringais da região sul, ao longo da estrada que liga Rio Branco a Assis Brasil, na fronteira boliviana, estavam sendo comprados por pequenos fazendeiros; no centro, perto de Tarauacá, enormes seringais eram vendidos a investidores paulistas.[14] O governador Geraldo Mesquita relatou que, entre 1971 e 1974, cerca de 30% do total de terras do Estado foram vendidos para apenas 284 proprietários.[15]

Essas mudanças também afetaram a natureza e a extensão do controle sobre os seringueiros. No norte do Acre, no Juruá, onde os interesses pecuários avançaram muito pouco, os seringalistas menores mantiveram seu direito de controlar os seringueiros como peões por dívida. No centro do estado, os grandes proprietários mudaram para uma estrutura de aluguel, onde o controle dos seringueiros e sua venda de borracha eram flexibilizados, embora muito marginalmente. No vale do rio Acre, onde predominavam seringais menores, o seringueiro autônomo ou independente surgiu da dissolução do antigo sistema.

Os que defendiam explicações conspiratórias podem sugerir que a estratégia do Basa de espremer o setor extrativista da amazônica foi desenhada para lançá-lo em uma crise que levaria a uma "modernização" da economia da região, baseando-a em formas capitalistas de agricultura e pecuária em vez de extração. A crise enfrentada pelos seringalistas conseguiu alterar a economia, saindo do controle monopolista da terra e do comércio pelos seringalistas e seus agentes para uma economia na qual produtores e comerciantes independentes se engajaram em trocas mais livres. Nesse sentido, o objetivo de transformar a economia extrativista "pré-capitalista" foi

14 O Varadouro, de 19 de maio de 1980, cita as seguintes corporações e áreas (em hectares) das propriedades compradas:

Corporação	**Área comprada**
Coloama	1.000.000
Coperaçúcar	600.000
Viação Garcia	600.000
Agipito Lemos	520.000
Bradesco	500.000
Atlântica Boa Vista	500.000
Paranacre	450.000

15 Relatório apresentado ao Congresso Brasileiro por Geraldo Mesquita (Diário do Congresso Nacional, dezembro de 1977).

parcialmente alcançado com a ascensão do seringueiro autônomo, embora não no contexto político preferido pelo Estado. Foi possível para os seringueiros e suas famílias iniciarem a produção de culturas de subsistência e venderem para uma classe crescente de pequenos comerciantes. Um uso social e ecologicamente viável da terra emergia das ruínas da servidão por dívida nas florestas acreanas na forma do seringueiro autônomo, em particular nas áreas próximas à aldeia de Xapuri, onde, desde meados dos anos 1970, o sindicato dos trabalhadores rurais vinha organizando as plantações de seringueiros dispersos.

O desespero dos barões acendeu os primeiros vislumbres de liberdade para os seringueiros. Mas, assim que o sistema patrão-servidão por dívida se enfraqueceu, e os seringueiros autônomos ou livres puderam cultivar, comprar e vender à vontade, eles se viram confrontados com um novo inimigo, os fazendeiros e especuladores fundiários que seguiam acelerados para a Amazônia, em resposta às seduções dos militares. Em 1982, como vimos, mais de 100% do estado haviam sido vendidos, com alguns municípios mostrando que 160% ou mais de sua área de terra haviam sido reivindicadas. Mais de 85% das propriedades do Acre passaram a ser classificadas como latifúndios. As florestas inevitavelmente começaram a cair, e os seringueiros que trabalhavam em algumas áreas foram despejados pelos pecuaristas; os métodos variavam desde a "clássica" queima de casas e plantações, ou a destruição de seringueiras e castanheiras, até uma forma mais distinta em que o seringueiro era convidado para as dependências do patrão, saudados de forma acolhedora por um advogado, pelo fazendeiro e, claro, pelo próprio patrão, cada um com uma arma na mão, e "encorajado" a assinar um documento abrindo mão de qualquer reivindicação às terras em que eles trabalharam a vida toda. Isso foi o que aconteceu no Seringal Santa Fé, um dos primeiros triunfos amargos da resistência seringueira acreana, embora depois de muito tempo.

Começam os desafios

O jovem que ia uma vez por semana à cabana de Euclides Távora estava agora ativo no trabalho sindical. Como Chico Mendes descreveu alguns meses antes de sua morte,[16] ele e Euclides sentavam-se ao lado do rádio ouvindo a Rádio Moscou, a Voz da América e o Serviço Português da BBC. Quando a notícia do golpe dos militares foi informada, Euclides disse a Chico Mendes que talvez vinte anos de ditadura estivessem pela frente, e que ele deveria se tornar um sindicalista ativo, mesmo que os sindicatos fossem dirigidos pelo Estado.

Chico Mendes começou tentando se posicionar contra o ponto central da dominação dos seringueiros pelo seringalista: o preço da borracha e o dos produtos de troca. "Quando aprendi a ler, descobri que tipo de roubo era esse, e comecei a me organizar para que as pessoas vendessem por meio de um marreteiro – um pequeno comerciante independente." Nos sete anos seguintes, ele viveu uma vida perigosa, sempre com medo da denúncia de seringueiros não esclarecidos, da igreja ou do prefeito da cidadezinha onde morava. Mendes teve de passar quase dois anos na clandestinidade, caso contrário seria preso, isso no auge da opressão da ditadura militar.

Nesses anos, não havia qualquer sindicato no Acre, mas em 1975 Chico Mendes soube que a Confederação Nacional dos Trabalhadores Rurais Agricultores (Contag) estava enviando um organizador de Brasília para o Estado. A Contag era um sindicato criado pelo governo federal, e Mendes, que conseguiu um emprego na recém-formada filial acreana da Contag em Brasileia, na fronteira com a Bolívia, achou-a bastante conservadora. Supostamente defendia os seringueiros, mas, como disse Chico Mendes, "na verdade, tudo para preservar o *status quo*". A realidade para os seringueiros era que o *status quo*, no que dizia respeito às suas vidas, estava deixando de existir. Enquanto Mendes focava suas batalhas no preço do produto dos seringueiros, para quem e onde eles poderiam vendê-lo, o terreno estava mudando. A batalha não era mais por preços, mas por terras.

Foi em Brasileia, em 1976, que Chico Mendes e seus companheiros seringueiros começaram a desafiar a ordem dominante das coisas. Eles organizaram o primeiro empate.[17] Chico Mendes recordou:

---

16 Uma versão em inglês está impressa com um comentário no excelente livreto, *Fight for the Forest: Chico Mendes in His Own Words*, editado com comentários de Tony Gross, de Chico Mendes (1989), que foi adaptado de *O testamento do homem da Floresta*. Outra versão da entrevista pode ser encontrada em Padoch et al. (1985).

17 Estratégia pacífica de resistência da comunidade de seringueiros e suas famílias, que seguiam para a área onde haveria o desmatamento na tentativa de impedi-lo. (N. T.)

lembro-me muito bem daquele dia de 10 de março de 1976, quando três seringueiros vieram correndo para a cidade em grande consternação, porque uma equipe de cem homens guardada por pistoleiros havia começado a desmatar a sua área de árvores. Pela primeira vez reunimos setenta homens e mulheres. Marchamos para a floresta e demos as mãos para impedi-los de desmatar.

A tática funcionou. "A outra coisa que fizemos", Chico Mendes disse sobre outro empate,

foi tentar convencer a equipe de trabalho a desistir de suas motosserras. O importante foi que toda a comunidade, homens, mulheres e crianças participaram do empate. A polícia sabia que, se disparasse, mataria mulheres e crianças. Lembro-me também que, em pelo menos quatro ocasiões, fomos presos e obrigados a deitar no chão com eles nos espancando. Eles jogaram nossos corpos, cobertos de sangue, em um caminhão. Chegamos à delegacia e éramos cem pessoas. Eles não tinham espaço suficiente para nos manter lá, então no final eles tiveram que nos deixar sair livres.[18]

Essa ação direta foi fundamental para desacelerar o desmatamento no Acre. Logo as notícias dos empates dos seringueiros se espalharam pelo estado e além dele, por Rondônia e Amazonas. Em 1978, houve um grande empate na Boca do Acre, na divisa dos estados do Acre e do Amazonas, que mostrou a rapidez com que essa forma de desafiar os pecuaristas havia se consolidado.

Como lembrou um seringueiro,

Eram sete horas da manhã de um domingo em 2 de setembro de 1978. O acampamento dos pistoleiros ficava no quilômetro 38, da BR-317, a apenas um quilômetro do mutirão [o ponto de reunião daqueles que iriam conduzir o empate]. O acampamento da equipe de desmatamento também estava próximo. Nós nos dividimos em dois grupos e marchamos em direção aos acampamentos. Só tínhamos facões e machados enquanto os pistoleiros tinham armas modernas. Gritamos: "Não somos criminosos. Só queremos paz e justiça e só queremos o que é nosso". Mais de cem vieram de todo o estado do Acre, repre-

18 Mendes (1989).

> sentantes dos Sindicatos dos Trabalhadores Rurais de Brasileia, Xapuri, Rio Branco, Feijó, Tarauacá e Sena Madureira. Muitos percorreram mais de quatrocentos quilômetros por rios e estradas difíceis, dando exemplo até mesmo para suas próprias lideranças sindicais. A maioria dos pistoleiros correu para a floresta, deixando para trás suas armas e munições, seguidos por quarenta de nós. O resto do nosso povo circulou o acampamento na tentativa de capturar os outros. O líder dos pistoleiros foi capturado e, no outro acampamento, prendemos vinte homens junto de seu capataz e empregador.[19]

O fato de os seringueiros estarem preparados para percorrer essas grandes distâncias mostrava, antes de tudo, a sua vontade, mas também a gravidade da situação, pois as florestas do Acre e de Rondônia estavam desaparecendo rapidamente.

Uma enorme mudança, além dos crescentes esforços de mobilização, foi o nível de informação disponível para os seringueiros. Para alguém que tentava organizar um sindicato ou um movimento, o alto Amazonas era particularmente assustador; os organizadores tiveram de percorrer enormes distâncias em rios e varadouros,[20] trilhas entre famílias e entre diferentes

19 Depoimento publicado no jornal alternativo *Varadouro*, de Rio Branco, apud Baks (1986).

20 Ninguém expressou melhor o significado do varadouro do que Euclides da Cunha em seu livro de ensaios sobre a Amazônia, *Um paraíso perdido*:

> Entre um curso d'água e outro, a faixa da floresta substitui a montanha que não existe. É um isolador. Separa. E subdividiu [...]
>
> Viu-se então, [...] este reverso: o homem, em vez de senhorear a terra, escraviza-se ao rio. O povoamento não se expandia: estirava-se. Progrediam em longas filas, ou volvia sobre si mesmo sem deixar os sulcos em que se encaixa – tendendo a imobilizar-se na aparência de um progresso ilusório, de recuos e avançadas, do aventureiro que parte, penetra fundo a terra, explora-a e volta pelas mesmas trilhas – ou renova, monotonamente, os mesmos itinerários [...] Ao cabo, a breve, mas agitadíssima história das paragens novas, à parte ligeiras variantes, ia imprimindo-se toda secamente, naquelas extensas linhas desatadas para SO: três ou quatro riscos, três ou quatro desenhos de rios, coleando, indefinidos, num deserto...
>
> Ora, este aspecto social desalentador, criado sobretudo pelas condições, em começo tão favoráveis, dos rios, corrige-se pela ligação transversa de seus grandes vales.
>
> A ideia não é original, nem nova. Há muito tempo, com intuição admirável, os rudes povoadores daqueles longínquos recantos realizaram-na com a abertura dos primeiros "varadouros". O varadouro – legado da atividade heroica dos paulistas compartido hoje pelo amazonense, pelo boliviano e pelo peruano – é a vereda atalhadora que vai por terra de uma vertente fluvial a outra. A princípio tortuoso e breve, apagando-se no afogado da espessura da mata, ele reflete a própria marcha indecisa da sociedade nascente e titubeante, que abandonou o regaço dos rios para caminhar por si. [...] Hoje nas suas trilhas estreitíssimas, de um metro de largura, tiradas a facão, estirando-se por toda a parte, entretecendo-se em voltas inumeráveis, ou

seringais. Os seringueiros levavam uma vida de imenso isolamento. Até os 18 anos, Chico Mendes nunca tinha visto um jornal; e os seringalistas não permitiam escolas em suas terras. Assim, quando o líder dos seringueiros, Wilson Pinheiro, foi a Brasília, pouco antes de ser assassinado, e descobriu que os barões recebiam 89 cruzeiros por cada quilo de borracha, mas pagavam 59 cruzeiros aos seringueiros, cerca de um terço a menos, o ressentimento pode ser facilmente imaginado. Os seringalistas ameaçaram despejar os seringueiros que divulgassem a discrepância de preços, enquanto os seringueiros diziam que, se não conseguissem os preços cotados em Brasília, levariam a borracha para a cidade.[21]

Os empates começavam a surtir efeito. Segundo Chico Mendes, quase 3 milhões de acres foram salvos por meio dessas estratégias e, em 1989, os indígenas, historicamente inimigos dos seringueiros, concordaram em participar. Do outro lado, os compromissos elaborados pelos latifundiários, grileiros e organizações de seringueiros não foram bem-sucedidos; os arranjos, elaborados inicialmente no seringal Santa Fé, consistiam principalmente na transferência de seringueiros para novos lotes, em contratos de extração mais curtos – até que o seringal em questão fosse desmatado –, ou na transferência de seringueiros para áreas muito menores no mesmo seringal. Finalmente, os seringueiros recebiam algum dinheiro para sair de suas terras. No entanto, nenhuma dessas opções foram muito vantajosas aos seringueiros, pois não conseguiam sobreviver em pequenas propriedades ou durar muito tempo com o dinheiro e, portanto, tinham que migrar para as cidades. Wilson Pinheiro argumentou que as alternativas oferecidas significavam apenas o fim dos seringueiros e da sua floresta, e que não havia solução possível a não ser aquela que mantinha os trabalhadores nas matas com as suas árvores. Essa posição indignava fazendeiros, seringalistas, a

---

encruzilhadas, e ligando os afluentes esgalhados de todas as cabeceiras, do Acre para o Purus, deste para o rio Juruá e daí para o Ucaiali, vai traçando-se a história contemporânea do novo território, de um modo de todo contraposto à primitiva submissão ao fatalismo imponente das grandes linhas naturais de comunicação.

[...] Trilhando-os o homem é, de fato, um insubmisso. Insurge-se contra a natureza afetuosa e traiçoeira, que o enriquecia e matava.

21 Os fazendeiros do Meio-Oeste norte-americano têm um registrador em seus escritórios ou celeiros informando o custo das *commodities* agrícolas a cada hora. Pela analogia do isolamento do alto Amazonas, é como se eles nunca tivessem notícias de preços, recebendo apenas cotações uma vez por ano de empresas de grãos que se recusavam a informar seus preços de venda.

Secretaria de Terras e os funcionários do Estado que pensavam que um maço de dinheiro ou um barraco nos arredores de Rio Branco tirariam os seringueiros da terra e possibilitaria a derrubada das árvores.

Por defender algo em que acreditava, Wilson Pinheiro pagou a sua posição com a vida. Em 21 de julho de 1980, pistoleiros contratados por proprietários de terras locais entraram em seu escritório do sindicato, em Brasileia, e o mataram a tiros. Os seringueiros deram às autoridades um ultimato para encontrar em uma semana os culpados, conhecidos na cidade, e levá-los à justiça. Chico Mendes descreveu o que aconteceu então:

> No sétimo dia, os seringueiros, desesperados, sentindo que não iam ter nenhuma resposta por parte da justiça, se deslocaram para uma fazenda a 80 km de Brasileia e foram emboscar um dos fazendeiros, um dos mandantes da morte de Wilson Pinheiro. Este fazendeiro era um que, pelo menos, já estava claro que tinha sido dos que participaram de toda a articulação do assassinato de Wilson. Os trabalhadores submeteram o fazendeiro a um julgamento sumário e a decisão foi pelo seu fuzilamento. E, de fato, foi fuzilado. Recebeu 30 a 40 tiros.
>
> Os trabalhadores levaram a peito, pois achavam que a morte de seu líder, pelo menos em parte, estava vingada. Mas, aí, a Justiça funcionou desta vez, de uma forma muito brava. Durante 24 horas dezenas, centenas de seringueiros foram presos, torturados, alguns tiveram a unha arrancada com alicate. A Justiça funcionou porque tinha sido uma reação do pequeno contra o grande.[22]

Uma das pessoas que compareceram ao enterro de Wilson Pinheiro foi Luiz Inácio Lula Silva, líder da greve dos metalúrgicos de São Paulo que alterou o mapa político do Brasil em 1980. Sua presença, simultaneamente ao surgimento do Partido dos Trabalhadores (PT), teve uma influência importante no sindicato de Xapuri; Chico Mendes foi um dos fundadores do PT do Acre. Embora a Contag e a Igreja tenham fomentado os primeiros esforços de organização dos seringueiros, eles promoveram amplamente uma estratégia que os encorajou a aceitar indenizações e a sair das terras, endossando, assim, tacitamente, a posição de que os seringueiros não tinham reivindicações sobre as áreas em que trabalhavam. Do outro lado estavam os sindicatos de Xapuri, com o PT e a Central Única dos

22 Ver Gross (1969).

Trabalhadores (CUT) – organização nacional independente de trabalhadores, da qual Chico Mendes era membro da diretoria nacional –, que se mantiveram firmes em sua afirmação de que as posses e as reivindicações dos seringueiros eram válidas.

A Igreja e a violência

A pressão dos pecuaristas nos seringais do Acre e o fortuito encontro de Euclides Távora com Chico Mendes e seu pai evidentemente não foram as únicas forças organizadoras no alto Amazonas. A Igreja Católica começou a estabelecer comunidades de base em toda a Amazônia ocidental no início da década de 1970, e muitos moradores da floresta passaram a se organizar ativamente sob os auspícios da Igreja, que foram devidamente mencionados na observação de um pecuarista: "Para cada invasão de terra, um padre morto".

A Igreja Católica, por meio de suas comunidades de base, e a Contag, por meio de seu trabalho sindical, deram o impulso inicial de organização. No entanto, por causa da natureza da Igreja e de a Contag ser patrocinada pelo governo, suas iniciativas tendiam a desviar os conflitos para os canais legais e, especialmente, para o reassentamento. Enquanto os advogados ponderavam os pontos legais, as equipes de corte da mata trabalhariam e, independentemente da decisão final, os seringueiros teriam perdido. A floresta estava sendo destruída em ritmo acelerado, e os municípios de Rio Branco, Xapuri e Brasileia estavam perdendo população, que ou fugia desesperadamente para a Bolívia ou migrava para as cidades. Rio Branco dobrou de tamanho entre 1970 e 1980, inflando as favelas de seringueiros despossuídos. Praticamente toda a migração vinha do Acre, e era emblemática os enormes deslocamentos que estavam ocorrendo.

A mesma história estava sendo contada onde quer que se virasse na Amazônia. Nas áreas extrativistas, nas áreas de colonização, as lutas que antes giravam em torno das condições de trabalho, das porcentagens do produto entregue ao senhorio, dos processos de troca ou das condições de acesso aos recursos, transformaram-se em luta opressiva pela necessidade básica de terra e de seus recursos para sobreviver. Embora as questões da escravidão e da servidão, encontradas em toda a Amazônia, ainda não tivessem sido tiradas da memória, a verdadeira questão agora era a terra, quando seringais, castanhais e outras florestas estavam se transformando em fumaça. Trabalhadores rurais, posseiros e sem-terra começaram a se mobilizar cada vez mais pela reforma agrária.

Conforme a pressão por reformas aumentava, crescia também a violência rural. A Igreja Católica tentou acompanhar os tipos de "agressões", que surgiam sob a forma de assassinato, agressão física, sequestro, tortura, ameaças de morte, destruição de casas e de lotes agrícolas. Ao longo de três anos, em meados da década de 1980, o número de pessoas envolvidas em todos os tipos de conflitos de terra, em todo o Brasil, subiu de 566 mil, em 1985, para 1.363.729 em 1987. A quantidade de terras sob disputa violenta subiu de quase 23 milhões de acres para quase 50 milhões de acres no mesmo período. Em 1987, mais de 32 milhões de acres na Amazônia estavam em disputa, e 109 mil pessoas estavam envolvidas nesses confrontos. Os defensores dos menos poderosos estavam cada vez mais sujeitos à violência. O mais famoso foi Paulo Fonteles, deputado estadual do Pará, baleado em frente ao seu apartamento em Belém por defender a reforma agrária. Os advogados eram regularmente fuzilados, assim como os padres, na tentativa de limitar qualquer forma de recurso disponível aos inimigos dos pecuaristas.[23]

---

23 Os números da igreja podem ser encontrados em *Conflitos no Campo, Brasil/87*, da Comissão Pastoral da Terra (1988). Para ter uma noção da violência cotidiana na Amazônia, neste caso na BR-364, a leste de Porto Velho, considere duas histórias que apareceram no *O Estadão* em 20 de março de 1989:

> UMA DÍVIDA ATRASADA RESULTA EM TRAGÉDIA NA 364 – Um operário, José Aureliano da Conceição, 46 anos, pai de 6 filhos, assassinou na terça-feira Valderi Anselmo da Silva, 41 anos, conhecido como Gaúcho, na sua casa em Beja Flor – km 60, próximo ao bairro de Itipoa. O criminoso contou como conheceu Valderi há três anos, comprou 2.000 mudas de café ao preço combinado de 700 cruzados cada, prometendo pagar uma semana depois, quando a filha voltasse de uma viagem para cobrar uma dívida. "Em maio ela não voltou, mas mandou uma mensagem dizendo que não tinha dinheiro, e eu expliquei isso para o Gaúcho. Ele não gostou nem um pouco. Pedi paciência."
>
> No final do ano passado, José Aureliano viu Gaúcho em uma taberna na BR-364 onde foi maltratado e injuriado e chamado de desprezível e ladrão. "Eu não poderia revidar porque eu estava em dívida com ele." Em outra ocasião, Gaúcho foi à casa de José! "Eu não estava em casa, mas ele abusou de Josepha, 39, e ameaçou destruir as mudas." No dia do crime, José Aureliano saiu cedo de casa e foi a Itapura comprar fumo e produtos básicos. Como tinha algum dinheiro, resolveu parar em Beija-Flor e ficar para sempre em mal-entendidos e abusos. Ao se aproximar da casa de Gaúcho, Gaúcho aproveitou a presença do cunhado Antonio de Souza, recém-chegado da Paraná três dias antes, para humilhar José Aureliano. "Ele disse que eu poderia ficar com o dinheiro como esmola porque ele não queria receber dinheiro de

Essa eclosão de violência rural se acelerou em meados da década de 1980 por dois motivos: o governo havia anunciado a reforma agrária e um plano para assentar 450 mil famílias em mais de 30 milhões de acres, em todo o Brasil. Isso acendeu as esperanças daqueles que sentiam que o governo finalmente começava a reconhecer seu direito básico à terra, e insistiam que as terras sobre as quais os direitos dos ocupantes eram afirmados pelo Estatuto da Terra e lei de usucapião eram tão legalmente válidas quanto os títulos duvidosos reivindicados por grandes proprietários. Em resposta, os pecuaristas

---

um vagabundo não confiável, e que eu deveria me afastar, caso contrário eu teria meu rosto esmagado. Havia dois outros trabalhadores comigo que perguntaram por que eu não reagi e eu respondi que me vingaria quando a oportunidade fosse oferecida."

Em sua casa, José Aureliano chamou a mulher e os filhos à cozinha para explicar-lhes o que havia acontecido e esclareceu que, como homem e chefe de família, devia sustentar a honra do nome da família. "Lembro que saí e peguei meu fuzil e caminhei na direção da casa do Gaúcho. Evitei andar na estrada e fui pelo terreno acidentado entre as árvores. Eu o vi conversando com o irmão na mesa, então encontrei um bom lugar e esperei lá pela minha chance." Continuando a detalhar o crime, José Aureliano lembrou: "A primeira chance que tive foi depois de cerca de 20 minutos. A vítima levantou-se para ir até a porta. Eu me preparei. Mas no último minuto sua esposa lhe fez uma pergunta e o Gaúcho mais uma vez sentou-se e continuou falando. A segunda chance veio dez minutos depois. Eu já estava ficando incomodado com as picadas de insetos, e então vi Gaúcho vir e olhar pela janela. Esta era a posição que eu precisava. Eu armei minha arma, apontei e atirei. Ele cambaleou e caiu pesadamente, chamando seu irmão, que eu também havia ferido, e sua esposa, e dizendo que ele ia morrer. Fui para casa e tive certeza de que tinha matado pelo menos Gaúcho. Eu disse à minha esposa que tinha me vingado e limpado minha honra."

A casa de José Aureliano foi cercada pela polícia civil. Ele diz que sua intenção era se entregar desde que não fosse pego em flagrante. Lamentou apenas ter ferido o irmão, que não tinha nada a ver com o caso, e que tudo tinha sido para limpar sua honra.

A dura reação do Gaúcho à tentativa de José Aureliano de pagar a dívida é mais bem compreendida se lembrado que a inflação provavelmente tornou a oferta de pagamento quase inútil. No mesmo dia, no mesmo jornal, outra matéria afirmava que

> O fazendeiro João Bahiano contratou pistoleiros de aluguel para matar doze famílias de colonos concentrados em uma área não reclamada no rio Jamary. Foi mais grave do que simples ameaças. Ele foi acusado de entrar na subdelegacia de Itapoá e avisar o policial Armindo da Silva que ia matar esses agricultores. O policial não fez nada, e continuou tomando café. A denúncia foi feita por Albertinho Nascimento, presidente da associação rural de Itapoá, defensora dos interesses dos trabalhadores do distrito, ao delegado Cláudio Ribeiro do 5º distrito policial. Disse que João Bahiano queria conquistar a bala. Na denúncia feita ao delegado de polícia, Albertinho contou que tentou chegar a um acordo com o Bahiano, que tem uma fazenda no km 104 da BR-364, e explicar a ele que as leis protegiam as famílias em terras do Estado. Segundo o coordenador do escritório de terras do alto Madeira, conhecido apenas como George, Bahiano não lhe deu ouvidos, e no vigésimo dia do mês passado, por volta das 11h, entrou bruscamente dizendo a Albertinho que ia matar três agricultores que entraram em sua terra.

criaram seu próprio movimento assassino para frustrar a reforma: a União Democrática Ruralista (UDR).

A liga dos pecuaristas

A UDR foi fundada pelo médico e pecuarista goiano Ronaldo Caiado. Muitos esperavam que, com a ascensão de uma burguesia industrial, a época dos latifundiários terminasse para sempre, mas o partido de Caiado cresceu (afirma-se ter entre 70 mil e 130 mil membros) e conseguiu eleger mais de sessenta membros para a Assembleia Constituinte de 1987-1988, financiando as várias atividades lobistas por meio de leilões de gado bem divulgados. O ritmo da violência rural aumentou.

Composta principalmente por pecuaristas, a UDR refletia os desejos de um dos grupos mais revanchistas da elite rural. Embora apresentada na sociedade como parte da elite rural modernizadora "agroindustrial", a UDR refletia, predominantemente, os interesses dos criadores de gado. Não mais de 2 mil proprietários possuem mais de 93 milhões de animais, a maior parte do rebanho pecuário brasileiro. Entre os chefes da UDR, estava um dos mais notórios especuladores do Brasil, Samir Jubram, cujas artimanhas desestabilizaram o mercado de ações brasileiro em várias ocasiões.[24] A UDR sustenta que o pequeno produtor não tem papel na agricultura brasileira; em entrevista ao jornal *Afinal*, Caiado afirmou,

> Não basta que as pessoas tenham apenas terra. Você precisa ter *know-how*, máquinas, créditos e coisas assim. Como os trabalhadores rurais não têm nada disso, sua produtividade é baixa e, no final, quando você analisa suas colheitas, eles nem produzem o suficiente para se sustentar.

Caiado ignorava diversos estudos no Brasil que enfatizavam repetidamente que grande parte dos alimentos brasileiros, principalmente feijão, mandioca e hortaliças, eram produzidos em pequenas propriedades. Os pequenos proprietários brasileiros ocupam 12% da terra e produzem cerca de

24 O Banco Central do Brasil o considera como um dos especuladores mais perigosos do Brasil (*Jornal do Brasil*, 10 de maio de 1986). Em 1989, conseguiu causar caos total na bolsa.

80% dos alimentos.[25] Na visão da estrutura agrária do pecuarista, os únicos agricultores comprometidos eram aqueles que tinham conhecimento e capital para elaborar o tipo de agricultura que caracterizava o interior de Goiás, seu estado natal, uma área cada vez mais dedicada à produção de soja.

A versão de Caiado da estrutura agrária brasileira via grandes propriedades como resultado de trabalho exaustivo e investimentos parcimoniosos. Salvador Farina, líder da UDR em Goiás, apontou repetidamente que "entre os homens honrados, a propriedade só existe pelo fruto de seu trabalho". Outros poderiam ter argumentado que toda propriedade é roubo. Toda a história do latifúndio, da grilagem de terras, da falsificação de títulos, do saque a escritórios de terras e da violência persistente parecia ter ocorrido fora da experiência de Farina. A distribuição real da terra no Brasil, caracterizada por pouquíssimos proprietários monopolizando a terra, pouco lhe interessava;[26] nem o tamanho da propriedade, pois "o tamanho da propriedade reflete apenas a coragem e a competência do produtor". No Brasil, propriedades com mais de 2.400 acres exploram apenas 2% de suas terras.

As enormes fazendas amazônicas representavam a expressão mais perfeita dos ideais da UDR, cujos membros, como a maioria dos fanáticos pela livre iniciativa, negligenciavam convenientemente a extensão do apoio do Estado às grandes fazendas que, no seu caso, ultrapassavam 1 bilhão de dólares em subsídios diretos. A UDR argumentava que, como a população rural estava em declínio, a única solução possível era expandir o modelo altamente capitalizado de desenvolvimento agrícola característico do Centro-Sul. Vendo qualquer tentativa de reforma agrária como produto de "esquerdistas de café" e subversivos, como o teólogo da libertação Leonardo Boff, a UDR viu a proposta de reforma agrária, em 1985, como uma sinistra iniciativa socialista. Dar terras aos pequenos agricultores seria socializar a miséria. Em Conceição do Araguaia, Caiado anunciou que, na defesa da tradição, da família e da propriedade, sobretudo à luz da reforma agrária, um homem devia fazer o que era necessário. Ele e seus associados da UDR

25 Dados de J. G. Silva (1982).

26 Cerca de 87 mil proprietários (em uma população brasileira de mais de 120 milhões) possuem cerca de 57% de todas as propriedades brasileiras. Em áreas que passaram a ser dominadas pela pecuária, como Conceição do Araguaia, Santana e Marabá, os grandes latifundiários controlam quase 85% das terras (ver Hecht, 1985).

foram eficazes na Assembleia Constituinte, e qualquer perspectiva de uma verdadeira reforma agrária foi rapidamente erodida por seu *lobby* astuto em limitar a área e os termos de desapropriação.

O lado mais sombrio do movimento de Caiado se assemelhava mais a um esquadrão da morte do que latifundiários elegantemente vestidos de Brasília que castraram com tanta eficácia as leis da reforma agrária. Ao mesmo tempo que dificultam com sucesso a desapropriação de terras em "uso efetivo", os membros da UDR na Amazônia e os capangas que eles contratam são considerados os patrocinadores de muita violência rural, tomando como seus alvos o trabalho rural e os líderes religiosos, juntamente de seus advogados e defensores. Mais de mil organizadores e trabalhadores rurais morreram em conflitos, desde o surgimento da Nova República em 1985, e, desses casos, menos de dez foram a julgamento.[27]

Novas vozes indígenas

A turbulência em meio à mudança da situação na Amazônia não se limitou apenas ao Acre e aos seringueiros. Os povos indígenas estavam se dirigindo à sociedade nacional e ao público internacional de uma maneira totalmente nova. A crescente sensibilidade para as questões ambientais dentro de instituições multilaterais, como o Banco Mundial,[28] e as pressões de defensores internacionais do meio ambiente, dos direitos humanos e dos indígenas, resultaram em um novo impulso às organizações indígenas dentro do Brasil e, assim, o desejo de usar esses defensores de uma forma diferente, preferindo operar dentro de suas organizações, usando suas próprias vozes.

---

27 Anistia Internacional.

28 Essa sensibilidade foi resultado de várias forças, entre elas a pressão persistente do funcionário ambiental do Banco Mundial, Robert Goodland, e outros especialistas brasileiros que ficaram horrorizados com as consequências dos programas de desenvolvimento do Brasil e o papel do Banco Mundial neles. A "Campanha de Bancos Multilaterais" organizada por Bruce Rich, do Fundo de Defesa Ambiental, mobilizou a pressão política e a opinião pública nos Estados Unidos, e essas pressões deram às organizações locais de defesa indígena mais espaço de manobra, com seu conhecimento de um *lobby* engenhoso apoiando-as no nível internacional. Essa atenção também trouxe os desastres cotidianos dos povos indígenas para a agenda jornalística cotidiana.

Entre essas novas organizações estava a União das Nações Indígenas (UNI). Fundada em 1980, a UNI tornou-se altamente qualificada em fazer *lobby* pelos direitos indígenas, na geração de informações básicas sobre a situação dos índios e suas terras, e na coordenação de grupos de defesa de seus direitos. Uma das campanhas mais efetivas da UNI e de outros grupos ocorreu durante o período da Assembleia Constituinte, realizada em 1987 e 1988, quando puderam declarar seus direitos à terra e exigir que qualquer desenvolvimento de projetos de mineração ou hidrelétricas que os atingisse precisasse da aprovação do Congresso, com a participação indígena em qualquer decisão que fosse tomada. Eles também derrubaram o conceito que designava os indígenas como tutelados do Estado.

O impulso subjacente à UNI e de outros grupos nativos foi o de buscar maneiras de aumentar a sua autonomia e incorporar novas tecnologias, ideias e instituições que não prejudicassem suas sociedades tradicionais. Ficou claro dentro do movimento que seria necessário formar especialistas indígenas em direito, engenharia, negócios e biologia.[29]

---

29 Um programa inovador foi implantado na Universidade de Goiás para formar indígenas selecionados de diferentes tribos. Conforme Posey (1989), havia

> cinco vagas para estudantes indígenas estudarem biologia e cinco para estudar direito. A ideia é garantir aos povos nativos espaço dentro de uma universidade, o que eles nunca tiveram, e, ao mesmo tempo, promover o conhecimento tradicional e montar estações experimentais em reservas nativas, e trazer os detentores do conhecimento tradicional para a universidade e ali trabalhar com estudantes indígenas e não indígenas. Então, pegar essas ideias e tentar aplicá-las na aldeia, para criar sistemas alternativos de cultivo e alternativas para o desenvolvimento econômico sustentável, utilizando recursos que são tradicionais para a tribo, e tentar encontrar uma renda que permita que alguns povos nativos tenham alguma independência. Ou seja, há uma série de elementos: 1. formar os nativos em uma universidade de brancos, mas ter uma estrutura separada para que possam pensar, trabalhar e compartilhar juntos, e não apenas se perderem nessa enorme estrutura universitária, e, ao mesmo tempo, para integrar através de suas ideias tradicionais de compartilhamento de conhecimento com anciãos e professores universitários, para que possam ver como a transferência do conhecimento tradicional pode ser colocada em prática. É uma ótima ideia, deveria ser fácil como fazer uma torta, mas não é, porque as pessoas realmente não querem alternativas.

Com a ajuda da universidade, mas sob o controle dos Xavante e da UNI, foi implantado um programa de recuperação de terras agrícolas degradadas e de reflorestamento em áreas de cerrado. Após extensas consultas com anciãos e pajés, o grupo decidiu que o que eles mais queriam era ter uma caça melhor, e isso só poderia ser alcançado por meio do plantio de árvores frutíferas para atrair e manter animais de caça. Essas frutas também seriam vendidas como aromatizantes de luxo no mercado internacional. Em 1988, uma empresa da Alemanha Ocidental concordou em comprar esses condimentos de uma cooperativa organizada pelos Xavante.

Em 1987 e 1988, os norte-americanos foram abordados com filmagens e fotografias de chefes indígenas em trajes de guerra nativos, enquanto estavam em um tribunal em Belém, e tiveram a sua entrada negada em seu julgamento sob a acusação de sedição. Esta foi apenas uma parte de uma longa saga. Mais de uma década antes, o antropólogo norte-americano Darrell Posey havia iniciado a pesquisa para a sua tese de doutorado sobre o uso de insetos pelos indígenas Kayapó. No decorrer de seus estudos, Posey percebeu que esses nativos eram cientistas extraordinários, e isso o levou a elaborar o projeto Kayapó, um programa de pesquisa em que cientistas de várias disciplinas estudariam com os indígenas e transcreveriam suas informações para os termos de conhecimento do Primeiro Mundo. Posey também providenciou que os indígenas fossem a congressos científicos e participassem como membros plenos da comunidade científica brasileira. No entanto, a turbulência do sul do Pará na década de 1980 frustrou essas preocupações puramente acadêmicas, pois as terras indígenas ficaram sob crescente pressão e foram invadidas por pecuaristas, garimpeiros e madeireiros.

Em outubro de 1988, em Belém, mais de 54 grupos, incluindo cientistas, o Partido dos Trabalhadores e líderes religiosos, protestaram contra o julgamento de dois caciques Kayapó que estavam sendo processados, junto de Posey, por infringirem a Lei de Sedição Estrangeira brasileira, que proíbe estrangeiros de interferir nos assuntos internos da República brasileira. Os indígenas não eram tecnicamente estrangeiros, mas foram acusados sob a designação de "tutelados do Estado" (seus chamados crimes haviam sido cometidos antes que esse *status* fosse alterado), *status* com o qual os dois caciques, Paiakan e Kuben-i, levantaram algumas questões urgentes sobre o papel das populações locais na determinação das políticas que as afetavam e sobre a dinâmica da economia política do desenvolvimento rural nos trópicos americanos.

Nove meses antes, esses dois chefes haviam sido convidados para uma conferência na Flórida sobre o desmatamento tropical. Nessa reunião, membros do Environmental Defense Fund e da National Wildlife Federation pediram aos caciques (tendo Posey como tradutor, pois nem português, muito menos a língua Kayapó eram conhecidos em Washington) para falar com os membros do Banco Mundial e do Tesouro e Congresso dos Estados Unidos sobre o complexo da barragem do Xingu. Os indígenas explicaram que eles não seriam as únicas vítimas dessas barragens, milhares de caboclos que viviam da pesca e dos produtos florestais veriam sua base econômica desaparecer debaixo d'água. O governo estimou que 20 milhões de acres seriam inundados após a construção de duas barragens e, se cinco fossem concluídas, mais de 11 mil quilômetros quadrados de floresta seriam inundados, criando o maior corpo de água artificial do mundo.

A proposta dessa construção fazia parte da maior megalomania do setor energético brasileiro, que buscava US$ 500 milhões em empréstimos para seus planos nos bancos multilaterais. Como os bancos demoravam em decidir sobre os empréstimos, o governo brasileiro se convenceu de que os depoimentos dos chefes Kayapó foram fundamentais para essa situação. O Banco Mundial respondeu que a ineficiência e a má gestão que caracterizavam a Eletrobrás, a empresa nacional de energia, para não mencionar suas usinas de energia nuclear, eram as culpadas. No momento em que o Brasil estava sendo brindado por seus avanços em direção à democracia, o comportamento do governo em relação a Posey e aos caciques Kayapó demonstrava um autoritarismo mais desavergonhado do que nunca. O caso foi o primeiro em que a Nova República buscava ativamente a deportação de "estrangeiros" por insurreição, uma prática amplamente utilizada durante a ditadura para calar os padres católicos.[30]

No final, os esforços para impedir o empréstimo dos bancos multilaterais para o programa de energia Brazil 2010 fracassaram, mas muitas

30 Quem ganha com esses projetos malucos de desenvolvimento? As construtoras brasileiras. Estas, em conjunto com governos e agências multilaterais de empréstimos, sustentam a economia política da devastação tropical. Esses Bechtels [uma das maiores empresas de construção dos Estados Unidos] do Terceiro Mundo ganham mais dinheiro com menos risco, são lobistas poderosos e têm sido capazes de se beneficiarem do endividamento de empréstimos estratosféricos do Brasil. Com grande parte do resto de sua população amontoada em choupanas, esses grupos corporativos surgem na revista *Fortune* como emblemas do complexo aqua-militar-industrial.
Em qualquer desenvolvimento tropical, o tesouro exuberante é a "infraestrutura": os Machu Pichus, os Tikals, os Monte Albans do mundo tropical atual, devaneios faraônicos concebidos por seus patrocinadores como monumentos à sua vontade. O investimento em infraestrutura – estradas, energia hidrelétrica, outras formas de construção civil – absorve de 50% a 60% dos fundos de desenvolvimento regional, o restante vai para burocracias governamentais, corrupção e alguns serviços e créditos para as "populações-alvo". Esses acordos de infraestrutura, envolvendo centenas de milhões de dólares em transferências para empresas de construção e com as populações locais marginalizadas e as extensas terras de pecuária espalhadas pela paisagem, atualmente representam o principal setor de emprego rural na América tropical.

salvaguardas ambientais foram incorporadas nas condições do acordo. O complexo hidrelétrico Xingu-Altamira foi paralisado. Em 12 de fevereiro de 1989, o tribunal de Belém rejeitou as acusações contra Paiakan e Kuben-i, alegando que a lei era inadequada no caso dos povos indígenas, e as acusações contra Posey também foram retiradas.[31]

Em 1979, em uma barata fazenda de gado chamada Três Barras, Genésio Ferreira da Silva descobriu que seu pouco capim e suas vacas magras estavam em cima da mais importante mina de ouro da história amazônica. De repente, os visitantes de Marabá encontraram a central telefônica sem mão de obra, os balconistas desapareceram, as lojas foram fechadas e as castanhas-do-pará apodreceram no chão. Serra Pelada havia seduzido a todos que não tinham trabalho e com poucas perspectivas. De uma hora para outra, o destino sorriu para Genésio e muitas outras pessoas; a lama da Serra Pelada rendeu pepita após pepita, bamburro após bamburro. Gente de todo o Brasil foi tentar a sorte. As pessoas na área seguiram os regulamentos internos da cultura do garimpo e permaneceram bastante autônomas do controle externo até 1984.

Os militares viram esses procedimentos com alarme. O Serviço Nacional de Informação (SNI) preocupava-se com os perigos potenciais de uma vasta população de homens solteiros inchando uma área próxima da grande mina Carajás, que já estava repleta de conflitos rurais e servia como local para uma revolta de "guerrilha". Em 1984, a agência sugeriu ao presidente Figueiredo que o governo deveria intervir por questões de segurança (mas as razões também foram econômicas). Naquela situação, o contrabando de ouro era comum, e o Estado estava perdendo somas substanciais em receitas. As técnicas rudimentares de extração de garimpagem pareciam ineficientes para as grandes mineradoras, que estavam ansiosas por assegurar

31 Posey acompanhou chefes Kayapó, como Paiakan, em viagens pelos Estados Unidos, arrecadando dinheiro para projetos do povo indígena. Para suas opiniões sobre antropólogos, especialistas externos e outros tópicos, ver o Apêndice B.
Em uma conferência em Altamira em fevereiro de 1989, organizada pelos indígenas Kayapó que convidaram povos nativos da América do Norte e do Brasil, além da região amazônica, os participantes da conferência concordaram que uma das questões centrais do desenvolvimento amazônico era a participação dos povos nas discussões sobre projetos de desenvolvimento. Eles pediram que esses projetos se tornassem parte de um debate nacional mais amplo, abordando tanto uma maior democratização quanto uma maior sensibilidade ambiental.

sua parte, argumentando pela necessidade de introduzir um sistema de produção mais "racional".

Em 1º de maio de 1984, os militares ocuparam a Serra Pelada. Quando o major Curió – como era chamado Sebastião Rodrigues de Moura – desceu de seu helicóptero cercado por guardas semelhantes ao Rambo, ele apontou sua Magnum para o ar anunciando: "a arma que dispara mais alto é a minha". Curió havia se formado no movimento guerrilheiro do Araguaia e sabia uma ou duas coisas sobre insurgências. Um cordão militar impenetrável cercou a área de mineração, e Marabá tornou-se território ocupado. Serra Pelada de repente se viu com um posto de saúde, banco, correios, linhas telefônicas e uma loja de atacado do governo – instalações que nenhum garimpo jamais havia visto antes.

O plano de Curió funcionou. A organização do garimpo e a disponibilização de equipamentos sociais, bem como o apelativo estilo rústico do major, resultaram em um desfecho inusitado: uma população local que apreciava a operação militar. Isso também serviu como um fórum conveniente para organizar as eleições dos candidatos do governo. Tal como David Cleary descreve a visita do general Figueiredo a Serra Pelada, quando foi carregado nos ombros de vibrantes garimpeiros, "Figueiredo, naturalmente lacrimoso e desacostumado a demonstrações calorosas de afeto popular, foi às lágrimas e prometeu manter o garimpo aberto para sempre". Mais tarde, o equilíbrio prevaleceu. Curió foi eleito para o Congresso com base em sua popularidade nos garimpos, mas o conselheiro militar populista e líder local de estilo populista logo veria tempos mais difíceis, à medida que o regime militar se tornava cada vez mais desconfortável com a proximidade das minas de ouro à tecnocrática Carajás.

Tanto a Companhia Vale do Rio Doce quanto a associação das mineradoras brasileiras, bastante acostumadas a aproximar-se do governo, queriam que os garimpeiros fossem expulsos de Serra Pelada. A hostilidade entre esses grupos foi ficando cada vez mais intensa, até que, em 1983, o Departamento Nacional de Produção Mineral formulou um plano de mineração mecanizada em Serra Pelada que empregaria cerca de 350 trabalhadores, contra as dezenas de milhares de pessoas que já ganhavam a vida no local. De acordo com esse plano, os garimpeiros seriam transferidos de Serra Pelada para as reservas especialmente demarcadas para eles em Tapajós e Cumaru. Seguiu-se um intenso debate em torno dessa proposta; o que estava em jogo era a forma como a mineração de ouro seria realizada na Amazônia. Curió, cuja popularidade política evaporou com o anúncio da proposta, rompeu com o governo e fez pressão política por meio de grandes campanhas lobistas e exigências por uma nova legislação. À medida que as tensões aumentavam em 1984, o major, que conhecia mais intimamente os temores de insurreição que assombravam os militares, declarou que só ele poderia manter o controle da situação. O fervor rebelde manifestado no garimpo foi proclamado como a continuação da Revolta de Canudos. Em 7 de junho de 1984, enquanto acontecia a primeira grande greve de trabalhadores temporários nos canaviais de São Paulo, várias centenas de garimpeiros marchavam pela rodovia Belém-Brasília ameaçando invadir Carajás. Os garimpeiros venceram no dia 11 de junho, quando o general Figueiredo atendeu às suas demandas, assinou a legislação apresentada por Curió e pagou cerca de US$ 60 milhões à Companhia Vale do Rio Doce como compensação. O garimpo de Serra Pelada deveria permanecer aberto, e os garimpeiros saíram triunfantes contra as reivindicações feitas por mineradoras estatais e privadas.[32]

Os colonos e os sem-terra resistem

Nas lutas iniciadas em meados da década de 1960 e que se tornaram progressivamente mais acirradas com o passar dos anos, indígenas e seringueiros ocuparam um lugar central. Mas o maior volume de população rural na Amazônia é de colonos e de sem-terra, e eles também começaram a se insurgir contra aqueles que ameaçavam afastá-los de seus meios de subsistência.

Os municípios de São João do Araguaia, Marabá e Xinguara fazem parte da área conhecida como Polígono dos Castanhais, área que inclui Carajás, Serra Pelada, enormes fazendas financiadas pela Sudam, terras indígenas e grandes áreas de colonização, e que contêm o mais extenso desenvolvimento de estradas e outras infraestruturas de toda a Amazônia. Sua história tumultuada se intensificou gravemente, aumentando a sua reputação como um terreno de violência rural. Alguns destes casos contam sua história.

32 A revolta descrita é baseada na tese de Cleary (1987) e em artigos de jornal.

Em 2 de fevereiro de 1987, em Xinguara, 72 camponeses foram presos, 32 foram torturados, 2 mulheres foram estupradas e casas de proprietários queimadas. Estes foram os resultados de um projeto de desarmamento iniciado pela Polícia Militar na tentativa de controlar a resistência armada no Polígono dos Castanhais.

Em 4 de abril de 1987, na Fazenda Bela Vista, uma propriedade de 42 mil hectares de um fazendeiro paulista, quatrocentas famílias que viviam em suas terras como posseiros resistiram a um ataque de um grupo de pistoleiros, matando um deles e ferindo outro. A polícia militar local prendeu e torturou 7 posseiros e levou 2 homens considerados líderes para a cidade de Conceição do Araguaia, onde foram torturados intensamente até precisarem ser hospitalizados. Além disso, qualquer movimento dentro ou fora da zona contestada era proibido pela polícia militar, proibição que muitas vezes resultou em partos não assistidos e até na morte de uma criança por tétano. O corpo médico que fazia rondas periódicas para vacinação contra a poliomielite foi impedido de entrar, causando um imenso alvoroço. Por meio de auxílio jurídico da Igreja Católica, representada pela Comissão Pastoral da Terra, e do deputado estadual do PT, foi realizado um inquérito. Enquanto isso, trezentas famílias se manifestavam no Instituto Nacional de Colonização e Reforma Agrária (Incra) exigindo a retirada dos policiais militares, a libertação de seus membros presos e a desapropriação da fazenda, envolvida em conflitos desde 1982.

Em 27 de março de 1987, um grupo de indígenas Gavião, cujas terras haviam sido ocupadas por numerosos colonos, bloqueou a ferrovia Carajás. Essa interrupção e a potencial desorganização das atividades econômicas da Carajás colocaram atenção imediata para as demandas feitas pelos Gavião. O protesto era contra a ação do Getat, que havia assinado mais de 38 títulos para assentados em terras indígenas que faziam parte de um grande castanhal. Essa foi a fonte de constante conflito entre os Gavião e os colonos por mais de cinco anos.

O jornal *Liberal* noticiou em 10 de abril de 1987 que três trabalhadores sem-terra – Valdir Brito, Manoel Lustosa e Raul Batista – "desapareceram" depois que um grupo de amigos fugiu da Fazenda Rio 18, onde trabalhavam em condições de escravidão, sem remuneração. Esse grupo de trabalhadores foi levado para Brasília, onde denunciaram a existência de trabalho escravo em grandes fazendas de empreiteiras que os recrutaram em Goiás.

Agentes da Polícia Militar reconheceram a existência de trabalho escravo nesse locais.[33]

Um dos incidentes mais dramáticos e conhecidos ocorreu na Fazenda Agro Pecus, em Conceição do Araguaia, quando sete posseiros foram acusados de atirar no filho do diretor financeiro da UDR, Tarley de Andrade, e seu motorista. Dois desses posseiros foram encontrados mortos em uma cova rasa à beira da estrada, outros cinco foram presos e torturados. O juiz local, por ordem do Dops – o temido Departamento de Ordem Política e Social, espécie de CIA brasileira –, prendeu 24 posseiros que moravam na fazenda contestada. Ronaldo Caiado, presidente da UDR, afirmou ao ministro da justiça que os invasores de terras camponeses constituíam uma grande ameaça à vida da direção da UDR. O caso envolveu tantos abusos de direitos humanos que a Anistia Internacional abriu uma campanha chamada Tortura Brasil, que denunciou as prisões ilegais e tentou garantir às vítimas o acesso a medicamentos e a advogados.[34]

A lista de eventos ocorridos apenas no primeiro trimestre de 1987 dá uma ideia do alcance dos conflitos em uma região dilacerada pela guerra civil. As origens desses conflitos estavam na conversão de direitos extrativistas, nos aforamentos, nos castanhais, nos direitos de propriedade investidos na terra, na construção da rodovia Belém-Brasília, na entrada de grandes fazendas nas extensões "ricas e vazias" da Amazônia, no reassentamento de populações à medida que a represa de Tucuruí era inundada, no fracasso da Transamazônica, nas descobertas de ouro e na escavação de minas, e em como o Getat emitiu títulos às pressas para acalmar a população faminta por terra e cada vez mais armada em seus conflitos.[35]

Jean Hebette, que estudou por mais de vinte anos o processo de ocupação da rodovia Belém-Brasília, descreve um processo gradual de organização que ocorre entre os assentados, com a ajuda de trabalhadores

33 *A Província do Pará*, 7 de julho de 1987.

34 *O Liberal*, 4 de janeiro de 1987.

35 A introdução da produção de carvão vegetal no cenário provavelmente agravará essa situação bastante preocupante, já que grandes números de trabalhadores – pelo menos 25 mil – retornam das áreas de ferro de Carajás para cortar árvores e fazer carvão para as fábricas de ferro-gusa. A lucratividade dessas fábricas depende, como mencionado em capítulos anteriores, inteiramente da interferência e destruição de uma floresta "livre" (CVRD, "Centrais de Aço ao Longo da E.F. Carajás", documento interno, 1987).

sindicais rurais e da Igreja. Na opinião de Hebette, grande parte da resistência na região seguiu a "política de reivindicações" que o Getat tentou resolver distribuindo livremente lotes de 124 acres e esperando que as tensões acabassem.[36]

A resistência dos colonos concentrou-se de tal modo na terra que se transformou em luta armada. No caso dos 1.200 assentados da BR-150 estudados por Hebette, os camponeses resistiram com sucesso; recusaram-se a deixar seus lotes e trabalharam coletivamente para ficarem menos vulneráveis às ameaças de violência. Eles organizaram sua própria proteção civil para que a polícia militar e os exércitos privados não pudessem desalojá-los.

Frente a essa pressão, a tendência predominante sempre foi o desmatamento para reivindicar terras. No entanto, vários agrônomos e pesquisadores comprometidos estão trabalhando com grupos de camponeses para incorporar o extrativismo à agricultura, permitindo que áreas, como as valiosas florestas de castanha, continuem a existir, além de garantir a subsistência dos camponeses. Em Rondônia, as precárias condições econômicas dos pobres rurais resultaram no envolvimento de muitos deles na extração de borracha para aumentar a sua renda. Uma preocupação emergente com a importância dos recursos extrativistas aliados à agrofloresta resultou em vários pequenos projetos que envolvem organizações locais e comunidades, trabalhando em conjunto para estabelecer um sistema de produção que sustente os assentados. Embora sejam menos espetaculares do que os projetos de "vitrine" patrocinados pelo governo, eles dependem de organização e da ação política para ajudar os camponeses a manterem a posse de suas terras e melhorar a agricultura local. Mas, sem a resolução definitiva da questão da terra, as árvores continuarão a desaparecer[37] na medida em que ambos os lados derrubam árvores para estabelecer suas reivindicações e a ameaça de violência limita o investimento de longo prazo.

36 Schmink (1982). Ver também Alfredo Wagner, "O intransitivo da transição, conflito agrário e violência na Amazônia", manuscrito, 1988. Existem cerca de 615 associações ou sindicatos de trabalhadores rurais, mas cerca de dois terços destes são considerados pelegos, fazendo concessões e acomodando.

37 Estudos sobre a questão fundiária nessa região podem ser encontrados em Hebette (1985) e "A tensão no Poligono", publicado em *Pará Agrário*, n.2, jan.-jun. 1987. Ver também Wagner (1986b).

Além dos empates

Durante o início dos anos 1980, os empates continuavam e as árvores caíam. Os seringueiros começaram a buscar alguma solução que fosse além dos compromissos que lhes eram impostos. Os empates, embora eficazes, sempre foram uma solução pontual, pois cada centímetro do seringal retido estava sujeito a ataques futuros.

Os seringueiros viam a Contag com certa reserva. Sua importante fundação inicialmente havia criado um grupo vibrante de líderes, mas havia dado menos atenção às bases e à mobilização de um eleitorado mais amplo. Os ativistas não estavam sendo treinados e, portanto, a estratégia dos fazendeiros de violência sistemática contra as lideranças continuou sendo uma forma poderosa de desmoralizar os seringueiros. A Federação dos Trabalhadores na Agricultura do Estado do Acre (Fetacre), que deveria ter dado algum apoio, nunca prestou assistência jurídica. Por fim, o Instituto de Estudos da Amazônia, de Marie Allegretti, por meio da Fundação Ford, conseguiu um excelente jovem advogado para ajudar os seringueiros nas diversas batalhas legais que enfrentavam, mas que também foi ameaçado de morte. "Agora", disse Chico Mendes, "temos um grupo de colegas comprometidos com a luta. Todos os dias aprendemos alguma coisa, sabendo ao mesmo tempo que podíamos ser alvo de uma bala a qualquer momento."

Ficou claro que uma organização teria de ser elaborada para atender mais diretamente às necessidades dos seringueiros, não apenas como trabalhadores rurais, mas como povos da floresta. Havia muito o que criticar nas estratégias de desenvolvimento da Amazônia brasileira e nas forças locais, nacionais e internacionais que impulsionavam a colonização e a pecuária, mas os seringueiros ainda não tinham alternativa que pudesse ser proposta aos formuladores de políticas e planejadores. Dessa forma, decidiram marcar uma reunião de seringueiros da Amazônia para ampliar a capacidade de mobilização e apresentar uma proposta que pudesse competir com o gado e a pecuária, que pareciam ser as únicas formas de uso da terra que os planejadores em Brasília podiam imaginar. Com a ajuda de Marie Allegretti e do Instituto de Estudos da Amazônia, da Oxfam, da Fundação do Patrimônio Nacional e de outras organizações, o primeiro congresso de seringueiros foi realizado em Brasília em outubro de 1985. Assim nasceu o Conselho Nacional dos Seringueiros, que se tornaria o meio, nas palavras de Chico Mendes, "de fortalecer o movimento sindical". Com mais de cem seringueiros representando uma série de sindicatos e organizações, o encontro apresentou várias propostas que orientariam sua ação política posterior. Os pontos centrais (apresentados ao final no Anexo E) enfatizaram a importância da participação dos seringueiros na elaboração e execução de todos os programas de desenvolvimento regional que os afetariam. Todas as florestas utilizadas pelos extrativistas deveriam ser preservadas; os projetos de colonização em áreas de seringueiras e castanheiras deveriam ser imediatamente interrompidos. Os seringueiros clamavam por uma política de desenvolvimento regional que pudesse ajudar a luta dos trabalhadores amazônicos e outras iniciativas de preservação das florestas e da natureza. "Nós queremos", diziam os seringueiros, "uma política de desenvolvimento que reconheça os seringueiros como 'os verdadeiros defensores da floresta'". A abordagem de desenvolvimento regional dos seringueiros foi seguida de recomendações muito específicas, sendo a mais significativa, a demanda por reservas extrativistas.

As reservas extrativistas

Com os conflitos de terra agitando toda a região, ficou claro para os seringueiros que era necessária alguma forma de salvaguarda da terra. Como praticamente todos os títulos de terra eram passíveis de contestação, a estratégia do empate e do assédio legal não poderia garantir a subsistência dos seringueiros, pois as lutas legais por posse ou reivindicações de proprietários de terras ficariam para sempre nos tribunais entupidos e ineficazes. A própria fonte de subsistência tinha de ser assegurada. Os seringueiros buscavam um modelo que desse a seus trechos de floresta o mesmo *status* jurídico de lotes de colonização ou terras de criação de gado e, ao final, usaram o modelo do próprio seringal, que é dividido em várias colocações ou propriedades menores administradas por famílias individuais de seringueiros.[38] O conselho dos seringueiros e os sindicatos rurais começaram a pressionar pelo que chamavam de reservas extrativistas, que reconheceriam os direitos de uso da população local, mas não seriam propriedades privadas.

38 Ver Allegretti (1989), Schwartzman e Allegretti (1987), para descrição das explorações dos seringueiros.

Seriam "direitos condominiais" coletivos ou arrendamentos de longo prazo do Estado. Uma vez assegurada a posse, as reservas extrativistas também construiriam clínicas de saúde, escolas e pequenas fábricas de processamento de borracha e, posteriormente, até algumas de manufaturas.

Essa proposta era radical. Ela descartou a propriedade privada em favor dos direitos de uso, uma forma de controlar qualquer tendência dos seringueiros de participar da especulação fundiária e de assegurar uma gestão sustentável. Esse modelo foi a primeira expressão formal de um programa de gestão fundiária fundado na economia extrativista e na história da Amazônia. Para a UDR, essa ênfase na propriedade coletiva, do tipo *ejido*, era uma forma de socialismo, pois os direitos à terra dos grandes seriam contestados, talvez substituídos por alguma forma de propriedade comunitária da terra. As reservas extrativistas seriam um ataque à posse privada e, portanto, ao capitalismo.

A pressão política perspicaz, com a ajuda do Instituto de Estudos da Amazônia, de Allegretti, resultou em um grande avanço legislativo. Allegretti, antropóloga, que havia escrito sua tese sobre os seringueiros do Acre e que era essencialmente o elo político do sindicato, coordenou a pressão dentro do Ministério da Reforma Agrária para incorporar as reservas como um novo modelo de ocupação legal, com *status* igual ao das estratégias de pecuária e colonização mais tradicionais. Em julho de 1987, o ministro da Reforma Agrária, Marcos Freire, sancionou a legislação que permitia assentamentos extrativistas. Duas semanas depois, ele morreu em um suspeito acidente de avião sobre a zona de Carajás, no leste da Amazônia.

A legislação permitiu a implantação de reservas extrativistas em áreas desapropriadas sob as leis de reforma agrária. Mais de 84% do Acre eram cobertos por latifúndios e caracterizados por títulos de terra de *status* jurídico extraordinariamente tênue. O potencial de expropriação e a mudança na dinâmica de desenvolvimento amazônico, da área do Brasil com as maiores aglomerações de latifúndios – que favoreceria os pobres e conservaria a base de recursos –, era agora uma possibilidade, e não um sonho.

Os seringueiros e os amigos do exterior

Os seringueiros começavam a encontrar novos aliados. Ambientalistas no Brasil e na comunidade internacional rapidamente reconheceram que as reservas extrativistas estavam entre as estratégias mais inovadoras para a conservação das florestas. Embora muitos de seus membros possam ter ficado horrorizados com a ideia de que suas organizações estavam apoiando esforços radicais de organização sindical, a reserva era, ao menos, um passo na direção certa para preservar o *habitat* das aves e grandes felinos, tão valorizados por muitos ambientalistas norte-americanos. Um grande salto na forma como os norte-americanos viam a conservação ocorreu quando os conservacionistas começaram gradualmente a perceber que seres humanos e as florestas poderiam realmente coexistir. A pressão conjunta de grupos norte-americanos, como o Environmental Defense Fund, o World Wildlife Fund e a National Wildlife Federation, começou a atrair a atenção internacional para Chico Mendes e a sua organização. Foi assim que, em 1987, Mendes foi agraciado com um grande prêmio internacional das Nações Unidas, que o homenageou como um dos Global 500 (indicação anual de batalhadores pela proteção do meio ambiente). Isso causou certa consternação no Brasil, pois poucos jornalistas ou "cientistas oficiais" tinham alguma ideia de quem era esse seringueiro que o resto do mundo estava adotando como o salvador das florestas tropicais do Brasil. As reservas extrativistas também chamaram a atenção de agências multilaterais de desenvolvimento, que também começaram a pressionar por esse tipo de modelo de uso da terra em suas negociações de projetos de desenvolvimento da Amazônia.

Talvez, ao menos tão importante naquele mesmo ano, foi o desenvolvimento da Aliança dos Povos da Floresta, pacto que seringueiros e povos indígenas assinaram em defesa das florestas e dos direitos à terra dos povos da floresta. Apesar do histórico de conflito entre indígenas e seringueiros, Jaime Araújo, membro da diretoria do Conselho dos Seringueiros, destacou que "temos o mesmo modo de vida, e os mesmos inimigos: o fazendeiro e o madeireiro. O isolamento em que vivemos como seringueiros e índios intensifica a solidariedade entre os homens e reforça os laços de família, amizade e cordialidade entre os povos".

O Conselho de seringueiros também começou a explorar desafios legais ao desmatamento. O código florestal brasileiro proíbe o corte de castanheiras e seringueiras; o Conselho começou a pressionar as autoridades florestais locais para verificar se os fazendeiros tinham licença até mesmo para limpar as áreas onde as árvores estavam caindo, também para ver se as seringueiras e as castanheiras estavam sendo cortadas. Como praticamente ninguém tinha licença para cortar e o desmatamento continuava em ritmo acelerado, o órgão florestal se viu sob ataque do Conselho. Em fevereiro de 1988, após um *workshop* em Rio Branco sobre meio ambiente, política e desenvolvimento, que incluiu seringueiros, indígenas, cientistas nacionais e internacionais, funcionários do governo local, membros de partidos políticos e organizações não governamentais, o governador do Acre, Flaviano Melo, anunciou a criação da primeira reserva extrativista em São Luís de Remanso. Uma acirrada batalha ocorreu no início da semana na sede da Reforma Agrária entre os membros do Conselho dos Seringueiros, os órgãos estaduais, os membros de organizações não governamentais, pesquisadores e representantes de agências de fomento, sobre os locais exatos onde essas reservas deveriam ser estabelecidas. Para os seringueiros, era urgente que as áreas de intenso conflito, como o Seringal Cachoeira, fossem imediatamente protegidas, pois estavam sob ameaça iminente de desmatamento e onde, dado o temperamento assassino do atual proprietário rural, Darly Alves, era provável que uma matança ocorresse no verão de 1988, quando começou a temporada de desmatamento.

O confronto em Cachoeira

Cachoeira, perto de Xapuri, onde ficava a sede do sindicato dos seringueiros de Chico Mendes e onde ele nasceu, era bem organizada. Os seringueiros expulsos por pistoleiros de outras áreas florestais há muito se reuniam ali. Ela já havia sido ocupada por um seringalista, depois por um investidor japonês e, a seguir, por um latifundiário que não suportava os confrontos de desmatamento. Ali viviam cerca de setenta ou oitenta famílias de seringueiros. Eles não iriam fugir da violência novamente.

Mas os representantes do governo estavam naturalmente interessados em uma situação em que os destroços políticos fossem mais brandos. Eles defendiam locais que pudessem ser facilmente expropriados, fossem remotos e não particularmente organizados. Como era o caso de São Luís de Remanso, a cerca de duas horas de Rio Branco, já expropriado, próximo e pouco organizado.

Com as pesquisas para a primeira reserva em andamento, ficou claro que o verão de 1988 seria diferente dos demais. As inundações torrenciais que devastaram o Acre e destruíram mais de 30% de sua agricultura recuaram, e foram substituídas pelo ardente sol tropical das zonas desmatadas. Os contratos de desmatamento foram assinados e os pistoleiros contratados. De sua fazenda no Seringal Cachoeira, Darly Alves e seu filho, proprietários da Fazenda Paraná, prepararam-se para reivindicar Cachoeira para si. Ao mesmo tempo, os seringueiros reivindicaram Cachoeira como reserva extrativista. E sem a benção do Estado, os empates começaram.

Quem foram os assassinos de Chico Mendes? Eles vieram do Sul, do estado do Paraná. Darly e Alvorino Alves haviam começado as batalhas rurais vinte anos antes nas guerras do café no Paraná, que viram as mesmas batalhas pelo desmatamento que agora afligiam o Acre. Os irmãos Alves foram, depois de um tempo, forçados a fugir do Sul, pois haviam contratado alguns pistoleiros para matar um homem. O juiz disse que o dinheiro ensanguentado que pagou o pistoleiro tinha vindo de Darly e Alvorino, e emitiu um mandado de detenção e prisão de Darly. Os irmãos seguiram para o noroeste através do Mato Grosso até o Acre, onde reivindicaram o título do Seringal Cachoeira. Os irmãos Alves queriam desmatar, vender e depois seguir em frente.

Todo desmatamento na Amazônia exige tecnicamente uma autorização de desmatamento. Essa lei praticamente nunca é aplicada, mas como os irmãos Alves não tinham essa permissão, em maio de 1988, quatrocentos seringueiros protestaram em frente aos escritórios do serviço florestal brasileiro em Xapuri, exigindo que a lei fosse aplicada em Cachoeira. Os seringueiros reivindicavam Cachoeira como reserva extrativista. Os irmãos Alves já haviam organizado suas equipes de corte, e os pistoleiros atacaram os seringueiros à noite, ferindo dois deles. As tensões eram tão extremas que o governador Flaviano Melo expropriou Cachoeira e ratificou em lei o objetivo dos seringueiros.[39]

---

39 O governador Melo vinha da elite acreana que não tinha simpatia pelos seringueiros em geral, mas se preocupava com o avanço, em sua região, de novos fazendeiros que já haviam triunfado em Rondônia e agora ameaçavam fazê-lo no Acre. Também Melo estava ciente do interesse de órgãos como o Banco Mundial e o Banco Interamericano de Desenvolvimento em controles ambientais sobre o desenvolvimento na Amazônia e, portanto, esperava atrair financiamento multilateral "verde" para seu estado. O governador era visto como um hábil político, enquanto trabalhava com os seringueiros, também desenvolvia esquemas contrários aos seus interesses.

O pai de Darly e Alvorino conversara com o primo de Chico Mendes, e, sem saber da relação de parentesco, disse que os planos de assassinar Chico já estavam traçados. Por toda Rio Branco e Xapuri, a morte do seringueiro estava sendo anunciada. O próprio Chico Mendes sabia disso; em 30 de novembro de 1988 escreveu a Mauro Esposito, superintendente da Polícia Federal:

> Apesar de sermos muitas vezes injuriados por sermos agitadores, nunca estivemos ligados à violência, e nunca uma gota de sangue foi derramada por nossa própria iniciativa. Apesar disso, senhor, meu caro senhor, saiba que hoje sou obrigado a andar com dois seguranças, porque Darly e Alvorino Alves disseram que só vão se entregar depois de verem meu cadáver. Seus pistoleiros andam por onde querem.

Ele contou sobre a reunião da seção local da UDR no início do ano, onde concordou-se que Chico Mendes tinha de morrer. Marie Allegretti recuperou o mandado de prisão paranaense de Darly, e ele (Chico disse ao superintendente de polícia) fugira para uma parte remota de sua fazenda, anunciando que só se entregaria depois de matar Chico Mendes.

O chefe da seção da UDR no Acre era João Branco, dono do jornal local, *O Rio Branco*. No dia 5 de dezembro, os moradores de Rio Branco, examinando a publicação, deram-se conta de um anúncio interessante: o periódico previa que, em breve, explodiria "uma bomba de 200 megatons que terá repercussão nacional". A mesma matéria continuou com abusos a Chico Mendes. Mais tarde, naquele mês, pessoas circulando pelos correios em Brasileia, uma cidade perto da fronteira com a Bolívia, na estrada de Xapuri, viram Gaston Mota – proprietário de terras, amigo de Darly e empreiteiro de metralhadoras – alegando, com extremo nervosismo, uma ordem de telex de Rio Branco de 10.400.000 cruzados, uma soma de quase US$ 10 mil, que mais tarde seria sugerida pelo investigador Nelson Oliveira como o dinheiro do contrato que a UDR estava fazendo para recompensar o primeiro homem a pegar Chico Mendes. Dois dias antes de Chico Mendes sair pela última vez de sua varanda dos fundos, Mota, um fazendeiro que esteve na reunião da UDR, nos arredores de Xapuri, foi visto conversando amavelmente com o secretário de Segurança de Estado no Acre, um homem que relutava em agir com base nos apelos de Chico Mendes para que ele detivesse os homens que planejavam a sua morte.

Com o início da estação chuvosa, todos esperavam, como se faz na Amazônia, que as coisas esfriassem, assim como os incêndios de desmatamento com as chuvas de inverno. É difícil de se mover e difícil de ver, quando molhado e enlameado. Sob a cobertura das tempestades, que forçam a visão para um alcance mais estreito, e com a proteção da chuva nos telhados e nas folhas das plantas, os assassinos conseguiram se abrigar no beiral da casa de Chico Mendes. Quando o sindicalista se afastou da companhia de sua esposa, dos dois filhos e dos dois guardas federais, e saiu pela porta dos fundos, os assassinos abriram fogo.[40]

Os que ficaram sob custódia eram apenas os que se entregaram. A justiça, ou mesmo o procedimento legal rudimentar, é uma mercadoria rara na Amazônia, principalmente em suas áreas rurais. No Acre, as comarcas em geral não têm juízes. Xapuri, por exemplo, não tem um há mais de uma década. "Extremamente precário" é como o presidente do Supremo Tribunal Federal descreve o sistema jurídico acreano, com suas novecentas ameaças de morte e assassinatos, e um sistema de julgamento que ouve apenas 25 casos por ano. Esse surpreendente ritmo da lei, aliado a uma total incapacidade de investigar crimes – sem veículos, sem gasolina, sem material

---

40 Naquela mesma noite, apenas 1,5 hora depois da morte de Chico Mendes, dois repórteres de *O Rio Branco* chegaram para cobrir a "bomba de 200 megatons" – ou seja, o assassinato de Chico Mendes – anunciada em seu jornal dezoito dias antes. Eles foram bem informados o suficiente para estar na cena do crime apenas noventa minutos depois do ocorrido, embora leve 2,5 horas (quatro, quando as estradas estão ruins, como de fato estavam) para dirigir de Rio Branco, que é onde supostamente estavam quando chegou a notícia da morte de Chico. No dia seguinte ao assassinato, João Branco achou prudente que o chefe da seção acreana da UDR embarcasse em seu avião particular e deixasse o Acre por uma tempo.
Os irmãos Alves não foram encontrados em lugar algum. Dois dias depois do assassinato de Mendes, o filho de Darly, Darcy, se entregou. Disse que era o homem que havia planejado a morte de Chico. Em meados de janeiro, Darly se rendeu. Alvorino, disseram eles, estava do outro lado da fronteira na Bolívia. Em São Paulo, o laboratório de perícia dizia que os cabelos humanos encontrados em uma capa de chuva abandonada perto de onde os assassinos de Chico esperavam provavelmente pertenciam a Darcy.
No início de julho de 1989, o tribunal de Xapuri acusou formalmente três homens, Darly Alves, seu filho Darcy e Jardeir Pereira pelo assassinato. Darcy foi acusado por ter efetivado o assassinato, junto do ajudante da fazenda Jardeir, feito a mando de seu pai.
A UDR não teve vergonha. Seu líder nacional, Ronaldo Caiado, disse após o assassinato: "A Amazônia é nossa para fazermos o que quisermos".

algum –, permite que os criminosos – ou pelo menos aqueles que ordenam crimes – continuem suas ações com arrogância e impunidade.

A aliança no Acre

"Chico Mendes está morto", disse Osmarino Amâncio Rodrigues a uma multidão em Rio Branco três meses depois, no domingo de Páscoa. "As coisas não podiam ser como eram, e sonhar que poderiam nos levaria à ruína." Durante a Semana Santa, no final de março de 1989, Rio Branco presenciou um encontro, o primeiro do gênero, entre seringueiros, tribos indígenas e diversos moradores da floresta. Havia antigos ódios ainda latentes: os indígenas se lembravam de parentes expulsos de suas terras por agentes dos barões da borracha, com tios mortos e irmãs estupradas; seringueiros se lembravam dos ataques dos indígenas.

Os seringueiros se reuniram no Acre, em Rondônia, no Amazonas, no Pará, em Mato Grosso e no Amapá, margeando o oceano Atlântico a mais de 3 mil quilômetros a leste. Havia membros de tribos tão diversas quanto os seringueiros Campa e Kaxinawá e os últimos remanescentes dos Krenak, exilados de suas terras no Sudeste pela maior empresa estatal brasileira. De Tefé, dois dias rio acima da cidade amazonense Manaus, vinham os ribeirinhos (pescadores, coletores de goma, de látex e de remédios silvestres), acompanhados de conselheiros, que iam de um padre irlandês do Espírito Santo a proeminentes ecoativistas brasileiros e grupos ambientais internacionais.

Na mesma semana, o Banco Interamericano de Desenvolvimento reuniu-se em Amsterdã e ouviu o ministro da Fazenda brasileiro, Maílson da Nóbrega, pleitear concessões de crédito, enquanto os banqueiros, eles próprios pressionados por ambientalistas da Europa ocidental e dos Estados Unidos, pressionavam-no por planos para a Amazônia. De volta a Brasília, Ruben Bayma Denys, chefe do Gabinete Militar e do Conselho de Segurança Nacional, dava os retoques finais no documento oficial de política ambiental Nossa Natureza, a ser promulgado pelo presidente José Sarney. Nas florestas do alto Acre, a oeste de Rio Branco, noventa famílias estavam sob ameaça de expulsão de suas terras, com 3.500 acres de floresta começando a cair pela ação das motosserras, antes mesmo do fim da estação chuvosa. Na sempre ambígua dialética entre a consciência do Primeiro Mundo e as condições do Terceiro Mundo, há momentos em que as preocupações do agricultor atingem uma massa crítica. O assassinato de Chico Mendes chamou a atenção da América do Norte e da Europa ocidental e apresentou a situação da floresta como uma peça da Paixão de Cristo. De fato, as multidões da Sexta-feira Santa que seguiam a estátua da Virgem pelas ruas de Rio Branco, iluminadas a vela, ouviam em seus rádios transistores Moacyr Grecchi, arcebispo do Acre – e também sob ameaça de morte –, comparando o destino de Chico Mendes à paixão de Cristo, e a perseguição dos trabalhadores florestais à dos primeiros cristãos.

Na esteira do assassinato de Mendes, o governo brasileiro e os próprios assassinos ficaram chocados com o clamor internacional sobre o que consideravam a eliminação muito comum de um obscuro líder trabalhista. Membros do Congresso dos Estados Unidos, cientes dos interesses dos eleitores norte-americanos, dirigiram-se para o sul do continente.

A reunião entre seringueiros e indígenas terminou tendo como pano de fundo ataques no jornal de membros da organização de vigilantes dos latifundiários, da UDR. João Branco, agora ex-presidente regional da UDR, e considerado incentivador dos assassinatos de seringueiros, voltou a tempo de gritar insultos no aeroporto de Rio Branco para Fernando Gabeira, presidente do Partido Verde. Igualmente ácido foi o deputado acreano João Batista Tezza, que comparou as reservas extrativistas aos campos de concentração e chamou os participantes do encontro de Páscoa de "nazistas teóricos". João Branco, representante de opinião da UDR, manifestou em seu jornal que, se pudesse, 95% da floresta amazônica seriam derrubadas e reatores nucleares implantados. Os jornais brasileiros estavam cheios de preocupação com a "internacionalização da Amazônia" e com a ameaça que essa e qualquer nova forma de uso da terra poderia implicar para a soberania e segurança nacional.

Em meio a essas provocações, seringueiros e indígenas elaboraram um programa que deu aos povos da floresta o papel primordial na formulação de seu desenvolvimento regional. Eles viam os princípios vitais da reforma agrária como o reconhecimento dos direitos territoriais dos seringueiros e dos indígenas, o estabelecimento de reservas extrativistas e o fim da servidão por dívida nos seringais tradicionais. Exigiram autoridade local nas reservas, agora província do Estado, sobre a saúde e a educação, solicitaram cooperativas e exigiram investimentos públicos no processamento de produtos florestais. Em outras palavras, clamavam pelo controle popular sobre os meios de produção e distribuição das mercadorias florestais, juntamente da concessão de créditos financeiros aos produtores, e não aos intermediários. Também pediram justiça e proteção legal de seus direitos à terra e à vida. Esses são os elementos concretos de uma ecologia socialista, a única estratégia que pode salvar a Amazônia e seus habitantes.

9
A ECOLOGIA DA JUSTIÇA

A floresta é algo grande; ela tem pessoas, animais e plantas. Não adianta salvar os animais se a floresta for queimada; não adianta salvar a floresta se as pessoas e os animais que vivem nela forem mortos ou expulsos. Os grupos que tentam salvar os animais não podem vencer se as pessoas que tentam salvar a floresta perderem;
as pessoas que tentam salvar os índios não podem vencer se um dos outros perder;
os índios não podem vencer sem o apoio desses grupos; mas os grupos não podem vencer sem a ajuda dos índios, que conhecem a floresta e os animais, e podem contar o que está acontecendo com eles. Nenhum de nós é forte o suficiente para vencer sozinho; juntos, podemos ser fortes o suficiente para vencer.

Paiakan, líder Kayapó, a Terry Turner,
Cultural Survival

Desde o momento em que a Amazônia foi aberta ao Velho Mundo, ela foi abraçada com expectativas muito variadas. Como vimos no início deste livro, algumas pessoas alimentaram esperanças para a Amazônia como um éden em uma redoma, outras, como uma casa de tesouros de ouro e dádivas afins ou como o convite para uma marcha do destino nacional.

Tentamos mostrar que há muitos sonhos da Amazônia, mas a realidade diversas vezes é esquecida. A luta pelo futuro da região é fundamentalmente sobre a justiça e a distribuição; e a Amazônia pode se transformar em um deserto literal e moralmente: uma terra de indígenas exterminados, povos da floresta expulsos, favelas urbanas inchadas e milhões e milhões de acres de pastagens degradadas e rios envenenados.

As forças que impulsionam essa destruição não são irracionais. As explicações que focam no suposto desconhecimento de seus atores ou em um planejamento de pouca visão não captam a realidade: havia dinheiro a ser ganho e sobrevivência a ser sustentada no desmatamento. Esses têm sido processos com uma lógica e uma trajetória profundamente enraizadas na história política e econômica da região. O desespero também alimentou esses processos de destruição ambiental – o pequeno camponês desesperado por terra que desmata seus cinco acres por ano, ou o garimpeiro que despeja mercúrio nos córregos enquanto refina suas pepitas –, e esse desespero deve ser inserido no contexto da história agrária e política, bem como das oscilações desenfreadas da economia brasileira nos últimos 25 anos, que aumentaram sistematicamente a já vasta distância entre os relativamente poucos ricos e os incontáveis pobres.

Quando os militares começaram seu projeto de "inundar a Amazônia com civilização", como disse o general Golbery, eles não tinham ideia do holocausto ambiental que estavam prestes a desencadear. Eles viam seu empreendimento como uma ocupação militar ordenada (o general Castelo Branco o descreveu exatamente nesses termos). Quando as crises atingiam o clímax – como muitas vezes ocorria –, os militares tinham prontamente soluções de curto prazo, que iam desde repressão à reforma agrária *ad hoc*, para apaziguar as populações rurais cada vez mais intratáveis. Mas, como descrevemos a cada episódio da história amazônica, tanto o terreno social quanto o natural raramente respeitaram tais ambições ordenadas. As estruturas e os recursos da região encorajaram as incursões de espoliadores de curto prazo – a nobreza em Lisboa, ou os bandeirantes, ou os fazendeiros em São Paulo, ou os barões da borracha em Paris – que, depois, desfrutavam de suas riquezas em outros lugares.

A história da Amazônia não é fechada, fadada a repetir os ciclos do passado com uma perversidade crescente. As pessoas aprendem com a história. Cada era de destruição também gerou resistência e enviou às gerações posteriores a memória dessa luta. Os velhos indígenas Kayapó podem recordar vividamente as batalhas que venceram contra os invasores de suas terras, bem como as que perderam. Seringueiros que lembram a revolução acreana pensam que, sem a borracha que enviaram aos exércitos aliados, a Segunda Guerra Mundial não poderia ter sido vencida; choram seus líderes caídos, como Wilson Pinheiro e Chico Mendes; e carregam a lição dos empates nos corações e mentes.

Nas batalhas pelo futuro da Amazônia já houve vitórias, e assim como a grande rebelião da década de 1830 levantou líderes dos barracos mais humildes da região, agora as lutas mobilizavam líderes autênticos, seja Paiakan ou Chico Mendes, ou centenas de outros líderes sindicais rurais, o clero, advogados, defensores que veem a luta pela justiça como a principal preocupação, a defesa do todo como a chave para o triunfo.

A tutela e a versão Disney

Uma das vitórias, mas que nem todos do Primeiro Mundo admitem, é a vitória contra a tutela. No passado, a tutela (em latim, pode ser traduzido como orientação) significava que o governo do Brasil dava aos indígenas o *status* de criança, significava que antropólogos falavam em nome de "suas" tribos. Ou seja, os especialistas em desenvolvimento – sejam de Brasília ou Washington – concebiam planos "apropriados" para a região que, até o momento, têm sido quase invariavelmente desastrosos. Os paradigmas da tutela no Brasil estão muito arraigados nas mentes de forasteiros que decidiam o que a Amazônia precisava. Maury considerava que a Amazônia seria melhorada por campos de grãos estendidos da fronteira boliviana até Belém; Coudreau supôs que os colonos arianos salvariam a região; Farquhar pensou que as ferrovias (todas de sua propriedade) mudariam a situação. Mas, atualmente, os povos nativos da região têm voz e falam com paixão em uma linguagem que a maioria das pessoas entende melhor do que o dialeto dos ambientalistas, desenvolvedores ou tecnocratas. Em qualquer esquina, em qualquer parte do mundo, pode-se ouvir os povos nativos falando sobre como a destruição e a injustiça dilaceram a sua existência, a sua saúde, a integridade de sua família, e sobre o que está sendo perdido, em termos de alimentos, plantas medicinais e bons solos, e como essas perdas materiais refletem as perdas mais intangíveis. As estratégias desenvolvidas pelos povos amazônicos são mais inovadoras do que qualquer coisa que os de fora possam conceber, e vão desde técnicas de plantio até o desenvolvimento regional. Eles elaboram argumentos que qualquer um pode entender, e isso, no final, torna a sua voz mais poderosa e mais comovente.

Atualmente, há centenas de prescrições para o futuro da Amazônia, que vão desde um éden excludente até o apelo de Ronaldo Caiado por uma Amazônia meio intocável e entregue à agricultura mecanizada em grande escala. Alguns dos conselhos do Primeiro Mundo têm uma arrogância ridícula se imaginarmos esses mesmos termos revertidos, indo em direção oposta. Em 1988, o presidente francês François Mitterrand propôs que alguns países renunciassem a parcelas de sua soberania se os riscos ambientais fossem suficientemente altos, ou seja, grandes áreas da Amazônia deveriam ser colocadas sob a supervisão das Nações Unidas. Essa proposta – ressurreição de um plano inicial do pós-guerra – foi recebida com enorme indignação pelos brasileiros. Alguns senadores e políticos dos Estados Unidos estavam ansiosos para também sugerirem a "internacionalização" da Amazônia, fazendo os brasileiros lembrarem, irritados, dos complôs norte-americanos na virada do século para tomar o território do Acre, à época, a joia da economia da borracha amazônica.

Dificilmente se pode culpar os políticos brasileiros por se irritarem com as demandas pela internacionalização da Amazônia. Que recepção os brasileiros teriam se fossem para Ukiah, nos Estados Unidos, para denunciar o corte raso das sequoias, chamando-as de patrimônio comum de toda a humanidade, ou em frente de Sellafield,[1] insultando Margaret Thatcher por transformar o Mar da Irlanda em um despejo de resíduo nuclear? No Primeiro Mundo, ouvem-se três temas levantados regularmente com referência à Amazônia: a emissão de gases de efeito estufa, os efeitos ambientais da pecuária e o desmatamento. Em nossa experiência, as pessoas que propõem esses temas como centrais para a discussão da Amazônia muitas vezes parecem não saber que eles podem ser levantados mais seriamente em relação aos próprios Estados Unidos.

O uso de energia do Primeiro Mundo é responsável pela maior parte das emissões de gases de efeito estufa. A maior parte do milho e da soja cultivados nos Estados Unidos é usada para alimentar seus rebanhos de gado, e essas culturas são cultivadas com altas aplicações de fertilizantes

---

1 Usina de reprocessamento de material nuclear na Inglaterra. (N. T.)

e pesticidas, que poluem o solo e a água. Os confinamentos em que esses rebanhos ficam antes de sua rota para os matadouros são outras fontes de poluição da água.

Os Estados Unidos têm um histórico precário de conservação de florestas tropicais e temperadas dentro de seu próprio domínio. A última floresta tropical de planície no Havaí está ameaçada pelo desenvolvimento geotérmico; a maior floresta tropical temperada do país, a floresta Tongass, no Alasca, poderá em breve ser desmatada dando lugar para a produção de celulose; no território norte-americano continental, 95% das florestas temperadas da Califórnia, Oregon e Washington foram cortadas desde a Segunda Guerra Mundial.

Além disso, as políticas norte-americanas na América Central têm sido responsáveis pelo intenso desmatamento (sobre o qual a maioria dos grupos ambientalistas permaneceu em silêncio, com a honrosa exceção do Environmental Project in Central America). Durante a guerra do Vietnã, os Estados Unidos foram responsáveis pela destruição de grandes porções da floresta daquele país. Diante dessa história, as advertências sobre a destruição da Amazônia têm um tom hipócrita, independentemente da validade da preocupação.

Políticos do Primeiro Mundo, tecnocratas, representantes de organizações voluntárias privadas, estrelas de *rock* e cineastas correm para o Brasil, assim como há alguns anos correram para o leste, para a Etiópia. Isso é um reflexo da preocupação real e oportunista, e são feitas contribuições reais e ilusórias. Atualmente há concertos e angariações de fundos para a floresta, como previamente houve para os que tinham fome. O interesse atinge o estrondo e a velocidade de uma avalanche, mas, infelizmente, uma avalanche que cai no vazio entre a preocupação e a realidade política. Em dezembro de 1989, um ano após o assassinato de Chico Mendes, grupos de seringueiros e seus aliados diziam amargamente aos visitantes que quase não tinham dinheiro para continuar e se perguntavam para onde teriam ido os fundos arrecadados pelos eventos de floresta tropical realizados pelo Primeiro Mundo.

Era fácil notar, mesmo durante o encontro dos povos da floresta em Rio Branco, na Páscoa de 1989, que os diversos participantes tinham visões muito diferentes sobre a melhor estratégia política para a região – a percepção do destino da floresta varia muito, dependendo da latitude em que o observador reside. Os congressistas norte-americanos talvez vejam uma viagem à Amazônia como uma maneira de baixo risco de demonstrar simpatias ecológicas (sem entrar em batalhas confusas, em seu próprio país, com grandes corporações, com empresas madeireiras e de serviços públicos, trabalhadores da construção e outros frequentadores poderosos da arrecadadora de fundos Rolodex). A estratégia preferida desses políticos geralmente envolve transformar a Amazônia em um parque nacional, no qual a chamada floresta primária é isolada por lei, pela força e pelo suborno em dinheiro (a troca de dívida por natureza) das destruições do homem.

Seringueiros, indígenas e pequenos extratores que vivem na floresta veem as coisas de forma menos romântica – sem dúvida, como os Miwok, excluídos de Yosemite para sempre quando foi transformado em parque nacional, ou como os Ute e os Navajo, expulsos dos parques nacionais de Bryce e Zion. Onde o Primeiro Mundo vê apenas a natureza ameaçada, os indígenas veem a floresta como o revestimento de sua própria luta elementar para sobreviver. Como disse Ailton Krenak, o indígena não preserva a floresta, ele vive com ela.

Outros buscam expandir o sistema de reservas – nativas, extrativistas e ecológicas, com as pessoas que vivem dentro delas – e ponderam formas de canalizar recursos internacionais para esses projetos. Essa abordagem muitas vezes envolve a captação de recursos mediante pedidos urgentes e, em seguida, sua entrega magistral a um projeto que seria realizado por determinado grupo de seringueiros ou indígenas. Nem todas as organizações adotam essa abordagem; a Fundação Ford, a Embaixada do Canadá e a Oxfam descobriram que é possível liberar dinheiro diretamente para os sindicatos rurais e organizações ativistas, e o fazem sem encobrir a luta pelos direitos à vida e à terra com uma versão *disneyizada* dos povos da floresta. É bom lembrar que os filmes de natureza da Disney começaram com a cuidadosa documentação de animais vivos e terminaram como fábulas sentimentais.

Chico Mendes foi assassinado no extremo oeste da Amazônia, e a imprensa internacional estava lá para cobrir seu assassinato, por mais limitados que fossem os termos em que o descreveram. Mas, em toda a Amazônia, pessoas morrem repetidamente enquanto tentam defender os seus modos de vida e pedaços de terra, e os mortos não são apenas sindicalistas, são também mulheres, crianças e qualquer um que esteja do "lado errado" do poder de fogo superior.

A Igreja Católica mantém estatísticas rudimentares sobre violações de direitos humanos e conflitos em áreas rurais. Também classifica os tipos de conflitos: em torno da luta pela terra, conflitos de trabalho ou dentro dos garimpos (que agora se agarram às margens de todos os principais afluentes, ou assassinatos políticos). As estatísticas também registram quantidades de torturas, ameaças, e casas e campos queimados por mês. Embora menos de 3% de todos esses episódios – incluindo a expulsão e o roubo de terras – terminem em assassinato, o quadro geral é de pressão selvagem e contínua por parte dos proprietários; a violência é espelhada na resistência, mas ignorada pelo Estado. Essa é a "normalidade" que quase nunca é descrita para norte-americanos e europeus.

O *status* do Brasil no imaginário das organizações jornalísticas do Primeiro Mundo é curioso. Na categoria de diário de viagem e longa-metragem, o país é exibido principalmente como o lar do Carnaval, de cultos religiosos psicodélicos (como o Santo Daime), do futebol e da vida na praia. Mas é também o país do Terceiro Mundo mais endividado com os bancos do Primeiro Mundo e, portanto, incorre na taxonomia tradicional de jornalistas que discutem países economicamente frágeis com a capacidade de ameaçar a estabilidade dos bancos de países desenvolvidos. Aqui a abordagem é de uma uniformidade verdadeiramente surpreendente: há necessidade de a economia sitiada ser aberta às "forças do mercado", aumentar suas exportações e cortar serviços públicos e outros gastos desnecessários por parte do Estado. As advertências à austeridade são onipresentes, como se o Brasil estivesse repleto de perdulários pervertidos. Há histórias sobre favelas, desmatamento e dizimação de populações nativas, mas nenhuma sobre a estrutura de classes que permite a fuga de capitais, que já subiu para cerca de US$ 12 bilhões por ano, ou sobre o Estado e as elites empresariais que, provavelmente, reciclam mais de metade de toda a ajuda recebida em contas bancárias norte-americanas e europeias.

A sedução dos modelos

Em um artigo amplamente lido, o antropólogo Mac Chapin irritou fortemente muitos ambientalistas ao sugerir que diversas abordagens promissoras para problemas de degradação ambiental sofriam de um mau ajuste com as realidades sociais: "técnicos negligenciavam o contexto social, econômico e político mais amplo em que os agricultores viviam e, portanto, não tinham noção de como o seu modelo poderia se adaptar a esse contexto". Seu ponto central era que as chamadas soluções muitas vezes

> se libertam do domínio constrangedor do mundo tangível para ganhar vida própria. O curioso é que [isso] não é exceção, mas confusões desse tipo são normais. Elas [...] podem ser encontradas ocupando partes proeminentes da literatura de desenvolvimento. Isso ocorre especialmente no subcampo do ecodesenvolvimento. Ficamos cegos pela beleza do modelo conceitual, confundindo-o com a própria realidade.[2]

Há muitas pessoas com boas intenções, mas em seu compromisso e dedicação a uma concepção particular do mundo podem acabar ignorando esses pontos, ou as suas visões podem ser totalmente prejudicadas pelo contexto local. Citando Ailton Krenak e Osmarino Amâncio Rodrigues, "Nós não temos uma proposta, mas princípios para informar o desenvolvimento das possibilidades da região".[3]

Muitos dos que se preocupam com o desmatamento pensam principalmente na extinção de animais ou na erosão de seus *habitats*, e veem o desenvolvimento de parques nacionais como uma das principais soluções

2 Chapin. The Seduction of Models: Chinampa Agriculture in Mexico. *Grassroots Development*, v.12, n.1, p.8-17, 1988.

3 Pode-se ver facilmente os benefícios contraditórios da indústria cultural do Primeiro Mundo buscando lucrar, sem dúvida pelos motivos mais louváveis, com uma mercadoria moral, o mártir Chico Mendes.
Quais seriam os efeitos de uma produção cinematográfica descendo na aldeia de Xapuri de Mendes ou mesmo em Rio Branco por seis a oito meses? Até 1 milhão de dólares por mês poderiam ser injetados na economia local, produzindo efeitos semelhantes ao surgimento de uma empresa de coca, embora muito mais breves em duração: alta inflação, aglomeração de candidatos a emprego de todos os matizes, aumento na compra de gado mesmo dentro de reservas extrativistas enquanto seringueiros contratados como figurantes armazenariam seus ganhos inesperados no investimento mais seguro que conheciam.
E quando o filme chegasse aos cinemas do Primeiro Mundo, sem dúvida lançado e divulgado para "salvar a floresta", o efeito líquido no Acre provavelmente seria o desmatamento, já que não apenas seringueiros, mas donos de restaurantes, advogados, pilotos de táxi aéreo, e assim por diante, todos aplicaram seus ganhos em terras e gado. Se alguma vez houve um caso para um projeto de filme ser forçado a apresentar uma declaração de impacto ambiental, foi esse.

para preservá-los. Eles separam grandes áreas em mapas e colocam alguns guardas florestais no terreno, talvez com um programa local de educação ambiental elogiando as virtudes das florestas. A fragilidade institucional da maioria dos parques e das agências florestais na América Latina é bem conhecida. Seu fracasso é geralmente atribuído à falta de recursos financeiros e ao problema comum de guardas florestais mal treinados e mal pagos, que fazem vista grossa enquanto colonos ou madeireiros abrem caminho pelo terreno protegido. Os parques nacionais na maior parte da América Latina constituem o que Fearnside chamou de "parques de papel".[4] Eles representam boas intenções, mas depois que as pessoas que viviam lá foram expulsas e os guardas armados colocados no local, essas áreas são os principais alvos de incursões.

Parques desse tipo não pretendem dirigir-se ao contexto social do qual foram teoricamente arrancados. A sua justificativa costuma ser a "compra de tempo" (e espaço) enquanto outros, supostamente, tratam dos problemas sociais que motivaram a necessidade de sua criação. Os parques são criados sob credenciais distantes da realidade social e política, e essas realidades se intrometem posteriormente – em geral, na forma de assentamento – dentro dos parques e na degradação dos bens.

Muitas pessoas no Terceiro Mundo acham irônico que áreas tão bonitas, ricas em recursos, sejam reservadas para visitantes ocasionais e ricos que carregam elaborados equipamentos científicos ou fotográficos. Nas áreas onde a distribuição de terra é imensamente distorcida, a separação de extensões tão abundantes é vista com ceticismo, se não com profunda hostilidade. Os seringueiros e outros extratores de recursos, cercados de parques naturais e reservas ao norte de Manaus,[5] consideram as expulsões pouco diferentes dos despejos dos proprietários de grandes fazendas ou de grandes castanheiros que vêm fazendo *lobby*, por razões ecológicas, para a criação de enormes reservas de castanhais.

Um parque limítrofe na fronteira com o Peru, decretado no Nossa Natureza, de Sarney, vai requerer – pela definição estatutária de parque – a expulsão de 12 mil seringueiros e suas famílias.

---

4 Fearnside; Ferreira (1984).
5 Araújo (1988).

Dívidas ruins, boas ações

Por trás das trocas de dívidas estava a busca de uma maneira de financiar iniciativas ambientais em países já devastados por dívidas, programas de austeridade e economias cambaleantes, em que as preocupações de conservação são rapidamente extintas por emergências orçamentárias. Os bancos norte-americanos, amplamente superexpostos pelas políticas de empréstimos no início da década de 1970, descobriram que as taxas de juros variáveis dos empréstimos vencidos tornavam improvável que as dívidas fossem pagas. O mercado secundário de dívida, onde ela é descontada do seu valor de face, era visto como uma forma de os bancos recuperarem suas perdas. Uma decisão norte-americana do Tesouro oferece aos credores uma queda do imposto de valor nominal, desde que ofereçam a dívida a organizações voluntárias privadas. Esses órgãos comprariam a dívida em moeda forte, com o compromisso dos países endividados de investirem uma soma equivalente da moeda nacional em programas ambientais. A um banco comercial, por exemplo, são devidos US$ 100 pela Bolívia. O banco, então, oferece essa dívida no mercado secundário a US$ 0,10. Dessa forma, os grupos de conservação podem comprar a obrigação de US$ 100 por US$ 10, e o banco leva US$ 10 e a taxa de amortização de US$ 40. A Conservation International, ou qualquer outro grupo ambiental interessado, faz um acordo para que a Bolívia doe US$ 100 em moeda local para projetos ambientais; o banco embolsa a amortização e algum dinheiro e as agências de conservação ajudam a transformar "dívidas ruins em boas ações" por, relativamente, poucos dólares. O país reduziu sua dívida liquidando contas internas em sua própria moeda, e não em dólares de exportação arduamente ganhos e, em teoria, aliviou a degradação ambiental.

A "dívida por natureza" tem seus antecedentes em duas formas de troca de dívida, a mais popular das quais, de longe, tem sido a troca de dívida por capital, a qual a nação endividada resgata parte de sua dívida privada externa em moeda local para empreendimentos industriais ou comerciais. Mais de US$ 10 bilhões em dívida latino-americana foram trocados por meio dessas transferências, como na compra de US$ 290 milhões do Banco Real pelo Bankers Trust, com a dívida descontada.

O mecanismo de dívida por natureza, promovido por Thomas Lovejoy, do World Wildlife Fund, desdobra os temas desenvolvidos por Osvaldo

Sunkel e seu grupo na Comissão Econômica para a América Latina e o Caribe, nos escritórios das Nações Unidas, no Chile. Em sua formulação, eles se concentraram na "dívida para o desenvolvimento" para resolver os problemas de financiamento enfrentados pelos programas sociais na América Latina, que incluíam iniciativas ambientais que vão desde sistemas de abastecimento de água potável e sistemas de esgoto até a provisão de parques. Sunkel e seus colegas inicialmente conceberam o projeto como um meio de compensar aqueles que estavam pagando a dívida – em muitos casos, acumulada sob regimes militares – por meio de dificuldades e má qualidade de vida cotidiana.

A maioria das populações latino-americanas entende que algumas centenas de milhares de dólares de dívida secundária têm pouco impacto nas obrigações multibilionárias devidas por esses países. Eles percebem que é necessária uma abordagem muito mais abrangente para atender às necessidades e problemas reais enfrentados na América Latina.

Da conversão da dívida boliviana, os US$ 250 mil em moeda local, fornecidos em parte pelo governo da Bolívia, representam uma parcela substancial do orçamento para o sistema de parques nacionais. A zona de proteção não é uma reserva natural, como tem sido apresentada na imprensa norte-americana, mas é uma área onde a produção de gado (para exportação) e a exploração madeireira estão sendo promovidas (parte do desenvolvimento voltado para a exportação que muitos ambientalistas rejeitam).[6]

O *Left Business Observer*, jornal mensal de Nova York, em um artigo em sua edição de 20 de dezembro de 1988, tem a mesma opinião:

> Em troca, o país [Bolívia] concordou em gastar US$ 250.000 (a maior parte de seu orçamento de conservação) protegendo a floresta de Chimanes – ou assim o PR quis. Na verdade, a floresta continuará a ser explorada para exportação, é claro, pelas mesmas madeireiras e pecuaristas das quais a troca deveria resgatá-la, agora apenas de forma "controlada". Os indígenas Chimanes não

6 Segundo um relatório do Serviço de Pesquisa do Congresso, elaborado para o Congresso dos Estados Unidos intitulado, *Dívida pela natureza nos países em desenvolvimento*, datado de 26 de setembro de 1988, "O governo boliviano contribuiu com US$ 100.000 dos US$ 250.000 reservados para operações. A Agência dos Estados Unidos para o Desenvolvimento Internacional (Usaid) contribuiu com os restantes US$ 150.000".

foram consultados, nem o Congresso boliviano. O governo fez o acordo sem avisá-los.[7]

Não surpreendentemente, as propostas de dívida por natureza foram anunciadas tanto pela esquerda quanto pela direita no Brasil como uma afronta à soberania nacional e uma tentativa de internacionalização do país. Muitos políticos usaram esses termos de forma oportunista para estimular o sentimento nacionalista, mas as preocupações subjacentes são genuínas e, portanto, as organizações brasileiras a favor do uso de algum tipo de troca de dívida geralmente insistem que ela venha sem amarras. Após resistência inicial à ideia, Sarney e o general Denys sugeriram que as permutas pudessem ser uma forma de financiar o fundo ambiental criado para o Nossa Natureza, reduzindo assim a eventual necessidade de alocação de recursos do tesouro nacional. Os refinamentos da ideia de troca de dívida concentram-se no uso de permuta como meio de gerar fundos para instituições científicas, cooperativas, reservas extrativistas, comunidades nativas e educação ambiental, e canalizar esses recursos por meio das agências que,

---

7 Em um artigo para *Around the World*, com o título "Bolivia's Debt Swap: Not only Birds and Trees", Amanda Davila relatou que o acordo de troca foi assinado

> no nível mais alto e não considerou as necessidades e direitos dos colonos originários da área: Mojenos, Yacareses, Movinas, Chimanes e outros grupos. O jornalista boliviano Erick Foronda relatou no *Latinamerica Press*, de 20 de outubro de 1988, que "os líderes trabalhistas da oposição afirmam que a medida é apenas uma cortina de fumaça para esconder a venda de algumas das terras mais ricas do país para transnacionais". Segundo o líder sindical boliviano Andrés Soliz Rada, "a CI [Conservation International] foi apenas um golpe publicitário, porque se hoje a terra pode ser vendida para proteção ambiental, amanhã pode ser vendida sob outra capa, mas com o mesmo fim: aceitar os ditames dos centros de poder político e econômico". O artigo conclui: "Há um ano, as seguintes empresas madeireiras estão trabalhando legalmente em Chimanes sob a supervisão de grupos conservacionistas: Fátima Ltda, Hervel Ltda, Monte Grande, Bolivian Mahogany, Bosques del Norte, Madre Selva e San Ignácio. Essas empresas agora devem cumprir as normas da Conservation International para preservar o meio ambiente ou perder suas licenças". Outras questões giram em torno de saber se os órgãos que administram essas atividades – os habituais institutos florestais, serviços de parques etc. – são institucionalmente fracos, muitas vezes com histórico de corrupção por falta de fundos ou de vontade política. A segunda questão é se as reservas no estilo de troca de dívida realmente abordam a questão do desmatamento. Outra questão frequentemente levantada no Brasil é se a dívida em si é legítima. Afinal, foi incorrida sob o regime militar autoritário. Trata-se apenas de ter de pagar os excessos de um regime que exagerava em créditos baratos que se tornaram mais caros com as oscilações dos mercados financeiros nas décadas de 1970 e 1980? Em geral, as trocas de dívida parecem atender às preocupações de preservação do Primeiro Mundo, mas se esse tipo de modelo de retirada de terras e sua forma de implementação são uma indicação de padrões futuros, há muito a lamentar.

tradicionalmente, são responsáveis por tais atividades. Essas agências vão desde organizações com credenciais impecáveis, como o Instituto Nacional de Pesquisas da Amazônia (Inpa), de Manaus, – cujos fundos de pesquisa foram cortados poucos dias após o anúncio do Nossa Natureza –, até as agências florestais tradicionalmente acusadas de corrupção. Parte do debate sobre trocas de dívidas tem se concentrado na vontade política, já que a boa legislação ambiental brasileira é rotineiramente ignorada. Como Robert Chambers apontou sucintamente, "a falta de vontade política significa apenas que os ricos e poderosos falharam em agir contra seus interesses. A vontade política é uma maneira de desviar os olhos dos fatos desagradáveis. É uma caixa preta conveniente.[8]

A ideia das reservas indígenas tem uma longa história, mas a de parques culturais como o KunaYala, no Panamá, e a reserva Cuyabeno, no Equador, são recentes. Estes são administrados por indígenas e representam uma forma de renda gerada pelo exotismo dos próprios nativos, de forma a permitir que continuem morando ali.[9] Enquanto os parques naturais mantinham todas as pessoas afastadas, exceto os visitantes, as reservas indígenas tradicionalmente tomaram a direção oposta. O surgimento dos "parques culturais" juntou os dois conceitos e ajudou a preparar o caminho para a ideia de unidades de conservação em que havia pessoas reais, ainda que aparentemente folclóricas, ali vivendo.

Parques e reservas

A ideia das reservas para os povos da floresta, os garimpeiros e os camponeses tornou-se tema importante nos círculos de desenvolvimento internacional e brasileiro.[10] Jean Hebette argumentou, de forma ácida, que, quando alguma forma econômica preexistente atrapalha a abordagem do

8 Chambers (1983).

9 "Comparado ao racismo, o exotismo é meramente decorativo e superficial. Não extermina. O exotismo preocupa-se principalmente com a sua própria diversão, e tende a achar a diferença divertida onde o racismo a considera ameaçadora. O exotismo cresceu rico e um pouco entediado. O racista é cercado por perigos, o exótico, por brinquedos usados" (apud Rose, 1989).

10 Ver Hebette (1987b).

Brasil para o desenvolvimento da Amazônia, a população "problemática" é restringida a localidades, enquanto o "mundo real" fora dessas zonas protegidas continua como antes. Reservas extrativistas, de garimpo e nativas foram todas moldadas pelos intensos esforços políticos da população local e de seus aliados. Elas representam um espaço onde a subsistência pode ser assegurada, enquanto as pessoas pressionam pela transformação de suas vidas e economias sob seus próprios termos. Mas, recentemente, a ideia de reservas, particularmente a reserva extrativista, ganhou vida própria.

Quando seringueiros e indígenas discutem a ideia de reservas, eles as veem principalmente como espaços sociais e políticos, além de entidades físicas. Mas o entusiasmo zeloso das agências de desenvolvimento em adotar esse modelo requer cautela, por todas as razões que Chapin menciona em sua crítica. Com a terra demarcada e o título permanente concedido, o acesso e uso econômico das árvores são, então, controladas pelas elites tradicionais. Depois de expropriar florestas indígenas e florestas públicas de castanhas e de transformar os arrendamentos do Estado em propriedade fundiária, a postura de tais oligarcas ecoa os gritos anteriores dos que promoveram a pecuária e invocaram argumentos ecológicos contra os camponeses em benefício próprio.[11] No caso do Polígono das Castanheiras do Amazonas, as árvores dessa espécie representam "reservas extrativistas" para grandes proprietários de terras, e a advertência de Mac Chapin é válida. O Programa das Nações Unidas para o Meio Ambiente (Pnuma) está preparado para apoiar dezenas de reservas extrativistas na Amazônia, mas, sem conteúdo social, elas se tornam meras linhas em um mapa, e não necessariamente mais seguras do que qualquer outra parcela da Amazônia. Sem uma organização regional completa (que, por muitas razões, é politicamente inaceitável para as elites locais, se não nacionais), as reservas por si não conseguem sobreviver. Elas terão apenas uma realidade cartográfica.

No verão de 1989, enquanto seringueiros e indígenas pressionavam por mais reservas extrativistas, a imprensa brasileira alardeou a criação de uma – a do Céu do Mapiá – na divisa do Acre com o Amazonas e a saudou como a evocação de todos os sonhos mais queridos de Chico Mendes. Estabelecida em uma floresta nacional (e, portanto, sem alusão à reforma agrária), Céu do Mapiá acabou sendo basicamente uma colônia agrícola para os

11 O. Vello, 1974, Reino Unido.

devotos do culto do Santo Daime (estabelecido na década de 1970, o culto se concentra no uso espiritual do chá psicodélico ayahuasca, feito de um cipó).

Na sua estrutura, o culto parece com a do falecido líder religioso indiano Rajneesh: ricos suburbanos da Nova Era. De acordo com o Conselho Nacional de Seringueiros, a área contém apenas cerca de vinte seringueiros, tem poucas castanhas e não está em uma área rica em recursos extrativistas.

Aprovado na velocidade da luz pelo presidente Sarney, Céu do Mapiá contrasta fortemente com outras reservas, onde árduos processos de desapropriação se estenderam por anos. Embora o orçamento total para as duas reservas existentes fosse inferior a US$ 200 mil, o hidroavião da Vila Céu do Mapiá, as fábricas de gelo e o capital de giro totalizaram um orçamento de US$ 7 milhões. Cooptando a linguagem dos ambientalistas e a ideia de reservas extrativistas, o projeto não tem conteúdo político, não implica mudança nas condições existentes de posse da terra ou de justiça e é, principalmente, um local para jovens prósperos, refugiados da vida da elite brasileira. Foi promovida sob a benção do Programa Ambiental das Nações Unidas e logo buscou ajuda do Banco Interamericano de Desenvolvimento.

As reservas extrativistas são vulneráveis às incursões dos poderosos e à sabotagem dos próprios planejadores (Philip Fearnside descreveu um caso em que os planejadores pretendiam estabelecer reservas extrativistas com mais de dez vezes o número de famílias recomendado por seringueiros e moradores locais).[12] Além disso, os arrendamentos podem ser rescindidos pelo Estado se as atividades não forem mais consideradas economicamente rentáveis, e a Amazônia tem um histórico proibitivo de transformar arrendamentos de recursos em propriedades de terra que, então, são vendidas. Sem lastro político, essas reservas poderiam acabar como mais um *slogan* no circuito de captação de recursos, anunciando a verdadeira salvação para a Amazônia, ou seriam usadas cinicamente por grandes proprietários de terras como mais um meio de consolidação de propriedades.[13]

Como era de se esperar, as reservas indígenas estão sujeitas a constantes incursões. Além do simples roubo de território e redesenho de fronteiras, é bom lembrar que a ágil agência militar da terra Getat entregou títulos aos colonos em territórios indígenas sem pensar duas vezes. Até o tão elogiado

12 Fearnside (1989a).
13 Fearnside (1989c).

Nossa Natureza do governo civil-militar de José Sarney redefiniu grandes áreas como floresta nacional. Por exemplo, durante o governo do presidente Figueiredo, no início da década de 1980, foram delimitados 21 milhões de hectares para a reserva indígena dos Yanomami, porém, com a posterior promulgação do Nossa Natureza, essa área foi reduzida em 75%, pois as suas antigas terras tornaram-se a floresta nacional de Roraima, legalmente aberta à mineração, sem o consentimento dos Yanomami. A floresta nacional, descrita pelos funcionários do governo como um "cinturão verde" para proteger os índios, agora funciona como um laço, pois as dezenove "ilhas" do território Yanomami remanescentes são cercadas por 20 mil a 30 mil garimpeiros. De fato e de forma crescente, não é mais necessário roubar terras indígenas para reivindicar os seus recursos. A agência oficial de proteção aos índios, a Funai, negocia contratos de madeira e mineração de ouro com empresas privadas com toda a liberdade de que desfrutavam em dias mais difíceis, mas agora envoltos pela cortina da sanção legal. A degradação ambiental resultante é atribuída à cooperação tripartite entre governo, iniciativa privada e povos indígenas, mas, no final, torna-se um "problema indígena" e menos provável de aparecer na agenda de qualquer revisão de processos que destroem a Amazônia.

Mais de 85% do ouro brasileiro são encontrados e extraídos por garimpeiros artesanais. Como vimos no caso de Serra Pelada, mineradoras privadas com técnicas mecanizadas ansiavam por se apoderar das jazidas vasculhadas por esses garimpeiros e, o que aconteceu foi que, durante a crise da Serra Pelada, conseguiram pressionar o presidente Figueiredo a ceder às reivindicações de mineração em terras indígenas para essas mesmas empresas. A resistência popular em Serra Pelada frustrou as tentativas de reinstalar dezenas de milhares de mineiros nas áreas de Cumaru e Tapajós, mas a ideia de reserva como um lugar de despejo tinha um fascínio compreensível para os estrategistas do governo e seus aliados corporativos. Eles viram a utilidade de um conceito – a reserva – com credenciais que pareciam irrepreensivelmente progressistas, e que poderia ser facilmente transformada em um instrumento que tiraria milhares de pequenos mineiros de terrenos valiosos, agrupando-os em reservas onde eles poderiam ser convenientemente deixados por conta própria, enquanto as maiores empresas de mineração fugiam com seus saques. Para qualquer pessoa familiarizada com o destino dos indígenas norte-americanos cujas terras continham recursos valiosos, a lição é clara.

Os seringueiros não arriscaram suas vidas por reservas extrativistas para que pudessem viver delas como peões por dívidas. Os indígenas, como observa Darrell Posey (ver Apêndice B), não desejam viver uma fábula de Chateaubriand. Garimpeiros entendem tão bem quanto qualquer um que as minas se esgotam. Os Kayapó de Gorotire vendem sua madeira porque encontraram nela uma forma razoável de arrecadar fundos, dando-lhes certa autonomia em relação a uma Funai corrupta e fraca. As preocupações básicas de todos esses povos são: o que eles podem fazer, dentro do sistema existente, para receber remuneração justa por seu trabalho; como eles podem diversificar suas economias; e como podem alcançar os direitos básicos à saúde e educação, reconhecimento político, liberdade e autonomia. As reservas que se concentram nos atributos folclóricos dos habitantes da floresta ignoram a necessidade desesperada desses povos de melhorar sua condição econômica. As reservas extrativistas e seus produtos enfrentarão uma concorrência cada vez maior dos produtores nos sistemas de plantação. Extratores e indígenas enfrentam as difíceis questões de como manter os recursos existentes e como diversificar sua base econômica.[14]

Uma solução está na expansão das estruturas cooperativas para que elas percam menos para os intermediários. Parte importante dos programas apresentados pela Aliança dos Povos da Floresta concentra-se nas formas de melhorar o pagamento que recebem por seus produtos, bem como o preço que pagam por mercadorias, de expandir os mercados para venda e de criar mais oportunidades econômicas processando esses produtos localmente. Os esforços feitos pela União das Nações Indígenas (UNI) e por organizações como a Cultural Survival na direção de eliminar intermediários para vender seus produtos são, portanto, de importância singular.

Como os trabalhadores serão compensados por seus conhecimentos e habilidades? As empresas farmacêuticas testam as plantas por seu valor medicinal e seguem os passos dos pajés para lucrar com séculos de conhecimento acumulado. Da mesma forma, os geneticistas colhem cultivares

14 Pode-se olhar para sistemas de manejo alternativos, pegando a agricultura e integrando-a em sistemas agroflorestais, e criar um sistema de manejo de longo prazo para grandes áreas, mantendo a diversidade ecológica e biológica, e ao mesmo tempo mantendo um alto número de plantas úteis. Para usar economicamente essas plantas, é preciso fazer pesquisas de mercado e pesquisas de laboratório. Portanto, embora haja muitas opções, ninguém fala, pois não há dinheiro. Já as reservas extrativistas ganham dinheiro, mas outras opções precisam ser consideradas.

nativas para melhorar o estoque genético de suas plantas; os produtos desenvolvidos a partir dessas cultivares são patenteados e comercializados sem que a tribo não receba nada em troca. Pode parecer trivial, mas uma das principais tarefas para os povos da floresta e seus aliados é desenvolver mecanismos que assegurem compensação adequada por conhecimento, recursos e produtos que são traduzidos em outros lugares em bilhões de dólares no comércio. O conhecimento dos povos da floresta e suas plantas são anunciados como "patrimônio comum" enquanto são transformados em mercadorias no Primeiro Mundo.[15] É isso que "internacionalização" significa na prática.

Robert Chambers, que há muito ponderou sobre as questões de desenvolvimento rural, apontou que a maioria das pessoas de fora, principalmente investidores, prefere receitas e soluções que consideram gratificantes, e estas tendem a ser projetos que produzem resultados rápidos e visíveis, aceitáveis tanto para os membros do conselho de fundações de caridade do Primeiro Mundo quanto às elites locais do Terceiro Mundo. Os circuitos de angariação de fundos estão agora cheios de conversas sobre trocas de dívidas e reservas de todos os tipos, mas muitas das questões relacionadas ao desmatamento foram retiradas da agenda.

O sistema de reservas poderia assumir as características do sistema *ejido* do México – terras estatais ou comunitárias –, onde os recursos e serviços sociais eram uma fração daqueles concedidos a outros setores da economia rural, particularmente as grandes fazendas. A orientação e o treinamento da maioria dos pesquisadores em florestamento e agronomia dificilmente permitirão grande apreciação das contribuições das ciências nativas ou vão usá-las como ponto de partida. Como consequência, eles se voltarão para técnicas elaboradas fora das reservas que possam se mostrar instáveis e desestabilizadoras no seu interior? O desenvolvimento e o aperfeiçoamento das ciências nativas para lidar com os problemas que crescentemente enfrentam levará muitos anos para ser realizado. Atualmente, há um segmento de jovens agrônomos dispostos a enfrentar esse desafio, mas eles representam apenas uma pequena parcela.

---

15 Para uma discussão sobre a economia política do comércio de plantas, ver Kloppenberg (1989). Se os povos nativos tivessem sido tão zelosos por patentes quanto os empreendedores do Primeiro Mundo, eles estariam recebendo *royalties* substanciais por seu trabalho genético de cultivo em milho, feijão, batata doce, mandioca, amendoim, batata e banana.

Para as autoridades brasileiras em nível federal e estadual, assim como para os grandes empresários, o desafio de dezenas de milhares de militantes garimpeiros, extrativistas e camponeses, respaldados pela opinião pública e pela preocupação internacional, tem sido algo a ser levado muito a sério. Afinal, os empréstimos podem ser congelados, as negociações ficarem mais árduas, a reputação do Brasil, impugnada e – o mais grave de tudo – a autoridade do próprio governo ser contestada. Nesta hora de perigo, o conceito de reserva oferece um refúgio conveniente contra esses problemas, e muitas vezes o faz sem questionar os arranjos sociais e políticos existentes na prática. A reserva pode desmobilizar uma população desperta que vem pressionando veementemente por uma mudança estrutural maior.

Agora chegamos às armadilhas que estão na linha demarcada por alguns movimentos "verdes" do Primeiro Mundo. Ao não enfatizar as preocupações "antiquadas" junto da economia política, relações de propriedade e distribuição, eles exaltam as reservas como soluções ambientalmente saudáveis, onde a boa vida rural pode continuar. Mas as reservas são muito mais precárias do que sua popularidade atual sugere; os "novos movimentos sociais", como existem hoje, concentraram-se na política de reivindicações de curto prazo, nas quais as pressões incidem sobre o tópico do momento, e quando as reivindicações são atendidas, o movimento evapora. Nisso reside o perigo da reserva Céu do Mapiá. Os habitantes da floresta amazônica não serão bem servidos ou salvos pelo sucesso de curto prazo se os problemas estruturais de longo prazo também não forem abordados.

O novo jargão

Enquanto o termo "reserva extrativista" sai da boca dos funcionários do desenvolvimento com frequência cada vez maior, há um termo paralelo que ganhou destaque: zoneamento agroecológico. A ideia por trás desse zoneamento é bastante simples. Os planejadores usariam os levantamentos de recursos naturais disponíveis para determinar áreas aptas para usos particulares da terra de acordo com o solo ou outros recursos. As áreas seriam, então, comprometidas com atividades apropriadas (como a pecuária e a agricultura), e a ocupação amazônica ocorreria de forma ordenada. A popularidade das reservas e a discussão incessante do zoneamento agroecológico sugerem que pode haver convergência na implementação de ambos. Certamente, o caso Yanomami e a potencial inundação das terras indígenas demarcadas são tristes exemplos das armadilhas do zoneamento.

Na semana em que o Nossa Natureza foi anunciado, o general Bayma Denys, o arquiteto do Plano Amazônia, de Sarney, deu uma entrevista ao jornal *O Estado de S. Paulo*, na qual sugeriu que o problema com o desenvolvimento da Amazônia tinha sido sua consistente história de planejamento deficiente, e que "a ausência de um planejamento geral inicial trouxe os problemas bem conhecidos de integração de planos setoriais (em Rondônia e sul do Pará), e como resultado um processo de ocupação muito desorganizado". Assim, uma geração de luta pela terra e pela justiça foi reduzida a técnicas precárias. O general Denys não estava sozinho em sua opinião de que os conflitos por terras e os recursos poderiam ser facilmente evitados por um melhor planejamento. O ex-diretor da Associação dos Empresários da Amazônia e da Associação dos Pecuaristas do Brasil defendeu que

> os conflitos decorrentes da falta de planejamento, seja de cunho social, como a invasão de terras indígenas, ou de cunho ecológico [...] como a ocupação de áreas impróprias para a pecuária, não podem mais ser justificados [...] Dispomos de informações e tecnologia que permitem definir as áreas de preservação permanente: reservas indígenas, ecológicas e parques nacionais [...].[16]

Cada vez mais os proprietários desejam uma demarcação final das terras destinadas a ficar para sempre fora dos mercados de terras porque, argumentam, uma vez estabelecidos, mais claro será o seu obstáculo nas propriedades de domínio privado.[17] O chefe da Associação dos Empreendedores Amazônicos uma vez reclamou: "estamos cansados de sempre ter que bancar o vilão. Vamos demarcar as terras nativas para podermos dar continuidade aos negócios".[18]

Nesse sentido, o ímpeto por reservas e zoneamento agroecológico pode ser visto como um processo de demarcação de "terras retiradas da produção", com e sem gente, servindo à função de diminuir as pressões por justiça social, fornecer áreas substanciais para conservação e abrir a área

16 Meirelles (1984).
17 Wagner (1986a).
18 Lunardelli apud Wagner (1986a).

restante à destruição. Pode-se ver, sob esse prisma, a Companhia Vale do Rio Doce, a mineradora paraestatal brasileira cujo cuidadoso planejamento ambiental para a área sob controle da mina de Carajás foi exemplar e incluiu grandes áreas de reserva. Amplamente comentado nos círculos de desenvolvimento, é visto como o modelo de planejamento ambiental tropical. Fora dos portões, no entanto, forças mais sinistras prevaleceram à medida que a especulação se alastrava, os conflitos de terra explodiam, os camponeses eram sistematicamente expulsos de suas terras, as favelas cresciam e as florestas eram queimadas.

O planejamento ambiental na Amazônia tem uma história respeitável. Versões anteriores de avaliação e zoneamento ambiental sugeriam que mais de 150 milhões de acres estavam aptos para a produção de gado e, documento após documento, baseados nos resultados do Radam, respaldaram toda estratégia de uso da terra politicamente favorecida na época. Essas designações sumárias foram baseadas em imagens de radar que, provavelmente, servirão de base para as atuais incursões agroecológicas, e cuja escala não é considerada adequada para o planejamento em escala fina proposto nos modelos de zoneamento. O zoneamento agroecológico é uma maneira pela qual grandes e caros programas de avaliação de recursos serão estabelecidos dentro de grandes estruturas burocráticas. Com a política, a distribuição e a história extirpadas da questão amazônica, a turbulência que ali reina será reduzida a uma espécie de fantasia geográfica que traça linhas nos mapas, ignorando as forças econômicas que inundaram a região e moldaram seu povo e usos da terra. A paisagem amazônica não é fruto de uns poucos erros de planejamento.

Foi para a área do Araguaia-Tocantins, repleta de conflitos de terra e de desmatamento, que alguns dos documentos de planejamento mais diligentes foram elaborados, e conjuntos de documentos semelhantes existem para Rondônia. Esses excelentes volumes estão empoeirados em prateleiras, testemunhos da arte do planejador e das crueldades da vida.[19] A euforia atual, por alguma suposta mudança de perspectiva ambiental por parte do governo brasileiro, revela uma comovente fé na eficácia do monitoramento, dos mapas e da nova infraestrutura ambiental. Mesmo com os melhores planos, as forças soltas na região simplesmente galopam sobre as linhas

19 O Projeto de Desenvolvimento Integrado da Bacia do Araguaia-Tocantins (Prodiat) envolveu uma análise exaustiva que produziu dezoito grandes volumes detalhados sobre a região.

traçadas em Brasília. Assim, os bons solos de terra roxa em algumas partes de Rondônia, próximas à BR-364, estão envoltos de pastagens degradadas, mesmo quando todos os planos de uso da terra para a região invocavam a agricultura de colonos como o objetivo desejado.

Em nenhum lugar isso pode ser visto mais claramente do que na oportunidade criada e perdida pela Grande Carajás. Além de suas fronteiras, a CVRD havia tomado uma decisão política que acabaria por tornar mais árdua a vida dos camponeses e que, nesse processo, negligenciou uma oportunidade histórica na única área em que a agricultura camponesa poderia ter mercados locais suficientemente fortes para torná-la mais economicamente viável. Embora houvesse um enorme mercado local de alimentos – por causa dos vários garimpos, grandes minas e cidades, e uma grande população camponesa ao longo da ferrovia que produzia alimentos para os mercados de São Luís –, a escolha se concentrou nas fábricas de ferro-gusa, cujos efeitos locais podem incluir a expulsão de camponeses e o desmatamento acelerado. As reservas são abundantes na região, na forma de áreas nativas invadidas ou de reservas indígenas, onde a mineração e a extração de madeira podem ser feitas por meio de contratos sem os aspectos abusivos da propriedade da terra em tal região.

Com as trocas de dívidas, o zoneamento agroecológico, a expansão das reservas e a ênfase em soluções tecnológicas, o processo de devastação foi sistematicamente afastado do contexto que o criou, e assim a questão ambiental é vista como um problema de erros de planejamento, tecnologias falhas e um problema de fronteiras. Ao definir as questões dessa maneira, as soluções que se seguem são principalmente tecnocráticas. Alianças internacionais entre grupos ambientalistas e agências científicas e técnicas são elaboradas por meio de "agências congêneres" ou "ONGs congêneres". Os objetivos de muitas organizações ambientais do Primeiro Mundo concentram-se principalmente na conservação de recursos e nos meios técnicos pelos quais isso pode ser alcançado, mas a questão agrária que produz a degradação ambiental permanece em grande parte sem discussão, pelo menos em muitos círculos ambientais dos Estados Unidos. Seus planos têm um timbre geralmente tecnocrático e politicamente "neutro" – ou seja, conservador em conteúdo.

Seria injusto pintar todas as organizações e aliados com um pincel uniformemente crítico. Dentro das agências de desenvolvimento há aqueles que pressionam por direitos básicos dos povos locais para determinar seu destino junto ao da floresta. Os grupos ambientalistas, ferozes em sua defesa, têm insistido com as burocracias em Washington e Brasília para mudar suas formas de abordar esses problemas. Os cientistas têm se dedicado a entender o conhecimento nativo e a mostrar como a sabedoria indígena realmente é complexa e como ela pode orientar e fornecer informações para o desenvolvimento. O mundo muda. Mas, no final, esses aliados não decidirão o futuro da Amazônia. Não é um mundo imperial, e o destino da floresta dependerá da visão e da sagacidade política das pessoas que a habitam.

Essa tarefa requer uma coalizão de pessoas que se odiavam para moverem-se generosamente a um terreno comum, onde a sua resistência possa transformar o mundo. Há alianças emergentes entre os povos da floresta de todos os tipos, bem como entre os camponeses, a fim de encontrar soluções que atendam às suas diferentes situações. Os colonos que olham a colocação de 720 acres da perspectiva de um terreno de 50 acres não compartilham inteiramente a perspectiva dos extratores. No entanto, com a incorporação cada vez mais espontânea do extrativismo na economia dos colonos, no sul do Pará e em áreas de Rondônia, suas preocupações comuns são mais visíveis. Colonos, indígenas e extrativistas não têm interesses totalmente congruentes, mas têm em comum o suficiente para começar a forjar uma história alternativa para a região, que desafie o viés na direção da riqueza, que invente uma forma de desenvolvimento cuja teoria e prática saiam da experiência e do conhecimento local.

Indígenas, garimpeiros, seringueiros, extratores de todos os tipos têm pressionado avidamente por reservas. As reservas estão entre as suas principais exigências e, sem elas, seu destino seria semelhante ao dos colonos, expulsos de suas terras por fazendeiros e pistoleiros, em um processo com o qual os grupos mencionados estão muito familiarizados. Mas esses povos da floresta colocam as reservas em um contexto político mais amplo. A trajetória de Chico Mendes como ambientalista não pode ser dissociada de sua vida ativa como militante político extremamente radical.[20] Ao mesmo

20 Uma nota que Chico Mendes fez pouco antes de sua morte dizia o seguinte:

> Atenção, jovem do futuro,
>
> 6 de setembro do ano de 2120, aniversário ou centenário da Revolução Socialista Mundial, que unificou todos os povos do planeta num só ideal e num só pensamento de unidade socialista [...]
>
> Desculpem...
>
> Eu estava sonhando quando escrevi estes acontecimentos; que eu mesmo não verei, mas tenho o prazer de ter sonhado.

tempo em que acolhe alianças com aqueles dispostos a compartilhar um terreno comum, a agenda maior dos seringueiros, indígenas e grupos afins busca a transformação das relações de propriedade existentes. Para compreender as implicações concretas de uma expressão como "ecologia socialista", cabe considerar as implicações dos manifestos promulgados pelos seringueiros e pela Aliança dos Povos da Floresta (ver Apêndice E). Eles ressaltam que os planos de desenvolvimento da região devem ser baseados na cultura e nas tradições dos povos da floresta. Tomam como axiomáticas a preservação do meio ambiente e a melhoria da qualidade de vida, mas os seringueiros e os indígenas não são hostis ao desenvolvimento, nem são antitecnologia. A ideia deles é usar o conhecimento local como um trampolim para elaborar as formas de uso da floresta, lembrando que aqueles que fizeram da floresta a sua casa também são os seus mestres mais talentosos. Da mesma forma, também insistem em falar por si, por meio de suas próprias organizações.

Também é fundamental o direito dos povos da floresta e dos que estão no território saber o que está sendo planejado, ter um papel na formulação desses planos e se envolver em sua execução. À medida que projetos e programas invadiam a Amazônia, seus habitantes eram frequentemente os últimos a saber. A primeira vez que Kuben-i, o chefe Kayapó, viu as projeções de barragens na Amazônia foi em Washington, muito depois que os ambientalistas começaram a pressionar contra elas.

Qualquer programa para a Amazônia começa com direitos humanos básicos: o fim da servidão por dívida, da violência, da escravização e dos assassinatos praticados por aqueles que se apoderam das terras que esses povos da floresta ocupavam há gerações. Os povos da floresta buscam o reconhecimento legal de terras nativas e das reservas extrativistas mantidas sob o princípio da propriedade coletiva, trabalhadas como propriedades individuais com retornos individuais. Eles buscam uma reforma agrária coerente para a região – o modelo do Incra impôs um "módulo" de 100 hectares (240 acres) para terras florestais que não tinha relação com o terreno ou com as necessidades dos povos que iriam habitar esses projetos burocráticos –; portanto, os povos da floresta defendem uma unidade de terra baseada na colocação, uma unidade regional mais coerente. Eles se opõem a uma economia política que favoreça os grandes proprietários que impõem a ruína social e ecológica da região.

Uma vez vistos pelos olhos da população local, os esquemas das agências de desenvolvimento e funcionários sediados em Brasília ou em Washington assumem um aspecto muito diferente.[21] Ao nível da vida cotidiana, os povos da floresta exigem o controle das relações de produção e da distribuição dos frutos do seu trabalho, buscam uma redistribuição de recursos e de poder, e invocam uma visão de desenvolvimento que usa seus conhecimentos, sua cultura e suas ideias.

Se há uma palavra que é pedra angular de suas exigências e esperanças para o futuro, ela é aquela sobre a qual repousam todas as esperanças para a Amazônia, "justiça".

---

21 O Apêndice E contém a versão completa das diversas declarações de políticas do Conselho dos Seringueiros e da Aliança dos Povos da Floresta. Ver também Melone (1988).

APÊNDICE A
ENTREVISTA COM AILTON KRENAK

Ailton Krenak, 34 anos, pertence a uma pequena tribo de índios Krenak que vivia no Vale do Rio Doce, na divisa entre Minas Gerais e Espírito Santo. Esse grupo também é conhecido genericamente como Botocudo. Em 1920, estimava-se que o povo Krenak tinha uma população de cerca de 5 mil habitantes e vivia em uma área de 320 quilômetros quadrados. Atualmente, eles estão reduzidos a 150 indígenas que vivem em uma área de cerca de 24 quilômetros quadrados, quase totalmente invadida por fazendeiros.

Ailton Krenak mora na cidade desde os 18 anos, quando aprendeu a ler. Trabalhou como jornalista e como relações públicas. Desde 1980, coloca sua habilidade e conhecimento da imprensa à disposição dos povos indígenas. Nos últimos anos, coordenou o Programa de Índio, produzido pela União das Nações Indígenas (UNI) e apresentado na Rádio USP, distribuído por cerca de cinco emissoras no Brasil.

Ao falar de ciência nativa é impossível separá-la de seu contexto. Se eu tirar uma das conchas de uma pulseira, a totalidade fica menos bonita, e a concha, por mais bonita que seja, tem menos significado. Nós podemos perder muito do que uma concha realmente é se a cortarmos dos mitos, práticas, das pessoas que descobriram e nomearam a concha e outras semelhantes, e os rituais, as histórias e os segredos dessa concha. Essa é apenas uma parte do bracelete, e essa concha – digamos que seja a agricultura – é apenas parte do conhecimento especial que temos sobre a natureza. Há fios de vida, história, natureza e o significado de ser um índio que amarra essa concha às outras.

No ciclo indígena, quando ficávamos muito tempo em uma área, a gente via que a caça fugia e que os sonhos das pessoas não eram mais bons, então a gente ia embora e deixava a maloca desmoronar. Mas aquele lugar não foi perdido ou abandonado, porque, às vezes, tínhamos nossos mortos lá, e sabíamos que sempre voltaríamos para plantar frutos, remédios e plantas mágicas para esta e para outras vidas da floresta que nos seguiriam. Víamos aquela floresta não como um monte de árvores selvagens, mas como um lugar onde a nossa história e o nosso futuro foram escritos; as árvores plantadas para lembrar os mortos ou para prover, algum dia, nossos filhos e filhas. A floresta não é uma coisa selvagem para nós. É o nosso mundo.

Na reunião de Altamira, uma mulher Kayapó em trajes completos correu até o diretor da Eletronorte, empunhando o seu facão, e com um grito o ergueu e o desceu bem perto de cada um de seus ombros. Ela o xingou, cheia de amargo desprezo: "Você acha que somos tão estúpidos, você acha que não sabemos quais são seus planos para nós, quais são seus planos para esta floresta? Aqui estamos há milênios e você acha que seus planos tolos estão além de nossa compreensão. Se você é uma pessoa de tanta coragem, conhecimento e compreensão, por que você não vem e diz o que você tem a dizer lá, e nós o mataremos de uma vez por todas. Venha com todos os seus ministros e nós cuidaremos de vocês de uma vez por todas. Mas, pelo amor de Deus, não pense nem por um momento que, de alguma forma, vamos desaparecer entre agora e 1995, quando você planeja inundar essas terras".

Esses foram gestos teatrais. Há momentos em que eles são necessários. Apenas ocasionalmente fazemos tais gestos, mas as pessoas pensam que, quando não fazemos, é porque estamos nos adaptando aos planos que o governo brasileiro tem em mente para nós. Esse não é o caso. Deve-se escolher os momentos em que os gestos teatrais serão mais eficazes, e tudo se consegue pela apresentação dramática. Mas só porque as coisas estão calmas e quietas, não significa que estamos quietos. Tudo isso mostra que somos culturas vibrantes e vivas, e não seremos arruinados pelo que o governo brasileiro tem em mente para nós.

Durante muito tempo a imprensa foi tomada por uma visão exótica e romântica do que eram os indígenas. Quando alguém conseguia entrar em contato com uma tribo da qual nunca se tinha ouvido falar, isso era aclamado com muitos aplausos pelos grandes indigenistas – os irmãos Villas-Bôas ou quem quer que fosse –, e esses índios eram vistos como resíduos de algum passado da idade da pedra, independentemente dessa visão ter ou não relação com a realidade cultural. Por outro lado, revistas como a *Manchete,* fotografavam cenas bucólicas de crianças indígenas mergulhando em belos lagos da floresta, com manchete como "Brasil preserva a sua herança nativa", nobres guerreiros ou belas mulheres. O que se via era o selvagem e o exótico.

Por muitos anos os porta-vozes dos assuntos indígenas eram pessoas da Funai, ou seja, do próprio governo, que falavam da inocência perdida do mundo, da ideia rousseauniana. Então, tivemos antropólogos que nos estudaram e falaram por nós por um tempo. Durante muito tempo, apenas os antropólogos conseguiram entrar nas áreas indígenas e descrever o que estava acontecendo. Desde a década de 1970, tudo mudou. Isso se deve a mudanças na própria política do governo. À medida que eles penetravam na Amazônia, sempre que construíam uma estrada, os índios saltavam para fora do caminho. Milhares corriam do caminho das escavadeiras. As pessoas não percebiam que a área estava cheia de indígenas. Outro fator é tecnológico. O nível de comunicação melhorou e as pessoas puderam ouvir o que estava acontecendo e começaram a perceber que, em toda a região, grupos indígenas estavam passando pelos mesmos problemas. O que começou a acontecer foi o surgimento de uma verdadeira voz indígena. Nós tínhamos nossa própria análise e ponto de vista que nós mesmos podíamos articular. Não queríamos ser representados apenas por antropólogos. Antes da década de 1970, poucos indígenas estavam fora das reservas, pois um índio fora da reserva era um índio morto. Com os anos 1970, os índios começaram a se mudar para outras partes do Brasil como índios, em vez de mestiços, e a participar como força política autônoma para enviar pessoas para Brasília.

O importante é virar de ponta-cabeça a história brasileira, a história da colonização. Você é uma pessoa da floresta, de alguma tribo, e então algum "agente civilizador" entra na região – pode ser a Igreja, um partido político ou uma associação de brancos – e "descobre" essa tribo de índios da mesma forma que já fizeram com outras tribos. Feito o contato, começa a infecção progressiva, na verdade, infecção repressiva, "civilizando" a tribo. A cada dia, a tribo se torna menos da floresta, das zonas rurais, e mais da cidade. Esta é uma história progressiva; um dia a tribo estará totalmente integrada. Ela terá aprendido a falar português, a comprar roupas, gasolina e uma série de produtos que não fabricam. Isso obriga os indígenas a migrar da terra ou a aplicar um tipo de economia que os transformará em vila, cidade etc. Esta é a história do mundo.

As reservas extrativistas colocam parte da população que veio à Amazônia para "civilizá-la" junto aos índios, mas, na verdade, é ela que aprende com eles uma nova forma de conviver com a natureza. Os seringueiros aprendem a humanizar a natureza e a si. Assim, a reserva traz uma nova forma de cultura social e caráter econômico. Os migrantes para esta região vieram em busca de terra, mas a propriedade do povo não pode ser comercializada. Uma reserva extrativista não é um item de troca, e não é propriedade. É um bem que pertence à nação brasileira, e as pessoas vão morar nessas reservas com a expectativa de preservá-las para as gerações futuras. Isso é tremendamente inovador.

Imagine se todos os povos da Amazônia decidissem na próxima década que não queriam tratar os lugares em que viviam como uma mercadoria, mas sim como um lugar sagrado! Como garantir a efetiva ocupação de uma reserva? Uma fruta, à medida que amadurece, passa por vários processos diferentes. Eu acho que o primeiro passo é estabelecer as reservas. Estamos determinados agora a fazer um levantamento das práticas de seringueiros e indígenas em relação à dinâmica econômica real. A partir desse inventário, vamos observar quais atividades estão sendo realizadas de forma que os recursos são subutilizados, e qual o seu potencial. Se existe um processo no extrativismo que pode ser mecanizado, então vamos ver se podemos desenvolver uma estrutura para utilizá-lo.

Claro que há muita gente esperando a hora em que eles possam proclamar a coisa toda um fracasso. Nós temos que ver isso como normal. Há dias em que as coisas estão nubladas, mas o sol está brilhando acima de tudo isso. O vento vem e sopra essas nuvens para longe. É perfeitamente normal que existam outras intenções sobre como ocupar a Amazônia. Não se pode, de forma alguma, tratar com desrespeito e violência os pensamentos dos outros. Eu penso que este é o aspecto mais generoso da Aliança dos Povos da Floresta: unir pessoas que se matam há um século. Você acha que naquela época os seringueiros queriam juntar-se com os índios no seu lote? Vamos apenas supor que as pessoas que hoje são contra essa forma mais razoável de ocupação da terra percebam que podem ganhar dinheiro, que os municípios, produtores potenciais que abastecem os grandes mercados, tragam grandes impostos. Temos que convencê-los disso. A aliança tem que mostrar seus frutos, não podemos ficar só conversando.

Eu penso que a pavimentação da BR-364 é urgente. A tarefa de estabelecer uma ligação entre os vários centros de populações produtivas é uma emergência. Mas isso precisa ser planejado. Não deve ser uma ameaça para as populações locais, porque não faz sentido ligar ninguém a nada. A Transamazônica deveria ter sido construída, mas não deveria trazer custos financeiros para o Brasil e para a natureza, nem dizimar as tribos. O Brasil precisa de energia, mas não precisa da Barragem de Balbina, que criará um lago de 1.700 quilômetros quadrados de água podre, ameaçando a vida em Manaus. Aqueles que vivem em um raio de dez quilômetros daquele lago estão sofrendo agora de lepra transmitida por moscas. Em breve, precisarão de um hospital para atender os doentes, e isso representa custos financeiros reais.

Portanto, se essa estrada levar em conta as necessidades das populações locais, ela será um enorme sucesso. Mas se não for isso, será um imenso desastre. Nós não queremos ser entendidos como contrários ao desenvolvimento. Eu nunca ficaria feliz em dizer que a estrada não deve ser construída. Eu ficaria muito feliz, por outro lado, em sentar com o governo e dizer como alguém poderia fazer isso de outra maneira...

APÊNDICE B
Entrevista com Darrel Posey

Darrell Posey, antropólogo norte-americano, vive e trabalha com os Kayapó desde a década de 1970 e é um defensor ativo dos seus direitos.

Alguns antropólogos estiveram envolvidos nos movimentos indígenas, mas a grande maioria deles, na verdade, explora esses povos, foge e não faz mais nada, usando como desculpa a necessidade da ciência ser "objetiva". Mas há uma porcentagem – pequena – que se envolveu intimamente com as pessoas que estudaram. A acusação do outro lado era (é) que eles estavam se tornando "nativos", o que, por algum motivo, era visto como algo ruim. Assim que você se envolvesse nas questões dos povos indígenas, você estaria perdendo sua objetividade antropológica. Sempre houve um viés contra tal envolvimento. A ideia é que se permaneça desapegado, que não afete a sociedade em estudo; ao contrário, estará tomando decisões que não tem o direito de tomar. Tal pensamento costumava ser dominante na antropologia. Uma das pessoas que mais ajudou a mudá-la foi Margaret Mead, que, junto de outros estudiosos, popularizou a aplicação da antropologia e a legitimou dentro da profissão acadêmica. Então, isso deu um pouco mais de espaço ao envolvimento antropológico. Houve outros problemas. Os povos nativos foram manipulados por antropólogos para se aliar a governos, a movimentos políticos ou a revoluções, a partidos ou a qualquer outra coisa. Ou seja, tem sido uma história atribulada, e os antropólogos que se envolveram com os movimentos indígenas estavam se arriscando em sua própria profissão.

Alguns disseram "para o inferno com isso, temos que nos envolver, os nativos são a forma como ganhamos a vida, e é antiético e antiprofissional não se envolver". Foram muito poucos ao longo dos anos, alguns no Brasil. Há outra ironia aqui, em que os antropólogos ficam muito paternalistas com os povos nativos, no sentido de se acharem seus grandes protetores. Eles assumiram tal papel ao ponto de não permitir que eles se manifestassem. Houve exceções, como David Maybury-Lewis, que estabeleceu uma reputação acadêmica muito sólida, mas depois que percebeu que isso não era suficiente criou o Cultural Survival como uma forma de ajudar os povos nativos. Ele também deu apoio aos povos nativos que se organizavam ao redor do mundo. Outros, da Associação Brasileira de Antropologia, foram fundamentais para a criação da Comissão pró-Índio. Eles trabalharam muitos anos tentando representar esses povos, depois perceberam que representá-los não era suficiente, e que era necessário ajudá-los a se organizarem para que eles mesmos pudessem se representar. E, assim, a União das Nações Indígenas começou com a ajuda da Comissão Pró-Índio e a do Centro Ecumênico de Documentação e Informação (Cedi), o grupo mais ativo, bem fundamentado e de base acadêmica que trabalha no Brasil. O Cedi tem uma visão muito equilibrada das realidades políticas, econômicas e sociais e, ao longo dos anos, trabalhou muito de perto *com*, e não *para*, os líderes nativos; realiza um serviço muito importante, documentando o que está acontecendo com os povos nativos. É fonte de informação sobre quais filmes, livros, monografias e artigos de jornal foram publicados com artigos sobre indígenas. Também fez um levantamento muito importante de grupos indígenas no Brasil. Simplesmente não sabíamos, até muito recentemente, quantos grupos e quantos indígenas havia no Brasil. É difícil defender os povos quando não se sabe quantos são ou onde estão.

Uma das coisas mais importantes que publicaram recentemente foi sobre a mineração, mostrando como o governo havia vendido os direitos dos povos nativos a interesses nacionais e multinacionais. Isso aconteceu no momento em que estava sendo realizada a Assembleia Constituinte e estavam estudando o futuro das terras indígenas e dos direitos minerais. Foi um grande choque para o povo brasileiro. Isso deu um empurrão crítico para uma política mais progressista e pública sobre a mineração em áreas indígenas.

A partir daí tivemos mudanças de atitudes antropológicas e uma liderança emergente. Tivemos o Mário Juruna, que se tornou um líder notável, muito devido à ajuda de um antropólogo, Darcy Ribeiro. Ele mostrou que os povos indígenas podem ter voz, mesmo dentro do Congresso brasileiro. Esse era o lado político, que sempre tem suas desvantagens, em que as pessoas que não sabem se mover dentro de um sistema nacional de política muito complicado podem ter dificuldade em manter vínculos com seu próprio povo e sua terra. Fisicamente, eles precisam estar em uma cidade e longe de sua própria família extensa. Portanto, é difícil para os povos nativos abraçar os dois mundos, o branco e o indígena.

Os índios são organizados comunitariamente e precisam formalizar isso, o que de fato podem fazer sob a nova constituição, que prevê que os povos indígenas podem ter representação independente, enquanto, anteriormente, tinham de ser representados pelo governo federal, pela Funai. Resta saber como isso se dará. Conseguir esse tipo de posição jurídica nem mesmo ocorreu com os Kayapó, onde pensei que ocorreria muito rapidamente.

A venda de recursos, feita pelos próprios indígenas, e a destruição desses recursos é um assunto muito delicado. Quais são os direitos dos povos nativos de fazer o que quiserem em terras que são suas? Pela lei brasileira, eles só têm direito de uso da terra que pertence à União Federal. As terras federais são protegidas sob os artigos ambientais da Constituição, assim como os indígenas. Dessa forma, a exploração destrutiva do meio ambiente deve ser aprovada pelo Congresso. Interpretada literalmente, a Constituição não dá aos povos nativos o direito de explorar suas terras de forma destrutiva sem a aprovação do Congresso. Eles, provavelmente, poderiam fazer a exploração sustentável dos recursos de suas terras, o que seria perfeitamente compatível com seus direitos como povos nativos e os artigos que regem a preservação ecológica.

O caso da mineração de ouro em terras Kayapó, que eu conheço, foi basicamente provocado por garimpeiros indesejados que invadiram esses terrenos. Não havia como os Kayapó tirá-los. Quanto mais eles tiravam, mais garimpeiros voltavam. Chegou a um ponto em que não havia como mantê-los a distância. Naquela época, havia apenas duas pequenas aldeias, Gorotire e Kratum, que juntas têm novecentos habitantes, dos quais você pode reunir talvez trezentos guerreiros. Eles não podiam usar armas tradicionais, um fuzil com balas .22 ou uma espingarda; não há como atacar 4 mil garimpeiros armados, muitos deles com armas automáticas enviadas para lá clandestinamente. Os índios tiveram de lidar com a realidade, e a realidade era: "Se formos contra essas pessoas, eles vão nos exterminar". É claro que não havia proteção do governo federal para eles naquela época e, de toda forma, não havia agentes federais suficientes para impedir que o extermínio ocorresse. Então, os Kayapó foram obrigados a aturar o garimpo, o que foi muito polêmico, porque os mais velhos não queriam (e ainda não querem). Isso lhes trouxe muitas doenças, muita poluição e bens questionáveis; criou muito mais problemas do que solução. Tinha de haver redistribuição das coisas que chegavam, e essa redistribuição estava nas mãos de dois dos chefes que não sabiam como fazer a divisão; muita coisa ficou parada em suas casas, não porque fossem gananciosos, mas porque não sabiam como resolver sem causar atritos na aldeia. Houve enormes crises provocadas pelo ouro, e os Kayapó não queriam mineração, ainda não querem. Isso não significa que o dinheiro gerado pela mineração não tenha estado por um instante em suas unhas e que eles terão dificuldade em retirá-lo.

A madeira serrada é uma questão muito diferente, primeiro porque a madeira de 10 mil árvores de mogno, quando você está falando com pessoas que não sabem contar até dez, não faz muito sentido. O que eles sabiam é que 10 mil árvores de mogno lhes trariam uma estrada, e eles queriam uma estrada porque a aldeia de Gorotire queria contato. Certamente os mais jovens queriam, e também os chefes. E a razão é que os Kayapó também gostam de mudança. Essa ideia de que os povos nativos viviam e estavam sempre em algum estado estagnado, antes de serem contatados pelos brancos, não é verdade. Eles gostam de transformações, gostam de coisas novas, querem ver o que está acontecendo. Aqui, do ponto de vista deles, havia uma chance de obter uma estrada gratuita para a sua aldeia; eles podiam pegar carros e caminhões, ir para a cidade, comprar o que quisessem e voltar. Foi uma ideia perfeita, como ir à lua: "vamos ver o que há lá em cima e, depois, vamos nos preocupar com os efeitos posteriores". É apenas parte da iniciativa humana e eles não são diferentes de nós nesse sentido.

Uma vez integrados à sociedade capitalista, os índios perderão todas as características de sua tradição, com divisões dentro da tribo e todos os tipos de erosões culturais? Bem, tivemos todos os tipos de erosões culturais como resultado do despovoamento drástico que veio da falta de imunidade contra doenças europeias. Essas pessoas já foram reduzidas a uma proporção muito pequena do que costumavam ser, então já sofreram uma mudança enorme. Eles continuarão a sofrer muitas mudanças. Ao analisar esses casos, deve-se perguntar quais são as questões da história: as alterações na tribo A foram impostas a eles, ou eles, de fato, tinham o direito de escolher as coisas que queriam? Na América do Norte, a maioria das mudanças entre os indígenas norte-americanos foram impostas a eles, incluindo a velocidade delas, onde e como ocorreram. Os indígenas eram controlados pelo governo, pelo Bureau of Indian Affairs e pelas circunstâncias gerais da época. No Brasil de agora, onde os índios têm garantidos seus direitos e suas terras, eles podem escolher o que quiserem da sociedade dos homens brancos – TVs, câmeras de vídeo, por exemplo – e descobrirão o que desejam e o que podem rejeitar. Podem gostar de fitas de vídeo, pelas quais as aldeias podem comunicar umas às outras o que está acontecendo, ou dos aviões para levar os chefes a conselhos, algo que eles não podiam fazer dez anos atrás porque não tinham o dinheiro e a renda para comprar os aviões e as câmeras de vídeo. Em outras palavras, os povos nativos, se lhes for dada independência econômica e estabilidade de terras e recursos, cometerão alguns erros e algumas boas escolhas, assim como ocorre em qualquer outra sociedade.

Nós temos um legado que é perigoso. Uma visão romântica de Rousseau é que os povos nativos viviam em perfeita harmonia com a natureza e não têm problemas. A outra é que eles são primitivos. De alguma forma, eles se fundem para formar um mito ainda maior, de que os povos primitivos estão em harmonia com a natureza, deveriam permanecer lá e nunca mudar. Isso não é verdade, então teremos de ver o que vai acontecer.

APÊNDICE C
ENTREVISTA COM OSMARINO AMÂNCIO RODRIGUES

Durante toda a reunião da Semana Santa em março de 1986, em Rio Branco, um dos seringueiros mais visíveis era um jovem com energia e bem-humorado chamado Osmarino Amâncio Rodrigues. Ele vem de Brasileia, uma pequena cidade a sudoeste de Rio Branco, quase na fronteira com a Bolívia. Osmarino é secretário do Sindicato dos Seringueiros. Formado em administração pela Igreja Católica e companheiro de longa data do falecido Chico Mendes, ele é um dos mais dinâmicos ativistas da floresta. Conversou conosco na noite do domingo de Páscoa, enquanto seus guarda-costas o protegiam, pouco convincentes, de um lado para o outro nas sombras.

Nasci em 1957 em uma fazenda de borracha chamada Beija-flor. Na época era um seringal tradicional, onde o barão da borracha obrigava todo mundo a vender por um preço péssimo, e apenas para seus intermediários, e a comprar mantimentos de seus agentes. A fazenda é bem longe na floresta, e o cara só mandava o seu intermediário uma vez por ano com mercadorias; os seringueiros ficavam ali famintos, esperando mantimentos e sem conseguir vender ou comprar de mais ninguém. E nós ainda tínhamos que pagar aluguel da nossa propriedade! Vivíamos em escravidão por dívida porque não importa quanta borracha você tenha, os suprimentos sempre custam mais. Então, quando eu era adolescente, a luta começou lá fora simplesmente porque era impossível viver naquelas condições.

Em 1970, quando Wanderley Dantas era governador do Acre, ele iniciou uma grande campanha de propaganda sobre como o Estado deveria avançar e ter progresso, e a única forma de conseguir isso seria pela pecuária. Ele conseguiu concessões de terras, financiamento bancário e incentivos fiscais para as pessoas do Sul, todas as coisas que ele nunca deu aos trabalhadores reais.

Os fazendeiros começaram a vir para cá, e depois de contar aos pobres do seringal que o governador havia lhes vendido a terra, eles ameaçavam os seringueiros ou queimavam suas casas e construções. Assim começaram as expulsões e as matanças, à medida que os jagunços entravam nos seringais e obrigavam as pessoas a sair. Fizeram isso com milhares. Neste momento, há 10 mil brasileiros vivendo na Bolívia porque foram expulsos do Acre.

Essa estratégia de expulsão e morte funcionou até certo ponto, mas apenas até as pessoas não perceberem o que estava acontecendo por toda parte. Elas ainda não sabiam das mortes em outros lugares. Estávamos todos muito isolados. Em 1973, começou a organização de comunidades de base pela Igreja Católica, e foi aí que eu realmente comecei a me mobilizar. Passei a ir a reuniões da Igreja, e ali falavam de libertação humana, de libertar-se da escravidão. Muitas pessoas estavam interessadas nisso, porque as condições eram realmente terríveis e tínhamos de fazer alguma coisa.

Em 1975, começamos a trabalhar no desenvolvimento sindical. Quando resolvi me envolver, fui porque queria aprender. Eu ainda não havia percebido que estaria nisso até o fim. De qualquer forma, em 1976, iniciamos os primeiros empates, os impasses aos pecuaristas. Esses empates nos deram esperança. Ele era organizado da seguinte maneira: o líder do sindicato de um lugar, como Boca de Acre ou Xapuri, Brasileia ou Assis Brasil, ficava sabendo que os seringueiros estavam sendo expulsos de suas terras, e um líder, digamos em Boca de Acre, então pegava o telefone ou o rádio para Xapuri ou Brasileia e pedia às pessoas que viajassem até Boca de Acre, para impedir que os seringueiros fossem expulsos de suas terras. Caminhões de pessoas apareceriam. Era realmente bom.

O primeiro empate ocorreu na Brasileia, de onde eu sou, em um seringal chamado Carme, que ainda é uma floresta de seringueira em pé. Os fazendeiros expulsaram todo mundo, mas nós lutamos muito. Tivemos de enfrentar o Exército, a polícia, mas tínhamos o direito do nosso lado. Afinal, estávamos lutando pela terra em que vivemos e trabalhamos durante toda a vida. As autoridades estaduais fecharam um acordo em que davam a cada seringueiro de 25 acres a 125 acres para que não precisassem migrar para a cidade. Esse sistema não funcionou muito bem, e é por isso que queremos seguir com as reservas.

Os empates se tornaram uma coisa regular; a cada ano havia mais, então os barões da borracha e os pecuaristas começaram a ir atrás dos líderes sindicais. Eu fui me envolvendo mais, principalmente depois de 1980, quando mataram Wilson Pinheiro, então líder do Sindicato dos Seringueiros. O secretário do meu sindicato, que era Chico Mendes, teve de ir a Xapuri para organizar o sindicato de lá, e as poucas pessoas que conseguiam trabalhar fora do seringal iam de município em município tentando garantir que os sindicatos estivessem em contato uns com os outros. Eu não sabia ler na época, mas tive de aprender porque ia às reuniões e voltava, e tinha de ler as coisas para as pessoas do meu sindicato. Lá estava eu, diretor de uma comunidade de base e líder sindical, e não sabia ler. Era terrível.

Em 1985, realizamos a primeira reunião do Conselho de Seringueiros para uma mobilização em nível nacional, a fim de fazer funcionar as reservas extrativistas e também para falar sobre o assassinato sistemático de sindicalistas e dirigentes. De lá para cá, foi só esse trabalho. Eu nem tenho tempo para jogar futebol. Gostava de ir a festas, dançar, passear um pouco. Mas todo o meu tempo foi tomado. Houve matanças e matanças e matanças. Eles estavam assassinando as lideranças mais baixas, mas eu disse ao Chico, na época, que eles continuariam matando até chegarem até nós. Eles estão quebrando as pernas do sindicato agora, mas não vão parar até chegarem ao coração. Nós temos de preparar as pessoas para que, quando formos baleados, sempre haja outras para ocupar nossos lugares.

Ninguém acreditava que havia gente vivendo na floresta. Ainda em 1985, o Censo disse que não havia pessoas aqui, apesar de essas florestas estarem cheias de seringueiros, índios e ribeirinhos. Nós podemos ser analfabetos isolados no meio da floresta, mas sabemos o que está acontecendo. Sabemos que o gado não funciona aqui, e sabemos que outras coisas funcionarão; mas não temos as técnicas para explicar isso. Por isso, as autoridades nunca dão muita importância ao que temos a dizer. A única vez que eles nos dão algum crédito é quando choram lágrimas de crocodilo depois que um de nós é baleado.

Em um seminário sobre meio ambiente e desenvolvimento em 1988, as coisas tomaram um ritmo diferente, porque finalmente nós tivemos algumas informações técnicas que poderíamos usar para discutir com os funcionários do governo, que ficaram mais preocupado e começaram a ter reuniões conosco. Foi também quando declararam a primeira reserva extrativista em São Luís do Remanso.

Hoje vemos que muita gente está preocupada com a nossa luta, mas, basicamente, a justiça brasileira não dá a mínima para nós. E nós estamos preocupados; toda essa atenção internacional não faz a nação brasileira fazer qualquer coisa sobre os assassinatos sistemáticos. As autoridades brasileiras nada fizeram para acalmar essa violência. Eu, por exemplo, tenho cerca de 2% de chance de passar deste ano. Na mesma noite em que foram buscar o Chico também passaram pela minha casa em Brasileia. Não há como eu vou passar por isso vivo. Existem planos de morte organizados, e todos sabem disso. Lá no Juruá, o barão da borracha Camili diz que não há dúvida de que Macedo – que organizou o povo para não pagar aluguel – vai morrer. Ele disse: "Eu vou mandar; eu vou matá-lo". Enquanto isso, na prefeitura de Brasileia, há mais de duzentos casos que não têm promotor público ou mesmo detetive de polícia. O governador não nomeia promotores, ou as pessoas simplesmente não aceitam os cargos. A cada ano, a Universidade do Acre forma quarenta novos advogados, mas não se consegue um advogado aqui para o serviço público ou para os direitos dos trabalhadores rurais. Se as pessoas matam e nunca são punidas, elas continuam assassinando.

Atualmente, por exemplo, eu não tenho permissão para carregar uma arma de fogo, mas todos os malditos fazendeiros aqui estão armados até os dentes, assim como todos os seus capangas. Eles cercaram minha casa várias vezes; a destruíram em algumas ocasiões. Uma vez, foi sorte que um carro passou e eles fugiram. Enviamos cartas para o governador, para o chefe da Polícia Federal, Romeu Tuma. Enviamos cartas e telegramas sobre a natureza da violência organizada, e a única coisa que acontece é que mais um de nós estoura. Não temos muitas opções. Temos de pensar em maneiras de viver um pouco mais. Eu tenho aqueles guarda-costas lá do governo; as armas que eles têm em sua maioria não funcionam.

E eu tenho de pagar por esses guardas – viagens, refeições, hospedagem e, até mesmo, as suas balas. Olha, eu não tenho dinheiro. Enviei uma carta ao Ministério da Justiça explicando que entendia a importância da segurança, mas não tenho como sustentar quatro homens. Moro com meus pais, não tenho condições de montar minha própria casa. O governo não está interessado na minha segurança. Eles querem que eu assine um documento dizendo que eu demiti esses caras, mas eu simplesmente não posso pagar por eles. O que vai acontecer é que, assim que o documento for assinado, o governo vai dizer: "Olha, nós colocamos guardas para ele, e ele os dispensou; não é nossa culpa se ele for morto".

O que os estrangeiros podem fazer? Podem fazer muito. Precisamos de pessoas que nos ajudem a avaliar os recursos naturais, comercializando os produtos para conseguirmos um preço melhor; maneiras de melhorar as cooperativas. Sabemos que a borracha e outros produtos extrativistas podem sustentar uma comunidade sem destruir a floresta. Precisamos de desenvolvimento de mercado e infraestrutura econômica básica. Nós não somos antidesenvolvimento; você só precisa ver como somos pobres para entender isso. O que precisamos é desenvolver as técnicas organizacionais para que nossos produtos possam entrar no mercado de forma séria, para que possamos manter um pouco do valor dos produtos que produzimos. Também precisamos de coisas como os bons historiadores que vão contar a história como aconteceu, e não criar alguma fantasia. Precisamos de cientistas sérios e honestos. Nós queremos que essa aliança com outros moradores da floresta avance e desenvolva formas de fazer esse tipo de trabalho. Queremos que você faça o que sabe fazer melhor e use esse conhecimento em solidariedade conosco.

APÊNDICE D
ENTREVISTA COM PADRE MICHAEL FEENEY

Padre Feeney começou a trabalhar em Tefé, no rio Solimões, no Amazonas, em 1982. É membro da Congregação do Espírito Santo, ordem católica originária na França.

Eu venho de Ballintra, a meio caminho entre Ballyshannon e a cidade de Donegal, perto de Rossnowlagh, que tem uma das praias mais bonitas da Irlanda. Cheguei ao Brasil pela primeira vez em janeiro de 1972, e passei nove anos no interior do estado de São Paulo, em uma paróquia comum, conversando com trabalhadores diaristas que se levantavam às quatro da manhã para trabalhar o dia todo no cafezal ou na agricultura. Eles trabalhavam para pequenos agricultores, que eram muitos em nossa área. Muita gente derrubou o café e plantou cana-de-açúcar para fazer álcool para carros, o que causou uma grande mudança na vida das pessoas, que tiveram de mudar para diferentes tipos de trabalho. Elas não tinham muita consciência dos preços da terra e da exploração; mas, de forma lenta e segura, por meio de nossas reuniões, começaram a perceber que eram uma nação escravizada. Toda a questão da terra continuava, com pessoas acampadas à beira das estradas. Os grandes latifundiários não desistiam; os pobres invadiam as grandes propriedades para forçar o governo a dar-lhes terras. Se isso não funcionasse, eram forçados a se mudar para o Norte – para Rondônia, Acre e talvez Amazonas, a última fronteira. Eles têm sofrido todos os tipos de doenças; foi um choque cultural. As pessoas não sabem trabalhar a terra lá: é um solo mais pobre. Mas acredito que esses trabalhadores têm o poder de defender a floresta.

Eu passei por Tefé em julho de 1982, no rio Solimões. Saí do Brasil em 1980, passei um ano em Denver, depois fui para a Irlanda, onde trabalhei com justiça e paz. Voltei ao Brasil com um amigo de Tipperary; tínhamos uma lista onde a Congregação dos Padres do Espírito Santo estava trabalhando. Fomos para o Rio de Janeiro, Recife, Fortaleza, Manaus, Tefé, Rondônia, Mato Grosso, São Paulo. Eu conheci um grupo de jovens em Tefé que se interessaram pela questão indígena. Então, percebi que, talvez, esse tipo de trabalho me ajudasse como pessoa e fosse de alguma utilidade para os índios de Tefé e os seus arredores. Comecei a subir o rio. A área em que trabalho é de 256 mil quilômetros quadrados. A Irlanda, por exemplo, tem 70 mil quilômetros quadrados. É uma área grande, com doze grupos indígenas. Nós convidamos jovens do sul para virem apoiar os indígenas, viver a vida dos indígenas em suas aldeias, se envolver na educação, ajudá-los a ler e escrever história e mitologia em sua língua e, depois, trabalhar na questão da terra. A terra não é demarcada; você tem de trabalhar com os indígenas, conscientizá-los de qual é a área deles. Depois, a saúde: é um negócio muito precário para nós. Estamos tentando há quatro anos conseguir que médicos nos ajudem. Os jovens de lá não têm formação em saúde. Em uma área nossa, há muita tuberculose; normalmente os índios pegam doenças de homens brancos, e não têm plantas para combater essas enfermidades. A tuberculose demanda um tratamento de seis meses, mas não fazem ideia de medicação; eles pegam tudo de uma vez. Tentamos obter uma equipe médica, mas não conseguimos, porque os brasileiros que se tornam médicos e enfermeiros não querem voltar para o interior. Há mais dinheiro nas cidades. Toda a mentalidade é contra os indígenas. Se você é chamado de índio em nosso lugar, é um insulto terrível. Significa o mais baixo dos baixos. Estamos trabalhando em Tefé, onde há caboclos brancos, índios brancos, 22 mil ao todo. Está crescendo. A chamada educação os ajuda não a se tornarem pessoas melhores, mas a se tornarem engrenagens funcionais no sistema capitalista.

Tentamos trabalhar com a sociedade branca, questionando a sua atitude em relação aos indígenas. Até 1984, eles nem sabiam que havia índios na área, pois estes escondiam sua identidade por medo; era grupos pequenos, muito pequenos, as tribos chamadas Kokama, Tikuna, Mayoruna, Trana, Maku, Kanamari, Katukina, Kawishiva (cerca de 5 mil). Apenas resquícios, na verdade, de grupos muito maiores.

Eu não vim para o Brasil para salvar os indígenas. São eles que vão cuidar de si. Estamos aqui para acompanhá-los, para ajudá-los a olhar para a sociedade ao seu redor, para tentar analisar esse tipo de sociedade, o que ela faz com as pessoas e os valores que elas têm como comunidade indígena. Eles têm a capacidade de tomar a iniciativa em seu campo e em sua vida para se defender e pensar nas gerações futuras. Você diz que é apenas uma defensiva. Esse pode ser o primeiro passo, em termos de construção de suas defesas, mas também é uma questão de encontrar outras maneiras e meios de conduzir suas vidas no futuro. Claro que você tem a pressão das grandes empresas e do Estado; a linha de base do governo brasileiro é acabar completamente com os indígenas, exterminá-los. Essa tem sido a base em todo o mundo. Esses povos são vistos como obstruções ao progresso capitalista, se você preferir. Eles estão apenas no caminho, e quanto mais rápido forem tirados, melhor, para que o progresso e o desenvolvimento capitalistas possam ocorrer.

Toda essa conversa sobre o governo brasileiro estar preocupado com as suas fronteiras é uma mentira. Eles querem avançar com projetos, que são empurrados por grandes empresas que querem construir barragens e estradas, ganhar dinheiro e ir embora. Chico Mendes mostrou a forma não violenta de enfrentar os grandes fazendeiros: fazer com que esses pequenos povos percebam que têm poder por toda a Amazônia.

Nossa área é relativamente tranquila. Você tem invasões de terras indígenas, mas são regionais. Na nossa área, o grande movimento é preservar os lagos. As comunidades locais acumulam estoques de peixes; mas grandes pescadores de Manaus invadem os lagos. Eles chegam, enchem seus barcos com peixes e, se encontram melhores, jogam fora o primeiro lote. Em cada comunidade, há pessoas que gostam muito de dinheiro e que são pagas por grandes pescadores, que pescam em lagos. Mas há pequenos grupos que assumem a responsabilidade de proteger os lagos e dizer aos barcos que não podem pescar.

No rio Juruá e no rio Jutaí há seringueiros. Muitos deles estão deixando suas áreas e indo para as cidades em busca de educação; eles se sentem burros e acham que não sabem nada, pois haviam dedicado a vida à extração da borracha. Aí você fala com eles. O que significa ser educado? Eles têm toda uma educação e um modo de vida que adquiriram na floresta, mas não consideram isso educação. Eles querem levar seus filhos para a escola. Eles sentem que estão inseridos no mundo se puderem comprar uma TV e uma geladeira. Essa é a maneira como eles olham para isso. Esses rios, o Juruá e o Jutaí, falam do inferno verde! É realmente um assassinato. Existem pequenos insetos que os torturam o dia todo. Por volta das 6h30 os insetos saem; então você tem mosquitos a noite toda. Sem uma rede é um inferno. Esses pequenos insetos picam você nas costas da mão, ficam embaixo do queixo ou no pescoço, deixam você completamente preto, dão nos nervos. As pessoas de lá desenvolvem uma pele contra isso. As pessoas nessa área têm dificuldades. A questão física é dura. Muitos dizem que não têm alternativa; é tudo o que sabem. Muitos desses seringueiros, além da pesca, não gostam de plantar; se quiserem ficar na região, terão que entrar na agricultura. Caso contrário, dependerão dos barcos de venda que são muito caros e exploram esses seringueiros. As cooperativas não são muito bem-sucedidas.

Eu acredito na força que os indígenas, os seringueiros e os ribeirinhos têm se conseguirem se unir para defender a floresta. Eles podem iniciar uma luta infernal. Fui a São Paulo de posse de um filme sobre a situação dos índios no Vale do Rio Javari; doze tribos sendo massacradas culturalmente, madeira sendo retirada aos montes, ninguém parando as grandes madeireiras. Nós mostramos isso para as pessoas nas favelas e, de repente, eles perceberam que a sua luta para conseguir as terras e as casas era semelhante à luta dos índios; que haveria necessidade de alianças não apenas com os povos da floresta, mas também com os das cidades.

Os jovens que vêm a Tefé e se envolvem com os indígenas às vezes encontram um problema. Eles ficam tão atolados na questão que pensam que vão salvá-los e, então, passam a ter o complexo do Messias, que é muito perigoso. Você tem um jovem casal vivendo com uma tribo; eles pensam que são os únicos capazes de salvar os índios, porém, se mais alguém se juntar à equipe, essa pessoa fica no ostracismo por meio de várias sutilezas. O casal se acha dono dessa tribo em particular. Antropólogos? Eles vêm e vão. Um dos problemas que temos é o seguinte: você tem antropólogos entrando em uma área; eles recolhem material, vão embora, escrevem seus livros, suas teses, que são publicados. É isso. Não há retorno para os indígenas daquilo que os antropólogos fizeram naquela área. Não há nada que os indígenas possam usar em sua luta, em termos de sua saúde e educação.

O que uma pessoa na Europa ou nos Estados Unidos pode fazer para ajudar? Há algum tempo todo o problema era que o governo brasileiro fazia isso ou aquilo na selva. Então, alguém disse, o que esses bastardos nos Estados Unidos fizeram? Eles mataram seus indígenas, cortaram suas florestas e, agora, estão olhando para a Amazônia. A poluição, por exemplo: como os europeus estão afetando a atmosfera? A Survival International tem a ideia das campanhas de cartas para pressionar os governos. Há muita coisa que as pessoas podem fazer.

APÊNDICE E
Manifesto dos Povos da Floresta

PLATAFORMA DO CONSELHO NACIONAL DE SERINGUEIROS

Nós, seringueiros representando os estados de Rondônia, Acre, Amazonas e Pará, reunidos em Brasília de 11 a 17 de outubro de 1985, para o 1º Encontro Nacional de Seringueiros da Amazônia, tomamos as seguintes resoluções:

I – Desenvolvimento da Amazônia

1. Exigimos uma política de desenvolvimento da Amazônia que atenda aos interesses dos seringueiros e que respeite os nossos direitos. Não aceitamos uma política para o desenvolvimento da Amazônia que favoreça as grandes empresas que exploram e massacram trabalhadores e destroem a natureza.
2. Não somos contra a tecnologia, desde que ela esteja a serviço nosso e não ignore nosso saber, nossas experiências, nossos interesses e nossos direitos. Queremos que seja respeitada nossa cultura e que seja respeitado o modo de viver dos habitantes da floresta amazônica.
3. Exigimos a participação em todos os projetos e planos de desenvolvimento para a região (Planacre, Polonoroeste, asfaltamento da BR-364 e outros), através de nossos órgãos de classe, durante sua formulação e execução.
4. Reivindicamos que todos os projetos e planos incluam a preservação das matas ocupadas e exploradas por nós, seringueiros.

5. Não aceitamos mais projetos de colonização do Incra em áreas de seringueiras e castanheiras.
6. Queremos uma política de desenvolvimento que venha apoiar a luta dos trabalhadores amazônicos que se dedicam ao extrativismo, bem como às outras culturas de interesse, e que preserve as florestas e os recursos da natureza. Queremos uma política que beneficie os trabalhadores, e não os latifundiários e empresas multinacionais. Nós, seringueiros, exigimos ser reconhecidos como produtores de borracha e como verdadeiros defensores da floresta.

II – Reforma da Amazônia

1. Desapropriação dos seringais nativos.
2. Que as colocações ocupadas pelos seringueiros sejam marcadas pelos próprios seringueis conforme estradas de seringa.
3. Não divisão das terras em lotes.
4. Definição das áreas ocupadas por seringueiros como reservas extrativistas, assegurado seu uso pelos seringueiros.
5. Que não haja indenização das áreas desapropriadas, não recaindo seu custo sobre os seringueiros.
6. Que sejam respeitadas as decisões do 4º Congresso Nacional dos Trabalhadores Rurais, no que diz respeito a um modelo específico de reforma agrária para a Amazônia que garanta um mínimo de 300 ha e um máximo de 500 ha por colocação, obedecendo à realidade extrativista da região.
7. Que os seringueiros tenham assegurado o direito de enviar seus delegados à Assembleia Nacional Constituinte para defender a legislação florestal e fundiária de acordo com suas necessidades específicas.

II ENCONTRO NACIONAL DOS SERINGUEIROS *1989*

O Conselho Nacional dos Seringueiros, neste seu II Encontro Nacional, afirma a sua disposição de estabelecer o leque mais amplo de alianças com as populações tradicionais da Amazônia, com os sindicatos de trabalhadores, com as organizações ambientalistas, e com os movimentos que se articulam em defesa dos povos da floresta.

Partindo do nosso primeiro Encontro em 1985, podemos afirmar hoje a conquista das primeiras Reservas Extrativistas na Amazônia, através das quais os trabalhadores querem demonstrar ao mundo que pode haver progresso sem destruição.

Sabemos que essa trajetória tem sido trágica, marcada pela resistência que o modelo de desenvolvimento estabelecido para esta região tem-se oposto às propostas de vida das populações tradicionais.

Este II Encontro Nacional dos Seringueiros rende sua homenagem a todos os nossos lutadores que deram as vidas por esse princípio afirmativo das culturas regionais, e especialmente ao nosso mais ilustre companheiro de sonhos, Chico Mendes.

O fruto mais generoso dessa trajetória de lutas está consolidado na Aliança dos Povos da Floresta que a partir desse momento assume a decisão de propor políticas originadas no conhecimento e expectativas das suas próprias comunidades.

Reconhecer essa iniciativa é o primeiro um primeiro passo da Nação Brasileira no caminho de minorar a marcha que cobre parte da história do progresso da ocupação até agora dirigido para esta região do Brasil, onde desgraçadamente ainda encontramos brasileiros submetidos a regimes de escravidão por dívidas e assistimos indignados à prática da humilhação e desprezo aos direitos mais essenciais do ser humano, à destruição de seus habitats, ao assalto às fontes de riqueza representadas pela floresta constituída em seringais e castanhais, suporte permanente não de suas economias internas como das suas culturas e tradições.

O levantamento das realidades locais e regionais de nossas comunidades serviu de base ao seguinte programa que orientará as comissões municipais e as instâncias do Conselho Nacional dos Seringueiros.

O Conselho Nacional dos Seringueiros, por ocasião do seu II Encontro Nacional, afirma a resolução de lutar pelo programa abaixo:

Políticas de desenvolvimento para os povos da floresta

1. Modelos de desenvolvimento que respeitem o modo de vida, as culturas, as tradições dos Povos da Floresta, sem destruir a natureza e melhorando a sua qualidade de vida.

2. Participação do processo de discussão pública de todos os projetos governamentais nas florestas habitadas por índios e seringueiros, bem como outras populações extrativistas, através das associações e entidades representativas desses trabalhadores.
3. Garantias para prever e controlar os impactos desastrosos dos projetos já destinados à Amazônia, e paralização imediata de projetos que causem dano ao meio ambiente e às populações amazônicos.
4. Informação sobre políticas e projetos para a Amazônia, e subordinação dos grandes projetos a prévia discussão no Congresso Nacional, com participação de entidades das populações afetadas.

Reforma agrária e meio ambiente

5. Implantação imediata de Reservas Extrativistas na Amazônia, nas áreas indicadas pelos trabalhadores extrativistas através de suas associações.
6. Demarcação imediata das terras indígenas sob controle direto das populações indígenas.
7. Reconhecimento imediato, por processo sumário, de todas as colocações de seringueiros, configurando-se os direitos de posse.
8. Desapropriação imediata das áreas de florestas ocupadas por trabalhadores extrativistas e de áreas com potencial extrativo.
9. Reassentamento em território nacional dos seringueiros expulsos pelo latifúndio para território estrangeiro.
10. Fim do pagamento da renda e das relações de trabalho que escravizam os seringueiros nos seringais tradicionais.
11. de zoneamento que identifique as áreas habitadas por seringueiros e demais trabalhadores extrativistas de outras áreas adequadas a colonização, e política de recuperação de áreas degradadas.
12. da política de transformação de áreas indígenas em colônias indígenas, tal como propõe o projeto Calha Norte.

Desenvolvimento, saúde e educação

13. Administração e controle das Reservas Extrativistas diretamente pelos trabalhadores extrativistas, através de suas associações e órgãos de classe.
14. Capacitação e atualização tecnológica de seringueiros e outros trabalhadores extrativistas, garantindo sua posição de frente no desenvolvimento econômico e técnico das Reservas Extrativistas.

15. Implantação de postos de saúde nas florestas, com monitores seringueiros que recebam treinamento qualificado, e com recursos adequados às características da região.
16. Implementação de escolas nos seringais e florestas, com professores seringueiros treinados em programas adequados à realidade da região.
17. Implantação de cooperativas e sistemas de comercialização que viabilizem a independência econômica e o aumento do nível de renda das populações extrativistas.
18. Realização de pesquisas dirigidas para o conhecimento do potencial econômico das florestas e dos meios para utilizá-lo de forma equilibrada e permanente.
19. Investimentos na área de beneficiamento e industrialização de produtos extrativistas.

Política de preços e comercialização

20. Política econômica que garanta preço compatíveis com a manutenção dos trabalhadores extrativistas em suas áreas.
21. Créditos diretos aos produtores extrativistas.
22. Implementação de sistemas de comercialização e abastecimento adaptados às características da região amazônicas.
23. Fim dos incentivos fiscais para atividades agropecuárias em áreas de florestas e direcionamento dos recursos para políticas econômicas que beneficiem os povos da floresta.

Violência e direitos humanos

24. Fim imediato de todas as formas de opressão aos povos da floresta, e em particular a servidão por dívidas.
25. Apuração imediata dos crimes cometidos contra os trabalhadores rurais, e fim da violência contra os defensores das florestas amazônicas. Agilização dos processos judiciais que apuram assassinatos de índios, seringueiros e dirigentes sindicais.
26. Punição dos atos de grilagem em áreas indígenas e de posseiros, seringueiros e castanheiros.
27. Instauração de inquérito policial contra todas as iniciativas de formação de milícias privadas por parte de latifundiários, assegurando os princípios de justiça social no campo.

APÊNDICE F
SETE CRENÇAS, VERDADEIRAS E FALSAS, SOBRE A AMAZÔNIA

A Amazônia é o pulmão do mundo e se a floresta desaparecer haverá menos oxigênio produzido.

Falso, embora seja uma crença amplamente difundida sobre a Amazônia. A destruição da floresta tropical já adicionou grandes quantidades de carbono em várias formas à atmosfera, potencializando o efeito estufa, que está aquecendo a atmosfera terrestre. Para discussão mais detalhada, consulte o Capítulo 3.

A Amazônia poderia ser o celeiro do mundo.

Essa visão, promovida já em meados do século XIX, é falsa. Os solos amazônicos são majoritariamente pobres e, sem altas quantidades de fertilizantes e inseticidas, não podem ter bons rendimentos em sistemas de monocultura. As esperanças de que a Amazônia pudesse ter destaque como um produtor de culturas de ciclo curto em grandes áreas estão equivocadas. No entanto, a região pode sustentar uma grande população, usando uma variedade de diferentes técnicas agrícolas e formas de produção, incluindo a agrofloresta, a exploração de áreas de solo fértil e a manipulação de florestas nativas.

A extração de madeira é a culpada pela destruição da floresta.

A maior parte do desmatamento na Amazônia não é causada pela exploração madeireira, mas sim pela expansão das pastagens para pecuária e agricultura de colonos. A exploração madeireira está frequentemente ligada a esses dois, mas não é a força motriz por trás do desmatamento que vemos atualmente. O desmatamento para a pecuária é, sem dúvida, o fator mais importante no desmatamento atual.

O desmatamento na Amazônia ocorreu porque as redes de *fast-food* na América do Norte precisam de carne bovina barata.

Apesar de a abertura de pastagens ser a principal razão pela qual as florestas são derrubadas, a pecuária na Amazônia não tem relação com as redes de *fast-food* norte-americana. Na verdade, a Amazônia é um importador líquido de carne bovina. O gado é principalmente uma desculpa para reivindicar terras, para desmatá-las, e é usado para fins econômicos que pouco têm a ver com a produção de mercadorias. Para discussão completa do papel do gado, ver Capítulo 7.

Os pequenos colonos e a piromania camponesa são os culpados pelo desaparecimento da floresta amazônica.

Essa é uma das crenças mais difundidas sobre a Amazônia e está errada. Os culpados por incendiar a floresta são predominantemente os grandes proprietários e os grileiros. Os colonos tendem a desmatar áreas relativamente pequenas e as cultivam muito mais intensamente. Com a imigração de cerca de 1 milhão de pessoas na última década, o estado de Rondônia teve algumas das maiores taxas de desmatamento na Amazônia. Mas, no estado, também foram apresentadas taxas extremamente altas de desmatamento em grandes áreas de pecuária sob menor controle e, em termos absolutos, essas fazendas cobriam uma área muito maior. Em áreas fora da

Amazônia brasileira, como a peruana, o desmatamento é realizado por pequenos proprietários, mas, novamente, uma área proporcionalmente maior é dedicada à pecuária em vez de plantações.

A floresta amazônica praticamente desapareceu.

O governo brasileiro declarou, no início de 1989, que apenas 5% da floresta tropical haviam sido desmatados. Outros estudos argumentaram que, no final de 1988, cerca de 20% da floresta haviam desaparecido. As variações na estimativa decorrem de diferenças nos satélites e na análise fotográficas, na incerteza sobre o que é floresta desmatada ou secundária e outras incertezas metodológicas. A extensão do desmatamento faz parte da disputa sobre o desenvolvimento da Amazônia. As taxas dessa destruição variam bastante de acordo com a área geográfica e a proximidade das estradas. Em estimativa cautelosa, em 1988, cerca de 8% a 10% das florestas tropicais da Amazônia haviam sido desmatadas. Para saber mais ver Capítulo 3.

A Bacia Amazônica possui grandes reservas minerais.

A Bacia Amazônica é rica em minerais: 97% das reservas brasileiras possuem bauxita, 48% manganês, 77% estanho, 60% caulim. A Amazônia possui ouro, petróleo e também está na região a maior jazida de minério de ferro do mundo. A mineração de ouro tem criado uma grande catástrofe para a saúde humana e o meio ambiente por causa do mercúrio. Para uma discussão mais aprofundada, consulte o Capítulo 7.

APÊNDICE G
NOTA SOBRE OS PARQUES, AS ORIGENS DE YOSEMITE E AS EXPULSÕES DOS NATIVOS AMERICANOS

Como a floresta amazônica poderia ser salva? E quem são as pessoas que poderiam salvá-la? Na verdade, há uma divisão nítida entre aqueles que pensam que o melhor é a preservação de partes da Amazônia com a criação de parques e museus; e os que argumentam que, para salvar a floresta tropical, é preciso olhar para as pessoas que ali vivem e ver o destino da floresta como o resultado de uma luta da ecologia política e social indo além do simples *slogan* de salvar a natureza.

Muitos ambientalistas norte-americanos ficam desconfortáveis – se não indignados – com o nosso argumento de que o modelo de conservação norte-americano, a estrutura legal e ideológica sobre a qual praticamente toda a conservação do Terceiro Mundo se baseia, foi transposta com pouca sensibilidade para as realidades sociais e biológicas de países em desenvolvimento, assim como o modelo de monocultura em larga escala da agricultura industrial. Também dizemos neste livro que o Parque Nacional de Yosemite inaugurou sua trajetória como uma atração turística com a expulsão dos indígenas Miwok. Alguns ambientalistas contestaram, alegando que os Miwok foram expulsos por colonos brancos meio século antes de Yosemite se tornar um parque, e esses ambientalistas desafiam a ideia de que as abordagens de conservação ao estilo dos Estados Unidos, que vão de parques a florestas nacionais, usurpariam os direitos à terra dos povos locais.

Claro que é muito conveniente dizer que todos os Miwok não estavam mais quando Yosemite se tornou um parque, já que isso mantém os parques decentemente descomprometidos com o genocídio físico e cultural dos nativos norte-americanos, e reforça o mito da fronteira vazia da natureza sem obstáculos, um vácuo no qual a cultura europeia fluiu naturalmente. Mas os ambientalistas estão errados, e é importante saber disso, porque podemos ter certeza de que, em cinquenta anos, ambientalistas norte-americanos e brasileiros argumentarão que a Amazônia era um vazio demográfico e que não havia muitos povos nativos onde os parques fronteiriços ou nacionais foram e estão sendo criados.

Qualquer nativo norte-americano que ouvisse isso pegaria um mapa do sistema de parques nacionais do país e perguntaria quantos nativos sobrevivem nos milhões de acres que, supostamente, preservam as melhores e mais belas regiões do patrimônio natural norte-americano. Perguntariam o quanto a presença nativa na maioria dos parques ultrapassa a costumeira loja indígena, onde artefatos e curiosidades proporcionam diversão para os turistas. As áreas designadas como parques sempre foram as mais belas da paisagem norte-americana e, via de regra, eram originalmente terras sagradas para os nativos, ou importantes áreas de coleta e caça para eles. Todos esses eles foram convenientemente massacrados ou deportados para reservas na época em que os parques nacionais foram estabelecidos?

Comece com o primeiro parque nacional, Yellowstone, criado pelo Congresso em 1872. Um relato instrutivo pode ser encontrado no excelente *Playing God in Yellowstone*, de Alston Chase, que mostra como a conquista militar, o turismo e a conservação marcharam em sincronia. A maioria das histórias do parque são ávidas em sugerir que, nas palavras do ex-naturalista de Yellowstone Paul Schullery, em 1984, "Yellowstone era praticamente desabitado em 1872". Essa visão pode ser encontrada nas discussões sobre as terras Miwok e, mais recentemente, foi usada pelo governo brasileiro para fragmentar o território Yanomami em uma área de cerca de 25% de seu tamanho original. Na verdade, a terra que se tornou o Yellowstone Park foi moldada durante milênios por nativos norte-americanos, incluindo os Shoshone, os Crow, os Bannock e os Blackfoot. No século XIX, dizimados pelo sarampo e perseguidos impiedosamente pela cavalaria do homem branco, esses indígenas tiveram seu despejo final e definitivamente ratificado pela inauguração do parque, cujo superintendente, Philetus Norris, fez forte pressão para a sua expulsão, em suas palavras, "evitando no futuro todo o perigo de conflito entre essas tribos e os trabalhadores ou turistas". Para justificar a ausência dos indígenas, Norris, em 1880, inventou o mito, repetido até hoje, de que os nativos americanos sempre evitaram a região de Yellowstone por causa do "temor supersticioso" do estrondo e do silvo dos gêiseres, "que eles imaginavam ser os lamentos e gemidos de guerreiros indígenas que partiram e sofriam a punição por seus pecados terrenos".

A imagem mais patética desta saga sombria é fornecida por um grupo de Nez Percé, parte do grupo do chefe Joseph que havia participado da batalha de Little Big Horn e que agora fugia da cavalaria norte-americana pelo parque, capturando um grupo de turistas e ordenando-lhes que servissem como guias. Chase conclui com as palavras: "O Congresso, ao criar o parque em 1872 para 'benefício e prazer das pessoas' destruiu o sustento de outros povos. Desde o início esse triste fato foi um esqueleto no armário de nosso sistema de parques, um passado demais embaraçoso para contemplar, pois ele demonstrava que a herança de nosso sistema nacional de parques e o movimento ambientalista repousava não apenas no elevado ideal de preservação, mas também na exploração". Os primeiros vinte guardas florestais do Yellowstone Park eram soldados da cavalaria que simplesmente trocavam de uniforme, um padrão repetido no Yosemite National Park, cujos superintendentes eram militares até 1914.

Os Miwok, ou índios *Digger* (Cavadores), assim chamados por plantarem tubérculos, eram as tribos nativas mais numerosas da América do Norte. Sua subsistência dependia de bolotas, gramíneas, tubérculos, peixes e carnes selvagens. Seu território se estendia do rio Fresno ao rio Cosumnes, ao norte, e das planícies de San Joaquin aos cumes da Sierra. Seus complexos sistemas de uso, posse e gestão da terra modificaram uma diversidade de paisagens da Califórnia e sustentaram a maior densidade populacional humana encontrada nas Américas ao norte do México.

Essa população havia sido atacada ao sul pelas incursões militares espanholas de Soto e Sanchez, e devastada por várias epidemias graves que exterminaram os nativos californianos na década de 1830. Com a descoberta do ouro na década de 1840, 100 mil recém-chegados invadiram os rios, derrubando os carvalhos para combustível e cabanas, liberando seu gado para se alimentar dos grãos de sementes – no processo, pisotear as partes herbáceas e acima do solo dos tubérculos – e enchendo os rios com lodo e mercúrio. Foi esse fluxo de mineiros em todo o território de Sierra Miwok, em 1849 e 1850, que desencadeou as guerras indígenas nas quais o grupo de índios de Tenaya – cerca de 250 – encontrou seu destino fatal.

Vários grupos, incluindo os Chowchilla e Yosemite, liderado por Tenaya, começaram a organizar a resistência. Jim Savage, um homem afeiçoado aos indígenas, desde que eles lhe pagassem tributos em ouro e negociassem em sua loja – ele também tinha várias esposas índias, o que ampliava sua rede de parentesco com os nativos –, ficou furioso quando grupos de "índios selvagens" atacaram seus entrepostos comerciais no rio Fresno e no riacho Mariposa. Outros incidentes entre os mineiros e os Miwok, e rumores de uma revolta nativa, levaram à formação do batalhão Mariposa, que guerreou e derrotou os indígenas no cume da Sierra, Chowchilla e curso superior do rio San Joaquin. O capitão John Boling, do batalhão Mariposa, capturou a maioria dos Yosemite onde atualmente é conhecido como lago Tenaya (o chefe Tenaya, ao ser informado da nomeação desse lago em sua homenagem, um gesto condescendente dos conquistadores, comentou que ele já tinha um nome). Seu grupo, como tantos outros na base da Sierra, foi levado de seus locais de origem para lugares desconhecidos e pouco promissores, como a reserva de Fresno e King, onde foram forçados a cultivar plantações comerciais em troca da petição de suas terras. Em 1851, Tenaya e sua família voltaram para Yosemite e, na primavera seguinte, mataram os garimpeiros que estavam em suas terras. Tredwell Moore e a Segunda Cavalaria voltaram para o Yosemite Valley, mas o grupo já havia fugido para a proteção dos índios Monos, no lado leste da Sierra. Em 1853, o conflito entre os Monos e o grupo de Tenaya destruiu quase todos os remanescentes do Yosemite, que, como tantos outros Miwok de Central Sierra, viram-se expulsos de seus territórios não por "assentamentos brancos" inofensivos, mas por mineiros apoiados por incursões militares. Essa é uma distinção importante, já que os Yanomami na fronteira do Brasil com a Venezuela estão enfrentando um destino semelhante nas mãos de garimpeiros, e não de colonos. A mineração de aluvião move-se de forma rápida e destrutiva. Os colonos, por outro lado, movem-se muito mais devagar.

Os empreendedores seguiram rapidamente os rastros do batalhão Mariposa e a subsequente expedição de "limpeza" em 1852. Como John Sears apontou em seu excelente livro sobre turismo nos Estados Unidos no século XIX, *Sacred Places: American Tourist Attractions in the Nineteenth Century*: "Eles o viam não apenas como um cenário sublime [...] mas imaginavam seu desenvolvimento futuro. Eles tinham um senso claro de que tipos de lugares faziam as atrações turísticas serem bem-sucedidas, como elas seriam conhecidas e como elas provavelmente se desenvolveriam". Em 1855, o primeiro grupo de turistas fez seu caminho para Yosemite liderado pelo astuto e indomável empresário da região e impulsionador do turismo, J. M. Hutchings. Eles se deleitavam "no luxuoso banquete cênico", passeio que foi acompanhado pelo artista Thomas Ayers, cujos esboços de Yosemite forneceram as imagens visuais para vários artigos. Um ano depois, a primeira estrutura permanente erguida pelos brancos na região tomou forma, um hotel construído por Beardsley e Hite, que ampliaram seus negócios abrindo outro hotel em 1858. Sob a mão experiente de Hutchings, a natureza "crua" estava sendo rapidamente transformada em uma mercadoria cultural por meio de prosa arrebatadora, pinturas e fotografias. Enquanto isso, Hutchings fundara sua revista *Califórnia,* na qual as delícias da natureza de Yosemite eram expostas ao lado de artigos condescendentes sobre os nativos. Fotógrafos, artistas e escritores corriam pelas árduas estradas de Mariposa Yosemite. Horace Greeley foi um dos que visitaram a localidade em 1859. "Outras atrações turísticas foram desenvolvidas por métodos semelhantes", mas, como enfatiza Sears, "ninguém as dirigiu de forma tão consciente e eficaz quanto Hutchings."

Na década de 1860, a trajetória de Yosemite como local turístico estava firmemente estabelecida. A concessão de terras Mariposa de Fremont, que incluía trechos que mais tarde se tornariam Yosemite, já havia passado para as mãos de empresários de Wall Street que, em 1863, contrataram Frederick Law Olmsted, o *designer* do Central Park, para supervisionar a propriedade. Os interesses pecuniários eram importantes para a promoção do Yosemite, mas havia outras preocupações em jogo. As Cataratas do Niágara, com seus quiosques de curiosidades a cada dez passos, contrastam com outras visões do papel de parque no comércio de atrações turísticas. Starr King, o orador religioso, parece ter sido um proponente ativo de um Yosemite onde as maiores maravilhas do Senhor poderiam ser apreciadas. Em meados do século XIX, quando a economia desordenada da Califórnia estava sendo talhada de suas minas, das florestas, do gado e da navegação, o vale de Yosemite representava uma beleza calma. O próprio Olmsted estava preparando uma versão de Yosemite (baseada parcialmente em seu Manhattan Central Park), na qual a contemplação de paisagens pastoris poderia competir com o culto de montanha, ao estilo Ruskin. Como parque, incorporaria os ideais republicanos que motivaram grande parte do trabalho urbano de Olmsted, mantendo um patrimônio natural nacional que poderia rivalizar com as catedrais do Velho Mundo. I.W. Raymond, representante da Central American Steamship and Transit Company, convenceu o senador californiano, John Conness, a transferir a área de Yosemite e Mariposa Grove do domínio federal para o estadual: "Para comprometê-los (o Valley e o Mariposa Grove) ao cuidado das autoridades estatais para a sua constante preservação, para que pudessem ser usados e preservados em benefício da humanidade [...] o Plano de Preservação vem de senhores de fortuna, bom gosto e refinamento". O Parque Estadual Land Grant foi assinado por Abraham Lincoln em 1º de julho de 1864; a área era para ser administrada por um grupo de comissários, com Olmsted à frente, e a natureza seria considerada sagrada, enquanto todos os outros lugares, no pulsar da expansão da fronteira, eram profanos.

Embora a estrutura burocrática, atualmente chamada National Park Service, e a Federal Land Category of National Park não existissem na época, é oportuno lembrar que os parques nacionais não foram inventados de uma hora para outra, eles surgiram de uma variedade de diferentes categorias de terras federais e refletiram não apenas a forma como os norte-americanos desenvolveram uma imagem de sua cultura por meio de atrações turísticas – especialmente a importância do cenário dramático para contrastar com as vistas artísticas da Europa –, mas também o início de uma ideologia gerencial em relação aos recursos naturais. Yosemite não existiu formalmente como um parque nacional até 1890, porém começou a funcionar como atração turística dezoito meses após a última localização dos indígenas Yosemite, e estava entre as primeiras iniciativas institucionalizadas de preservação de "terras selvagens". John Muir, muitas vezes chamado de o pai do Parque Nacional de Yosemite, trabalhou na serraria que cortava tábuas para os empreendimentos do Hutchings Hotel. O que ele viu quando olhou para a Sierra e descreveu como a natureza nobre e descontrolada foi, na verdade, mais de 1 milhão de acres de áreas de caça e coleta dos Miwok que traziam a marca de suas fogueiras, seu plantio e sua criação por milhares de anos. Essas terras, mais tarde, tornaram-se propriedades do parque.

A beleza natural é uma característica importante da identidade nacional norte-americana, e os parques desempenham papel particularmente importante nessa imagem, representando a Joia da Coroa dos monumentos americanos e a natureza "selvagem". Enquanto a maioria dos recursos naturais estava à mercê de uma abordagem totalmente utilitária, as áreas de preservação especial ficaram imbuídas de uma santidade que é claramente profanada se admitirmos que, assim como todas as outras atividades de fronteira, a preservação substituiu as culturas nativas por preocupações brancas.

O que então aconteceu com os Miwok? O governo dos Estados Unidos rescindiu a reserva e, em 1910, sua população foi reduzida a meros setecentos índios. Nos sessenta anos desde o início do intenso contato branco, quase toda a sua população foi exterminada. Foi assim que o Sentinel Hotel em Yosemite veio a se estabelecer onde antes era a aldeia Miwok, Hokowila. Em 1929, a anciã Tutu-ya estava no túmulo de seu primo no vale gritando "tudo se foi, há muito, muito tempo, o tempo não tem mais Yosemite há muito tempo".

O modelo de parque nacional dos Estados Unidos foi transposto com muito pouca modificação para os países tropicais. Os parques nacionais não têm disposições que honrem as maiores reivindicações de terras dos povos indígenas. No oeste do território norte-americano, é comum se referir aos nativos como visitantes "casuais ou sazonais" em vez de reconhecer que essas áreas foram sistematicamente usadas por eles, e que os nativos eram os habitantes regulares. Lógica semelhante foi utilizada em 1989 pelo governo brasileiro, em seu programa Nossa Natureza, para transferir 75% do território Yanomami para a unidade de conservação Floresta Nacional, permitindo, assim, o acesso legal dos garimpeiros. Da mesma forma, com o anúncio de um novo parque nacional na Amazônia brasileira na fronteira com o Peru, os seringueiros se desesperaram porque, pelas leis brasileiras de parques nacionais (baseadas nas norte-americanas), os 10 mil seringueiros que viviam lá deveriam sair. Do ponto de vista dos seringueiros, expulsão é expulsão, seja por "boas" razões ambientais, como um parque, ou ruins, como uma fazenda.

Os parques nacionais do Terceiro Mundo funcionam como balneários para uma clientela estrangeira, com pouca relevância para as populações locais. Em outubro de 1989, uma delegação de organizações indígenas de toda a Amazônia reclamou ao estabelecimento ambiental em Washington, o qual tem promovido avidamente parques e trocas de dívidas, que "estamos preocupados que vocês tenham nos deixado, os povos indígenas, fora de sua visão da biosfera amazônica. O foco da comunidade ambientalista tem sido somente a preservação das florestas tropicais e os seus habitantes vegetais e animais. Vocês têm demonstrado pouco interesse em seus habitantes humanos, que também fazem parte dessa biosfera".

Posfácio
Uma floresta é algo grande[1]

Chico Mendes foi assassinado quando o Brasil e a Amazônia estavam à beira de duas grandes transformações. A primeira, foi a democratização da cultura política brasileira. Não se tratava apenas de eleições formais – com frequência, um indicador ilegítimo da saúde de uma vida política –, mas de um exercício genuinamente participativo na redação da nova constituição do Brasil, em 1988. É claro que era imperfeito, porém os povos tradicionais de todos os tipos tiveram peso, alterando os direitos à terra de forma fundamental. Esse episódio propiciou as imagens pós-modernas dos Kayapó em trajes indígenas e maletas na mão, entrando no congresso nacional para contribuir na elaboração da legislação, e de seringueiros modestos e quilombolas convivendo com os membros elegantes da classe política brasileira em seus ternos Armani. As imagens forneciam o que parecia uma justaposição cultural divertida, mas, na verdade, estava registrando uma mudança radical na natureza dos processos políticos nacionais, com os membros mais marginalizados da sociedade brasileira afirmando a sua cidadania por meio de reivindicações de identidade, história e "territorialidade" (fusão socioambiental de ecologias e localidades). Essa foi uma grande mudança da noção de nativos como tutelados do Estado, para não mencionar o real esquecimento político de outros povos tradicionais. O

1 Este posfácio tem em sua estrutura original o texto seguido de notas numeradas, sem que haja, no entanto, uma numeração de remissão no texto. Na impossibilidade de localizar todos os pontos de inserção das remissões, esta edição optou por manter a formatação original. (N. E.)

ambientalismo brasileiro, assim como o seu movimento trabalhista, estava no centro da nova democracia. Os velhos círculos, embora não totalmente derrotados, não podiam apenas presumir que todos os negócios seriam "como sempre". A Amazônia, em especial, estava sob grande observação internacional, nacional e regional, com muitas propostas inovadoras para transformar o modelo de desenvolvimento de pilhagens e especulações efêmeras para formas mais duráveis e socialmente justas, enquanto, de alguma forma, controlava o desmatamento desenfreado (ver apêndice E, o "Manifesto dos Povos da Floresta").

A segunda grande transformação foi a emergência de reformas econômicas neoliberais e de ajuste estrutural, tanto uma moda de desenvolvimento, quanto um elemento de nova condicionalidade de empréstimos por parte do Fundo Monetário Internacional (FMI) e de outros banqueiros globais. Nessa reestruturação, as barreiras comerciais seriam relaxadas, os fluxos de capital facilitados, a participação internacional no mundo corporativo seria incentivada e os mercados, em vez do Estado, estruturariam grande parte da economia. A privatização de antigas corporações paraestatais foi fundamental para as reformas, e haveria uma contração significativa de trabalhadores no setor estatal. Os subsídios seriam, em princípio, eliminados com a terceirização de muitas atividades estatais para firmas independentes; e, no caso de muitos serviços públicos, as ONGs preencheriam a lacuna. Essa fórmula geral, decretada em todos os lugares no que hoje é chamado de Sul Global (e nos Estados pós-soviéticos), desfez alguns dos tipos mais notórios de política clientelista (embora o primeiro presidente neoliberal do Brasil, Fernando Collor, tenha sido tão corrupto que sofreu *impeachment*), mas também destruiu redes de segurança precárias, garantias salariais e amplas arenas de emprego, seguridade social e aposentadorias.

As reformas neoliberais foram supervisionadas por Fernando Henrique Cardoso, cujo mandato durou de 1995 a 2002. Uma análise desse período da reestruturação econômica do Brasil está muito além do escopo deste posfácio, mas Cardoso colocou em prática um grande secretariado amazônico e alguns projetos-ecopiloto de grande escala, mesmo enquanto a fronteira agroindustrial surgia ao longo dos limites do sul da Amazônia. As políticas neoliberais e as insatisfações sociais (e desigualdades) que elas geraram criaram uma plataforma política que resultou na eleição esmagadora do candidato do Partido dos Trabalhadores, e antigo aliado de Chico Mendes, Luiz Inácio Lula da Silva, à presidência em final de 2002. A virada para a esquerda na esteira das reformas neoliberais foi amplamente documentada em diversos lugares da América Latina. No Brasil, Lula manteve a cartilha macroeconômica neoliberal de Cardoso e implementou fortes ações redistributivas, um neokeynesianismo tropical. Assim, enquanto a economia globalizava-se rapidamente, a redistribuição social e a rearticulação da rede de seguridade social desfeita também ocorriam.

As políticas sociais de Lula foram muito mais redistributivas e focadas em questões básicas – como o aumento do salário mínimo e os pacotes de assistência social à família e expansão do crédito, educação e saúde –, reforçando a demanda interna por bens e serviços. Os movimentos sociais e trabalhistas – por exemplo, o dos seringueiros – foram ouvidos no mais alto nível do governo. O Brasil também embarcou em um novo rumo ambiental, com Marina Silva – a primeira senadora seringueira e amiga de Chico Mendes – à frente do Ministério do Meio Ambiente, de 2003 a 2007, embora a adesão de Lula às agendas neoliberais e os grandes programas de infraestrutura tenham resultado em uma rancorosa ruptura com o presidente.

Ao mesmo tempo, um programa agressivo de desenvolvimento de exportação internacional abraçou o comércio global. Os minerais brasileiros – como o ferro –, a soja e a carne bovina ocuparam os primeiros lugares entre os fornecedores internacionais de *commodities*, enquanto o portfólio industrial do país, incluindo aviões, veículos de combustível híbrido e máquinas elétricas e não elétricas lotaram os mercados de exportação. A economia brasileira teve uma taxa de crescimento de 12% durante a primeira década do século XXI, e o atual perfil amazônico pode ser visto como uma interação entre o próspero setor exportador e o "neoambientalismo".

O desmatamento

As décadas após a morte de Chico Mendes foram complicadas. Afinal, ele havia sido assassinado porque se opunha à destruição da floresta, e pode ser considerado o primeiro "mártir do meio ambiente", embora a sua importância no Brasil esteja fundida a ideias políticas que evocam mais Martin

Luther King Jr. do que John Muir. Mas a política ambiental global estava ganhando terreno: o fórum ambiental global Eco92, no Rio de Janeiro, no qual o controle do desmatamento deveria ser uma peça de destaque, foi marcado por palavras intensas, mas pouca ação. O desmatamento no Brasil oscilou, tendo um pico terrível no ano do El Niño, em 1995. A expansão da "fronteira neoliberal" da soja, principalmente para exportação, e o crescente rebanho de carne bovina da Amazônia se espalharam do Centro-Oeste até a BR-364, que havia mudado de uma controversa fronteira camponesa, como descrevemos anteriormente, para o coração da economia agroindustrial exportadora de soja e carne bovina do Brasil, em áreas onde a posse da terra havia sido formalmente legalizada. A política em torno da construção de uma nova rodovia, a BR-163, de Cuiabá a Santarém, especialmente o trecho central, a Terra do Meio, pareceu tornar-se o mais recente capítulo da conhecida luta de classes de baixa intensidade do desenvolvimento da infraestrutura do país, finalizada com as expulsões sob a mira de armas e de assassinatos. Esse caso envolveu o assassinato de uma freira norte-americana de 73 anos, Dorothy Stang, a mando de um fazendeiro local em uma região que não carecia de mártires ambientais desconhecidos. Entre a agroindústria e a infraestrutura, o Brasil ficou na firme posição dominante de maior desflorestador tropical do mundo (com tendência ascendente) no novo milênio.

Em 2004, uma vertiginosa queda no desmatamento parecia ocorrer mesmo quando o país projetou-se para o topo das economias emergentes, os Brics – formado por Brasil, Rússia, Índia e China –, junto de outros perfis ambientais hediondos. O que estava acontecendo? A ideia de desmatamento zero foi cogitada como uma ideia provável nos círculos políticos do Brasil, e até em revistas como a *Science*. Para entender esse processo, é útil olhar para algumas das políticas socioambientais cumulativas que o moldaram. Também é importante ter em mente as vulnerabilidades: os altos e baixos erráticos do gráfico de "Desmatamento na Amazônia brasileira (1988-2009)" sugerem instabilidades estruturais, institucionais e até climáticas significativas (o El Niño, de 1995, e a seca, de 2005) como os impulsionadores do desmatamento e da proteção florestal.

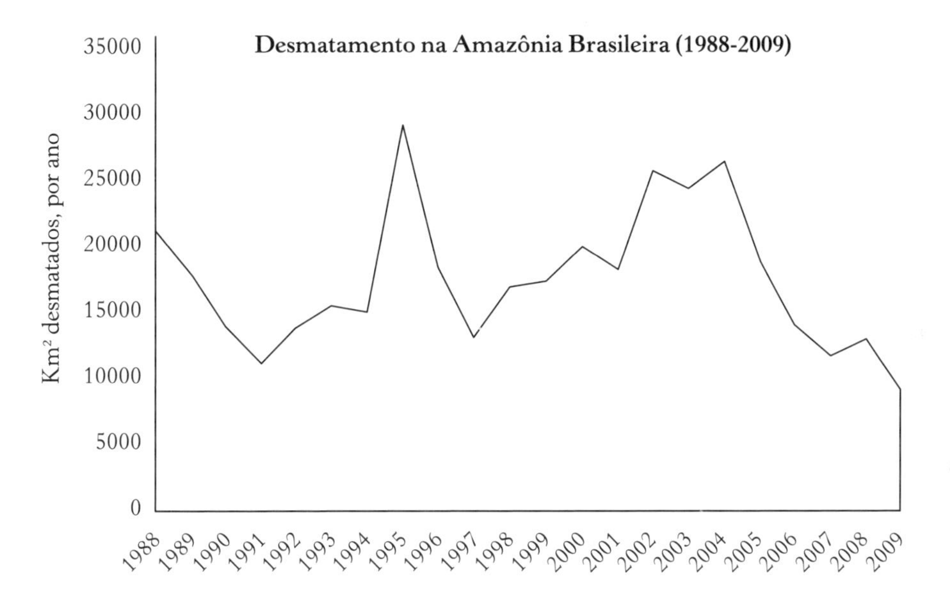

As linhagens das políticas de preservação

Durante a maior parte da década de 1980 e início da década de 1990, a preocupação com o desmatamento centrou-se nas questões de perda de biodiversidade, na sustentabilidade dos usos da terra em substituição às florestas, na justiça social e nas ecologias políticas do desmatamento. A mudança climática global certamente foi discutida, mas a ciência na Amazônia estava em sua infância, e o impacto do primeiro relatório do Painel Intergovernamental sobre Mudanças Climáticas (IPCC) ainda não era amplamente sentido. No final da década de 1990 e no Protocolo de Kyoto (1997), as questões de emissões e mudanças climáticas eram muito mais visíveis no cenário político; e na Conferência das Nações Unidas para as Mudanças Climáticas (COP15), em 2009 – e, como desdobramento, a conferência populista de Cochabamba, em 2010 –, o acordo florestal, a Redução de Emissões por Desmatamento e Degradação (Redd), que se originou dentro de grupos políticos e científicos amazônicos, foi a única proposta que parecia ter alguma força.

O enquadramento das causas do desmatamento tinha profundas raízes políticas e históricas, e se refletia, como vimos, em explicações concorrentes sobre quais eram os principais impulsionadores do desmatamento, desde a superpopulação até o capitalismo global. Esses setores, ou "comunidades epistêmicas", diferiam em termos de tópicos científicos (como a biodiversidade, as mudanças climáticas, o socioambientalismo e a equidade), no financiamento e nos defensores nas arenas regional, nacional e internacional. Cada um tinha suas próprias políticas e instituições que, de acordo com seus adeptos, abordariam o desmatamento de forma mais eficaz. Os debates, as ciências e os proponentes, bem como as políticas, as práticas e os mecanismos, mudaram dramaticamente nas décadas desde que *O destino da floresta* foi escrito; e, muitas vezes, embora nem sempre, competem. Talvez a principal virtude do Sistema Nacional de Unidades de Conservação (SNUC) do Brasil, iniciado em 2000, seja ter integrado política, ciência e instituições de todas essas abordagens em uma trégua difícil e contingente, mas que parece estar funcionando.

"A última página inacabada do Genesis": as grandes reservas e a floresta fragmentada

A justificativa para a reserva de terras nos trópicos, em grande escala, tem uma história respeitável, e três abordagens metodológicas foram invocadas para justificar a proteção de enormes áreas. Historicamente, a designação de um parque consistiu tanto em encontrar um belo lugar quanto realizar o exercício taxonômico de contabilizar o número de espécies em determinada área e fazer pressão por sua proteção. Cada vez mais, cientistas e ecologistas integram modelagem, biogeografia e sensoriamento remoto como formas de prever padrões e níveis de diversidade para estabelecer prioridades para as reservas. Concentrando-se em *hot spots* – áreas com alto endemismo e ameaças humanas significativas –, grupos internacionais como o World Wildlife Fund for Nature (WWF), a Conservation International e o The Nature Conservancy agiram agressivamente para demarcar áreas de reserva, especialmente à luz das necessidades ecológicas de grandes animais carismáticos, como as onças, animais atraentes também do ponto de vista de captação de recursos. Essa abordagem foi crescentemente reforçada pela iniciativa científica, a princípio conhecida como Projeto de Tamanho Crítico Mínimo de Ecossistemas, elaborada pelo ornitólogo e autoridade do WWF Thomas Lovejoy. Essa abordagem de pesquisa tipo *big science*, sediada em Manaus, era alimentada pelos modelos de extinção criados a partir de análise clássica da biogeografia insular de MacArthur e Wilson. Essa influente teoria se concentrou em algumas ideias centrais: o número de espécies em uma área está relacionado ao tamanho da localidade (áreas maiores, as "ilhas" de conservação, abrigam mais espécies do que as menores); e o número de conjuntos locais de espécies e comunidades é uma função da dinâmica tanto de imigração quanto de extinção (pequenas ilhas têm maiores taxas de extinção). O poder dessa abordagem como metáfora ("ilhas florestais em um mar de vegetação") e o desenho de pesquisa inauguraram uma enxurrada de estudos sobre ecossistemas fragmentados como "ilhas florestais". Mais tarde, William Laurance assumiu a gestão científica e a cobertura política desse impulso conservacionista na Amazônia e mudou a ênfase intelectual para a ecologia de fragmentos, analisando o que acontecia em trechos florestais em uma fronteira de desmatamento. A pesquisa de fragmentação florestal também justificou a reserva de terras em larga escala, uma vez que a deterioração dos fragmentos – a perda de espécies, a mortalidade e as mudanças na estrutura florestal, os microclimas, as colheitas inesperadas e assim por diante – acelerava nas áreas menores em seus modelos.

As pesquisas sobre modelos de fragmentação enfatizaram os processos de extinção. Se os fragmentos não fossem reabastecidos de outras florestas, esses remanescentes se tornariam mortos-vivos. Em grande parte promovido por cientistas naturais e com reservas financiadas por ONGs internacionais e complementadas por empréstimos contingentes a Estados-nação, esse modelo de reserva permitiu que grupos conservacionistas clássicos adicionassem milhões de hectares aos seus édens amazônicos mesmo quando os grandes parques e a expulsão de populações locais frequentemente associadas a eles tornaram-se uma questão de conflito acirrado em todo o planeta, após a controvérsia que descrevemos anteriormente no Apêndice G ("Nota sobre os parques, as origens de Yosemite e as expulsões dos nativos americanos"). Em muitas áreas da Amazônia, no entanto, os parques não estavam protegendo bem suas paisagens; já as áreas de conservação com povos nativos e tradicionais estavam fazendo um trabalho tão bom, ou até melhor, em impedir o desmatamento quando comparadas com as reservas gigantes e sem moradores. Atualmente cerca de 7,76% da Amazônia (44.624.651 hectares) estão sob proteção integral em cerca de 110 parques e reservas biológicas, em comparação com pouco mais de 10 milhões de hectares em 23 parques em 1985, com a maior parte criada durante o início do século XXI, sob Lula e Marina Silva.

Reimaginando a matriz

No início, a ecologia política dos povos tradicionais ofereceu uma perspectiva de conservação baseada em ideias de justiça social, sustentabilidade e na ciência e práticas nativas. Enquanto alguns cientistas naturais se concentravam nos processos de extinção em paisagens fragmentadas, outros começaram a estudar o outro lado da equação de extinção nas "ilhas florestais", os processos de imigração e colonização de fragmentos ao longo do tempo. Seu ponto era a natureza da matriz (a área entre remanescentes de florestas) por meio da qual os organismos, ou seus propágulos, tinham de se mover para recolonizar os fragmentos; a matriz pode ser vista como a "cola" composta por diferentes tipos de ecossistemas que conectam remanescentes de vegetação antiga em uma paisagem complexa. Esses pesquisadores se concentraram menos na dinâmica da extinção dentro de um único fragmento e mais nos padrões de paisagem de maior escala e no que os ecologistas chamam de metapopulações, ou populações da mesma espécie, espacialmente separadas.

No caso dos experimentos de fragmentos florestais, o *habitat* entre os fragmentos florestais (a matriz) era a pastagem monocultural, uma característica do desenho experimental, uma diferença ecológica e estrutural abrupta das florestas, e um ambiente difícil para muitos organismos usar ou tolerar. Mas um *habitat* composto por sistemas agroflorestais, de sucessões ou de florestas arbóreas nativas, ou de "domesticação da paisagem", como a praticada pelos Kayapó (que descrevemos) e por outros amazônidas, fornece uma matriz habitada de fácil utilização e altamente permeável para metapopulações de espécies para recolonizar remanescentes florestais antigos. Outra pesquisa questionou fundamentalmente a existência de florestas sem limitações em termos históricos – nas palavras de William Denevan, consideradas mitologia ambiental em qualquer parte na Amazônia –, enquanto a arqueologia, a ciência do solo, a ecologia histórica, a etno-história e a etnografia passaram a reformular a história da floresta amazônica de forma profunda.

Os extrativistas e os povos tradicionais fundamentaram suas reivindicações de terras nos assentamentos históricos, na justiça social e na manutenção das florestas, mas a ecologia matricial reforçou os argumentos de preservação. As áreas habitadas, construídas sobre estruturas fundiárias e ecológicas de ambientes estabelecidos, poderiam ter resultados positivos de preservação em níveis regionais. Assim, a ecologia de matrizes podia informar os estudos da ecologia política dos meios de subsistência e das paisagens. Essa abordagem melhorou a gestão, a produção e a sustentabilidade e passou a fornecer os meios para avaliar como a própria estruturação da matriz poderia aumentar a preservação no âmbito rural.

Para fins sociais, econômicos e ecológicos, a matriz é importante. Essa ideia foi traduzida na política de preservação brasileira quando as paisagens habitadas se tornaram um elemento-chave do SNUC. Cerca de 20% da Amazônia estão agora em reservas indígenas (com outros 51 mil quilômetros quadrados adicionados em novembro de 2009). Na Amazônia, existem cerca de 70 reservas extrativistas e 19 reservas de desenvolvimento sustentável, envolvendo mais de 15 milhões de hectares. Além dessas, várias outras categorias de proteção, sob a rubrica de uso sustentável, envolvem 65 milhões de hectares ou, somadas às reservas extrativistas e sustentáveis, cerca de 14,4% da Amazônia. Essa dinâmica rápida, inigualável em qualquer outro lugar dos trópicos, refletiu as poderosas pressões políticas por paisagens habitadas dos movimentos sociais, seus aliados nacionais, internacionais e governamentais, e o enquadramento globalizado desses tipos de unidades de conservação em termos de direitos humanos, de justiça ambiental, de sustentação florestal e, cada vez mais, da ecologia matricial. O legado de Chico Mendes e o ativismo dos povos da floresta agora estão inscritos em todos os mapas amazônicos. Esse processo também produziu novos conjuntos de instituições formais.

Governos, governança e governamentalidade

A tendência de queda do desmatamento destacou as novas políticas socioambientais nos níveis estadual e local. Esses processos foram auxiliados por tecnologias aprimoradas de satélites para monitoramento do espaço, que deram capacidade às autoridades de verificar o desmatamento em tempo real e enviar agentes do Instituto Brasileiro do Meio Ambiente e dos Recursos Naturais Renováveis (Ibama) para fiscalizar crimes ambientais, confiscar madeira ilegal e aplicar multas pesadas sobre o desmatamento não autorizado. As acusações, até então inéditas, contra funcionários corruptos do Ibama também foram uma lição instrutiva. Essas intervenções estatais foram ainda auxiliadas pela tecnologia barata difundida e de posicionamento global e sensoriamento remoto, cuja disponibilidade significava que os limites das propriedades podiam ser visivelmente verificados com dispositivos simples, como telefones. O desmatamento, portanto, não era mais uma necessidade absoluta para as reivindicações de terras, embora isso não significasse que o processo tivesse cessado totalmente: na BR-163, a Terra do Meio, onde Dorothy Stang foi morta, a especulação e a grilagem de terras eram realizadas em uma tradição consagrada pelo tempo; nas áreas de fronteira mais antigas, os direitos de propriedade mediados por Global Positioning System (GPS) e monitoramento por satélite, embora não perfeitos, foram uma influência menos estabilizadora; no Mato Grosso, o magnata da soja Blairo Maggi, um antigo ícone do desmatamento desenfreado, aliou-se, como governador, à franquia brasileira da The Nature Conservancy para desenvolver um "panóptico" de desmatamento de sensoriamento remoto, propriedades geoposicionadas e dados de propriedade, a fim de monitorar legalmente a conservação obrigatória da floresta em propriedades privadas (morros, cursos d'água e cabeceiras, bem como os 50% de reservas florestais requeridos). Com as leis sendo respeitadas (sinal de amadurecimento da fronteira), o desmatamento em Mato Grosso despencou, tornando esse projeto-piloto cada vez mais visto como um modelo para outros estados. Esse modelo funciona na fronteira agroindustrial "domada". Mas e nas partes mais selvagens da Amazônia? Nessas áreas, diferentes processos estão em ação, moldados por movimentos sociais e associações.

Diferentemente das populações tradicionais amazônicas que criaram alianças sociais e basearam suas reivindicações na identidade e na história, os agricultores da Terra do Meio promoveram a conservação e a solidariedade, auxiliados pelos programas das Comunidades de Base da Igreja Católica. Seu foco, em uma política agrária que enfatizava o associativismo, em vez da individualidade rural, para acesso ao crédito e outros programas estatais, produziu resultados surpreendentes.

Os campesinatos amazônicos têm sido muito pouco pesquisados em comparação com os fragmentos florestais, com um conjunto de estudos explorando principalmente seus parâmetros sociais, padrões de desmatamento e práticas em suas parcelas agrícolas. Marina Campos descreveu o Movimento de Sobrevivência na Transamazônica e no Xingu como um grupo guarda-chuva com cerca de 20 mil membros e mais de 100 organizações de base. Os líderes do Movimento, observando a turbulência associada a fazendeiros, especuladores e grileiros, começaram a pensar de forma "regional" e, no final dos anos 1990, lançaram a ideia de grandes reservas florestais como forma de moderar o clima local e para proteger os trinta anos da fronteira transamazônica de investidas da "nova fronteira", agressiva e especulativa, que estava avançando em direção a eles, vindas do sul. Por meio de um processo de planejamento participativo, envolvendo grupos comunitários, indígenas, extrativistas, governo em diferentes níveis e cientistas ativistas, o Movimento desenvolveu um plano elaborando um mosaico de usos da terra, desde a agricultura até as reservas habitadas e nativas e as reservas de conservação; uma matriz complexa. Em novembro de 2004, duas reservas extrativistas de cerca de 2 milhões de hectares estavam instaladas ao longo da Transamazônica. Após o assassinato da irmã Dorothy, Marina Silva e Lula rapidamente designaram outros 3 milhões de hectares de reserva florestal e enviaram tropas para manter a ordem na região. Um decreto presidencial proibiu a emissão de títulos de terra e licenças de extração de madeira na tentativa de estabilizar a situação.

Esta foi uma reviravolta dos episódios descritos anteriormente, quando os militares eram chamados para reprimir a agitação camponesa e os títulos de terra eram distribuídos o mais rápido possível em zonas de conflito para serem posteriormente vendidos, ou, como aconteceu sob o governo Cardoso, quando a milícia estadual massacrou dezenove trabalhadores sem-terra durante a ocupação de uma fazenda em Eldorado dos Carajás. Como aponta Marina Campos, o plano regional do Movimento era um socioambientalismo focado em estratégias regionais para assegurar seus meios de subsistência, que junto do uso intensivo em um complexo mosaico de usos da terra marca uma nova e importante trajetória no planejamento amazônico e uma dinâmica inusitada de ação coletiva.

Do inferno verde aos mercados verdes

A democratização e a abertura política estavam produzindo uma dinâmica de preservação, mas a globalização das *commodities* amazônicas gerava um resultado mais contraditório. A soja e o gado brasileiros floresceram no arco de desmatamento do sul da Amazônia; e, impulsionado pela demanda internacional e as mudanças genéticas na soja, seguiu-se o desenvolvimento agroindustrial clássico em grandes propriedades, elevando o Brasil aos mercados globais como um dos principais produtores do grão e um importante gerador de divisas. Além disso, o rebanho bovino brasileiro cresceu para mais de 200 milhões, dos quais mais de 74 milhões estão agora na Amazônia. O Brasil se tornou o maior exportador de carne bovina do mundo, controlando cerca de 44% do mercado global e gerando US$ 5 bilhões em receita de exportação. Embora os indicadores técnicos tenham melhorado (aplicação de vacinação, áreas livres de febre aftosa, melhores técnicas de recuperação de pastagens), a pecuária, sem dúvida, continuará impulsionando algum desmatamento amazônico por causa de sua presença persistente nas reivindicações de terras nas fronteiras especulativas, de baixas necessidades de mão de obra, de seu papel como uma "reserva" de riqueza em propriedades menores, bem como o desmatamento associado à consolidação de propriedades em "pós-fronteiras", os mercados globais de carne em expansão e o deslocamento do gado pela soja. A pecuária também possui considerável flexibilidade como estratégia de investimento, qualidade que a torna atrativa para médios e pequenos agricultores. Comparado a outros usos da terra – como a produção de pequenos agricultores e a agroindústria de soja –, a pecuária amazônica continuou como fronteira de desmatamento de baixo emprego, mas permaneceu relativamente lucrativa devido aos baixos preços das terras, à melhoria na seleção genética de pastagens, às rendas institucionais usufruídas pelo acesso a crédito e à economia de custos provenientes do desenvolvimento de infraestrutura e dos centros regionais de processamento. A hiperexpansão da pecuária tem uma longa correlação com o acesso a crédito barato e a aluguéis institucionais. Por que isso não deveria ocorrer agora, especialmente à luz de um novo plano agressivo para expandir a produção de carne, anunciado por Reinhold Stephanes, ministro da agricultura brasileiro?

Isso poderia ocorrer, mas, por enquanto, várias pressões estão em ação. Primeiro, há um controle mais efetivo do desmatamento no nível estadual, como acabamos de descrever. Em seguida, embora as pastagens ainda estejam em expansão florestas adentro, há o desvio da atividade pecuária para as áreas na fronteira da Amazônia, incluindo as terras de cerrado, onde as restrições e o monitoramento do desenvolvimento amazônico não se aplicam. Em seguida, o aumento do monitoramento de desmatamento nas terras da Terra do Meio – uma das principais áreas de expansão de pastagens – tornou o desenvolvimento das pastagens mais problemático. Por fim, os boicotes e as moratórias de compra de soja amazônica e, especialmente, a carne bovina, foram postos em prática no final de 2009 pelo quarto maior comerciante global de carne bovina, Marfrig, bem como grupos como Walmart, Carrefour, Nike, Clarks e outros compradores de carne bovina e couro. À luz da cadeia política de suprimentos, algumas regiões no arco de fogo, como Lucas do Rio Verde, estão vendendo seus produtos como soja e carne "sem-desmatamento" devido à idade da sua comunidade (desmatada 25 anos atrás) e ao seu sistema de monitoramento em expansão, que possibilita um "selo verde" para propriedades com "desmatamento zero", atraentes para os mercados norte-americano e europeu. As capacidades técnicas para monitorar o abastecimento estão agora em vigor.

Há outras mudanças significativas na paisagem envolvendo o *marketing* verde, incluindo produtos florestais não madeireiros – *non-timber forest products* (NTFPs) – de reservas extrativistas. Durante o período neoliberal, esses projetos não eram inteiramente vantajosos, mas a integração dos mercados extrativistas não madeireiros com estratégias de desenvolvimento regional focalizou nos meios de subsistência e no valor agregado local (como a fábrica de preservativos em Xapuri) e, ao mesmo tempo, em mercados nacionais e internacionais.

Talvez a história mais dramática do *marketing* verde, ou *marketing* ambiental, tenha sido a explosão do açaí, um alimento tradicional da Amazônia, agora com espaço em supermercados nos Estados Unidos. A enorme demanda nacional e internacional por esse "superalimento" antioxidante, junto do declínio no retorno econômico dos usos concorrentes da terra para a agricultura anual e a pecuária, produziram um deslocamento surpreendente de culturas anuais e pastagens para o açaí na sua principal área de cultivo na região do baixo Amazonas. Como os antropólogos Eduardo

Brondizio e Christine Padoch, e o ecologista Miguel Pinedo-Vasquez observaram, o surgimento de uma economia de base florestal amplamente centrada no açaí envolveu cadeias de *commodities* domésticas e internacionais estruturadas por uma interação entre meios de subsistência rurais e urbanos, isso nos arredores da segunda maior cidade da Amazônia, Belém. Os domicílios desenvolveram novas formas de organização rural e urbana *multissituada* para controlar o valor dos produtos florestais, bem como para melhorar seus mercados urbanos por meio de suas redes sociais e para acesso a serviços sociais (como bancos, escolas e saúde) e oportunidades complementares econômicas em áreas urbanas. Por consequência, o estuário amazônico tem visto um aumento na cobertura florestal e uma economia emergente intimamente ligada aos recursos florestais, um processo documentado em dados sobre a cobertura florestal e a atividade econômica, bem como no nível local, por meio de avaliações etnográficas e de uso da terra. Como afirmou Brondizio: "o surgimento da economia do fruto do açaí reafirmou o lugar intrínseco e central das florestas na cultura regional estuarina. As florestas definem a maior parte do que é rural e caboclo no estuário amazônico". Assim, em uma área com quatrocentos anos de história de desmatamento, onde se poderia esperar que o aumento da densidade populacional apenas estimulasse o desmatamento, a demanda por açaí e outros produtos produziu um sistema híbrido de subsistência rural-urbano aninhado a uma economia alimentar regional e global que aumentou a cobertura florestal. Ao contrário do gado e da soja, refletindo a demanda europeizada, essa economia está profundamente enraizada nas culturas e gostos da Amazônia.

O país do carbono

Os boicotes de mercado e os estímulos aos produtos da terra podem ser transformadores, mas as principais questões nas discussões sobre o uso da terra amazônica agora giram em torno dos serviços ambientais da economia do carbono. Os acordos climáticos de Kyoto visavam principalmente ao controle de emissões de gás carbono no mundo desenvolvido e nas economias em transição do bloco pós-soviético e eram, além de determinações petulantes, amplamente indiferentes às dificuldades dos países em desenvolvimento. O Protocolo de Kyoto teve efeito, entretanto, de transformar o desmatamento – a partir da incineração de estoques globais de DNA – em uma questão de níveis de CO_2 na atmosfera. Basicamente, descobriu-se que o CO_2 emitido pela queimada de florestas é igual às emissões do transporte global: todos os carros, trens, aviões e navios. Hoje em dia, ninguém pede o fim de todos os transportes, mas as exigências para parar o desmatamento são advertências regulares.

Extensas pesquisas sobre a dinâmica global e especialmente tropical do carbono nos últimos vinte anos, bem como os sistemas de governança global, exigiram que mais atenção fosse dada à ecologia e ao desenvolvimento de áreas tropicais, uma vez que, no novo contexto de instabilidade climática global, desmatamentos ameaçaram não apenas os *habitats* de onças e lêmures, mas também os cidadãos das principais cidades dos Estados Unidos. O valor dos sumidouros de carbono já estava emergindo por meio da ideia de compensações de carbono nas rodadas anteriores dos acordos de Kyoto. De forma esperada, esse modelo baseado no mercado foi adotado com entusiasmo pela multidão neoliberal, em grande parte indiferente às questões de equidade, mas saudado com muito menos euforia em outros círculos. A crítica a essas compensações e aos modelos *cap-and-trade*[2] residiu em algumas preocupações. Em primeiro lugar, o valor verdadeiro do carbono era uma especulação: o valor das compensações seria determinado pela disposição do emissor de pagar, permitindo essencialmente que o mundo desenvolvido definisse os termos de troca. Em seguida, o argumento era de que os grandes emissores do planeta, como os Estados Unidos, não mudariam seu comportamento, mas comprariam suas obrigações sociais planetárias. Além disso, em situações em que as florestas naturais eram controladas ou compradas por grupos conservacionistas – como o The Nature Conservancy –, os direitos de propriedade obtidos para conservação agora trariam consigo os "derivados" potencialmente lucrativos e comercializáveis do comércio de carbono. Isso transformou o que muitas vezes era incentivado como uma lição de altruísmo para crianças em idade escolar, quando elas enviavam seus dólares para salvar uma floresta tropical, no que observadores cínicos viam como *other people's money* (dinheiro dos outros) para lançar

2 Sistema que limita a emissão de gases que causam o efeito estufa, mas permite que empresas com alta taxa "comprem" permissões de empresas com baixa taxa de emissão. (N. T.)

a próxima grande especulação sobre derivativos de mercado, neste caso, o carbono da preservação.

Muitas grandes ONGs ambientais internacionais, como mencionamos, viam a sua gestão e o controle de grandes extensões de terrenos tropicais como um meio de capitalizar os novos fluxos financeiros, uma espécie de mercado derivado das próprias reservas de preservação. A zona tampão Parque Nacional Noel Kempff Mercado foi frequentemente citada como modelo, onde a tampão NKM, uma propriedade da The Nature Conservancy, compensou a poluição de carbono da American BP, da PacifiCorp e da American Electric Power. O acordo envolveu o cancelamento das concessões madeireiras, uma atividade pró-forma na criação de qualquer anexo ao Parque, e a realocação de seus habitantes tradicionais. Esse projeto recebeu críticas substanciais do Greenpeace, que observou que os planos do projeto superestimavam a captação de carbono por um fator de cerca de dez vezes e que as concessões madeireiras simplesmente avançavam na sequência, um fenômeno que os analistas chamam de "vazamento". Mas o Greenpeace reservou a maior parte de seus ataques para o que considerou como um projeto piloto para um "cartel climático" ambiental emergente de gerentes ambientais internacionais, totalmente satisfeitos com grandes doadores corporativos, alguns de indústrias altamente poluentes. No modelo de compensação, essas ONGs ambientais transnacionais – as *tengos* (*tengo* também significa "eu tenho", em espanhol) – angariariam pagamentos de poluidores para projetos subnacionais de reservas de terras, criando uma topografia transnacional de clima tropical e delimitações de preservação na América Latina. Mediado pela "preservação corporativa internacional" e financiado por entidades corporativas que poderiam potencialmente evitar tentativas de controle de emissões no Primeiro Mundo – e certamente poderiam influenciar as críticas emanadas de suas organizações ambientais –, esse modelo parecia ser uma lavagem verde. As somas em jogo nos mercados de carbono são, no entanto, potencialmente substanciais: ao redor do planeta, ocorreram transações de carbono no valor de US$ 124 bilhões até 2009, um volume que encobriu os insignificantes dólares de preservação.

Em contraste com esse modelo, a proposta inicial de Redd surgiu da comunidade brasileira de ativistas florestais e se concentrou menos em compensações de CO_2 dos emissores e mais em recompensar a prevenção de emissões de desmatamento, mantendo sumidouros de carbono florestal em paisagens de trabalho, incluindo aquelas em florestas habitadas. A ideia também era gerar um fundo de desenvolvimento regional contra o desmatamento. Devido a esses projetos de compensação, não apenas o Noel Kempff, tinha grande volume de "vazamento" sem um sistema de grande escala, como o Redd se tornaria um epifenômeno localizado. O Brasil também manteve a soberania sobre as suas florestas em substituição ao modelo de contrato privado das compensações bolivianas.

O Redd brasileiro permanece integrado à Convenção-Quadro das Nações Unidas sobre Mudança do Clima (United Nations Framework Convention on Climate Change, UNFC-CC), que é um tratado elaborado entre países visando à redução de emissões de gases de efeito estufa (GEE); segundo o acordo, os países ou Estados acordavam que deveriam cumprir limites de metas de emissão, bem como cumprir compromissos financeiros. Os ativistas brasileiros do Redd mantêm sua posição firme de que os países desenvolvidos possuem papel de destaque como os principais geradores de GEE, no passado e no presente. O Brasil se coloca como um "igual global" na política planetária de carbono e se considera como um grande inovador na política e na prática, e a sua taxa de desmatamento em declínio e a ênfase histórica em energia renovável sustentam essa postura. O país enfatizou diversos conjuntos de fluxos de capital e incorporou o programa em abordagens que vão dos movimentos sociais aos estados, como o Acre e o Amazonas, bem como ao âmbito mais contencioso da política nacional.

O Brasil prevê três mecanismos de financiamento de Redd: primeiro, por meio de investimento governamental; em seguida, através de algumas compensações nacionais diretas; e, finalmente, por meio de mecanismos de compras de Redd pelas economias mais desenvolvidas. No programa climático brasileiro, existem mecanismos compensatórios não mercadológicos para reduzir o desmatamento por meio de prestação de serviços sociais, reduzindo a probabilidade, por exemplo, de que as famílias busquem ganhar dinheiro com a atividade madeireira clandestina. Em seguida, o programa se sustenta em Ações de Mitigação Nacionalmente Apropriadas (Namas) adaptadas a localidades específicas: há Namas para a Amazônia, o cerrado e para a caatinga do nordeste. Para a Amazônia, as ações realizadas pelo Nama contariam com o apoio do Plano de Ação para Prevenção e Controle do Desmatamento e das Queimadas, e visa a uma redução adicional do desmatamento em 40% a cada cinco anos. Em vez dos planos quinquenais autoritários de modernização e integração nacional que desencadearam as fúrias (ver Capítulo 7), os novos planos quinquenais imaginam um tipo de economia completamente novo, baseado em um socioambientalismo tropical emergente.

O plano climático brasileiro coloca o Redd em um contexto em que os recursos não apenas são aplicados em florestas de conservação, mas passam a fazer parte de fundos de investimento de desenvolvimento para reservas comunitárias – como o projeto florestal Juma no Amazonas –, para apoiar famílias, melhorar os sistemas de produção de base florestal e apoiar as necessidades da comunidade. O plano climático busca construir fundos florestais que paguem certos tipos de custos de oportunidade – impedir a expansão da soja em algumas áreas tropicais úmidas – e promovam o desenvolvimento de base florestal, como o açaí e uma indústria expandida de produtos de borracha natural para luvas, preservativos, pneus e uma infinidade de outros projetos que utilizam látex, além do manejo intensivo de sistemas agroflorestais sucessionais. A reimaginação da inovação em uma economia de floresta tropical está em sua infância, mas o novo modelo, como alguns estudos de cenário mostraram, poderia ser usado para aprimorar as matrizes entre fragmentos florestais e áreas antigas de conservação, com as paisagens habitadas dos trópicos proporcionando uma nova e complexa geografia e um socioambientalismo de desenvolvimento, sobre os quais pode depender não apenas o destino das florestas, mas também o futuro do planeta. Vinte anos atrás, a diminuição maciça do desmatamento era inimaginável. A Amazônia permanece altamente contestada, mas o que está claro é que um novo *ethos* está se desenvolvendo. Se John Muir foi ícone da conservação do século XX, Chico Mendes pode muito bem definir o novo arco do socioambientalismo para o século XXI.

Na política emergente da Amazônia, trata-se de uma visão diferente da natureza e da relação das pessoas com ela. Como o cacique Kayapó Paiakan nos disse certa vez: "Uma floresta é algo grande; ela tem plantas, ela tem animais e ela tem pessoas".

Notas

1 Baiocchi (2003), Domínguez e Shifter (2008), Holston (2008), Kingstone e Power (2008).
2 Cardenas (2009).
3 Hecht e Cockburn (1992).

4 Isso se deve a condições secas que o fenômeno El Niño produz no sul da Amazônia, criando cenários que podem contribuir para grandes conflagrações com a queima de soja e a explosão descontrolada do desmatamento para dar espaço à pecuária.
5 Fearnside (2007), Hecht (2005), Hecht e Mann (2008), Jepson (2006), Nepstad, Stickler e Almeida (2006).
6 Marina Campos aponta que, ao menos, outros nove líderes da floresta foram assassinados. Ver Campos e Nepstad (2006); Fearnside (2007).
7 Nepstad 2009), Santilli (2005).
8 Alencar, Nepstad, Diaz (2006), Misra (2009), Morton et al. (2008), Nobre et al. (2009).
9 Fearnside (2008), Johns et al. (2008), Nepstad et al. (2006), Santilli et al. (2005).
10 Gavin e Anderson (2007), Hamilton et al. (2007), Liu et al. (2007), Mittelbach et al. (2007), Mittermeier et al. (1998), Pennington, Lewis e Ratter (2006), Soares et al. (2006).
11 Killeen et al. (2007), Myers (2003).
12 MacArthur e Wilson (1967).
13 Barlow et al. (2006), Lees e Peres (2006), Peres (2005).
14 Cardillo (2008), Feeley e Silman (2009), Hubbell et al. (2008), Laurance e Useche (2009).
15 Dowie (2009), Neumann (1998)
16 Pedlowski (2005), Schwartzman, Moreira e Nepstad (2000).
17 Arce Nazario (2007), Erickson e Balée (2006), Erickson (2006), Heckenberger et al. (2007), Rival (2002).
18 Balée e Erickson (2006), Cunha et al. (2009), McEwan (2001), Paz Rivera e Putz (2009), Posey e Balée (1989), Thayn et al. (2009).
19 Perfecto, Vandermeer e Wright (2009).
20 Hochstetler e Keck (2007).
21 Fearnside (2003), Hecht e Mann (2008).
22 Aldrich et al. (2006), Browder et al. (2008), Caldas et al. (2007), De Sherbinin et al. (2008), Pacheco (2009).
23 Merry et al. (2006).
24 Hecht (1993), Pacheco (2009).
25 Arima et al. (2007), Hecht, Norgaard e Possio (1988), W. F. Laurance et al. (2006), Pacheco (2009), Parayil e Tong (1998), Walker et al. (2009).
26 Disponível em: http://meattradenewsdaily.co.uk.
27 Hecht e Mann (2008).
28 Brondizio (2008), Padoch et al. (1999).
29 Brondizio (2008). Os dados de 1990 a 2006 estão disponíveis no *site* do Instituto Brasileiro de Geografia e Estatística, IBGE), disponível em: http://ibge.gov.br. Os dados de 1950 a 2006 estão disponíveis em Instituto Nacional de Pesquisas Espaciais (2008). Os dados de 1950 a 1990 estão disponíveis nos arquivos do IBGE-Belém.
30 Betts, Malhi e Roberts (2008), Brondizio e Moran (2008), Cardoso (2009), Nepstad (2008), Senna, Costa e Pires (2009),Stickler et al. (2009).
31 Adger, Arnell e Tompkins (2005), Okereke e Dooley (2010), Stallworthy (2009).
32 Killeen e Solorzano (2008).
33 Greenpeace (2009).
34 Ver Point Carbon, "Carbon Market Monitor" <http://www.pointcarbon.com>.
35 Santilli et al. (2005), Stickler et al. (2009).
36 Entretanto, à medida que aumentam as controvérsias sobre os biocombustíveis, especialmente o óleo de palma, e que os conflitos sobre as infraestruturas de barragens de larga escala tornam-se mais agudos, todos os tipos de fontes de energia permanecem problemáticos.

Referências bibliográficas

AB'SABER, A. N. The Paleoclimate and Paleoecology of Brazilian Amazônia. In: PRANCE, G. (Ed.). *Biological Diversification in the Tropics*. New York: Columbia University Press, 1982. p.41-59.

ABSY, M. L. Palynology of Amazônia: the History of the Forests as Revealed by the Palynological Record. In: PRANCE, G.; LOVEJOY, T. (Eds.). *Amazonia*. Oxford: Pergamon Press, 1986. p.72-82.

ACOSTA, J. *Historia natural y moral de las Indias*. Valencia: Valencia Cultural, 1977[1590].

ACUÑA, C. *New Discovery of the Great River of the Amazons, 1639*. Madrid: Royal Press, 1641.

ADALBERT, Prince of Prussia. *Travels of His Royal Highness Prince Adalbert of Prussia, in the South of Europe and in Brazil, with a Voyage up the Amazon and Xingu, Now First Explored*. Trad. R. H. Schomburgk e J. E. Taylor. London: D. Bogue, 1949.

AESCHYLUS. *Prometheus Bound*. Ed. e trad. G. Thomson. Cambridge: Cambridge University Press, 1932.

AGASSIZ, J. L. R. *A Journey in Brazil*. Boston: Houghton Mifflin, 1888.

ALCORN, J. B. *Huastec Mayan Ethnobotany*. Austin: University of Texas Press, 1984.

ALDEN, D. The Growth and Decline of Indigo Production in Colonial Brazil: a Study of Comparative Economic History. *Journal of Economic History*, v.25, p.135-60, 1965.

______. Black Robes versus White Settlers: the Struggle for "Freedom of the Indians" in Colonial Brazil. In: PECKHAM, H.; GIBSON, C. (Ed.). *Attitudes of Colonial Powers Toward the American Indian*. Salt Lake City: University of Utah Press, 1969a.

______. Economic Aspects of the Expulsion of the Jesuits from Brazil: a Preliminary Report. In: HENRY, H.; EDWARDS, S. (Ed.). *Conflict and Continuity in Brazilian Society*. Columbia: University of South Carolina, 1969b. p.25-6.

ALDEN, D. (Ed.) *Colonial Roots of Modern Brazil*: Papers of the Newberry Library Conference. Berkeley: University of California Press, 1973.

ALENCAR, J. *Iracema, lenda do Ceará*. Rio de Janeiro: José Olympio, 1965.

ALLEGRETTI, M. Extractive Reserves and Development. In: ANDERSON, A. (Ed.). *Alternatives to Deforestation*. New York: Columbia University Press, 1989.

ALMEIDA, A. et al. Os garimpos na Amazônia como zona crítica de conflito e tensão social. *Pará Desenvolvimento*, v.19, p.3-10, 1986.

ALMEIDA, F. J. L. *Diário da viagem pelas Capitanias do Pará, Rio Negro, Mato-Grosso, Cuyaba e S. Paulo, nos annos de 1780 a 1790*. São Paulo: Typ. da Costa Silveira, 1841.

ALMEIDA, M. *Seringais e trabalho na Amazônia*: o caso do Alto Juruá. Brasília, D.F.: Universidade de Brasília, 1988.

ALTIERI, M. *Agroecology*: the Scientific Basis of Alternative Agriculture. Boulder: Westview Press, 1987.

______; HECHT, S. B. (Eds.). *Agroecology and Small Farm Development*. New York: CRC Press, 1989.

ALVES, M. H. M. *State and Opposition in Military Brazil*. Austin: University of Texas Press, 1985.

ALVIM, P. T. Agricultural Production Potential of the Amazon region. In: BARBIRA-SCAZZOCCHIO, F. (Ed.). *Land, People and Planning in Contemporary Amazônia*. Cambridge: Cambridge University Press, 1980. p.27-36.

AMAZON Steam Navigation. *The Great River*. London: Simpkin, Marshan, Hamilton, Kent & Co, 1904.

ANDERSON, A. B. White sand vegetation of Amazônia. *Biotropica*, v.13, n.3, p.199-210, 1981.

______. *Forest Management Issues in the Brazilian Amazon*. Consultancy Report to the Ford Foundation. Belém: Museu Goeldi, 1987.

______. Use and Management of Native Forests Dominated by Açai Palm in the Amazon Estuary. *Advances in Economic Botany*, v.6, p.144-54, 1988.

______. Smokestacks in the rainforest: Industrial development and deforestation in the Amazon basin. *World Development*, v.18, n.9, p.1191-1205, 1990.

______ (Ed.). *Alternatives to Deforestation*. New York: Columbia University Press, 1989.

______; ANDERSON, S. *People and the Palm Forest*. Washington: U.S. MAB, 1983.

______; POSEY, D. A. Manejo do campo e cerrado pelos índios Kayapó. *Boletim do Museu Paraense Emilio Goeldi*, v.2, n.1, p.77-98, 1985.

______; POSEY, D. A. Reflorestamento indígena. *Ciência Hoje*, v.6, n.31, p.44-51, 1987.

______; IORIS, E. M. The Logic of Extraction: Resource Management and Income Generation by Extractive Producers in the Amazon estuary. INTERNATIONAL WORKSHOP TRADITIONAL RESOURCE USE IN NEOTROPICAL FORESTS. 19-22 jan. University of Florida, Gainesville, 1989.

______; et al. Um sistema agroflorestal na várzea do estuário Amazônico. *Acta Amazônica*, supl., n.15, p.195-207, 1985.

ANDERSON, R. *Following Curupira*: Colonization and Migration in Pará, 1758 to 1930 as a Study of Settlement in the Humid Tropics. Tese (Ph.D.) – University of California, Davis, 1976.

ANDERSON, R. The Caboclo as Revolutionary: the Cabanagem Revolt: 1835-1836. *Studies in Third World Societies*, v.32, p.51-113, 1985.

AQUINO, T. *Índios Caxinauá*: de seringueiro caboclo a peão acreano. Rio Branco: Empresa Gráfica Acreana, 1982.

ARAGON, L. Migration to Northern Goiás. 1978. Tese (Ph.D.) – Michigan State University, 1978.

ARAMBURU, C. E.; GARLAND, E. B. Poblamiento y uso de los recursos en la Amazonia Alta: el caso del Alto Huallaga. In: CIPA-INANDEP (Ed.). *Desarrollo Amazonico*: Una Perspectiva Latinoamericana. Lima: Cipa-Inandep, 1986.

ARAUJO, J. *Relatório*. Brasília, D.F.: CNS, 1988.

ASPELIN, P. L.; DOS SANTOS, S. C. *Indian Areas Threatened by Hydroelectric Projects in Brazil*. Doc.33. Copenhagen: International Workgroup for Indigenous Affairs, 1981.

ASSELIN, V. *Grilagem*: corrupção e violência em terras do Carajás. Petrópolis: Vozes, 1982.

ASTON, T. H.; PHILPIN, C. H. E. (Ed.) *The Brenner Debate*: Agrarian Class Structure and Economic Development in Pre-Industrial Europe. Cambridge: Cambridge University Press, 1985.

AZEVEDO, F. A. *As ligas camponesas*. Rio de Janeiro: Paz e Terra, 1982.

AZEVEDO, T. *O Acre: o discurso do dr. Dionysio*. Rio de Janeiro: Jornal do Commercio de Rodrigues, 1901.

BAKER, H. Diversity in the Tropics. *Biotropica*, v.1, p.1-12, 1972.

BAKS, K. S. *Peasant Formation and Capitalist Development*: The Case of Acre, Southwest Amazonia. Tese (Ph.D.) – University of Liverpool, 1986.

BALANDRIN, M. et al. Natural Plant Chemicals: Sources of Industrial and Medicinal Materials. *Science*, n.228, p.1154-60, 1985.

BALDUS, H. *The Tribes of the Araguaia Basin and the Indian Service*. New Haven: Human Relations Area File Source, 1960[1948].

BALÉE, W. Análise preliminar de inventário florestal e a etnobotânica Ka'apor'. *Boletim do Museu Paraense Emilio Goeldi*, v.2, n.2, p.141-67, 1986.

BALICK, M. Useful Plants of Amazônia: a Resource of Global Importance. In: PRANCE, G.; LOVEJOY, R. (Eds.). *Key Environments* – Amazonia. Oxford: Pergamon Press, 1985. p.339-68.

BARATA, M. *A antiga produção e exportação do Pará*. Belém: Livraria Gillet, 1915.

BARBIRA-SCAZZOCCHIO, F. (Ed.). *Land, People and Planning in Contemporary Amazônia*. CONFERENCE ON THE DEVELOPMENT OF AMAZÔNIA IN SEVEN COUNTRIES, 23-26 set., Cambridge, 1979. *Proceedings* [...]. Cambridge: Cambridge University Press, 1980.

BARROW, C. The Impact of Hydroelectric Development on the Amazonian Environment with Particular Reference to the Tucuruí project. *Journal of Biogeography*, v.15, p.67-78, 1988.

BATES, H. W. *The Naturalist on the River Amazon*. London: J. M. Dent & Sons, 1910.

BAUM, V. *The Weeping Wood*. Garden City: Doubleday, Doran & Co., 1943.

BAXTER, M. *Garimpeiros of Poxoréo*: Small-Scale Diamond Miners and their Environment in Brazil. 1975. Tese (Ph.D.) – University of California, Berkeley, 1975.

BECKER, B. K. *Geopolítica da Amazônia*. Rio de Janeiro: Zahar, 1982.

BECKERMAN, S.; KILTIE, R. A. More on Amazon Cultural Ecology. *Current Anthropology*, v.21, n.4, p.540-46, 1980.

BERG, M. E. van den. *Plantas medicinais na Amazônia*: contribuição ao seu conhecimento sistemático. Belém: CNPq/PTU, 1982.

BERREDO, B. P. *Annaes historicos do Estado do Maranhao, em que se dá notícia do seu descobrimento e tudo o mais que nelles tem succedido desde o anno em que foy descoberto ate o de 1718*. Lisboa: Francisco Luiz Ameno, 1749.

BINSWANGER, H. *Fiscal and Legal Incentives with Environmental Effects on the Brazilian Amazon*. Washington, D.C.: World Bank, 1987.

BLACK, J. K. *United States Penetration of Brazil*. Philadelphia: University of Pennsylvania Press, 1977.

BLANK, L.; BOGAN, J. (Ed.). *Burden of Dreams*. Berkeley: North Atlantic Books, 1984.

BOXER, C. *The Golden Age of Brazil 1695-1750*. Berkeley: University of California Press, 1962.

BRAMWELL, A. *Ecology in the 20th Century*: a History. New Haven; London: Yale University Press, 1989.

BRANFORD, S.; GLOCK, O. *The Last Frontier*: Fighting Over Land in the Amazon. London: Zed Books, 1985.

BROWDER, J. O. Logging the Rainforest: a Political Economy of Timber Extraction and Unequal Exchange in the Brazilian Amazon. 1986. Tese (Ph.D.) – Universidade da Pensilvânia, 1986.

______. Brazil's Export Promotion Policy (1980-1984): Impacts on the Amazon's Industrial Wood Sector. *The Journal of Developing Areas*, v.21, p.285-304.

______. The Social Costs of Rainforest Destruction. *Interciencia*, v.13, n.3, p.115-20, 1988a.

______. Public Policy and Deforestation in the Brazilian Amazon. In: REPETTO, R.; GILLIS, M. (Ed.). *Public Policies and the Misuse of Forest Resources*. Cambridge: Cambridge University Press, 1988b. p.247-97.

______. Colonists in Rondônia. LATIN AMERICAN STUDIES ASSOCIATION MEETING, 1988, New Orleans. 1988c.

______. (Ed.). *Fragile Lands of Latin America*. Boulder: Westview Press, 1989.

BROWN, J. H. Two Decades of Homage to Santa Rosália. *American Zoologist*, v.21, p.877-88, 1981.

BRYCE, J. *South America*: Observations and Impressions. London: Macmillan, 1912.

BUARQUE DE HOLANDA, S. *Raízes do Brasil,* Rio de Janeiro: Jose Olympio, 1936. (Documentos Brasileiros.)

______. *História geral da civilização brasileira*. São Paulo: Difusão Europeia do Livro, 1960.

BUNKER, S. G. The Impact of Deforestation on Peasant Communities in the Media Amazonas. *Studies in Third World Societies*, v.13, p.45-61, 1982.

______. *Underdeveloping the Amazon*: Extraction, Unequal Exchange, and the Failure of the Modern State. Urbana: University of Illinois Press, 1985.

______. Extração e tributação: problemas de Carajás. *Pará Desenvolvimento*, v.19, p.11-2, 1986.

______. The Eternal Conquest. *Nacla: Report on the Americas*, v.23, n.1, p.27-35, 1989.

BURKE, E. (Ed.). *Global Crises and Social Movements*: Artisans, Peasants, Populists, and the World Economy. Boulder: Westview Press, 1988.

BUSCHBACHER, R. Tropical Deforestation and Pasture Development. *Bioscience*, v.36, n.1, p.22-8.

BUTLER, J. *Land, Gold and Farmers*: Agricultural Colonization in the Brazilian Amazon. 1985. Tese (doutorado) – University of Florida, Gainesville, 1985.

CARNEIRO, G. *História das Revoluções Brasileiras*. Rio de Janeiro: Edições O Cruzeiro, 1965. 2v.

CARPENTIER, A. *The Lost Steps*. Harmondsworth: Penguin Books, 1968.

CARVALHO, J. *A primeira Insurreição acreana*. Belém: Gillet & Comp, 1904.

CASEMENT, R. *Correspondence Respecting the Treatment of British Colonial Subjects and Native Indians Employed in the Collection of Rubber in the Putamayo District, Presented to Both Houses of Parliament by Command of His Majesty, July 1912*. London, 1912.

CASTELNAU, F. *Expédition dans les parties centrales de l'Amérique du Sud*, Paris: P. Bertrand, 1850. 6v.

CASTRO, F. *A selva*. 15.ed. Lisboa: Guimaraes Editores, 1954.

CAVALCANTE, P.; FRIKEL, P. *A farmacopeia Tiriyo*: estudo etno-botânico. Belém: Museu Paraense Emilio Goeldi, 1973.

CHAMBERS, R. *Rural Development*: Putting the Last First. New York: Longman Scientific & Technical, 1983.

CHAPIN, M. The Seduction of Models: Chinampa Agriculture in Mexico. *Grassroots Development*, v.12, n.1, p.8-17, 1988.

CHERNELA, J. Indigenous Fishing in the Neotropics: the Tukanoan Uanano of the Blackwater Uaupes River Basin in Brazil and Columbia. *Interciencia*, v.10, n.2, p.78-86, 1985.

______. Os cultivares de mandioca na área do Uaupés. *Suma Etnológica Brasileira*. São Paulo: Vozes, 1986.

______. Environmental Restoration in SW Colombia. *Cultural Survival Quarterly*, v.11, n.4, p.71-3, 1987.

CLAY, J. W. *Indigenous Peoples and Tropical Forests*: Models of Land Use and Management from Latin America. Cambridge: Cultural Survival, 1988.

______. Brazil: Who Pays for Development. *Cultural Survival Quarterly*, v.13, n.1, p.1-47, 1989.

CLEARY, D. *An Anatomy of a Gold Rush*: Garimpagem in the Brazilian Amazon. Oxford, 1987. Tese (Ph.D.) – St. Antony's College, University of Oxford, 1987.

COCHRANE, T. T.; SANCHEZ, P. A. Land Resources, Soils and their Management in the Amazon Region: a State of Knowledge Report. In: HECHT, S. B. (Ed.). *Amazônia*: Agriculture and Land Use Research. Cali: Ciat, 1982.

COELHO, M.; COTA, R. Relações entre o garimpo e estrutura fundiária: o exemplo de Marabá. *Pará Desenvolvimento*, v.19, p.20-4, 1986.

COLINVAUX, P. Amazon Diversity in Light of the Paleoecological Record. *Quaternary Sdence Reviews*, v.6, p.93-114, 1987.

COSTA E SILVA, G. *Geopolítica do Brasil*. Rio de Janeiro: José Olympio, 1967.

______. *Conjuntura política nacional*: o poder executivo e geopolítica do Brasil. 3.ed. Rio de Janeiro: José Olympio, 1981.

COLLIER, D. (Ed.). *The New Authoritarianism in Latin America*. Princeton: Princeton University Press, 1979.

COLLIER, R. *The River that God Forgot*. New York: E.P. Dutton, 1968.

COLLINS, J. Small Holder Settlement of Tropical South America. *Human Organization*, v.45, n1, p.1-10, 1986.

______. *Unseasonal Migrations*: The Effects of Rural Labor Scarcity in Peru. Princeton: Princeton University Press, 1988.

COMAROFF, J. *Body of Power, Spirit of Resistance*: The Culture and History of a South African People. Chicago: University of Chicago Press, 1985.

COMISSÃO Pastoral da Terra. *Conflitos no campo Brasil/87*. São Paulo: CPT, 1988.

COMITÉ International de la Croix Rouge. *Report of ICRC Medical Mission to the Brazilian Amazon (May-August 1970)*: Series D1168-b. Geneva: Comité International de la Croix Rouge, 1970.

CONNELL, J. Diversity in Tropical Rain Forests and Coral Reefs. *Science*, ,v.199, n.1.302-10, 1987.

______; SOUZA, W. P. On the Evidence Needed to Judge Ecological Stability. *American Naturalist*, v.3, n.1.119-44, 1983.

COOPER, J. F. *Technique of Contraception*. New York: Day-Nichols, 1928.

COUDREAU, H. A. *Voyage au Rio-Branco, aux montagnes de la lune, au haut Trombetta*. Rouen: Imprimerie de Espèsance Cagniard, 1886.

______. *Voyage au Tocantins-Araguaia*, Paris: A. Lahure, 1897.

COY, M. Rondônia: frente pioneira e programa Polonoroeste. *Tübinger Geographische Studien*, n.95, p.253-70, 1987.

CRAIG, N. B. *Recollections of an Ill-fated Expedition to the Headwaters of the Madeira River in Brazil*. Philadelphia: J. B. Lippincott, 1907.

CRAVEIRO COSTA, J. *A conquista do deserto ocidental*. São Paulo: Companhia Editora Nacional, 1940.

CROCKER, C. *Vital Souls*. Cambridge: Harvard University Press, 1985.

CUNHA, E. da *Rebellion in the Backlands*, Trad. de *Os Sertões*. Chicago: University of Chicago Press, 1944.

______. *À margem da História*. 6.ed. Porto: Lello & Irmão, 1946[1909].

______. *Um paraíso perdido*. Rio de Janeiro: Jose Olympio, 1986.

CUNHA, M. C. Native Realpolitik. *Report on the Americas*, v.23, n.1. p.19-22, 1989.

DAVIS, S. H. *Victims of the Miracle*: Development and the Indians of Brazil. Cambridge: Cambridge University Press, 1977.

______; MATHEWS, R. O. *The Geological Imperative*: Anthropology and Development in the Amazon Basin of South America. Cambridge: Anthropology Resource Center, 1976.

DEAN, W. *Brazil and the Struggle for Rubber*: A Study in Environmental History. Cambridge: Cambridge University Press, 1987.

DE COURCY, V. E. *Six semaines aux mines d'or du Brésil*. Paris: Librairie Générale, 1889.

DE JANVRY, A. *The Agrarian Question and Reformism in Latin America*. Baltimore: Johns Hopkins University Press, 1981.

______; GARCIA, R. Rural Poverty and Environmental Degradation in Latin America. INTERNATIONAL CONSULTATION ON ENVIRONMENT, SUSTAINABLE DEVELOPMENT, AND THE ROLE OF SMALL FARMERS. *Proceedings* [...] Rome: International Fund for Agricultural Development, 1988.

DENEVAN, W. M. A Cultural Ecological View of the Former Aboriginal Settlement in the Amazon Basin. *The Professional Geographer*, v.15, n.6, p.346-51, 1966.

______. Aboriginal Drained-Field Cultivation in the Americas. *Science*, v.169, p.647-54, 1970.

______. The Aboriginal Population of Amazônia. In: DENEVAN, W. (Ed.). *The Native Papulation of the Americas in 1492*. Madison: University of Wisconsin Press, 1976. p.205-34.

______. (Ed.) *The Native Population of the Americas in 1492*. Madison: University of Wisconsin Press, 1976.

______ et al. Indigenous Agroforestry in the Peruvian Amazon: Bora Indian management of swidden fallows. *Interciencia*, v.9, n.6, p.346-57, 1984.

______; PADOCH, C. *Swidden Agroforestry*. New York: New York Botanical Garden, 1987.

DENSLOW, J. S.; PADOCH, C. *People of the Tropical Rain Forest*. Berkeley: University of California Press, 1988.

DIAS, A. G. *Cantos*: collecção de poesias de *A. Gonçalves Dias*. Leipzig: F.A. Brockhaus, 1860.

DIAS, M .N.'Colonização da Amazônia (1755 1778). *Revista de História*, v.34, p.471-90, 1967.

______. *Fomento e mercantilismo*: a Companhía Geral do Grão-Pará e Maranhão (1755-1778). Belém: Editora Universidade Federal do Pará, 1970.

DICKINSON, R. E. (Ed.). *The Geaphysiology of Amazônia*: Vegetation and Climate Interactions. New York: John Wiley & Sons, 1987.

DI PAOLO, P. *Cabanagem*: a revolução popular da Amazônia. Belém: Edições Cejup, 1986.

DNER. A experiência nacional no desenvolvimento rodoviário da Amazônia. Seminário Sobre Transporte Rodoviário na Amazônia. Brasília, D.F.: Amazon Pact; OAS, 1987.

DUCKE, A.; BLACK, G. Phytogeographical Notes on the Brazilian Amazon. *Anais da Academia Brasileira de Ciências*, v.25, n.1, p.1-47, 1983.

EDMUNDSON, G. Dutch Trade in the Basin of the Rio Negro. *English Historical Review*, v.123, p.1-25, 1904.

EDWARDS, W. H. *A Voyage up the River Amazon*. London: John Murray, 1847.

EHRENREICH, P. *Contributions to the Ethnology of Brazil*. New Haven: Human Relations Area File Source, 1965[1891].

ELIZABETSKY, E.; SETZER, R. Caboclo Concepts of Disease, Diagnosis and Therapy. *Studies in Third World Societies*, v.32, p.243-78, 1985.

EMMI, M. F. *A oligarquia do Tocantins e o domínio dos castanhais*. Belém: Centro de Filosofia e Ciências Humanas INAEA/UFPA, 1987.

ERWIN, T. L. Tropical Forests: Their Richness in Coleoptera and other Arthropod species. *Coleopterists Bulletin*, v.36, n.1, p.74-5, 1982.

______. The Tropical Forest Canopy: the Heart of Biotic diversity. In: Wilson, E. O. (Ed.). *Biodiversity*. Washington, D.C.: National Academy Press, 1988. p.123-9.

ETZEL, E. *Escravidão negra e branca*: o passado através do presente. São Paulo: Global, 1976.

EVANS, P. *Dependent Development*: The Alliance of Multinational, State and Local Capital in Brazil. Princeton: Princeton University Press, 1979.

FALCLIO, E. (Ed.). *Álbum do Rio Acre, 1906-1907*. Para, Brasil: E. Falclio, 1907.

FAO, *Projetos agropecuários polonoroeste*: exame técnico. Roma: FAD/World Bank, 1987a.

______. *Production Yearbook*. Roma: FAO1, 1987b.

______; World Bank. *Brazil: Northwest I, II, and III Technical Review*: Final Report, 141/86, CP-BRA 30(E). Rome: FAO Cooperative Program, 1987.

FAO; WRI. *Tropical Rain Forest Action Plan*. Washington, *D.C.*: World Resources Institute, 1988.

FARNSWORTH, N. R. Screening Plants for New Medicines. In: WILSON, E. O. (Ed.). *Biodiversity*. Washington, D.C.: National Academy Press, 1988. p.83-97.

FEARNSIDE, P. M. Deforestation in the Amazon Basin. How fast is it occurring? *lnterciencia*, v.7, p.82-8, 1982.

______. Stochastic Modeling and Human Carrying Capacity Estimation. In: MORAN, E. (Ed.). *The Dilemma of Amazonian Development*. Boulder: Westview Press, 1983. p.279-95.

______. Brazil's Amazon Settlement Schemes. *Habitat International*, v.8, p.45-61, 1984.

______. Environmental Change and Deforestation in fhe Brazilian Amazon. In: HEMMING, J. (Ed.). *Change in the Amazon Basin*. v.2. Manchester: Manchester University Press, 1985. p.70-90.

______. *Human Carrying Capacity of the Brazilian Rainforest*. New York: Columbia University Press, 1986a.

______. Causes of Deforestation in the Amazon Basin. In: DICKINSON, R. E. (Ed.). *The Geophysiology of Amazônia*: Vegetation and Climate Interactions. New York: John Wiley & Sons, pp. 37-61, 1987b.

FEARNSIDE, P. M. Rethinking Continuous Cultivation in Amazônia. *Bioscience*, v.37, n.3, p.209-13, 1987b.

______. A Prescription for Slowing Deforestation in Amazônia. *Environment*, v.31, n.4, p.16-40, 1989a.

______. Extractive Reserves in Brazilian Amazônia: an Opportunity to Maintain Tropical Rain Forest under Sustainable Use. *BioScience*, v.39, n.6, p. 387-93, 1989b.

______. Forest Management in Amazônia. *Forest Ecology and Management*, n.26, 1989c.

______; FERREIRA, G. Roads in Rondônia: Highway Construction and the Farce of Unprotected Reserves in Brazil's Amazonian Forest. *Environmental Conservation*, v.11, n.4, p.358-60, 1984.

OVIEDO Y VALDES, G. F. *Historia general y natural de las Indias*. Madrid: Impr. De la Real Academia de la Historia, 1851-1855.

FERRARINI, S. A. *Transertanismo*: sofrimento e miséria do nordestino na Amazônia, Petrópolis: Vozes, 1979.

FERREIRA, A. R. *Viagem filosófica às capitanias do Grão-Pará, Rio Negro, Mato Grosso e Cuiabá, 1783-1792*. São Paulo: Gráficas Brunner, 1970.

FERREIRA, M. R. *A ferrovia do diabo*: história de uma estrada de ferro na Amazônia. São Paulo: Melhoramentos, (1987[1959]).

FITTKAU, E. J. et al. Substrate and Vegetation in the Amazon Region. In: DIERSCHKE, H. (Ed.). *Vegetation und Substrat*. Lehre: J. Cramer, 1975. p.73-90.

FOWERAKER, J. *The Struggle for Land*. Cambridge: Cambridge University Press, 1981.

FRIKEL, P. A técnica da roça dos índios Mundurucu. In: ROCQUE, C. (Ed.). *Antologia da Cultura Amazônica*, n.6, p.132-6, 1971.

FRITZ, Fr. S. *Journal of the Travels and Labours of Father Samuel Fritz in the River of the Amazons between 1686 and 1723*. London: Hakluyt, 1922. (The Hakluyt Society, série 2, v.51.)

FURTADO, C. *The Economic Growth of Brazil*: a Survey from Colonial to Modern Times. Berkeley: University of California Press, 1963.

GALEY, J. The Politics of Development in the Brazilian Amazon, 1940-1950, 1977. Tese (Ph.D.) – Stanford University, 1977.

______. Industrialist in the Wilderness: Henry Ford's Amazon Venture. *Journal of Inter-American Studies*, v.21, p.264-89, 1979.

GALLAIS, E.-M. *O apóstolo do Araguaia*: frei Gil de Vilanova, missionário dominicano. Rio de Janeiro: Vera Cruz, 1942.

______. *Uma catequese entre os índios do Araguaia*. Salvador: Livraria Progresso, 1954.

GASPARI, E. The Fate of the Forest. *The New York Times*, seç.7, p.37. 18 fev. 1990.

GASQUES, J. G; YOKOMIZO, C. Resultados de 20 anos de incentivos fiscais na agropecuária da Amazônia. Associação Nacional dos Centros de Pós-Graduação em Economia. 13, 1986, Vitória. *Anais* [...]. São Paulo: Anpec, 1986. P.47-84.

GAULD, C. A. *The Last Titan*: Percival Farquhar, American Entrepreneur in Latin America. Stanford: Institute of Hispanic America & Luso-Brazilian Studies; Stanford University, 1964.

GLACKEN, C. J. *Traces on the Rhodian Shore*: Nature and Culture in Western Thought from Ancient Times to the End of the Eighteenth Century. Berkeley: University of California Press, 1967.

GODOY, R. Entrepreneurial Risk Management in Peasant Mining: the Bolivia Experience. In: CULVER, W.; GREAVES, C. *Mines and Mining in the Americas*. Manchester: Manchester University Press, 1985.

GOMEZ-POMPA, A.; VAZQUEZ-YANES, C.; GUEVARA, S. The Tropical Rainforest: a Non-Renewable Resource, *Science*, n.177, p.762-5, 1972.

GONÇALVES, M. O índio do Brasil na literatura portuguesa dos séculos XVI, XVII e XVIII. *Brasília*, n.11, p.97-209, 1961.

GONÇALVES Jr., J. M. (Ed.). *Carajás*: desafio político, ecologia e desenvolvimento. São Paulo: Brasiliense, 1986.

GOODLAND, R. J. A. Environmental Assessment of the Tucuruí hydroelectric Project Rio Tocantins, Amazônia. *Survival International Review*, v.3, n.2, p.11-4, 1978.

______. Environmental Ranking of Amazonian Development Projects in Brazil. *Environmental Conservation*, v.7, n.1, p.9-26, 1980.

______. *Tribal Peoples and Economic Development*. Washington, D.C.: World Bank, 1982.

______. Brazil's Environmental Progress in Amazonian Development. In: HEMMING, J. (Ed.). *Change in the Amazon Basin*. Manchester: Manchester University Press, 1985. V.1, p.5-35.

GOODLAND, R. J. A.; IRWIN, H. S. *Amazon Jungle*: Green Hell to Red Desert? Amsterdam: Elsevier, 1975.

GOODMAN, E. *The Explorers of South America*. New York: Macmillan, 1972.

GOTTLIEB, O. R. New and Underutilized Plants in the Americas: Solution to Problems of Inventory Through Systematics. *Interciencia*, v.6, n.1, p22-9, 1981.

GOULDING, M. *The Fishes and the Forest*. Berkeley: University of California Press, 1980.

GRADWOHL, J.; GREENBERG, R. *Saving the Tropical Forests*. Washington, D.C.: Island Press, 1988.

GRAHAM, D. et al. Thirty Years of Agricultural Growth in Brazil: Crop Performance, Regional Profile, and Recent Policy Review. *Economic Development and Cultural Change*, v.36, n.1, p.1-34, 1987.

GREENBAUM, L. Plundering Timber on Brazilian Indian Reservation. *Cultural Survival Quarterly*, v.13, n.1, p.23-6, 1989.

GRILLI, E. R. et al. *The World Rubber Economy*: Structure, Changes, and Prospects. Baltimore: Johns Hopkins University Press, 1980.

GROSS, S. E. A. *The Economic Life of the estado do Maranhão e Grão-Pará, 1686-1751*. 1969. Tese (Ph.D.) – Universidade de Tulane, New Orleans, 1969.

GUENTHER, K. *A Naturalist in Brazil*. Boston: Houghton Mifflin, 1931.

HAFFER, J. General Aspects of the Refuge Theory. In: PRANCE (Ed.). *Biological Diversification in the Tropics*. New York: Columbia University Press, 1982. p.6-24.

HAMES, R. B.; VICKERS, W. T. (Ed.). *Adaptative Responses of Native Amazonians*. New York: Academic Press, 1984.

HANCOCK, T. *Personal Narrative of the Origin and Progress of the Caoutchouc or India-Rubber Manufacture in England*. London: Longman, Brown, Green, Longmans, & Roberts, 1857.
HARAWAY, D. *Primate Visions: Gender, Race, and Nature in the World of Modern Science*. New York: Routledge, 1990.
HARDIN, G. The Tragedy of the Commons. *Science*, v.162, p.1.243-8, 1968.
HARTSHORN, G. Neotropical Forest dynamics. *Biotropica*, v.12, sup, p.23-31, 1968.
HAYS, S. P. *Beauty, Health, and Permanence*: Environmental Politics in the United States, 1955-1985. New York: Cambridge University Press, 1987.
HEBETTE, J. A resistência dos posseiros no Grande Carajás. *Cadernos do CEAS*, v.102, p.62-75, 1985.
______. A tensão no polígono. *Pará Agrário*, n.2, 1987a.
______. Reservas indígenas hoje, reservas camponesas amanhã? *Pará Desenvolvimento*, n.20-1, p.26-9, 1987b.
HECHT, S. B. Deforestation in the Amazon Basin: Magnitude and Dynamics and Soil Resources Effects. *Studies in Third World Societies*, v.13, p.61-101, 1981.
______. (Ed.). *Amazônia*: Agriculture and Land Use Research. Cali: Ciat, 1982a).
______. *Cattle Ranching Development in the Eastern Amazon*: Evaluation of a Development Policy. 1982. Tese (Ph.D.) – Universidade da Califórnia, Berkeley, 1982b.
______. Agroforestry in the Amazon Basin. In: Hecht, S. B. (Ed.). *Amazônia*: Agriculture and Land Use Research. Cali: Ciat, 1982c. p.330-71.
______. Environment, Development and Politics: Capital Accumulation and the Livestock Sector in Eastern Amazônia. *World Development*, v.13, n.6, p663-84, 1985.
______. *Development and Deforestation in the Amazon: Current and Future Policies, Investment and Impact on Forest Conversion*. Washington, D.C.; World Resources Institute, 1986a.
______. Regional Development: Some Comments on the Discourse in Latin America, *Environment and Planning D: Society and Space*, v.4, n.201-9, 1986b.
______. Contemporary Dynamics of Amazonian Development: Reanalyzing Colonist Attrition. 1988. Monografia (graduação) – University of California, 1988.
______. Chico Mendes: Chronicle of a Death Foretold. *New Left Review*, v.173, p.47-55, 1989a.
______. Rethinking Colonist Attrition in the Amazon Basin. Submetido a *World Development*, 1989b.
______. The Sacred Cow. *Nacla*: *Report on the Americas*, v.23, n.1, p.23-6, 1989c.
______; NORGAARD, R.; POSSIO, G. The Economics of Cattle Ranching in Eastern Amazon. *Interciencia*, v.13, n.5, p.233-40, 1988.
______; ANDERSON, A.; MAY, P. The Subsidy from Nature: Shifting Cultivation, Successional Palm Forests and Rural Development. *Human Organization*, v.47, n.1, p.25-35, 1988.
______; POSEY, D. Preliminary Results on Soil Management Techniques of the Kayapó Indians. *Advances in Economic Botany*, v.7,p. 174-88, 1989.

______; NATIONS, J. D. (Eds.). *Deforestation: Processes and Alternatives*. Ithaca: Cornell University Press, 1989.

______; SCHWARTZMAN, S. *Internal migration in the seringal*, 1989a.

______; SCHWARTZMAN, S. The Good, the Bad and the Ugly: Extraction, Colonist Agriculture and Livestock in Comparative Perspective. Submitted to *Interciencia*, 1989b.

HEMMING, J. H. *Red Gold*: The Conquest of the Brazilian Indians. Cambridge: Harvard University Press, 1978a.

______. *The Search for El Dorado*. New York: Dutton, 1978b.

______. (Ed.). *Change in the Amazon Basin: Vol.1; Man's Impact on Forests and Rivers, Vol.2, The Frontier after a Decade of Colonization*. Manchester: Manchester University Press, 1985.

______. *Amazon Frontier*: The Defeat of the Brazilian Indians. Cambridge: Harvard University Press, 1987.

HERNDON, W. L. *Exploration of the Valley of the Amazon*. New York: McGraw-Hill, 1952[1854].

HIMES, N. E. *Medical History of Contraception*. New York: Schocken Books, 1970.

HIRAOKA, M. Cash Cropping, Wage Labor and Urban Migration in the Peruvian Amazon. *Studies in Third World Societies*, n.32, p.199-242, 1985.

HITZ, W. *Debt for nature, Meeting Conservation Needs in Costa Rica?*. Dissertação (mestrado) – University of California, Los Angeles, 1989.

HOPPER, J. H. (Ed.). *Indians of Brazil in the Twentieth Century*. Washington, D.C.: Institute for Cross-Cultural Research, 1967.

HUDSON, W. H. *Green Mansions*: A Romance of the Tropical Forest. New York: Random House, 1944.

HUGH-JONES, S. *The Palm and the Pleides*. Cambridge: Cambridge University Press, 1987.

HUMBOLDT, A. von; BONPLAND, A. *Personal Narrative of Travels to the Equinoctial Regions* of *the New Continent during the Years 1799-1804*. Philadelphia: Carey, 1815.

INGLIS, B. *Roger Casement*, London: Hodder & Stoughton, 1973.

IRVINE, D. Succession Management and Resource Distribution in an Amazonian Rain Forest. *Advances in Economic Botany*, v.7, p.223-37, 1989.

JANZEN, D. H. Tropical Blackwater Rivers and Mast Fruiting by the Dip-Terocarpaceae. *Biotropica*, v.6. p.69-103, 1974.

JARVIS, L. *Livestock in Latin America*. New York: Oxford University Press, 1986.

JOHNSON, A. Ethnoecology and Planting Practices in a Swidden Agricultural System. In: Brokensha, D.; Warren, D.; Werner, O. (Eds.). *Indigenous Knowledge Systems and Development*. Washington, D.C.: USA Press, 1982. P.49-67.

JORDAN, C. F. *Nutrient Cycling in Tropical Forest Ecosystems*. Chichester: Wiley, 1985.

______. (Ed.). Amazonian Rain Forests: Ecosystem Disturbance and Recovery. *Ecological Studies*, n.60. New York: Springer-Verlag, 1987.

______; UHL, C. Biomass of a "Tierra Firme" Forest of the Amazon Basin. *Oecologia Plantarum*, v.13, p.387-400, 1978.

JORDAN, C. F. Et al. Nutrient Scavenging of Rainfall by the Canopy of an Amazonian Rain Forest. *Biotropica*, v.12, p.61-6.

JULIÃO, F. *Cambão, The Yoke*: The Hidden Face of Brazil. Harmondsworth: Penguin Books, 1972.

KAUFMAN, L.; KENNETH, M. (Ed.). *The Last Extinction*. Cambridge: MIT Press, 1986.

KAUFMAN, Y. J.; TUCKER, C. J.; FUNG, I. *Remote Sensing of Biomass Burning in the Tropics*. Greenbelt: Goddard Space Flight Center, 1989. (Manuscrito não publicado.)

KEITH, H. H.; EDWARDS, S. F. (Ed.). *Conflict and Continuity in Brazilian Society*. Columbia: University of South Carolina Press, 1969.

KIDDER, D. P. *Sketches of Residence and Travels in Brazil*. Philadelphia: Sorin & Ball, 1939[1845]. 2v.

KIERNAN, M. *The Indian Policy of Portugal in the Amazon Basin, 1614-1693*. Washington, D.C.: Catholic University Press, 1954.

KIERNAN, M. From Forest to Failure Near the Carajás Mines: Salvaging Sustainability and Land-Use Zoning in the Impact Area. 1989. Dissertação (mestrado) – University of California, Los Angeles, 1989.

KITAMURA, P. *Análise econômica de algumas alternativas de manejo de pastagens cultivadas*. Belém: Embrapa, 1982.

KLINGE, H. Podzol Soils: a Source of Blackwater Rivers in Amazônia. In: LEUT, H. (Ed.). SIMPÓSIO SOBRE A BIOTA AMAZÔNICA. *Atas* [...]. Rio de Janeiro: CNPq, 1967. p.117-25.

KLOPPENBURG, J. R. *First the Seed*: The Political Economy of Plant Biotechnology, 1492-2000. Cambridge: Cambridge University Press, 1988.

KUEHL, S. A. ; NITTROUER, C. A. ; DeMASTER, D. J. Modern Sediment Accumulation and Strata Formation on the Amazon Continental Shelf. *Marine Geology*, n.49, p.279-300, 1982.

LA CONDAMINE, C.-M. de. *Voyage sur l'Amazone*. Paris: François Maspero, 1981.

LABRE, A. R. P. *Itinerário da exploração do Purus ao Beni*. Belém: Typ. D'A Província do Pará, 1887.

LANGE, A. *In the Amazon Jungle,* New York: Knickerbocker Press, 1912.

LEITE, L. L.; FURLEY, P. A. Land Development in the Brazilian Amazon with Particular Reference to Rondonia and the Ouro Preto Colonization Project. In: HEMMING, J. (Ed.). *Change in the Amazon Basin*. Manchester: Manchester University Press, 1985. v.2, p.119-39.

LEONARD. H. J. *Natural Resources and Economic Development in Central America*. New Brunswick: Transaction Books, 1987.

LÉVI-STRAUSS, C. *The Raw and the Cooked*. New York: Harper and Row, 1970.

______. *Tristes tropiques*. New York: Atheneum, 1974. [Ed. bras.: *Tristes trópicos*. São Paulo: Companhia das letras, 1996.]

LIMA, C. A. *Plácido de Castro*: um caudilho contra o imperialismo. Brasilia, D.F.: Civilização Brasileira, 1973.

LISANSKY, J. M. *Santa Terezinha*: Life in a Brazilian Frontier Town. 19080. Tese (Ph.D.) –University of Florida, 1980.
LOPES, O. C. *O Acre e o Amazonas*. Rio de Janeiro: Jornal do Commercio, 1906.
LUZ, N. V. *A Amazônia para os negros americanos*. Rio de Janeiro: Saga, 1968.
LYON, P. J. (Ed.). *Native South Americans: Ethnology of the Least Known Continent*. Boston: Little, Brown and Company, 1974.
MACDONALD Jr., T. Anticipating Colonos and Cattle in Ecuador and Colombia. *Cultural Survival Quarterly*, v.10, n.2 p.33-6, 1986.
MacLACHLAN, C. The Indian Directorate: Forced Acculturation in Portuguese America (1757-1799). *The Americas*, v.28, p.357-87, 1972.
______. The Indian Labor Structure in the Portuguese Amazon, 1700-1800. In: ALDEN, D. (Ed.). *The Colonial Roots of Modern Brazil*. Berkeley: University of California Press, 1973. p.199-230.
______. African Slave trade and Economic Development in Amazônia. In: TOPLIN, R. (Ed.). *Slavery and Race Relations in Latin America*. Westport: Greenwood Press, 1974. p.112-45.
MAHAR, O. J. *Frontier Development Policy in Brazil*: a Study of Amazônia. New York: Praeger Publishers, 1979.
______. *Government Policies and Deforestation in Brazil's Amazon Region*.
Washington, D.C.: World Bank, 1988.
MALINGREAU, J.; TUCKER, C. Large-Scale Deforestation in the Southwestern Amazon Basin of Brazil. *Ambio*, v.17, n.1, p.49-55, 1988.
MARTINE, G. Recent Colonization Experiences in Brazil: Expectations Versus Reality. In: BARBIRA-SCAZZOCCHIO, F. (Ed.). *Land, People and Planning in Contemporary Amazônia*. Cambridge: Cambridge University Press, pp. 80-94, 1980.
MARTINELLO, P. *A "Batalha da Borracha" na Segunda Guerra Mundial e suas consequências para o Vale Amazônico*. São Paulo: UFAC, 1988.
MARTINS, A. L. História dos garimpos de ouro no Brasil. In: ROCHA, G. (Ed.). *Em busca do ouro*. São Paulo: Marco Zero, 1984.
MARTINS, J. Lutando pela terra: índios e posseiros na Amazônia. In: *Os camponeses e a política no Brasil*. Petrópolis: Vozes, 1980.
MARTINS, J. S. *A militarização da Questão Agrária no Brasil*. Petrópolis: Vozes (1984a).
______. The State and the Militarization of the Agrarian Question in Brazil. In: SCHMINK, M.; WOOD. C. H. (Ed.). *Frontier Expansion in Amazônia*. Gainesville: University of Florida Press, 1984b. p.463-90.
______. O poder de decidir no desenvolvimento da Amazônia: conflitos de interesses entre planejadores e suas vítimas. In: KOHLHEPP, G.; SCHRADER, A. (Eds.). *Homem e natureza na Amazônia*. Tubingen: Geographisches Inst. 1987. p.407-13.
______. Big Business in the Amazon. In: DENSLOW, J. S.; PADOCH, C. *People of the Tropical Rain Forest*. Berkeley: University of California Press, 1988.
MARX, K.; ENGELS, F. *A ideologia alemã*. São Paulo: Boitempo, 2007.
MATTHIESSEN, P. *At Play in the Fields of the Lord*. New York: Random House, 1965. [Ed. bras.: *Brincando nos campos do Senhor*. São Paulo: Companhia das Letras, 1991.]

MATTOS, C. M. *Uma geopolítica pan-amazônica*. Rio de Janeiro: José Olympio, 1980.

MAURY, M. F. *Valley of the Amazon*: The Amazon and the Atlantic Slopes of South America. Washington, D.C.: Franck Taylor, 1853.

MAY, P. *The Tragedy of the Non-Commons*. 1986. Tese (Ph.D.) – Cornell University, 1986.

MEADE, R. H. et al. Storage and Remobilization of Suspended Sediment in the Lower Amazon River of Brazil. *Science*, n.228, p.488-90, 1985.

MEDINA, J. T. (Ed.) *The Discovery of the Amazon*, New York: Dover, 1988[1934].

MEIRELLES, J. C. S. Ecologia e desenvolvimento. *Folha de S.Paulo*, 1º out. 1984.

MELONE, M. Rubber Tappers and Extractive Reserves: a Development Alternative for the Amazon. 1988. Dissertação (mestrado) – University of California, Los Angeles, 1988.

MENDES, A. O. Major Projects and Human Life in Amazônia. In: HEMMING, J. (Ed.). *Change in the Amazon Basin*. Manchester: Manchester University Press, 1985. v.1, p.44-57.

MENDES, C. *Fight for the Forest*: Chico Mendes in His Own Words. London: Latin America Bureau, 1989. [Ed. Bras.: *O testament do homem da floresta*: Chico Mendes por ele mesmo. Ed. Candido Grzybowski. São Paulo: Fase, 1989.]

MENDONCA, B. *Reconhecimento do Rio Juruá, 1905*. Acre: Fundação Cultural do Estado do Acre, Belo Horizonte: ltatiaia, 1989. (Reconquista do Brasil, v.152.)

MILLER, D. Replacement of Traditional Elites: an Amazon Case Study. In: HEMMING, J. (Ed.). *Change in the Amazon Basin*. Manchester: Manchester University Press, 1985. v.2, p.158-71.

MILLIKAN, B. H. The Dialectics of Devastation: Tropical Deforestation, Land Degradation, and Society in Rondônia, Brazil. 1988. Dissertação (mestrado) – University of California, Berkeley, 1988.

MOOG, V. *Bandeirantes e pioneiros*. Rio de Janeiro: Globo, 1956.

MORAN, E. F. The Adaptive System of the Amazonian caboclo. In: WAGLEY, C. (Ed.). *Man in the Amazon*. Gainesville: University of Florida Press, 1974. p.136-59.

______. *Developing the Amazon*. Bloomington: Indiana University Press, 1981.

______. (Ed.). *The dilemma of Amazonian Development*. Boulder: Westview Press, 1983.

______. An Assessment of a Decade of Colonisation in the Amazon Basin. In: HEMMING, J. (Ed.). *Change in the Amazon Basin*. Manchester: Manchester University Press, 1985. v.2, p.91-102.

MORNER, M. *The Expulsion of the Jesuits from Latin America*. New York: Knopf, 1965.

MORS, W. B.; RIZZINI, C. T. *Useful Plants of Brazil*. Rio de Janeiro: Holden-Day, 1966.

MORSE, R. M. *The Bandeirantes*: The Historical Role of the Brazilian Pathfinders. New York: Knopf, 1965.

MOZETO, A. et al. O uso sistemático do Sistema Geográfico de Informação e de sensoriamento remoto na avaliação do impacto ambiental na Estação Ecológica da UHE Samuel, Rondônia, Brasil. *Interciencia*, v.15, n.5, p.265-72, 1990.

MURPHY, R. *Headhunter's Heritage*. Berkeley: University of California Press, 1960.

MYERS, N. *The Sinking Ark*. Oxford: Pergamon Press, 1979.

______. *The Primary Source*: Tropical Forests and Our Future. New York: W.W. Norton & Co, 1984.

______. Tropical Forests and Their Species: Going, Going...? In: WILSON, E. O. (Ed.). *Biodiversity*. Washington, D.C.: National Academy Press, 1988. p.28-35.

MYERS, T. Aboriginal Trade Networks in Amazônia. In: FRANCIS, P.; KENSE, F.; DUKE, P. (Eds.). *Networks of the Past*: Regional Interaction in Archaeology. Calgary: Chacmool, 1981. p.19-28.

NELSON, R. et al. (1989), 'Determining rates of forest conversion in Mato Grosso, Brazil. *International Journal of Remote Sensing*, n.8, p.1.67-84, 1987.

NIGH, R. B.; NATIONS, J. D. Tropical Rainforests. *Bulletin of the Atomic Scientists*, v.36, n.3, p.12-9.

NORGAARD, R. B. Sociosystem and Ecosystem Coevolution in the Amazon. *Journal of Environmental Economics and Management*, n.8, p.238-54, 1981.

NORTON, B. G. (Ed.). *The Preservation of Species*: The Value of Biological Diversity. Princeton: Princeton University Press, 1986.O'DONNELL, G. *Modernization and Bureaucratic Authoritarianism*. Berkeley: University of California Press, 1979.

ODUM, H. T.; PIGEON, R. F. *Tropical Rainforest*: a Study of Irradiation and Ecology at El Verde, Puerto Rico. Washington, D.C.: United States Atomic Energy Commission, 1970.

OLIVEIRA, A. U. *Amazônia*: monopólio, expropriação e conflitos. Campinas:: Papirus, 1987.

OLIVEIRA, J. J. M. Os Cayapós. *Revista do Instituto Histórico e Geographico Brasileiro*, v.24, p.491-524, 1861.

OLIVEIRA, L. A. P. *O sertanejo, o brabo e o posseiro*. Rio Branco: Fundação Cultural do Acre, 1985.

OLIVEIRA FILHO, J. P. O caboclo e o brabo: notas sobre duas modalidades de força-de-trabalho na expansão da fronteira Amazônica no século XIX. *Encontros com a Civilização Brasileira*, v.2, n.101-40, 1979.

PACHALSKI, F. et al. (Org.) *Chico Mendes*. Xapuri; São Paulo: STR; CNS; CUT, 1989.

PACIFIC South West Experiment Station. *Fire in Mediterranean Ecosystems*. Berkeley: University of California Press, 1987.

PADOCH, C. et al. Amazonian AgroForestry: a Market-Oriented System in Peru. *Agroforestry Systems*, v.3, n.1, p.47-58, 1985.

PAGE, J. *The Revolution that Never Was*: Northeast Brazil, 1955-1964. New York: Grossman, 1972.

PARKER, E. P. Caboclоization: The Transformation of the Amerindian in Amazônia: 1615-1800. *Studies in Third World Societies*, v.32, p.1-49, 1985.

______. (Ed.). The Amazon Caboclo: Historical and Contemporary Perspectives. *Studies in Third World Societies*, n.32, p.1-317, 1985.

PARKER, P. R. *Brazil and the Quiet Intervention, 1964*. Austin: University of Texas Press, 1979.

PASTOR, M. The Effects of IMF Programs in the Third World: Debate and Evidence from Latin America. *World Development*, v.15, n.2, p.249-62, 1987.
PEARCE, R. H. *Savagism and Civilization:* a Study of the Indian and the American Mind. Baltimore: Johns Hopkins University Press, 1965.
PEARSON, H. C. *The Rubber Country of the Amazon*. New York: The India Rubber World, 1911.
PEPPER, D. *The Roots of Modern Environmentalism*. London: Croom Helm, 1984.
PINTO, L. F. *Amazônia*: no rastro do saque. São Paulo: Hucitec, 1980.
PINTO, N. P. A. *Política da borracha no Brasil*. São Paulo: Hucitec, 1984.
PIRES, M.; PRANCE, G. The Amazon Forest: a Natural Heritage to be Preserved. In: PRANCE, G. (Ed.). *Extinction is Forever*. New York: New York Botanical Garden, 1977. p.158-213.
PLINY, the Elder. *Natural History*. Trans. H. Rackham. Cambridge: Harvard University Press. 10v.
PLOTKIN, M. J. The Outlook for New Agricultural and Industrial Products from the Tropics. In: WILSON, E. O. (Ed.). *Biodiversity*. Washington, D.C.: National Academy Press, 1988. p.106-17.
POMAR, V. *Araguaia: o partido e a guerrilha*. São Paulo: Brasil Debates, 1980.
POMPERMEYER, M. J.The State and Frontier in Brazil. 1979. Tese (Ph.D.) – Stanford University, 1979.
POSEY, D. A. Ethnoentomology of the Kayapó Indians of Central Brazil. *Journal of Ethnobiology*, v.1, n.1, p.165-74, 1981.
______. Folk Apiculture of the Kayapó Indians of Brazil. *Biotropica*, v.15, n.2, p.154-8 1983a.
______. Indigenous Ecological Knowledge and Development of the Amazon. In: MORAN, E. (Ed.). *The Dilemma of Amazonian Development*. Boulder: Westview Press, 1983b. p.225-57.
______. Indigenous Knowledge and Development: an Ideological Bridge to the Future. *Ciência e Cultura*, v.35, n.7, p.877-94, 1983c.
______. Indigenous Management of Tropical Forest Ecosystems: The Case of the Kayapó Indians of the Brazilian Amazon. *Agroforestry Systems*, v.3, n.2, p.139-58, 1985a.
______. Native and Indigenous Guidelines for New Amazonian Development Strategies: Understanding Biological Diversity Through Ethnoecology. In:
HEMMING, J. (Ed.). *Change in the Amazon Basin*. Manchester: Manchester University Press, 1985b. v.1, p.156-81.
______. From Warclubs to Words. *NACLA*: Report on the Americas,v.23, n.1, p.13-8, 1989.
______; SANTOS, P. B. dos. Concepts of Health, Illness, Curing and Death in Relation to Medicinal Plants and the Appearance of the Messianic King on the Island of Lençóis, Maranhão. *Studies in Third World Societies*, v.32, p.279-313 1985.
______; BALÉE, W. (Ed.). *Resource Management in Amazônia: Indigenous and Folk Strategies*. New York: New York Botanical Garden, 1989. (Advances in Economic Botany, v.7.)

POTTER, G. A. Debt Swaps: Buying in Means Selling Out. *IDOC Internazionale*, n.1, p.45-8, 1988.

PRANCE, G. T. *Biological Diversification in the Tropics*. New York: Columbia University Press, 1982.

______. The Increased Importance of Ethnobotany and Underexploited Plants in a Changing Amazon. In: HEMMING, J. (Ed.). *Change in the Amazon Basin*. Manchester: Manchester University Press, 1985. v.1, p.129-36.

______. (Ed.). *Tropical Rain Forests and the World Atmosphere*. Boulder: Westview Press, 1986.

PRANCE, G. T.; ELIAS, T. S. (Eds.). *Extinction is Forever*: The Status of Threatened and Endangered Plants of the Americas. New York: New York Botanical Garden, 1977.

PRANCE, G.; LOVEJOY, T. (Eds.). *Key Environments*: Amazônia. Oxford: Pergamon Press, 1986.

QUANDT, C. Evaluation of Spatially Discontinuous Social Impacts: The Case of Itaipu, a Major Resource-Based Project in Brazil. 1987. Dissertação (mestrado) – University of California, Los Angeles, 1987.

RAMOS, A. R. Frontier Expansion and Indian peoples in the Brazilian Amazon. In: SCHMINK, M.; WOOD, C. H. (Eds.). *Frontier Expansion in Amazônia*. Gainesville: University of Florida Press, 1984. p.83-104.

REDFORD, K.; ROBINSON, J. The Game of Choice: Patterns of Indian and Colonist Hunting in the Neotropics. *American Anthropologist*, v.89, n3, p.650-67, 1987.

______; KLEIN, B.; MURCIA, C. The Incorporation of Game Animals into Small Scale Agroforestry Systems in the Neotropics. In: REDFORD, K. H.; PADOCH, C. (Ed.). *Conservation of Neotropical Forests: Building Traditional Resource Use*. New York: Columbia University Press, 1992. p.333-58.

REGO REIS, G. M. *A Cabanagem*: um episódio histórico de guerra insurrecional na Amazônia (1835-1839). Manaus: Edições Governo do Estado do Amazonas, 1965. (Série Torquato Tapajós.)

REICHEL-DOLMATOFF, G. *Amazonian Cosmos*: The Sexual and Religious Symbolism of the Tukano Indians. Chicago: University of Chicago Press, 1971.

______. Cosmology as Ecological Analysis: a View from The Rain Forest, *Man*, v.11, n.3, p.307-18, 1976.

REIS, A. C. F. *História do Amazonas*. Manaus: Officinas Typographicas de A. Reis, 1931.

______. *O processo histórico da economia amazonense*. Rio de Janeiro: Imprensa Nacional, 1944.

______. *O seringal e o seringueiro*. Rio de Janeiro: Serviço de Informação Agrícola; Ministério da Agricultura, 1953.

______. *A Amazônia que os Portugueses Revelaram*. Rio de Janeiro: Ministério da Educação e Cultura, 1956.

______. *Amazônia e a cobiça internacional*. Manaus: Valer, 1968.

RIBEIRO, B. G. *Suma*: etnologica brasileira, 1 etnobiologia. Petrópolis: Finep, 1986.

RIBEIRO, D. *Os índios e a civilização*. Rio de Janeiro: Civilização Brasileira, 1970.
______. *The Americas and Civilization*. Trans. L. Barrett e M. Barrett. New York: Dutton, 1971.
______. *Maira*. New York: Aventura, 1984.
RIBEIRO, N. *O Acre e os seus heroes*. Maranhão: Rabello, 1930.
RIPPY, J. F. *Latin America and the Industrial Age*. New York: G. P. Putnam's Sons, 1944.
______. *British Investments in Latin America, 1822-1949*. Minneapolis: University of Minnesota Press, 1959.
______; NELSON, J. T. *Crusaders of the Jungle*: The Origin, Growth and Decline of the Principal Missions of South America during the Colonial Period. Chapel Hill: University of North Carolina Press, 1936.
ROCHA, G. *Em busca do ouro*. São Paulo: Marco Zero, 1984.
RODRIGUES, L. A. *Geopolítica do Brasil*. Rio de Janeiro: Biblioteca do Exército, 1947.
ROSE, P. *Jazz Cleopatra*: Josephine Baker in Her Time. New York: Doubleday, 1989.
ROSS, E. B. The Evolution of the Amazon Peasantry. *Journal of Latin American* Studies, v.10, p.193-218, 1978.
SALATI, E. The Forest and the Hydrological Cycle. In: DICKINSON, R. E. (Ed.). *The Geophysiology of Amazônia*. New York: John Wiley & Sons, 1987. p.273-96.
SALDARRIAGA, J. G.; WEST, D. C. Holocene Fires in the Northern Amazon Basin. *Quaternary Research*, v.26, p.358-66, 1986.
SALLES, V. *O negro no Pará*. Belém: Fundação Getulio Vargas, 1971.
SALO, J. et al. River Dynamics and the Diversity of Amazon Lowland Rain Forest. *Nature*, n.322, p.254-8, 1986.
SANCHEZ, P. A. Management of Acid Soils in the Humid Tropics. Trabalho apresentado em Acid Soils Network Inaugural Workshop, Brasília, 1985.
______; BENITES, J. Low Input Cropping Systems for Acid Soils of the Humid Tropics. *Science*, v.238, p.1.521-7, 1987.
SANFORD, R. L. et al. Amazon Rainforest Fires. *Science*, n.227, p.53-5, 1985.
NERY, F. J. S.-A. *The Land of the Amazons*. London: Sands & Co., (1901[1885]).
SANTILLI, M. *Madeira-Mamoré*. São Paulo: Mundo Cultural, 1988.
SANTOS, A. P. et al. *Relatório final do Projeto Inpe/Sudam. Inpe-1610-RPE/085*. São José dos Campos: Inpe, 1979.
SANTOS, R. A. O. *História econômica da Amazônia*: 1800-1920. São Paulo: T. A. Queiroz, 1980. (Biblioteca Básica de Ciências Sociais, série 1, v.3.)
SANTOS, R. Law and Social Change: The Problem of Land in the Brazilian Amazon. In: SCHMINK, M.; WOOD, C. H. (Eds.). *Frontier Expansion in Amazônia*. Gainesville: University of Florida Press, 1984. p.439-62.
SAWYER, D. The Effects of the Brazilian Economic Crisis on Migration to the Amazon. Annual Meeting Of The Population Association Of America, 1989, Baltimore. *Proceedings* [...]. Alexandria: Population Association of America, 1989a.
______. Migration and Ecological Upheaval in the Humid Tropics: Patterns and Prospects for Brazil's Western Amazon. World Wildlife Fund/Conservation Foundation. Washington, D.C.: World Wildlife Fund/Conservation Foundation, 1989b.

SAYAD, J. *Crédito Rural no Brasil*. São Paulo: Pioneira, 1984.

SCHICKEL, R. *The Disney Version*: The Life, Times, Art and Commerce of Walt Disney. New York: Simon & Schuster, 1968.

SCHIDROWITZ, P.; DAWSON, T. R. (Eds.). *History of the Rubber Industry*. Cambridge: Heffer & Sons, 1952.

SCHMINK, M. Land Conflicts in Amazônia. *American Ethnologist*, v.9, n2, p.341-57, 1982.

SCHMINK, M. Social Change in the Garimpo. In: HEMMING, J. (Ed.). *Change in the Amazon Basin*. Manchester: Manchester University Press, 1985. v.2, p.185-99.

SCHMINK, M. The Rationality of Tropical Forest Destruction. In: HECHT, S.; NATIONS, J. (Ed). *Deforestation: Processes and Alternatives*. Ithaca: Cornell University Press, 1989.

______; WOOD, C. H. (Eds.). *Frontier Expansion in Amazônia*. Gainesville: University of Florida Press, 1984.

______; WOOD, C. H. The "Political Ecology" of Amazônia". In: LITTLE, P. O.; HOROWITZ, M. M.; NYERGES, A. E. (Ed.). *Landsat Risk in the Third World*. Boulder: Westview Press, 1987. p.38-57.

SCHNEIDER, S. H. The Greenhouse Effect: Science and Policy. *Science*, v.243, p.771-9, 1989.

SCHWARTZMAN, S.; ALLEGRETTI, M. *Extractive Reserves*: a Sustainable Development Alternative for Amazônia. Washington D.C.: World Wildlife Fund, 1987. (Manuscrito)

______. Extractive Production in the Amazon and the Rubber Tappers' Movement (1). In: HECHT, S.; NATIONS, J. (Ed). *Deforestation*: Processes and Alternatives. Ithaca: Cornell University Press, 1989.

SCOTT, J. C. *The Moral Economy of the Peasant*: Subsistence and Rebellion in Southeast Asia. New Haven: Yale University Press, 1976.

______. *Weapons of the Weak*: Everyday Forms of Peasant Resistance. New Haven: Yale University Press, 1986.

______; KERKVLIET, B. J. T. (Ed). *Everyday Form of Peasant Resistance in South-East Asia*. London: Frank Cass, 1986.

SEEGER, A. *Nature and Society in Central Brazil*: The Suya Indians of Mato Grosso. Cambridge: Harvard University Press, 1981.

SEPLAN. *Plano diretor da estrada de Ferro Carajás*. Brasília, D.F.: Seplan, 1988.

SERRÃO, E. A.; Toledo, J. M. Sustaining Pasture-Based Production Systems in the Humid Tropic. Mab Conference On Conversion Of Tropical Forests To Pasture In Latin America. Out. 4-7, 1988. Oaxaca: MAB, 1988

SHARP, R. H. *South America Uncensored*. New York: Longmans Green & Co, 1945.

SILVA, A. L; SANTOS, L. A.; MANZONI, L., M. (Ed). A questão da mineração em terra indígena. *Cadernos da Comissão Pro-Índio*, n.4, 1985.

SILVA, A. R. et al. Como repensar o garimpo na Amazônia? *Pará Desenvolvimento*, n.19, p.25-6, 1986.

SILVA, A. T. Grandes projetos em implantação na Amazônia. *Pará Desenvolvimento*, n.18, p.23-5, 1986.

SILVA, J. G. *A modernização dolorosa*: estrutura agrária e trabalhadores rurais no Brasil. Rio de Janeiro: Zahar, 1982.

SILVA, R.; SOUZA, M.; BEZERRA, C. *Contaminação por mercúrio nos garimpos paraenses*. Belém: DNPM, 1988.

SIMON, P. *The Expedition of Pedro de Ursua and Lope de Aguirre in Search of El Dorado and Omagua in 1560-1561*. Ed. e Trad. W. Bollaert. London: Hakluyt Society, 1861. n.28.

SIMPSON, B. B.; HAFFER, J. Speciation atterns in the Amazonian Forest Biota. *Annual Review of Ecology and Systematics*, v.9, p.497-518, 1978.

SKIDMORE, T. *Politics in Brazil 1930-1964*: an Experiment in Democracy. Oxford: Oxford University Press, 1967.

______. *The Politics of Military Rule in Brazil*: 1964-1985. New York: Oxford University Press, 1988.

SMITH, N. J. H. Destructive Exploitation of the South American River Turtle. *Yearbook of the Association of Pacific Coast Geographers*, v.36, p.85-114, 1974.

______. Anthrosols and Human Carrying Capacity in the Amazon. *Annals of the American Association of Geographers*, v.70, p.553-66, 1980.

______. *Man, Fishes, and the Amazon*. New York: Columbia University Press, 1981.

______. *Rainforest Corridors*: The Transamazon Colonization Scheme. Berkeley: University of California Press, 1982.

SNETHLAGE, E. A travessia entre o Xingu e o Tapajós. *Boletim do Museu Goeldi*, v.7, p.49-92, 1910.

SOARES, L. E. *Campesinato*: ideologia e política. Rio de Janeiro: Zahar, 1981.

SOULE, M. E. (Ed.). *Conservation Biology*: The Science of Scarcity and Diversity. Sunderland: Sinauer, 1986.

SOUZA, J. A. S. *Pro-memória de Duarte Ponte Ribeiro*. Coleção e importância das Legações do Brasil na América do Sul, 14 de agosto de 1864. AHI: lata 291, maço 2, pasta 3. Rio de Janeiro.

______. *Um diplomata do Império*. São Paulo: Companhia Editora Nacional, 1952.

SOUZA, M. *A expressão amazonense*: do colonialismo ao neocolonialismo. São Paulo: Alfa Ômega 1978. (Biblioteca Alfa Ômega de Cultura Universal, 5v.)

SPIX, J.B. (1823-31), *A Grande Aventura de Spix e Martius* (traduzido para o Português em 1938), Brasília: Instituto Nacional do Livro.

SPRUCE, R. *Notes of a Botanist on the Amazon and Andes*. 2v London: Macmillan, 1908.

STEPAN, A. *The Military in Politics*: Changing Patterns in Brazil. Princeton, N. J.: Princeton University Press, 1971.

STERNBERG, H. O. *Amazon River of Brazil*. New York: Springer Verlag, 1975.

STONE, R. D. *Dreams of Amazonia*. New York: Viking Penguin, 1985.

STONE, T. A.; WOODWELL, G. M. Shuttle Imaging Radar: an Analysis of Land Use in Amazônia. *International Journal of Remote Sensing*. v.9, n.1, p.95-105, 1988.

SUDAM. *Problemática do Carvão Vegetal na Área do Grande Carajás*. Belém: Sudam, 1986.

SWEET, D. G. *A Rich Realm of Nature Destroyed*: The Middle Amazon Valley, 1640-1750. Tese (Ph.D.) – University of Wisconsin, Madison, 1974.

______; NASH, G. B. (Ed.). *Struggle and Survival in Colonial America*. Berkeley: University of California Press, 1981.

TAUNAY, A. E. *História das bandeiras paulistas*. São Paulo: Melhoramentos, 1954.

TAUSSIG, M. *Shamanism, Colonialism, and the Wild Man*. Chicago: University of Chicago Press, 1987.

TELLES, C. *História secreta da fundação Brasil Central*. Rio de Janeiro: Chavantes, 1946.

TOCANTINS, L. *Formação histórica do Acre*. Rio de Janeiro: Conquista, 1961. 3v.

______. *Estado do Acre*: geografia, história e sociedade. Rio de Janeiro: Philobiblion, 1984.

TOMLINSON, H. M. *The Sea and the Jungle*. New York: E.P. Dutton &Co, 1920.

TUCKER C. J. et a1. Intensive Forest Clearing in Rondônia, Brazil, as Detected by Satellite Remote Sensing. *Remote Sensing Environment*, v.15, p.255-64, 1984.

UHL, C.; MURPHY, P. A Comparison of Productivities and Energy Values between Slash and Bum Agriculture and Secondary Succession in the Upper Rio Negro Region of the Amazon Basin. *Agro-Ecosystems*, v.7, p.63-83, 1981.

UHL, C.; JORDAN, C. F. Vegetation and Nutrient Dynamics during the 6rst Five Years of Succession Following Forest Cutting and Burning in the Rio Negro Region of Amazônia. *Ecology*, v.65, p.1.476-90, 1984.

UHL, C.; BUSCHBACHER, R. A Disturbing Synergism Between Cattle Ranch Burning Practices and Selective Tree Harvesting in the Eastern Amazon. *Biotropica*, n.17, p.265-8, 1985.

UHL, C.; VIEIRA, I. Impacts of Logging in Paragominas. [Manuscrito submetido a] *Biotropica*, 1989.

VELHO, O. G. *Frentes de expansão e estrutura agrária*. Rio Janeiro: Zahar Editores, 1972.

VICKERS, W. T. Native Amazonian Subsistence in Diverse Habitats: The Siona-Secoya of Ecuador. *Studies in Third World Societies*, v.7, p.6-36, 1979.

VILLAS-BÔAS, O.; VILLAS-BÔAS, C. *Xingu*: The Indians, Their Myths. New York: Fanar, Straus & Giroux, 1973.

VON HAGEN, V. W. *The Green World of Naturalists*: A Treasury of Five Centuries of Natural History in South America. New York: Greenberg, 1948.

VON STEINEN, K. *Entre os aborígenes do Brasil Central*. São Paulo, Departamento de Cultura, 1940[1886].

WAGLEY, C. (Ed.). *Man in the Amazon*. Gainesville: University of Florida Press, 1974.

______. *Amazon Town*: a Study of Man in the Tropics. Oxford: Oxford University Press, 1976[1953].

WAGNER, A. As áreas indígenas e o mercado de terras. In: *Povos indígenas no Brasil*. São Paulo: Cedi, 1986a. p.53-9.

______. Estrutura fundiária e expansão camponesa. In: GONÇALVES Jr., J. M. (Ed.). *Carajás: Desafio Político, Ecologia e Desenvolvimento*. São Paulo: Brasiliense, 1986b. p.265-93.

WALLACE, A. R. *Narrative of Travels on the Amazon and Rio Negro, with an Account of the Native Tribes*. London: Ward, Lock & Co, 1853.

WALLE, P. *Au Pays de l'Or Noir*: le caoutchouc du Brésil. Paris: Guilmoto, 1911.

WATTS, M. *Silent Violence*. Berkeley: University of California Press,1983.

WEINSTEIN, B. Capital Penetration and Problems of Labor Control in the Amazon Rubber Trade. *Radical History Review*, v.27, p.121-40, 1983a.

______. *The Amazon Rubber Boom*: 1850-1920. Stanford: Stanford University Press, 1983b.

______. The Persistence of Precapitalist Relations of Production in a Tropical Export Economy: The Amazon rubber trade, 1850-1920. In: HANAGAN, M. P.; STEPHENSON, C. (Ed.) *Proletarians and Protest*: Studies in Class Formation. Westport: Greenwood Press, 1986.

WHITESELL, E. A. Rubber Extraction on the Juruá in Amazonas, Brazil: Obstacle to Progress or Development Paradigm?. 1988. Dissertação (mestrado) – University of California, Berkeley, 1988.

WICKHAM, H. A. *Rough Notes of a Journey through the Wilderness, from Trinidad to Pará, Brazil by way of the Great Cataracts of the Orinoco, Atabapo and Rio Negro*. London: W. H. J. Carter, 1872.

______. *On the Plantation, Cultivation, and Curing of Para Indian Rubber (*Hevea brasiliensis*)*. London: Nabu Press, 2014 [1908]).

WILBERT, J. (Ed.). *Folk Literature of the Gê Indians*. Los Angeles: UCLA Latin American Center Publications; University of California, Los Angeles, 1984.

WILKES, C. *Exploring Expedition During the Years 1838, 1839, 1841, 1842*. New York: G. P. Putnam, 1858.

WILSON, E. O. (Ed.). *Biodiversity*. Washington, D.C.: National Academy Press, 1988.

WOLF, E. R. *Europe and the People Without History*. Berkeley and Los Angeles: University of California Press, 1982.

WOODROFFE, J. F.; SMITH, H. H. *The Rubber Industry of the Amazon, and How its Supremacy can be Maintained*. London: J. Bale, Sons & Danielsson, 1915.

WOODWELL, G. M. et al. Deforestation in the Tropics: New Measurements in the Amazon Basin Using Landsat and NOAA AVHRR Imagery. *Journal of Geophysical Research*. v.92, p.2.157-63, 1987.

______; STONE, T. A.; HOUGHTON, R. A. Tropical Deforestation in Para, Brazil: Analysis with Landsat and Shuttle Imaging Radar-A. International Geoscience And Remote Sensing Symposium. Edinburgh, 1988. *Proceedings* [...]. Vancouver: IGarss, 1988. v.1, p.192-5.

WORSTER, D. *Nature's Economy*: a History of Ecological Ideas. Cambridge: Cambridge University Press, 1985.

Referências do posfácio

ADGER, W. N.; ARNELL, N. W.; TOMPKINS E. L. Successful Adaptation to Climate Change across Scales. *Global Environmental Change*: Human and Policy Dimensions, v.15, n.2, p.77-86, 2005.

ALDRICH, S. P. et al. Land-Cover and Land-Use Change in the Brazilian Amazon: Smallholders, Ranchers, and Frontier Stratification. *Economic Geography*, v.82, n.3, p.265-88, 2006.

ALENCAR, A.; Nepstad, D; DIAZ, M. D. V. "Forest Understory Fire in the Brazilian Amazon in ENSO and Non-ENSO Years: Area Burned and Committed Carbon Emissions. *Earth Interactions*, V.10, n.6, p.111-17, 2006.

ARCE-NAZARIO, J. A. Human Landscapes Have Complex Trajectories: Re-constructing Peruvian Amazon Landscape History from 1948 to 2005. *Landscape Ecology*, n.22, p.89-101, 2007.

ARIMA, E. Y. et al. Fire in the Brazilian Amazon: A Spatially Explicit Model for Policy Impact Analysis. *Journal of Regional Science*, v.47, n.3, p.541-67, 2007.

BAIOCCHI, G. *Radicals in Power*: The Workers' Party (PT) and Experiments in Urban Democracy in Brazil. New York: Zed Books, 2003.

BALÉE, W. L.; CLARK, L. E. *Time and Complexity in Historical Ecology*: Studies in the Neotropical Lowlands. The Historical Ecology Series. New York: Columbia University Press, 2006.

BARLOW, J. et al. The Responses of Understorey Birds to Forest Fragmentation, Logging and Wildfires: An Amazonian Synthesis. *Biological Conservation*, v.128, n.2, p.182-92le, 2006.

BETTS, R. A.; MALHI, Y.; ROBERTS, J. T. The Future of the Amazon: New Perspectives from Climate, Ecosystem and Social Sciences. *Philosophical Transactions of the Royal Society B*: Biological Sciences, v.363, n.1498, p.1.729-35, 2008.

BRONDIZIO, E. S. *The Amazon Caboclo and the Açai Palm*: Forest Farmers in the Global Market. Bronx, NY: New York Botanical Garden Press, 2008.

BRONDIZIO, E. S.; MORAN, E. F. Human Dimensions of Climate Change: The Vulnerability of Small Farmers in the Amazon. *Philosophical Transactions of the Royal Society B*: Biological Sciences, v.363, n.1498, p.1803-9, 2008.

BROWDER, J. O. et al. Revisiting Theories of Frontier Expansion in the Brazilian Amazon: a Survey of the Colonist Farming Population in Rondonia's Post-Frontier, 1992–2002. *World Development*, v.36, n.8, p.1469-92, 2008.

CALDAS, M. et al. Theorizing Land Cover and Land Use Change: The Peasant Economy of Amazonian Deforestation. *Annals of the Association of American Geographers*, v.97, n.1, p.86-110, 2007.

CAMPOS, M. T.; NEPSTAD, D. C. Smallholders, the Amazon's New Conservationists. *Conservation Biology*, v.20, n.5, p.1.553-56, 2006.

CARDENAS, E. Brazilian Trade Dominated by Four Markets. In: *World Trade Atlas*. Washington, D.C.: US International Trade Commission, 2009.

CARDILLO, M. et al. The Predictability of Extinction: Biological and External Correlates of Decline in Mammals. *Proceedings of the Royal Society B: Biological Sciences*, v.275, n.1641, p.1.441-8, 2008.

CARDOSO, M. et al. Long-Term Potential for Tropical-Forest Degradation Due to Deforestation and Fires in the Brazilian Amazon. *Biologia*, v.64, n.3, p.433-7, 2009.

CUNHA, T. J. F. et al. Soil Organic Matter and Fertility of Anthropogenic Dark Earths (Terra Preta de Índio) in the Brazilian Amazon Basin. *Revista Brasileira de Ciência do Solo*, v.33, n.1, p.85-93, 2009.

DE SHERBININ, A. et al. Rural Household Demographics, Livelihoods and the Environment. *Global Environmental Change: Human and Policy Dimensions*, v.18, n.1, p.38-53, 2008.

DOMÍNGUEZ, J. I.; SHIFTER, M. *Constructing Democratic Governance in Latin America*. 3.ed. Baltimore: Johns Hopkins University Press, 2008. (Inter-American Dialogue Book.)

DOWIE, M. *Conservation Refugees*: The Hundred-Year Conflict between Global Conservation and Native Peoples. Cambridge, MA: MIT Press, 2009.

ERICKSON, C. L. Domesticated Landscapes of the Bolivian Amazon. In: BALÉE, W.; ERICKSON, C. L. (Ed.). *Time and Complexity in Historical Ecology*. New York: Columbia University Press, 2006.

______; BALÉE, W. Historical Ecology of Complex Landscapes of the Bolivian Amazon. In: BALÉE, W..; CLARK, E. L. *Time and Complexity in Historical Ecology*. New York: Columbia University Press, 2006. p.235-78

FEARNSIDE, P. M. Deforestation Control in Mato Grosso: a New Model for Slowing the Loss of Brazil's Amazon Forest. *Ambio*, v.32, n.5, p.343-5, 2003.

______. Brazil's Cuiabá-Santarém (BR-163) Highway: The Environmental Cost of Paving a Soybean Corridor through the Amazon. *Environmental Management*, v.39, n.5, p.601-14, 2007.

______. Amazon Forest Maintenance as a Source of Environmental Services. *Anais da Academia Brasileira de Ciências*, v.80, n.1, p.101-14, 2008.

FEELEY, K. J.; SILMAN, M. R. Extinction Risks of Amazonian Plant Species. *Proceedings of the National Academy of Sciences of the United States of America*, v.106, n.30, p.12.382-7, 2009.

GAVIN, M. C.; ANDERSON, G. J. Socioeconomic Predictors of Forest Use Values in the Peruvian Amazon: a Potential Tool for Biodiversity Conservation. *Ecological Economics*, v.60, n.4, p.752-62, 2007.

GREENPEACE. *Carbon Scam*: Noel Kempff Climate Action Project and the Push for Sub-National Forest Offsets. Amsterdam: Greenpeace International, 2009.

HAMILTON, S. K. et al. Remote Sensing of Floodplain Geomorphology as a Surrogate for Biodiversity in a Tropical River System (Madre De Dios, Peru). *Geomorphology*, v.89, n.1-2, p.23-38, 2007.

HECHT, S. B. The Logic of Livestock and Deforestation in Amazonia. *Bio Science*, v.43, n.10, p.687-95, 1993.

HECHT, S. B. Soybeans, Development and Conservation on the Amazon Frontier. *Development and Change*, v.36, n.2, p.375-404, 2005.

______; COCKBURN, A.. Realpolitik, Reality and Rhetoric in Rio. *Environment and Planning D*: Society & Space, v.10, n.4, p.367-75, 1992.

______; MANN, C. C.. How Brazil Outfarmed the American Farmer. *Fortune*, v.157, n.1, p.92-105, 2008.

______; NORGAARD, R. B.; Possio, G. The Economics of Cattle Ranching in Eastern Amazonia. *Interciencia*, v.13, n.5, p.233-40, 1988.

HECKENBERGER, M. J. et al. The Legacy of Cultural Landscapes in the Brazilian Amazon: Implications for Biodiversity. *Philosophical Transactions of the Royal Society B: Biological Sciences*, v.362, n.1478, p.197-208, 2007.

HOCHSTETLER, K.; KECK, M. *Greening Brazil*: Environmental Activism in State and Society. Durham: Duke University Press, 2007.

HOLSTON, J. *Insurgent Citizenship*: Disjunctions of Democracy and Modernity in Brazil. Princeton: Princeton University Press, 2008. (In-Formation Series.)

HUBBELL, S. P. et al. How Many Tree Species Are There in the Amazon and How Many of Them Will Go Extinct?. *Proceedings of the National Academy of Sciences of the United States of America*, n.105, p.11.498-504, 2008.

INSTITUTO BRASILEIRO DE GEOGRAFIA E ESTATÍSTICA (IBGE). *Produção da extração vegetal e da silvicultura*. Rio de Janeiro: IBGE, 2007.

INSTITUTO NACIONAL DE PESQUISAS ESPACIAIS (Inpe). Projeto desmatamento. *Monitoramento do Desmatamento da floresta amazônica brasileira por satélite*. São José dos Campos: Inpe, 2008. Disponível em: http://www.obt.inpe.br/OBT/assuntos/programas/amazonia/prodes.

JEPSON, W. Producing a Modern Agricultural Frontier: Firms and Cooperatives in Eastern Mato Grosso, Brazil. *Economic Geography*, v.82, n.3, p.289-316, 2006.

JOHNS, T. et al. A Three-Fund Approach to Incorporating Government, Public and Private Forest Stewards into a Redd Funding Mechanism. *International Forestry Review*, v.10, n.3, p.458-64, 2008.

KILLEEN, T. J. et al. Dry Spots and Wet Spots in the Andean Hotspot. *Journal of Biogeography*, v.34, n.8, p.1.357-73, 2007.

______; SOLORZANO. L. A. Conservation Strategies to Mitigate Impacts from Climate Change in Amazonia. *Philosophical Transactions of the Royal Society B: Biological Sciences*, v.363, n.1498, p.1.881-8, 2008.

KINGSTONE, P. R.; POWER, T. J. *Democratic Brazil Revisited*. Pittsburgh: University of Pittsburgh Press, 2008. (Pitt Latin American Series.)

LAURANCE, W. F. et al. Rain Forest Fragmentation and the Proliferation of Successional Trees. *Ecology*, v.87, n.2, p.469-82, 2006.

LAURANCE, W. F.; USECHE, D. C. Environmental Synergisms and Extinctions of Tropical Species. *Conservation Biology*, v.23, n.6, p.1.427-37, 2009.

LEES, A. C.; PERES, C. A. Rapid Avifaunal Collapse Along the Amazonian Deforestation Frontier. *Biological Conservation*, v.133, n.2, p.198-211, 2006.

LIU, C. R. et al. Unifying and Distinguishing Diversity Ordering Methods for Comparing Communities. *Population Ecology*, v.49, n.2, p.89-100, 2007.

MacARTHUR, R. H.; WILSON, E. O. *The Theory of Island Biogeography.* Monographs in Population Biology. Princeton, N.J.: Princeton University Press, 1967.

McEWAN, C. *Unknown Amazon: Culture in Nature in Ancient Brazil.* London British Museum Press, 2001.

MERRY, F. et al. Collective Action without Collective Ownership: Community Associations and Logging on the Amazon Frontier. *International Forestry Review*, v.8, n.2, 211-21, 2006.

MISRA, V. The Amplification of the Enso Forcing over Equatorial Amazon. *Journal of Hydrometeorology*, v.10, n.6, p.1.561-8, 2009.

MITTELBACH, G. G. et al. Evolution and the Latitudinal Diversity Gradient: Speciation, Extinction and Biogeography. *Ecology Letters*, v.10, n.4, p.315-31, 2007.

MITTERMEIER, R. A. et al. Biodiversity Hotspots and Major Tropical Wilderness Areas: Approaches to Setting Conservation Priorities. *Conservation Biology*, v.12, n.3, p.516-20, 1998.

MORTON, D. C. et al Agricultural Intensification Increases Deforestation Fire Activity in Amazonia. *Global Change Biology*, v.14, n.10, p.2.262-75, 2008.

MYERS, N. Biodiversity Hotspots Revisited. *Bioscience*, v.53, n.10, p.916-7, 2003.

______ et al. Biodiversity Hotspots for Conservation Priorities. *Nature*, v.403, n.6772, p.853-8, 2000.

NEPSTAD, D. et al. Environment: Frontier Governance in Amazonia. *Science*, v.295, n.5555, p.629-31, 2002.

______ et al. Inhibition of Amazon Deforestation and Fire by Parks and Indigenous Lands. *Conservation Biology*, v.20, n.1, p.65-73, 2006.

______ et al. The End of Deforestation in the Brazilian Amazon. *Science*, v.326, n.5958, p.1.3501, 2009.

______ et al. Interactions among Amazon Land Use, Forests and Climate: Prospects for a Near-Term Forest Tipping Point. *Philosophical Transactions of the Royal Society B: Biological Sciences*, v.363, n.1498, p.1.737-46, 2008.

______; STICKLER, C. M.; ALMEIDA, O. T. Globalization of the Amazon Soy and Beef Industries. Opportunities for Conservation. *Conservation Biology*, v.20, n.6, p.1.595-603, 2006.

NEUMANN, R. P. *Imposing Wilderness Struggles over Livelihood and Nature Preservation in Africa.* Berkeley: University of California Press, 1998.

NOBRE, P. et al. Amazon Deforestation and Climate Change in a Coupled Model Simulation. *Journal of Climate*, v.22, n.21, p.5.686-97, 2009.

OKEREKE, C.; DOOLEY, K. Principles of Justice in Proposals and Policy Approaches to Avoided Deforestation: Towards a Post-Kyoto Climate Agreement. *Global Environmental Change: Human and Policy Dimensions*, v.20, n.1, p.82-95, 2010.

PACHECO, P. Smallholder Livelihoods, Wealth and Deforestation in the Eastern Amazon. *Human Ecology*, v.37, n.1, p.27-41, 2009.

PADOCH, C. et al. (Ed.). *Várzea*: Diversity, Development, and Conservation of Amazonia's Whitewater Floodplains. Bronx: New York Botanical Garden Press, 1999.

PARAYIL, G.; TONG, F. Pasture-Led to Logging-Led Deforestation in the Brazilian Amazon: The Dynamics of Socio-Environmental Change. *Global Environmental Change: Human and Policy Dimensions*, v.8, n.1, p.6379, 1998.

PAZ-RIVERA, C.; PUTZ. F. E. Anthropogenic Soils and Tree Distributions in a Lowland Forest in Bolivia. *Biotropica*, v.41, n.6, p.665-75, 2009.

PEDLOWSKI, M. A. et al. Conservation Units: A New Deforestation Frontier in the Amazonian State of Rondonia, Brazil. *Environmental Conservation*, v.32, n.2, p.149-55, 2005.

PENNINGTON, T.; LEWIS, G. P.; RATHER, J. A. *Neotropical Savannas and Seasonally Dry Forests*: Plant Diversity, Biogeography, and Conservation. Boca Raton: CRC; Taylor & Francis, 2006.

PERES, C. A. Why We Need Megareserves in Amazonia. *Conservation Biology*, v.19, n.3, p.728-33, 2005.

PERFECTO, I.; VANDERMEER, J.; WRIGHT, A. *Nature's Matrix*: Linking Agriculture, Conservation and Food Sovereignty. London: Earth- scan, 2009.

POINT CARBON. Carbon Market Monitor. Disponível em : http://www.pointcarbon.com. Acesso em : 29 jan. 2010.

POSEY, D. A.; BALÉE, W. L. *Resource Management in Amazonia*: Indigenous and Folk Strategies. Bronx: New York Botanical Garden Press, 1989.

RIVAL, L. M. *Trekking Through History*: The Huaorani of Amazonian Ecuador. New York: Columbia University Press, 2002. (The Historical Ecology Series.)

SANTILLI, M. et al. Tropical Deforestation and the Kyoto Protocol. *Climatic Change*, v.71, n.3, p.267-76, 2005.

SCHWARTZMAN, S.; MOREIRA, A.; NEPSTAD, D. Rethinking Tropical Forest Conservation: Perils in Parks. *Conservation Biology*, v.14, n.5,, p.1.351-7, 2000.

SENNA, M. C. A.; COSTA, M. H.; PIRES, G. F. Vegetation-Atmosphere-Soil Nutrient Feedbacks in the Amazon for Different Deforestation Scenarios. *Journal of Geophysical Research: Atmospheres*, n.114, p.1-9, 2009.

SOARES, B. S. et al. Modelling Conservation in the Amazon Basin. *Nature*, v.440, n.7083, p.520-3, 2006.

STALLWORTHY, M. Environmental Justice Imperatives for an Era of Climate Change. *Journal of Law and Society*, v.36, n.1, p.55-74, 2009.

STICKLER, C. M. et al. The Potential Ecological Costs and Cobenefits of Redd: a Critical Review and Case Study from the Amazon Region. *Global Change Biology*, v.15, n.12, p.2.803-24, 2009.

THAYN, J. et al. Locating Ancient Anthropogenic Soils under Amazonian Tropical Forests Using Modis Time-Series Analysis. In: WOODS, W. I. (Ed.). *Terra Preta Nova*: A Tribute to Wim Sombroek. Berlin: Springer, 2009.

WALKER, R. et al. Ranching and the New Global Range: Amazonia in the 21st Century. *Geoforum*, v.40, n.5, p.732-45, 2009.

ÍNDICE REMISSIVO

C

K

L

M

Q

R

S

T

U

V

W

X

Z

SOBRE O LIVRO

Formato: 16 x 23 cm

Mancha: 27,5 x 49 paicas

Tipologia: Horley Old Style 11/15

Papel: Off-white 80 g/m² (miolo)

Cartão Supremo 250 g/m² (capa)

1ª edição Editora Unesp: 2022

EQUIPE DE REALIZAÇÃO

Capa

Marcelo Girard

Ilustração da capa

Olívia Girard

Edição de texto

Maísa Kawata (Copidesque)

Edilson Dias de Moura (Revisão)

Editoração eletrônica

Eduardo Seiji Seki

Assistência editorial

Alberto Bononi

Gabriel Joppert

Rua Xavier Curado, 388 • Ipiranga - SP • 04210 100

Tel.: (11) 2063 7000 • Fax: (11) 2061 8709

rettec@rettec.com.br • www.rettec.com.br